一流本科专业一流本科课程建设系列教材

工程造价管理

冯辉红　编

机械工业出版社

本书全面系统地介绍了工程造价管理的基础知识，以及建设项目全过程造价管理的基本原理、内容和方法，根据现行规范和标准文件进行编写，主要内容包括工程造价管理基础知识、建设工程总投资及造价构成、建设工程造价的计价依据、建设工程决策阶段造价管理、建设工程设计阶段造价管理、建设工程招标投标阶段造价管理、建设工程施工阶段造价管理、建设工程竣工阶段造价管理。章首均设置了内容概要、知识总览、学习要点小模块，简明扼要地介绍各章需要掌握、熟悉或了解的内容，便于读者学习与参考；书中设置了应用实例与详解，便于读者对基础理论的理解与应用；章末均设置了思考题，涵盖了各章重要知识点，对于实践性强的章节，还设置例题及课后案例计算题或案例分析题，便于知识巩固与延伸。

本书知识全面、内容新颖、重点突出、应用性强，可以作为高等院校工程管理、工程造价、土木工程、工商管理等相关专业的本科生及研究生教材，也可以作为投资决策管理者、工程造价类从业人员以及参加相关注册资格考试人员的参考书。

本书配套有教学大纲、授课 PPT、课后题参考答案、样卷、视频、案例等教学资源，免费提供给选用本书的授课教师，需要者请登录机械工业出版社教育服务网（www.cmpedu.com）注册后下载。

图书在版编目（CIP）数据

工程造价管理 / 冯辉红编. -- 北京 ：机械工业出版社，2024. 9. --（一流本科专业一流本科课程建设系列教材）. -- ISBN 978-7-111-71754-6

I. TU723.3

中国国家版本馆CIP数据核字第20246E617Q号

机械工业出版社（北京市百万庄大街22号　邮政编码100037）
策划编辑：李　帅　　　　责任编辑：李　帅　马新娟
责任校对：贾海霞　刘雅娜　　封面设计：张　静
责任印制：郜　敏
三河市国英印务有限公司印刷
2025年3月第1版第1次印刷
184mm×260mm・18印张・443千字
标准书号：ISBN 978-7-111-71754-6
定价：59.80 元

电话服务　　　　　　　　网络服务
客服电话：010-88361066　　机　工　官　网：www.cmpbook.com
010-88379833　　机　工　官　博：weibo.com/cmp1952
010-68326294　　金　书　网：www.golden-book.com
封底无防伪标均为盗版　　机工教育服务网：www.cmpedu.com

前　言

工程造价管理是一门综合工程技术、经济、法律与管理四大平台知识与技能的交叉学科，牵涉的知识面广、范围大，是高等院校工程管理、工程造价、土木工程、工商管理等相关专业的主干课程，也是工程管理硕士（MEM）的必修专业课。随着我国经济的飞速发展以及经济体制改革的不断深化，各行业的投资决策者、各专业的工程技术人员以及工程咨询人员面临着新的挑战，即必须具备工程投资与造价类经济决策与管理的基本能力，这也体现在国家对造价工程师职业资格考试的不断改革与完善的举措中，体现了高级造价咨询类人才对于经济决策与发展的重要性。在此背景下，本人作为具有造价工程师（2002 年）、投资咨询工程师（2005 年）和一级建造师（2007 年）等多项国家注册职业资格证书的一线教师，结合多年的课堂教学、工程培训、投资决策与造价管理实践，以及全方位和全生命周期造价咨询管理研究的经历与经验，以培养具有扎实理论基础的应用型人才为基准目标，以适用于本科生、研究生阶段的教学以及相关从业人员的参考教辅为原则，根据现行标准与规范，理论结合实践，编写了本书。

本书从工程造价管理的基础理论入手，对于建设项目全过程各阶段的造价管理工作，在深度和广度两个层面上，以理论结合实例的方式全面阐述了工程造价管理的基础知识、核心内容、基本原理与分析方法。本书特点如下：

（1）内容编排科学合理、循序渐进，有利于学习　本书首先从工程造价管理的基本概念、研究内容以及国内外工程造价管理的发展沿革等方面对于工程造价管理这门学科进行了概述；然后从建设工程总投资及造价构成，以及建设工程造价的计价依据等方面，对于工程造价管理的总目标以及内容和依据进行了详尽具体、有主有次的阐述；最后从工程建设各阶段造价管理的内容、方法、原理和程序等方面，对于工程造价管理的理论知识在实际工程中的应用过程、应用方法与应用要点，进行了深入浅出、易读易懂的介绍。这样的编排顺序以及内容安排既遵循学习的规律，又符合工程造价管理的程序，有利于满足读者进行初步学习或者进入深层次研究的需求。

（2）内容系统、全面具体，有利于教学、培训或工作应用　本书共 8 章内容，可分为两部分进行阅读与学习。其中，第一部分为工程造价管理的基础知识和建设工程造价的计价依据，包括第 1 章“工程造价管理基础知识”、第 2 章“建设工程总投资及造价构成”、第 3 章“建设工程造价的计价依据”；第二部分为工程造价管理的实务应用，包括第 4 章“建设工程决策阶段造价管理”、第 5 章“建设工程设计阶段造价管理”、第 6 章“建设工程招标投标阶段造价管理”、第 7 章“建设工程施工阶段造价管理”、第 8 章“建设工程竣工阶段造价管理”。本书涵盖了建设工程从投资决策、设计、招标投标、施工至竣工全过程造价管理的内容、原理以及实际应用的具体方法，采取由浅入深、由理论到实践的编排思路，有利于教学、培训与自学，因此，本书内容可供工程造价类相关专业的教学、工程培训以及投资决策工作参照使用。

（3）内容讲究规范性和时效性，有利于新旧知识的更替　工程造价管理注重规范性、标准性和时效性，本书所有涉及的为现行规范和标准；在编写时也考虑到随着时间的推移以及工程投资决策体系的完善，还会有规范和标准更新，因此，本书在规范性和时效性强的章节做了动态处理，以尽量做到主要内容、方法和思路不过时。对于更新的规定，读者可根据具体的变化情况按需要加入或更换，有利于适应市场经济下社会动态发展的要求。

（4）内容切合实际工作，有利于理论联系实践　本书注重将工程造价管理理论应用于工程实践的效果，每章的内容概要、知识总览与学习要点为读者梳理学习思路，明确学习目标；每章的关键知识点均设置了应用实例以及详尽的分析与解题步骤，以便读者深刻领会相关理论知识的内涵，并可针对性地将其正确应用于工程实践中；每章均设置了一定数量的思考题，对于实践性强的章节，设置了例题及详细解答，以及课后案例计算题或案例分析题。其中，思考题偏重于理论知识的总结与归纳，案例计算题或案例分析题则偏重于工程实际问题的应用，二者相辅相成，更加有助于章节知识的理解、掌握。本书力求通过逻辑性编排提高读者应用理论知识解决实际问题的能力，做到学以致用且能活学活用，为工作和研究奠定基础。

本书获西南石油大学校级规划教材立项，由本人编写，在编写本书的过程中得到了不少同行和朋友的支持与帮助，在此一并表示感谢！

由于编者水平有限，书中难免存在不妥之处，恳请读者批评指正。

冯辉红

目录

第1章

1

工程造价管理基础知识

【本章内容概要】

本章主要包括工程造价概述、工程造价管理概述和工程造价管理发展及制度三部分，首先阐释了工程造价的两重含义及四项职能，说明了建设项目的分解及工程建设程序，并介绍了工程造价及其计价特点；然后阐释了工程造价管理的内涵，以及工程造价管理的主要内容，并介绍了全面造价管理的范围及工程造价管理的组织系统；最后介绍了国外工程造价管理的发展现状及特点，以及我国工程造价管理的发展历程及趋势，并阐述了造价工程师管理制度及工程造价咨询管理制度。

【本章知识总览】

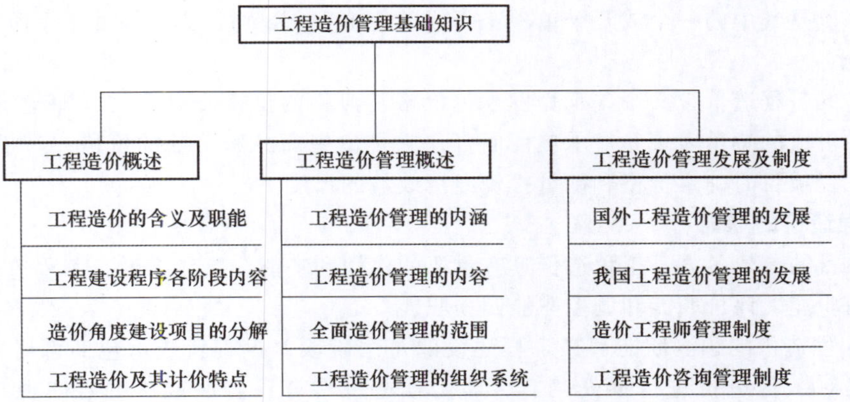

【本章学习要点】

◆ 掌握：工程造价的含义和特点、工程造价管理的含义和内容、全面造价管理的范围，造价工程师的素质要求。

◆ 熟悉：工程造价的职能、我国的工程建设程序、造价角度建设项目的分解层次、工程造价管理的组织系统、我国工程造价管理的发展趋势及主要任务。

◆ 了解：国外工程造价管理发展、造价工程师管理制度、工程造价咨询管理制度。

1.1 工程造价概述

1.1.1 工程造价的含义及职能

1. 工程造价的含义

工程造价通常是指工程项目在建设期（预计或实际）支出的费用，本质上属于价格范畴。在市场经济条件下，由于所处的角度不同，工程造价有不同的含义，可从广义与狭义两方面来定义。

（1）广义的工程造价　从投资者（业主）的角度而言，工程造价是指建设一项工程预计开支或实际开支的全部固定资产投资费用，是建设项目的建设成本。投资者为获得投资项目的预期效益，需要对项目进行策划决策、建设实施（设计、施工）直至竣工验收等一系列活动，因此，广义的工程造价包括从项目的决策开始到项目交付使用为止，完成一个工程项目建设所需费用的总和。

对投资者而言，工程造价是工程项目的投资费用，是购买工程项目所要付出的价格。

（2）狭义的工程造价　从市场交易角度而言，工程造价是指建设一项工程预计或实际在工程发承包交易活动中形成的建筑安装工程费用或建设工程总费用。因此，狭义的工程造价是以建设工程这种特定的商品形式作为交易对象，通过招投标或其他交易方式，在进行多次预估的基础上，最终由市场形成的价格。这里作为各方交易对象的工程，既可以包括建设项目，也可以是其中的一个或几个单项工程或单位工程，还可以是建设的某个阶段或某几个阶段的组合。

在狭义的工程造价含义中，工程发承包价格是典型的价格交易形式，即建筑产品价格，是建筑产品价值的货币表现。对承包商而言，它是出售商品和劳务的价格；对投资者而言，它是出售工程项目时确定价格和衡量投资经济效益的尺度。

2. 工程造价的职能

对于项目的参建各方，工程造价具有重要的作用和功能，具体来说，工程造价包括预测职能、控制职能、评价职能和调控职能四项职能。

（1）工程造价的预测职能　在工程建设的每个阶段，投资者或承包商都必须从广义或狭义的角度对工程造价进行预先测算，即工程造价具有预测职能，主要体现在以下两个方面。

1）投资者预测的工程造价。作为建设项目投资决策的依据，投资者预测的工程造价一方面是项目得以审批立项的重要内容，另一方面是项目筹集资金、控制总造价的依据。

2）承包商预测的工程造价。作为建设项目投标决策的依据，承包商预测的工程造价既是建设准备阶段投标报价和中标合同价的依据，也是项目施工安装的价格标准，还是承包商进行成本管理的依据。

（2）工程造价的控制职能　在工程建设的每个阶段，都会形成相应的造价。而每个阶段所形成的工程造价都要控制在其上一阶段的造价限额内，即工程造价具有控制职能，主要体现在纵向控制和横向控制两个方面。

1）工程造价的纵向控制。它是指对建设项目总投资的控制，即在工程建设程序的各个阶段，通过对工程造价的多次性预先测算，对工程造价进行全过程、多层次的控制，如投资估算控制设计概算、设计概算控制施工图预算等。

2）工程造价的横向控制。它是指对基本建设程序的某一阶段进行成本控制的过程。如施工阶段，可以对以承包商为代表的商品和劳务供应企业的成本进行控制，在价格一定的条件下，成本越低盈利越高。又如，承包商可通过施工预算对施工现场的生产要素进行成本控制，以获取好的盈利水平。

（3）工程造价的评价职能　对于建设项目的参建各方，工程造价均可用于评价投资的合理性和投资效益，以及企业的盈利能力和偿债能力，即工程造价具有评价职能，主要体现在以下四个方面。

1）国家和地方政府。工程造价是国家和地方政府控制投资规模、评价建设项目经济效果、确定项目建设计划的重要依据。

2）金融部门。工程造价是金融部门评价建设项目的偿还能力、确定贷款计划、贷款偿还期及贷款风险的重要经济评价参数。

3）建设单位。工程造价是建设单位考查建设项目经济效益、进行投资决策评价的基本依据。

4）施工单位。工程造价是施工企业评价自身技术、管理水平和经营成果的重要依据。

（4）工程造价的调控职能　工程建设直接关系到国家的经济增长，以及国家重要资源的分配和资金流向，对国家经济和人民生活都会产生至关重要的影响。因此，国家对于项目的功能、建设规模、标准等进行宏观调节是在任何条件下都必不可少的重要环节，尤其是对于政府投资项目的直接调控和管理。而工程造价作为经济杠杆，可对工程建设中的物质消耗水平、建设规模、投资方向等进行有效的调控和管理，即工程造价具有调控职能。

1.1.2　工程建设程序各阶段内容

工程建设程序是指建设项目从策划、评估、决策、设计、施工到竣工验收、投入生产或交付使用的整个过程中，各项工作必须遵循的先后次序。工程建设程序是工程建设过程客观规律的反映，是建设项目科学决策和顺利实施的重要保证，世界各国和国际组织在工程建设程序上可能存在差异，但根据工程项目发展的内在规律，都要经过投资决策和建设实施两个时期，并据此划分若干阶段。根据我国现行规定，政府投资项目建设程序主要包括项目建议书、可行性研究、工程设计、建设准备、工程施工、竣工验收和项目后评价七个阶段，如图 1-1 所示。

工程建设程序各阶段内容

1. 项目建议书阶段的内容

项目建议书阶段是由拟建项目单位向政府投资主管部门提出要求建设某一项目的建议文件，是对工程项目轮廓设想的阶段。

项目建议书的主要内容包括：

1）项目提出的必要性和依据。

2）项目的规划和设计方案、产品方案、拟建规模和建设地点的初步设想。

3）资源情况、建设条件、协作关系和设备技术引进国别、厂商的初步分析。

4）投资估算、资金筹措及还贷方案设想。

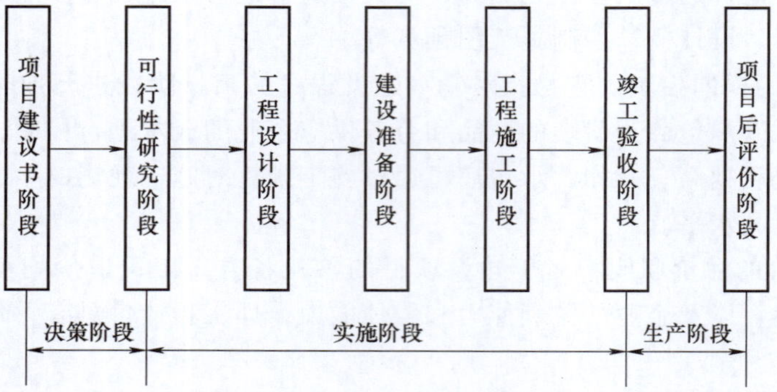

图 1-1 政府投资项目建设程序

5）项目进度安排。

6）经济效益和社会效益的初步估计，以及环境效益的初步评价。

项目建议书的作用是推荐拟建项目，论述其建设必要性、建设条件的可行性和获利的可能性，供政府投资主管部门选择并确定是否进行下一步工作。对于政府投资项目，项目建议书编制完成后，应根据建设规模和限额划分报送有关部门审批。项目建议书经批准后，可进行可行性研究工作，但并不表示项目一定会实施，批准的项目建议书不是项目的最终决策。

2. 可行性研究阶段的内容

可行性研究阶段是对项目建设的必要性、技术上的先进性、经济上从微观效益和宏观效益两个角度衡量的合理性进行科学的分析和论证，从而得出建设项目是否可行结论的阶段。

可行性研究的工作内容包括：

1）需求分析与市场研究，以解决项目建设的必要性及建设规模和建设标准等问题。

2）设计方案、工艺技术方案研究，以解决项目建设的技术可行性问题。

3）财务和经济分析，以解决项目建设的经济合理性问题。

可行性研究阶段的最终成果是形成可行性研究报告，经批准的可行性研究报告是确定建设项目及编制设计文件的依据。可行性研究的项目范围包括大中型项目、利用外资项目、引进技术和设备进口项目，以及其他有条件进行可行性研究的项目，这些项目凡未经可行性研究确认的，不得编制向上报送的可行性研究报告并进行下一步工作。

可行性研究的审批也是按照建设总规模和限额划分的审核权限进行报批的，可行性研究报告一经批准，项目的建设规模、建设方案、建设地点、投资限额及主要的协作关系随即确定，不得随意修改和变更，如确需变动的，应经原审批机关同意。

3. 工程设计阶段的内容

工程设计阶段是对项目建设实施的计划与安排的阶段，是项目建设的关键阶段。设计阶段的主要工作是编制设计文件，设计文件包括文字规划说明和工程图样设计，它决定建设项目的轮廓与功能，直接关系到工程质量和项目未来的使用效果。

工程设计工作一般划分为两个阶段，即初步设计阶段和施工图设计阶段；对于重大项目和技术复杂项目，可根据需要增加技术设计阶段，进行三阶段设计。工程设计各阶段的主要内容包括：

1）初步设计阶段，根据可行性研究报告的要求和设计基础资料对拟建工程项目进行具体设计，并对建设项目做出基本技术经济规定。

2）技术设计阶段，根据初步设计和更详细的调查研究资料，对需要进一步解决初步设计阶段中的重大技术问题的，如工艺流程、建筑结构、设备造型及数量确定等，可以增加技术设计阶段，使工程项目设计更具体、更完善，技术指标更明确。

3）施工图设计阶段，根据初步设计或技术设计要求，结合现场实际情况，完整地表现建筑物外形、内部空间分割、结构体系、构造状况及建筑群的组成和周围环境的配合，同时应包括各种运输、通信、管道系统、建筑设备设计。在工艺方面，应具体确定各种设备的型号、规格及各种非标准的制造加工图。

4. 建设准备阶段的内容

建设准备阶段主要是申请建设项目列入固定资产投资计划，并开展各项施工准备工作，以保证顺利开工的阶段。

建设准备阶段的主要内容包括：

1）征地、拆迁和场地平整，完成施工用水、电、通信、道路等接通工作。

2）申请贷款，签订贷款协议、合同等。

3）组织招投标，选定施工单位，签订施工合同，办理工程质量监督手续和施工许可证。

4）准备必要的施工图，组织材料设备的订货，开工所需材料组织进货，施工单位的进场准备工作。

5）施工单位完成施工组织设计，进行临时设施的建设。

在建设准备阶段项目报批开工之前，审计机关要对以下内容进行审计，并提供证明：

1）项目的建设资金来源是否正当，资金是否已落实。

2）项目开工前的各项支出是否符合国家的相关规定。

3）建设资金是否按要求存入规定的银行。

5. 工程施工阶段的内容

工程施工阶段是项目建设过程中周期最长、资金投入最大、占用和耗费资源最多的阶段，是项目建设形成工程实体的决定性阶段。

工程施工阶段参建各方的主要内容包括：

1）施工单位按设计要求和合理的施工顺序组织施工，编制年度的材料和成本计划，控制工程的进度、质量和费用。

2）设计单位根据设计文件向施工单位进行技术交底，在施工过程中接受合理建议，并根据实际情况按规定程序进行设计变更。

3）监理单位根据委托合同的内容对工程的进度、质量和费用进行有效控制，协助建设单位保障工程的顺利施工和项目目标的实现。

4）建设单位根据生产计划进行生产准备工作，如招聘、培训管理人员和员工，制定必要的管理制度，以及做好组织、技术和物资准备等。

6. 竣工验收阶段的内容

竣工验收阶段是检查竣工项目是否符合设计要求、考核项目建设成果、检验设计和施工质量的重要阶段，是工程建设过程的最后一个环节，是建设项目由建设阶段转入生产或使用阶段的一个重要标志。

竣工验收阶段的主要内容包括：

1）检验建设项目是否已按设计要求建成并满足生产要求。

2）检验主要的工艺设备是否经过联动负荷试车合格形成设计要求的生产能力。

3）检验职工宿舍等生活福利设施能否适应投产初期的需要。

4）检验生产准备工作是否能够适应生产初期的需要。

5）检验环境保护设施、劳动安全卫生设施、消防设施是否已按设计要求与主体工程同时建成使用。

7. 项目后评价阶段的内容

项目后评价是建设项目实施阶段管理的延伸，是建设项目经过一定阶段的生产运营后，由主管部门组织专家对项目的立项决策、设计、施工、竣工投产、生产运营全过程进行系统评价等技术经济活动的阶段。

建设项目竣工验收交付使用，只是工程建设完成的标志，而不是工程项目管理的终结。项目建设和运营是否达到投资决策时所确定的目标，只有经过生产经营或投入使用取得实际投资效果后，才能进行正确判断。项目后评价阶段是固定资产管理的一项重要内容，也是固定资产投资管理的最后一个环节，是将项目建成投产后所取得的实际效果、经济效益和社会效益、环境保护等情况与投资决策阶段的预测情况对比，进行的效益后评价和过程后评价。

项目后评价阶段的主要作用包括：

1）总结经验，解决遗留问题，提高工程项目的决策水平和投资效果。

2）实现生产运营目标，实现资金的回收与增值，从而实现项目建设的根本目标。

1.1.3 造价角度建设项目的分解

造价角度建设项目的分解

建设项目往往投资额巨大、建设周期长，就其投资构成或物质形态而言，是由众多部分组成的复杂而又有机结合的总体，相互之间存在着许多外部和内在的联系，因此，要对建设项目的投资耗费进行计量与计价，必须对建设项目进行科学合理的分解，使其划分为若干简单、便于计算的部分或单元。按照工程计量以及工程造价的确定与控制的需要，从工程造价的角度，通常将建设项目依次分解为单项工程、单位工程、分部工程和分项工程四个层次，从建设项目开始的各层次分解原则如下：

（1）建设项目　建设项目是指具有独立设计任务书和总体设计、经济上实行独立核算、行政上具有独立机构或组织形式，实行统一管理的基本建设单位，如工业建筑中的一个工厂，民用建筑中的一所学校、一家医院等。

（2）单项工程　单项工程是指一个建设单位中具有独立的设计文件、竣工后可以独立发挥生产能力或工程效益并有独立存在意义的工程，是建设项目的组成部分，也称为工程项目。单项工程在工业建筑中是指能够生产出设计所规定的主要产品的车间或生产线，以及其他辅助或附属工程，如工厂的生产车间、办公楼、职工食堂等；在民用建筑中是指能够独立发挥设计规定的使用功能和使用效益的各种建筑单体或独立工程，如学校的教学楼、图书馆、学生宿舍等。

一个建设项目可能有几个单项工程，也可能只有一个单项工程，如大型钢铁联合企业，应按编制总体设计文件的炼铁厂、炼焦厂、初轧厂、钢板厂等单项工程作为建设项目。

(3) 单位工程　单位工程是指具有单独设计，具备独立施工条件并能形成独立使用功能的工程，是单项工程的组成部分。一个单项工程可按照其专业构成分解为建筑工程和设备安装工程两类单位工程，其特点是完工后不能独立发挥生产能力或效益。例如，建筑工程中的一般土建工程、给排水工程、通风工程、电气照明工程等，以及设备安装工程中的机械设备及安装工程、电气设备及安装工程等均可独立作为单位工程。

(4) 分部工程　分部工程是指按照单位工程的不同结构、部位、施工工种、材料和设备种类所划分出来的中间产品，是单位工程的组成部分，是单位工程分解出来的结构更小的工程。如按建筑工程的不同结构、部位，一般土建单位工程可分为基础、墙体、梁柱、楼板、地面、门窗、装饰、屋面等分部工程；又可按材料结构综合分为木结构工程、金属结构工程、楼地面工程、屋面工程、耐酸防腐工程、装饰工程、筑炉工程等分部工程。

(5) 分项工程　分项工程是指按照分部工程中通过较为简单的施工过程就能完成的工程，并且可以采用适当的计量单位进行计算的建筑或设备安装工程，是工程造价计算的基本要素和计量单元。如砌筑分部工程可分为砖基础、实心砖墙、砌块墙等分项工程，混凝土及钢筋混凝土分部工程可分为模板、混凝土、钢筋等分项工程。

以工业厂房为例，造价角度建设项目分解示意图如图1-2所示。

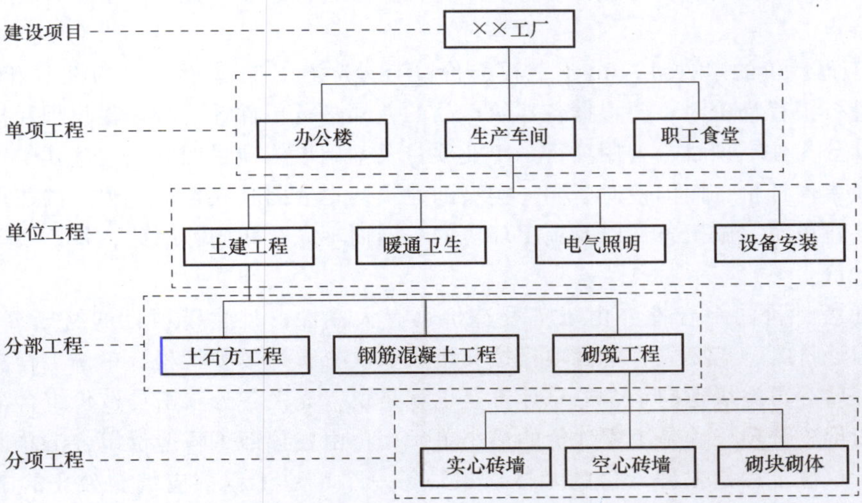

图1-2　造价角度建设项目分解示意图

1.1.4　工程造价及其计价特点

1. 工程造价的特点

由于建设项目的自身特点，建筑产品本身具有建设地点固定、建筑类型多样、实物体积庞大、消耗资源多，以及建设周期长、建设程序阶段多、涉及面广、协作性强等特征。因此，工程造价具有差异性、大额性和阶段性的特点。

工程造价及其计价特点

(1) 工程造价的差异性　建设项目因其性质不同，都有其特定的规模、功能和用途，并且在建筑外观造型、装修以及内部结构和分隔方面都会有差异，这些差异就形成了工程造价的差异性。即便是同种类型、具有同样功能的建设项目，如果处于不同的地区、地点或建设时间，其工程造价也会有所差别。因此，工程造价具有绝对的差异性。

(2) 工程造价的大额性　建筑产品与其他产品不同，往往具有体积大、占地面积广、耗费资源多且建设周期长的特征，因此任何建设项目或单项工程的造价均具有大额性，少则几十万元，多则几百万元、几千万元、几亿元甚至更高。工程造价的大额性决定了工程造价对宏观经济的重大影响，说明了工程造价的特殊地位。

(3) 工程造价的阶段性　随着工程建设的进展，在项目基本建设程序的各个阶段，同一工程的造价也会有不同的名称和内容，这就是工程造价的阶段性。如建设项目决策阶段的工程造价，因拟建工程的相关建设数据尚处于估测阶段，所以形成的是误差较大的投资估算；建设项目设计阶段的工程造价，随着设计资料的不断完善，形成的是设计概算，是该项工程基本建设投资的最高限额；建设项目施工阶段的工程造价，随着工程变更、现场签证，以及材料价格、计算费率等的变化，加入合同调整价款后形成的是反映工程实际造价的结算文件等。

2. 工程计价的特点

工程计价是对工程造价的计算，也就是对建设项目及其对象在各阶段建造费用的计算，与工程造价的特点相对应，工程计价具有单件性、组合性、多次性、方法多样性，以及依据复杂性的特点。

(1) 工程计价的单件性　由于工程造价具有差异性，且建设项目的性质和用途各异。因此，在进行工程计价时，要根据各建筑产品的差异进行单件计价。如建设项目按照功能分类时，可划分为住宅项目、公用项目、工业项目及基础设施项目四类，这些建筑产品在进行计价时必须单件计价，而即使对于同一类型的建筑，也会因其在建造过程中的建设地点、建设时间、参建单位、施工条件以及施工环境的不同而不完全相同，因此，每一个建设项目都是单件性计价。

(2) 工程计价的组合性　由于工程造价具有大额性，且建设项目的组成复杂。因此，在进行工程计价时，需要先将建设项目按其组成依次分解为单项工程、单位工程、分部工程和分项工程后，再逐级逆向组合汇总计价。也就是说，先由各分项工程造价组合汇总得到各分部工程造价，分项工程是工程计价的最小单元；再由各分部工程造价组合汇总形成各单位工程造价，单位工程是工程计价的基本对象，每一个单位工程都应编制独立的工程造价文件；然后由各单位工程造价组合汇总形成各单项工程造价；最后由各单项工程造价组合汇总形成建设项目造价。以公用工程为例，组合性计价的过程如图 1-3 所示。

(3) 工程计价的多次性　由于工程造价具有阶段性，且项目是按规定的工程建设程序进行建造的。因此，在工程建设程序的各个阶段，根据工程建设过程由粗到细、由浅入深的渐进过程，要对应进行多次的工程计价，形成各阶段的工程造价文件，以适应工程建设过程中各方经济关系的建立，适应全方位项目管理的要求。如项目建议书和可行性研究阶段需要编制投资估算造价，设计阶段需要编制设计概算，发承包阶段需要确定工程合同价，施工阶段需要进行施工预算及中间结算，竣工验收阶段需要编制竣工结算及竣工决算，这个过程体现了工程计价的多次性，也称为动态性计价。

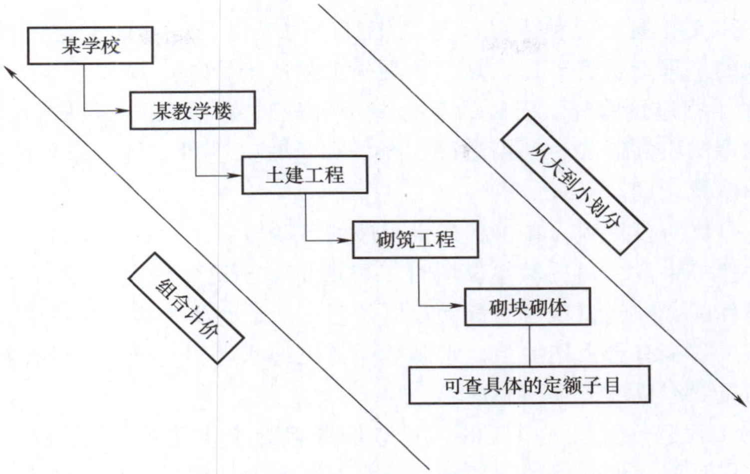

图 1-3　工程造价的组合性计价的过程示意图

（4）工程计价的方法多样性　在工程建设程序的各个阶段，对于工程造价文件的内容和精确性的要求是不同的。因此，工程计价的方法也各不相同。以建设项目投资决策阶段为例，在项目建议书和可行性研究两个阶段，需要编制的工程造价文件均为投资估算，虽然费用内容基本相同，但由于精确度的要求不同，项目建议书中的投资估算往往采用简单的匡算法，依据类似已建项目的生产规模及造价额即可确定，如生产能力指数法等；而详细可行性研究阶段的投资估算则必须采用精度比较高的估算方法，如依据投资估算指标进行计价的指标估算法。因此，不同方法有不同的适用条件，计价时应根据具体情况加以选择。

（5）工程计价依据的复杂性　工程造价的诸多影响因素决定了工程计价依据的复杂性，具体可分为以下几类：

1）工程量计算依据，包括项目建议书、可行性研究报告、设计文件等。

2）生产要素（人工、材料、机械）等实物消耗量计算依据，包括投资估算指标、概算指标、概预算定额、造价指数等。

3）工程单价计算依据，包括人工单价、材料价格、材料运杂费、机械台班费、物价指数等。

4）措施费等费用计算依据，包括相关的费用定额和指标、政府规定的税费计取标准等。

1.2 工程造价管理概述

1.2.1 工程造价管理的内涵

从学科意义上讲，工程造价管理是指以建设项目为研究对象，综合运用工程技术、法律法规、经济学、管理学等方面的知识与技能，以效益为目标，对工程造价进行预测、计划、控制、核算、分析和评价的过程，是一门与技术、经济、管理相结合的交叉而独立的学科。

1. 工程造价管理的两重含义

工程造价有广义和狭义两种含义，与之相对应的工程造价管理也是指两种意义上的管理：一是，宏观的工程造价管理；二是，微观的工程造价管理。

（1）宏观的工程造价管理　宏观的工程造价管理对应广义的工程造价，是指政府部门根据社会经济发展的实际需要，利用法律、经济和行政等手段，规范市场主体的价格行为，监控工程造价的系统活动。

具体而言，是针对投资项目在工程建设程序的各阶段，全过程、全方位、多层次地运用技术、经济及法律等手段，通过对建设项目工程造价的预测、优化、控制、分析、监督等，以获得资源的最优配置和建设项目的最大投资效益。从该意义上讲，工程造价管理与工程发承包、质量、施工安全有着密切关系，它既是保证工程质量和安全生产的前提和保障，也是建筑市场管理的重要组成部分和核心内容。

（2）微观的工程造价管理　微观的工程造价管理对应狭义的工程造价，是指建设项目参建主体根据工程有关计价依据和市场价格信息等预测、计划、控制、核算工程造价的系统活动。

具体而言，微观的工程造价管理是指从货币形态来研究完成一定建筑安装产品的费用构成，以及如何运用各种经济规律和科学方法，对建设项目的立项、筹建、设计、施工、竣工交付使用的全过程的工程造价进行合理确定和有效控制。

2. 宏观与微观工程造价管理的关系

宏观与微观工程造价管理，既是一个统一体，又是相互区别的个体，主要区别体现在以下两个方面：

（1）两种含义的管理性质不同　宏观的工程造价管理属于投资管理范畴，微观的工程造价管理则属于价格管理范畴。

（2）两种含义的管理目标不同　宏观的工程造价管理作为项目投资费用管理，在进行项目决策和实施过程中，追求的是决策的正确性，关注的是项目功能、工程质量、投资费用以及项目能否按期或提前交付使用。微观的工程造价管理作为工程价格管理，关注的是工程的利润成本，追求的是较高的工程造价和实际利润。

1.2.2　工程造价管理的内容

工程造价管理的核心内容是合理确定工程造价和有效控制工程造价。其中，工程造价的合理确定是工程造价控制的基础和载体，工程造价的有效控制则需要贯穿于工程造价确定的全过程，只有在工程建设的各个阶段进行层层动态控制，才能最终合理地确定工程造价。因此，工程造价管理的两项内容之间存在着相互依存、相互制约的辩证关系，二者相辅相成，共同达成建设项目的最终目标。

1. 合理确定工程造价

工程造价管理内容是指在工程建设过程的各个阶段，合理地进行工程计价，也就是说，在工程建设程序的各个阶段，分别合理确定投资估算、设计概算、施工图预算、工程结算和竣工决算造价。工程建设程序各个阶段与需要确定的工程造价对应关系如图 1-4 所示。

（1）投资决策阶段合理确定投资估算价　建设项目的投资决策阶段包括项目建议书及可行性研究两个阶段，均需要编制投资估算。其编制单位是工程咨询单位，编制依据主要是投资估算指标。投资估算是基本建设前期，建设单位向国家申请拟立建设项目或国家对拟立项目进行决策时，确定建设项目相应投资总额而编制的经济文件。它是建设项目的资金筹措以及向金融机构申请贷款的主要依据。

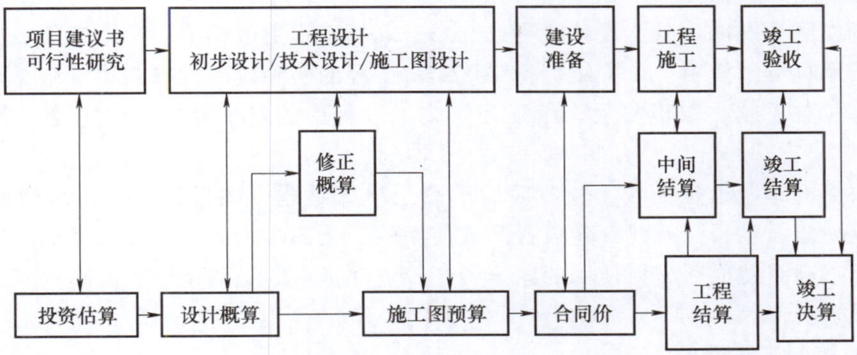

图 1-4　工程建设程序各阶段与需要确定的工程造价对应关系

（2）工程设计阶段合理确定设计概算价　初步设计阶段需要编制设计概算，编制单位是设计单位，编制依据主要包括初步设计图纸、概算定额或概算指标、各项费用计取规定或取费标准等。设计概算是确定建设项目从筹建到竣工验收、交付使用的全部建设费用的文件；根据设计总概算确定的投资数额，经主管部门审批后，就成为该项工程基本建设投资的最高限额。需要注意：如果项目存在技术设计阶段，则还需要根据技术设计要求，进行修正概算的编制，修正概算是对初步设计概算的修正和调整，比设计概算准确度高，但受设计概算控制。

（3）建设准备阶段合理确定施工图预算价及合同价　施工图设计及其完成后的建设准备阶段需要编制施工图预算，编制单位可能是设计单位、建设单位、工程咨询单位或施工单位，编制依据主要包括施工图纸、施工组织设计和国家规定的现行工程预算定额、单位估价表及各项费用的取费标准、建筑材料预算价格、建设地区的自然和技术经济条件等资料。根据施工图预算，可以确定最高投标限价、投标报价和承包合同价。施工图预算既是编制施工组织设计、进行成本核算的依据，也是拨付工程款和办理竣工结算的依据。

合同价是指工程发承包阶段通过签订合同所确定的价格，属于市场价格。它是由发承包双方根据市场行情通过招投标等方式达成一致、共同认可的工程最终交易价格，但并不等同于最终结算的实际工程造价。

（4）工程施工阶段合理确定施工预算价及中间结算价　工程施工阶段需要编制施工预算，编制单位是施工项目经理部或施工队，编制依据包括施工图、施工定额（包括劳动消耗定额、材料消耗定额和机具消耗定额）、单位工程施工组织设计或分部（项）工程施工过程方案设计，以及降低工程成本技术组织措施等资料。施工预算既是施工企业内部编制施工进度、材料、劳动力等计划和限额领料的依据，也是考核单位用工、进行经济核算及“两算对比”（即施工图预算与施工预算对比）的依据。

工程结算包括施工过程中的中间结算和竣工结算，施工阶段的中间结算由施工单位编制，经建设单位或其委托的工程监理单位按实际完成的合同范围内的合格工程量考虑，同时按合同调价范围和调价方法，对实际发生的工程量增减、设备和材料价差等进行调整后据实确认审批，并按合同约定支付。

（5）竣工验收阶段合理确定竣工结算价和竣工决算价　竣工验收阶段的竣工结算，编制单位是施工单位，由建设单位或其委托的工程造价咨询单位审查。编制依据主要包括施工过程中现场实际情况的记录、设计变更通知书、现场工程更改签证、预算定额、材料预算价格和各项费用标准等资料。工程结算价是该结算工程的实际建造价格，竣工结算是向建设单位办理结算工程价款、取得收入、用于补偿施工过程中的资金耗费、确定施工盈亏的经济文件。

竣工决算的编制也是在竣工验收阶段。竣工决算是建设项目完工后，由建设单位编制的、能够反映建设项目从筹建到建成投产或使用的、全部实际成本的技术经济文件。竣工决算明确了工程项目建成后交付使用的固定资产及流动资金的详细情况和实际价值，是建设项目的实际投资总额。

2. 有效控制工程造价

有效控制工程造价是指在优化建设方案和设计方案的基础上，在工程建设程序的各个阶段，采用相应的科学有效的方法和措施把工程造价所发生的费用均控制在核定的造价限额合理范围以内，随时分析并纠正其发生的偏差，以保证工程造价管理目标的实现。

（1）工程造价的有效控制过程　工程造价的有效控制是指每一个阶段的造价额都在其上一个阶段造价额的控制范围内，由投资估算控制设计概算、设计概算控制施工图预算、施工图预算控制工程结算，即投资估算、设计概算、施工图预算、工程结算之间是大于或等于的关系，工程造价的有效控制过程如图 1-5 所示。

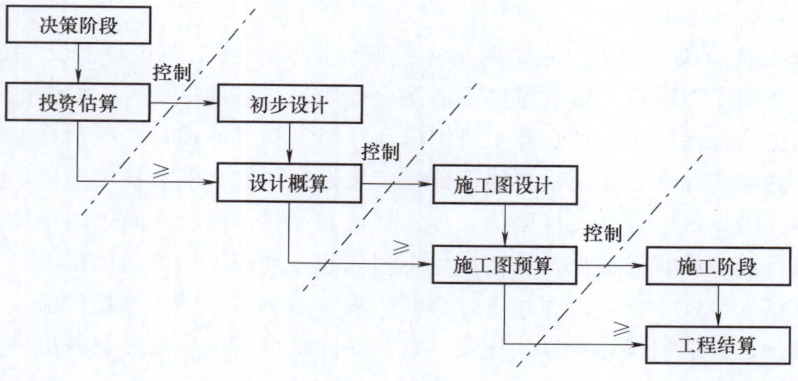

图 1-5　工程造价的有效控制过程

反之，如果投资估算、设计概算、施工图预算、工程结算之间任意两项出现了小于的关系，即为工程造价的“三超”现象，则反映出工程造价管理的过程是失控的，结果是失效的。

（2）工程造价有效控制的主要内容　为保证工程造价的有效控制，在工程建设程序的各个阶段，工程造价管理有着不同的工作内容，其目的是在优化建设方案、设计方案、施工方案的基础上，有效控制建设项目的实际支出费用。

1）工程项目策划与决策阶段的主要内容。按照有关规定编制和审核投资估算，经有关部门批准，即可作为拟建项目的控制造价；基于不同的投资方案进行经济评价，作为建设项目决策的重要依据。

2）工程设计阶段的主要内容。在限额设计、优化设计方案的基础上编制和审核设计概算、施工图预算。对于政府投资建设项目，经有关部门批准的设计概算将作为拟建项目造价的最高限额。

3）工程发承包阶段的主要内容。通过招投标过程，发包人完成招标策划，编制和审核工程量清单，确定最高投标限价或标底；承包人确定投标报价及其策略，直至双方确定承包合同价。

4）工程施工和竣工阶段的主要内容。进行工程计量及工程款支付管理，实施工程费用动态监控，处理工程变更和索赔；编制和审核工程结算、编制竣工决算，处理工程保修费用等。

（3）工程造价有效控制的原则　为保证建设项目在整个工程建设程序及其各个阶段都能有效控制工程造价，应遵循以下原则：

1）实施以设计阶段为重点的工程建设全过程造价控制。工程造价控制贯穿于工程建设的全过程，最关键的环节在于投资决策和设计阶段，在项目投资决策后，控制工程造价的关键在于设计，设计质量将决定整个工程建设的效益。

2）变被动控制为主动控制工程造价，提高控制效果。根据控制措施制定的出发点，可将控制的方法分为主动控制和被动控制两种。其中，主动控制是积极的，被动控制是不可缺少的，两者相辅相成，重在目标的实现。对于工程造价控制，不仅要反映投资决策、设计、发包和施工，进行被动的控制；更要能动地影响投资决策、设计、发包和施工，进行主动的控制。

3）技术与经济相结合，控制工程造价。对于工程造价的控制，还应从组织、技术、经济、合同管理等多方面采取措施：①组织管理是指从组织上明确项目组织结构以及管理职能分工；②技术管理是指从技术上重视设计方案的选择，严格审查设计资料及施工组织设计；③经济管理是指从经济上动态地比较工程造价的计划值和实际值，对发现的偏差及时纠正；④合同管理是指从合同上做好工程的变更和索赔管理。技术与经济相结合是控制工程造价最有效的手段，应通过技术比较、经济分析和效果评价，在经济合理的基础上追求技术先进，将工程造价的控制整合到各项设计和施工技术措施之中。

1.2.3 全面造价管理的范围

国际造价工程联合会（International Cost Engineering Council，简称ICEC）给出了全面造价管理（Total Cost Management，简称TCM）的定义，并明确了其范围。全面造价管理是指有效地利用专业知识和专门技术，对资源、成本、盈利和风险进行计划和控制；全面造价管理的范围包括全寿命周期造价管理、全过程造价管理、全要素造价管理、全风险造价管理和全方位造价管理。

1. 全寿命周期造价管理

全寿命周期造价管理是针对建设工程的全寿命周期造价进行的管理，全寿命周期造价是指建设项目的初始建造成本、建成后的日常使用成本以及拆除成本三项之和，内容涵盖了策划决策、建设实施、运行维护及拆除回收各阶段的费用。

由于在建设工程全寿命周期的不同阶段，工程造价存在诸多不确定性。因此，全寿命周期造价管理的主要作用是作为一种实现建设项目全寿命周期的造价最小化的指导思想，指导建设工程投资决策及实施方案的选择。

2. 全过程造价管理

全过程造价管理是指覆盖建设工程策划决策及建设实施各阶段的造价管理，通过对建设项目在决策阶段、设计阶段、施工阶段和竣工验收阶段的造价管理，将各阶段的工程造价发生额控制在预期的限额之内，即投资估算控制设计概算、设计概算控制施工图预算、施工图预算控制工程结算，并对各阶段产生的造价偏差进行及时分析与纠正，以确保建设项目投资目标的顺利实现。

全过程造价管理主要内容包括：

1）决策阶段的项目策划、投资估算、项目经济评价、项目投融资方案分析。

2）设计阶段的限额设计、方案比选、概预算编制。

3）招投标阶段的标段划分、发承包模式及合同形式的选择、最高投标限价、投标报价的编制。

4）施工阶段的工程计量与结算、工程变更控制、索赔管理。

5）竣工验收阶段的竣工决算等。

3. 全要素造价管理

全要素造价管理是指对于项目在基本建设过程中的各种主要造价影响因素所进行的集成管理。工程的质量、造价、进度、安全是保证建设项目顺利完成、实现项目管理目标的重要因素，与此同时，工程的质量、进度、安全对工程造价也有着显著的影响，如施工过程中要保证或合理缩短工期、严格控制质量和安全，方可有效节约建造成本，实现项目的造价控制目标。因此，全要素造价管理的主要内容包括对建设项目的建造成本、工期成本、质量成本、安全与环保成本的集成管理。

全要素造价管理需要通过对各个要素的造价影响情况、影响程度以及影响的发展趋势等进行分析预测后，应用合理的措施协调和平衡这些要素与造价之间的对立统一关系，从而保证对于建设项目造价影响要素的有效控制。

4. 全风险造价管理

全风险造价管理是指对于工程建设程序各个阶段中影响造价的不确定性因素进行风险识别、评估、处理以及监控管理的过程。其主要内容包括集合各项不确定性因素，增强主观防范风险意识，客观分析预见各种可能发生的风险，提前做好造价风险的预案评估，及时处理所发生的风险，并采取各种措施降低造价风险所造成的损失。

在进行全风险造价管理过程中，需要注意：建设项目的造价风险并非一成不变，最初识别并确定的风险事件及风险性造价可能会随着实施条件的变化而变化，其程度也可能随之变化。因此，要视项目环境与条件的变化进行动态的造价风险管理，随着工程的进展，不断进行项目新的造价风险的识别、评估与处理，直至项目结束达成目标为止。

5. 全方位造价管理

全方位造价管理，也称为全团队造价管理，是指建设项目的参建各方均应对工程实施有效的造价管理，主要是通过业主、监理方、设计方、施工方以及材料设备供应商等各利益主体之间形成的合作关系，做到共同获利，实现双赢。

全方位造价管理要求参建各方牵涉各个利益集团的人员进行及时的信息交流，加强各个阶段的协作配合，认识到建设工程造价管理不仅是建设单位或承包单位的任务，还是政府建设主管部门、行业协会、建设单位、监理单位、设计单位、施工单位以及工程咨询机构的共同任务，才能最终实现有效控制工程造价的目标。

综上所述，在工程造价管理的范围中，不仅要从技术层面上开展全寿命周期、全过程、全要素、全风险造价管理，还要从组织层面上对项目参建各方团队的成员进行管理，为技术方面的实施提供组织保障，从而有效开展全面造价管理工作。

1.2.4 工程造价管理的组织系统

工程造价管理的组织系统是指为实现工程造价管理目标而开展有效的组织活动，履行工程造价管理职能的有机群体。我国设置了包括政府行政管理系统、企事业单位管理系统，以及行业协会管理系统在内的多部门、多层次的工程造价管理机构，并规定了各自相应的管理权限和职责范围。

1. 政府行政管理系统

政府在工程造价管理中既是宏观管理主体，也是政府投资项目的微观管理主体。从宏观管理的角度，政府对工程造价管理有着严密的组织系统，主要包括国务院建设主管部门、国务院其他部门，以及省、自治区、直辖市的工程造价管理机构，并各司其职。

（1）国务院建设主管部门的工程造价管理机构　该层级的工程造价管理机构的主要职责包括：

1）组织制定工程造价管理有关标准、制度并监督实施。

2）组织制定全国统一经济定额、工期定额、经济参数及建设项目评价方法。

3）制定并监督实施本部门经济定额。

4）制定并监督执行全国工程造价管理专业人员职业资格准入标准。

（2）国务院其他部门的工程造价管理机构　该层级包括水利、水电、水运、电力、石油、石化、机械、冶金、铁路、煤炭、建材、林业、有色金属、核工业、公路等行业和军队的工程造价管理机构。其主要职责包括修订、编制和解释相应的工程建设标准定额，有的还担负本行业大型或重点建设项目的概算审批、概算调整等职责。

（3）省、自治区、直辖市的工程造价管理机构　该层级的工程造价管理机构的主要职责是修编、解释当地定额、收费标准和计价制度等，并负责开展工程造价审查与核查、提供造价信息、处理合同纠纷等事项。

2. 企事业单位管理系统

企事业单位的工程造价管理属于微观管理，指的是包括设计单位、工程造价咨询单位和工程承包单位等的造价管理内容。

（1）设计单位和工程造价咨询单位　设计单位、工程造价咨询单位等企业主要是通过工程造价管理业绩，赢得声誉，提高市场竞争力。其主要职责包括：

1）按照建设单位或委托方意图，在可行性研究和规划设计阶段合理确定和有效控制工程造价，通过限额设计等手段实现设定的造价管理目标。

2）在招标投标阶段编制招标文件、最高投标限价或标底，参加评标、合同谈判等工作。

3）在施工阶段通过工程计量与支付、工程变更与索赔管理等控制工程造价。

（2）工程承包单位　作为工程承包单位的施工企业，造价管理是其自身目标管理的重要内容，往往设有专门的职能机构参与企业投标决策，并通过市场调查研究，利用积累的经验，研究报价策略、编制报价文件；在施工过程中，通过工程造价的动态管理，注意各种调价因素的发生，及时进行工程价款的结算，以促进企业盈利，避免收益流失。

3. 行业协会管理系统

工程造价管理组织系统中的行业协会包括中国建设工程造价管理协会和地方建设工程造价管理协会。

（1）中国建设工程造价管理协会　中国建设工程造价管理协会（China Cost Engineering Association，简称 CCEA）简称“中价协”，是由工程造价咨询企业、注册造价工程师、工程造价管理单位以及与工程造价相关的建设、设计、施工、教学、软件等领域的资深专家、学者自愿结成的全国性、行业性社会团体，是非营利性社会组织。中价协的主要宗旨是规范工程造价咨询行业执业行为，引导会员遵守职业准则，推动行业诚信建设。中价协为合理确定和有效控制建设项目工程造价，提高投资效益，在推进经济社会又快又好地持续发展中充分发挥桥梁和纽带作用。

（2）地方建设工程造价管理协会　为增强对各地工程造价咨询工作和造价工程师的行业管理，近年来，我国在各省、自治区、直辖市所属区域先后成立了地方建设工程造价管理协会。中国建设工程造价管理协会与地方建设工程造价管理协会之间是平等、协商、相互支持的关系，地方建设工程造价管理协会接受中国建设工程造价管理协会的业务指导，共同促进全国工程造价管理行业管理水平的整体提升。

1.3 工程造价管理发展及制度

1.3.1 国外工程造价管理的发展

随着国际建筑业的发展，世界各国越来越重视工程造价管理，虽然各国发展水平、具体国情不同，工程造价管理在不同的区域有不同的方式和管理形式，但英国、美国和日本等发达国家的工程造价管理已在科学化、规范化、程序化的轨道上运行，形成了许多值得借鉴的国际惯例，已成为主要的工程造价管理模式。

1. 英国工程造价管理的现状及特点

（1）英国工程造价管理的现状　英国的工程造价管理至今已有近 400 年的历史，是世界上最早出现工程造价咨询行业并成立相关行业协会的国家，且其联邦成员国和地区分布较广，时至今日，其工程造价管理模式在世界范围内仍具有较强的影响力。

英国的工程造价咨询公司被称为工料测量师行。工料测量师行成立的条件必须符合政府或相关行业协会的有关规定，行业协会主要负责管理工程造价专业人员、编制工程造价计量标准，发布相关造价信息及造价指标。其经营内容较为广泛，涉及建设工程全寿命周期各个阶段，主要包括：

1）项目策划咨询、可行性研究、成本计划和控制、市场行情的趋势预测。

2）招标投标活动及施工合同管理。

3）建筑采购、招标文件编制。

4）投标书分析与评价，标后谈判，合同文件准备。

5）工程施工阶段成本控制、财务报表、洽商变更。

6）竣工工程决算，合同索赔保护。

7）成本重新估计。

8）对承包商破产或被并购后的应对措施。

9）应急合同财务管理及后期物业管理等。

在英国，根据建设项目投资来源的不同，分为政府投资工程和私人投资工程，这两类工程分别采用不同的工程造价管理方法，但通常都需要聘请工料测量师行进行业务合作。其中，政府投资工程是由政府有关部门负责管理，包括计划、采购、建设咨询、实施和维护，对从工程项目立项到竣工各个环节的工程造价控制都较为严格，遵循政府统一发布的价格指数，通过市场竞争形成工程造价。目前，英国政府投资工程占整个国家公共投资的50%左右，在工程造价业务方面要求必须委托给相应的工料测量师行进行管理，而英国建设主管部门的工作重点则是制定有关政策和法律，以全面规范工程造价咨询行为。对于私人投资工程，政府通过相关的法律法规对此类工程项目的经营活动进行规范和引导，只要在国家法律允许的范围内，政府一般不予干预。

（2）英国工程造价管理的特点　英国工程造价管理发展至今，具有以下特点：

1）政府的适度调控。对于政府投资的工程项目，由财政部门依据不同类别工程的建设和造价标准，并考虑工程造价的其他影响因素等确定投资额；对于私人投资的工程项目，政府只进行政策引导和信息指导，投资者一般是委托中介组织进行投资估算，政府不干涉具体实施过程。

2）合理的计量与计价依据。英国无统一定额，由专业学会或协会负责编制的工程量计算规则，如英国皇家特许测量师学会（Royal Institution of Chartered Surveyors，简称 RICS）组织制定的《建筑工程量标准计算规则》（SMM）以及《新测量规则》（NRM）等，就成为参与工程建设的各方共同遵守的计量、计价的基本规则，投标报价原则上是按单价合同方式进行，即合同中的工程量清单项目综合单价在合同约定的条件内固定不变，超过合同约定条件时，依据合同约定进行调整。

3）市场化的动态估价和控制。英国的工程造价管理是通过立项、设计、招标签约、施工过程结算等阶段性工作，贯穿于工程建设的全过程，在既定的投资范围内随阶段性工作的不断深化，使工期、质量、造价的预期目标得以实现。

2. 美国工程造价管理的现状及特点

（1）美国工程造价管理的现状　美国的建筑业十分发达，具有投资多元化和高度现代化、智能化的建筑技术与管理相结合的行业特点，拥有高度发达的市场经济，而美国的工程造价管理正是建立在高度发达的自由竞争市场经济基础之上的。

美国的建设工程主要分为政府投资和私人投资两大类，其中，私人投资工程占整个建筑业投资总额的60%~70%。美国没有主管建筑业的政府部门，因而也没有主管工程造价咨询业的专门政府部门，工程造价咨询业完全由行业协会管理。工程造价咨询业涉及多个行业协会，如美国土木工程师协会、总承包商协会、建筑标准协会、工程咨询业协会、国际工程造价促进会等。

美国政府部门没有统一发布工程量规则和工程定额，但这并不意味着美国的工程造价管理中的计量与计价无章可循。美国也有着统一的工程分项细目划分标准及编码体系，如美国建筑标准协会（Construction Specification Institute，简称 CSI）发布的建筑信息编码中线分类法 Masterformat 和 Uniformat，以及面分法与线分法相结合的 OmniClass 等，这些工程分类和编码体系已应用于大量的建筑工程中。

（2）美国工程造价管理的特点　美国工程造价管理发展至今，具有以下特点：

1）已形成较完备的法律及信誉保障体系。美国的工程造价管理是建立在相关的法律制度基础上的，以合同管理为例，美国的建筑行业对于合同的管理非常严格，在业主、承包商、分包商以及提供咨询服务的第三方之间，都必须采用合同的方式开展业务，对于合同当事人各方都有着严格的法律制约，必须按合同约定履行相应的权利和义务。美国的工程造价咨询企业自身具有较为完备的合同管理体系和完善的企业信誉管理平台，各企业均将自身的业绩和荣誉视为企业长期发展的重要条件。

2）已形成较成熟的社会化管理体系。美国的工程造价咨询业实行“小政府、大社会”的行业管理模式，主要依靠政府和行业协会的共同管理与监督。美国的相关政府管理机构对整个工程造价咨询行业的发展进行宏观调控，具体管理工作则主要依靠行业协会，由行业协会更多地承担起对专业人员和法人团体的监督和管理职能。

3）拥有现代化管理手段。美国在工程造价管理方面广泛应用信息技术，通过采用先进的计算机技术和现代化的网络信息技术，使工程造价咨询公司收集、整理和分析各种复杂、繁多的工程项目数据成为可能，同时也大幅提高了工程项目管理各方之间的沟通与文件传递等事项的工作效率，并可及时、准确地提供市场信息。

4）已形成完全市场化的工程造价管理模式。美国在没有全国统一的工程量计算规则和计价依据的情况下：一方面，主要是由各级政府部门制定各自管辖的政府投资工程相应的计价标准；另一方面，则由承包商根据自身积累的经验进行报价。与此同时，工程造价咨询公司依据自身积累的造价数据和市场信息，协助业主和承包商对工程项目提供全过程、全方位的管理与服务。

3. 日本工程造价管理的现状及特点

（1）日本工程造价管理的现状　工程积算制度是日本工程造价管理所采用的主要模式，日本建筑积算协会作为全国工程咨询的主要行业协会，其主要的服务范围是：

1）推进工程造价管理的研究，工程量计算标准的编制，建筑成本等相关信息的收集、整理与发布。

2）专业人员的业务培训及个人执业资格准入制度的制定与具体执行等。

工程造价咨询公司在日本被称为工程积算所，主要由建筑积算师组成。工程积算所一般向委托方提供以工程造价管理为核心的全方位、全过程的工程咨询服务，其主要业务范围包括工程项目的可行性研究、投资估算、工程量计算、单价调查、工程造价细算、标底价编制与审核、招标代理、合同谈判、变更成本积算、工程造价后期控制与评估等。

工程造价咨询行业由日本政府建设主管部门和日本建筑积算协会统一进行业务管理和行业指导。其中，政府建设主管部门负责制定发布工程造价政策、相关法律法规、管理办法，并对工程造价咨询业的发展进行宏观调控。

（2）日本工程造价管理的特点　日本工程造价管理发展至今，具有以下特点：

1）日本工程造价实行的是全过程管理，从调查阶段、计划阶段、设计阶段、施工阶段、监理检查阶段、竣工阶段直至保修阶段均严格管理。

2）日本建筑学会成本计划分会制定了日本建筑工程分部分项定额，编制了工程费用估算手册，并根据市场价格波动变化情况进行定期修改，实行动态管理。

3）日本政府有关部门对所投资的公共建筑、政府办公楼、体育设施、学校、医院、公寓等项目，除负责统一组织编制并发布计价依据以确定工程造价外，还对这些公建项目的工程造价实施全过程的直接管理。

4. 国外工程造价管理的特点

国外工程造价管理具有以下特点：

1）行之有效的政府间接调控。这主要体现在将控制重点放在政府投资项目上，对于私人项目通过政策引导和信息指导进行间接调控。

2）有章可循的工程计价依据。这主要体现在有关工程造价的工程量计算规则、指标、费用标准等，一般由专业协会、大型工程咨询公司制定。

3）多渠道发布的工程造价信息。这主要体现在对工程造价指数等各类工程造价信息的及时发布与应用过程中。

4）动态估价及通用的合同文本。这主要体现在造价师以市场状况为依据，通过调整预备费率等方法实现动态估价，以及在工程实施过程中采用通用的合同文本，保证了有效的合同管理。

5）重视实践过程中的造价控制。这主要体现在以市场为中心，对造价计划执行过程中的问题给予及时分析与解决，重视工程变更的处理，实现工程造价的动态控制过程。

1.3.2 我国工程造价管理的发展

1. 我国工程造价管理的发展历程

中华人民共和国成立后，我国参考苏联的工程建设经验和管理方法，确定了“三性一静”的概预算制度，核心内容是定额的统一性、综合性、指令性及工、料、机价格的静态性，实行集中管理为主的分级管理，同时也要求加强施工企业内部的定额管理。之后逐步建立了一套与计划经济体制相适应的定额管理体系，并陆续颁布了多项工程造价管理规章制度和定额，在国民经济的复苏与发展过程中起到了非常重要的作用。

改革开放以来，我国在工程造价管理理论的建立与方法的研究实践方面均有了长足的进步与发展，工程造价计价依据和方法不断改革，工程造价管理体系不断完善，工程造价咨询行业也得到了快速发展。先是成立了标准定额司以及中国建设工程造价管理协会，在全国颁布了一系列推动工程造价管理发展的文件，并颁布了多项概预算定额及投资估算指标。然后，为适应市场经济体制，在传统定额计价模式的基础上开始大力推行工程量清单计价模式，从计量计价方法、工程合同价款约定、承发包双方风险、措施费的计算细化、工程价款的调整与结算等方面都做出了重大的调整与改革。

为了促进工程量清单计价体系更加完善，更加适应建筑市场和工程实际的需求，我国的2014年发布的《住房城乡建设部关于进一步推进工程造价管理改革的指导意见》提出要健全市场决定工程造价制度，为“企业自主报价、竞争形成价格”提供制度保障，同时提出要以工程量清单为核心，构建科学合理的工程计价依据体系。

2. 我国工程造价管理的发展趋势

随着我国经济发展水平的不断提高，以及工程量清单计价模式的不断完善，建筑市场价格运行机制的核心已由计划经济时期的基本概预算定额管理体制向工程造价管理体制转换，工程造价管理体制成为基本建设管理制度的重要组成部分。近年来，我国工程造价管理呈现出市场化、专业化、国际化和数字化发展趋势。

（1）工程造价管理的市场化发展趋势　为充分发挥市场在资源配置中的决定性作用，促进建筑业转型升级，以改善目前存在的定额等计价依据不能很好地满足市场需要、造价信息服务水平不高、造价形成机制不够科学等问题，2020 年 7 月发布的《住房和城乡建设部办公厅关于印发工程造价改革工作方案的通知》（建办标〔2020〕38 号）明确指出，要正确处理政府与市场的关系，通过改进工程计量和计价规则、完善工程计价依据发布机制、加强工程造价数据积累、强化建设单位造价管控责任、严格施工合同履约管理等措施，推行清单计量、市场询价、自主报价、竞争定价的工程计价方式，进一步完善工程造价市场形成机制。这也代表着我国整个建设领域工程造价管理的市场化发展方向。

（2）工程造价管理的专业化发展趋势　作为服务型的第三产业组成部分，工程造价咨询企业在经过长期的市场细分和行业分化后，应避免都走“大而全”的规模化道路，大部分企业应朝着集约化规模化走向，往更加适合自身特长的专业化方向发展。工程造价咨询企业实施专业化发展的优越性在于经验丰富，人员精干，服务更加专业，更有利于保证工程造价咨询质量，防范专业风险的能力更强。

（3）工程造价管理的合伙制经营发展趋势　在我国工程造价咨询企业专业化的同时，对于日益复杂、涉及专业较多的建设项目而言，势必引发和增强企业之间尤其是具有不同专长的企业之间的强强联手和相互配合。同时，不同企业之间的优势互补、相互合作，也将给目前大多数公司制工程造价咨询企业在经营模式方面带来转变，促使企业进一步朝着合伙制经营模式自我完善和发展。工程造价咨询企业的合伙制是发达国家在其完善的工程保险制度下采用的典型组织模式。合伙制企业因对其组织方面具有强有力的风险约束性，能够促使其不断强化风险意识，提高咨询质量，保持较高的专业水平。因此，鼓励及加速实现我国工程造价咨询企业合伙制经营，是提高企业竞争力的有效手段，也是我国工程造价咨询企业未来发展的主要组织模式。

（4）工程造价管理的国际化发展趋势　随着全球经济化趋势，我国经济也日益融入全球资本市场，我国的外资和跨国项目不断增多，这些建设项目遵循国际惯例，大多需要通过国际招标、咨询等方式运作，同时，我国政府和企业在海外投资和经营的建设项目也在不断增加。“一带一路”倡议的推进，国内市场国际化，国内外市场的全面融合，使得我国工程造价管理的国际化成为一种趋势。海外工程造价咨询机构在长期的市场竞争中已形成其独特的核心竞争力，在资本、技术、管理、人才、服务等方面均占有一定优势。面对日益严峻的市场竞争，我国工程造价咨询企业应以市场为导向，转换经营模式，增强应变能力，在竞争中求生存，在拼搏中求发展，以便在未来激烈的市场竞争中取得主动。

（5）工程造价管理的数字化发展趋势　目前，发达国家和地区的工程造价管理已大量运用计算机网络和信息技术，基本实现了工程造价管理的网络化、虚拟化。我国工程造价信息化是从 20 世纪 80 年代末伴随着定额管理推广应用工程造价管理软件开始的，进入 20 世纪 90 年代中期，随着计算机和互联网技术的普及，工程造价管理全国信息化应用已成为必然趋势。近年来，全国各地及各专业工程造价管理机构逐步建立了工程造价信息平台，工程造价咨询企业也大多拥有专业的计算机系统和工程造价管理软件，但仍停留在工程量计算、汇总及工程计价的初步统计分析阶段。在整个工程造价行业，尚未建立统一规划、统一编码的工程造价信息资源共享平台，在工程造价咨询企业内部，也尚未形成完善的工程造价管理数据库及知识库。因此，随着建筑信息模型（Building Information Modeling，简称 BIM）、大数据、物联网、人工智能等新一代信息技术的推广应用，工程造价管理的数字化发展成为必然趋势。

3. 我国工程造价管理改革的主要任务

工程造价管理的改革关系到建设各方的主体利益，涉及建筑业转型升级和建筑市场的秩序治理，我国的住房和城乡建设部在工程造价改革方案中明确了以下主要任务：

（1）改进工程计量和计价规则　坚持从国情出发，借鉴国际通行做法，修订工程量计算规范，统一工程项目划分、特征描述、计量规则和计算口径；修订工程量清单计价规范，统一工程费用组成和计价规则。通过建立更加科学合理的计量和计价规则，增强我国企业市场询价和竞争谈判能力，提升企业国际竞争力，促进企业“走出去”。

（2）完善工程计价依据发布机制　加快转变政府职能，优化概算定额、估算指标的编制发布和动态管理，取消最高投标限价按定额计价的规定，逐步停止发布预算定额。搭建市场价格信息发布平台，统一信息发布标准和规则，鼓励企事业单位通过信息平台发布各自的人工、材料、机械台班市场价格信息，供市场主体选择。加强市场价格信息发布行为监管，严格信息发布单位主体责任。

（3）加强工程造价数据积累　加快建立国有资金投资的工程造价数据库，按地区、工程类型、建筑结构等分类发布人工、材料、项目等造价指标指数，利用大数据、人工智能等信息化技术为概预算编制提供依据。加快推进工程总承包和全过程工程咨询，综合运用造价指标指数和市场价格信息，控制设计限额、建造标准、合同价格，确保工程投资效益得到有效发挥。

（4）强化建设单位造价管控责任　引导建设单位根据工程造价数据库、造价指标指数和市场价格信息等编制和确定最高投标限价，按照现行招标投标有关规定，在满足设计要求和保证工程质量前提下，充分发挥市场竞争机制，提高投资效益。

（5）严格施工合同履约管理　加强工程施工合同履约和价款支付监管，引导发承包双方严格按照合同约定开展工程款支付和结算，全面推行施工过程价款结算和支付，探索工程造价纠纷的多元化解决途径和方法，进一步规范建筑市场秩序，防止工程建设领域腐败和农民工工资拖欠。

1.3.3 造价工程师管理制度

造价工程师是指通过职业资格考试取得中华人民共和国造价工程师职业资格证书，并经注册后从事建设工程造价工作的专业技术人员。根据《造价工程师职业资格制度规定》，国家设置造价工程师准入类职业资格，纳入国家职业资格目录，造价工程师分为一级造价工程师和二级造价工程师。工程造价咨询企业应配备造价工程师，工程建设活动中有关工程造价管理岗位按需要配备造价工程师。

1. 造价工程师职业资格制度

为了提高造价管理人员的素质，加强对工程造价的管理，确保工程造价管理工作质量的提高，维护国家和社会公共利益，1996 年，人事部和建设部联合发布了《造价工程师执业资格制度暂行规定》，国家开始实施造价工程师执业资格制度。2018 年，《造价工程师职业资格制度规定》《造价工程师职业资格考试实施办法》的发布，进一步完善了造价工程师职业资格制度。我国造价工程师职业资格制度实施过程如图 1-6 所示。

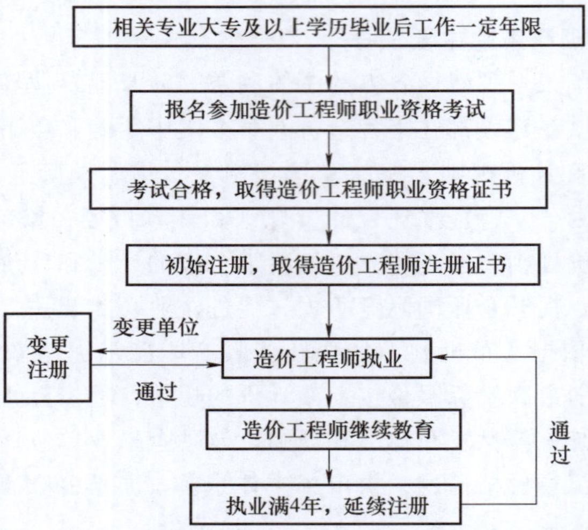

图 1-6　我国造价工程师职业资格制度实施过程

2. 造价工程师职业资格考试

一级造价工程师职业资格考试采用全国统一大纲、统一命题、统一组织的形式，从 1997 年试点考试至今，每年均举行一次全国造价工程师执业资格考试（除 1999 年停考外）。自 2018 年起设立二级造价工程师，其职业资格考试采用全国统一大纲，由各省、自治区、直辖市自主命题并组织实施。

（1）一级造价工程师报考条件　凡遵守中华人民共和国宪法、法律、法规，具有良好的业务素质和道德品行，具备下列条件之一者，可以申请参加一级造价工程师职业资格考试：

1）具有工程造价专业大学专科（或高等职业教育）学历，从事工程造价、工程管理业务工作满 4 年；具有土木建筑、水利、装备制造、交通运输、电子信息、财经商贸大类大学专科（或高等职业教育）学历，从事工程造价、工程管理业务工作满 5 年。

2）具有工程造价、通过工程教育专业评估（认证）的工程管理专业大学本科学历或学位，从事工程造价、工程管理业务工作满 3 年；具有工学、管理学、经济学门类大学本科学历或学位，从事工程造价、工程管理业务工作满 4 年。

3）具有工学、管理学、经济学门类硕士学位或者第二学士学位，从事工程造价、工程管理业务工作满 2 年。

4）具有工学、管理学、经济学门类博士学位。

5）具有其他专业相应学历或者学位的人员，从事工程造价、工程管理业务工作年限相应增加1年。

（2）二级造价工程师报考条件　凡遵守中华人民共和国宪法、法律、法规，具有良好的业务素质和道德品行，具备下列条件之一者，可以申请参加二级造价工程师职业资格考试：

1）具有工程造价专业大学专科（或高等职业教育）学历，从事工程造价、工程管理业务工作满1年；具有土木建筑、水利、装备制造、交通运输、电子信息、财经商贸大类大学专科（或高等职业教育）学历，从事工程造价、工程管理业务工作满2年。

2）具有工程造价专业大学本科及以上学历或学位；具有工学、管理学、经济学门类大学本科及以上学历或学位，从事工程造价、工程管理业务工作满1年。

3）具有其他专业相应学历或者学位的人员，从事工程造价、工程管理业务工作年限相应增加1年。

（3）考试科目　造价工程师职业资格设基础科目和专业科目。

1）一级造价工程师考试设四个科目，包括“建设工程造价管理”“建设工程计价”“建设工程技术与计量”“建设工程造价案例分析”。其中，“建设工程造价管理”和“建设工程计价”为基础科目；“建设工程技术与计量”和“建设工程造价案例分析”为专业科目。

2）二级造价工程师考试设两个科目，包括“建设工程造价管理基础知识”和“建设工程计量与计价实务”。其中，“建设工程造价管理基础知识”为基础科目，“建设工程计量与计价实务”为专业科目。

3）造价工程师职业资格考试专业科目分为四个专业类别，即土木建筑工程、交通运输工程、水利工程和安装工程。考生在报名时可根据实际工作需要选择其一。

（4）职业资格证书

1）一级造价工程师职业资格考试合格者，由各省、自治区、直辖市人力资源社会保障行政主管部门颁发中华人民共和国一级造价工程师职业资格证书，该证书全国范围内有效。

2）二级造价工程师职业资格考试合格者，由各省、自治区、直辖市人力资源社会保障行政主管部门颁发中华人民共和国二级造价工程师职业资格证书。

3. 造价工程师注册与执业

（1）造价工程师的注册　国家对造价工程师职业资格实行执业注册管理制度，取得造价工程师职业资格证书且从事工程造价相关工作的人员，经注册方可以造价工程师的名义执业。

1）负责机构。住房城乡建设部、交通运输部、水利部分别负责一级造价工程师注册及相关工作。各省、自治区、直辖市住房城乡建设、交通运输、水利行政主管部门按专业类别分别负责二级造价工程师注册及相关工作。

2）核发证书。经批准注册的申请人，由住房城乡建设部、交通运输部、水利部核发《中华人民共和国造价工程师注册证（一级）》（或电子证书），或由各省、自治区、直辖市住房城乡建设、交通运输、水利行政主管部门核发《中华人民共和国造价工程师注册证（二级）》（或电子证书）。

3）造价工程师执业时应持注册证书和执业印章。注册证书、执业印章样式以及注册证书编号规则由住房城乡建设部会同交通运输部、水利部统一规定，执业印章由注册造价工程师按照统一规定自行制作。

（2）造价工程师的执业规定及范围

1）造价工程师的执业规定。①造价工程师在工作中，必须遵纪守法，恪守职业道德和从业规范，诚信执业，主动接受有关主管部门的监督检查，加强行业自律；②造价工程师不得同时受聘于两个或两个以上单位执业，不得允许他人以本人名义执业，严禁“证书挂靠”；③出租出借注册证书的，依据相关法律法规进行处罚；构成犯罪的，依法追究刑事责任。

2）一级造价工程师的执业范围。一级造价工程师的执业范围包括建设项目全过程的工程造价管理与咨询等，一级造价工程师的具体工作内容包括：①项目建议书、可行性研究投资估算与审核、项目评价造价分析；②建设工程设计概算、施工（图）预算的编制和审核；③建设工程招标投标文件工程量和造价的编制与审核；④建设工程合同价款、结算价款、竣工决算价款的编制与管理；⑤建设工程审计、仲裁、诉讼、保险中的造价鉴定，工程造价纠纷调解；⑥建设工程计价依据、造价指标的编制与管理；⑦与工程造价管理有关的其他事项。

3）二级造价工程师执业范围。二级造价工程师主要协助一级造价工程师开展相关工作，可独立开展以下具体工作：①建设工程工料分析、计划、组织与成本管理，施工图预算、设计概算的编制；②建设工程量清单、最高投标限价、投标报价的编制；③建设工程合同价款、结算价款和竣工决算价款的编制。

4）造价工程师的签章规定。造价工程师应在本人工程造价咨询成果文件上签章，并承担相应责任。工程造价咨询成果文件应由一级造价工程师审核并加盖执业印章。

4. 造价工程师素质要求和职业道德

（1）造价工程师的素质要求　造价工程师应具备良好的专业和身体素质，具体要求主要包括以下几个方面：①作为工程造价管理者，造价工程师应是具备工程、经济和管理知识与实践经验的高素质复合型专业管理人才；②造价工程师应具备应用专业知识、实践经验、工作方法、技能及设备完成特定任务的业务技术能力；③造价工程师应具有高度的责任心和协作精神，具备沟通协调能力，善于与业务工作有关的各方人员沟通、协作，共同完成工程造价管理工作；④造价工程师应具备组织管理能力，了解整个组织及自己在组织中的角色，面对机遇和挑战，能够积极进取、勇于开拓；⑤造价工程师应具有适应紧张繁忙的造价管理工作所需的健康的心理和良好的身体素质。

（2）造价工程师的职业道德　职业道德，又称作职业操守，是指在职业活动中所遵守的行为规范的总称，是专业人士必须遵从的道德标准和行业规范。

为提高造价工程师整体素质和职业道德水准，维护和提高工程造价咨询行业的良好信誉，促进行业健康持续发展，中国建设工程造价管理协会制定了《造价工程师职业道德行为准则》，具体要求包括：①遵守国家法律、法规和政策，执行行业自律性规定，珍惜职业声誉，自觉维护国家和社会公共利益；②遵守“诚信、公正、精业、进取”的原则，以高质量的服务和优秀的业绩，赢得社会和客户对造价工程师职业的尊重；③勤奋工作，独立、客观、公正、正确地出具工程造价成果文件，使客户满意；④诚实守信，尽职尽责，不得有欺诈、伪造、作假等行为；⑤尊重同行，公平竞争，搞好同行之间的关系，不得采取不正当的手段损害、侵犯同行的权益；⑥廉洁自律，不得索取、收受委托合同约定以外的礼金和其他财物，不得利用职务之便谋取其他不正当的利益；⑦造价工程师与委托方有利害关系的应当主动回避，委托方有权要求其回避；⑧知悉客户的技术和商务秘密，负有保密义务；⑨接受国家和行业自律性组织对其职业道德行为的监督检查。

1.3.4 工程造价咨询管理制度

工程造价咨询企业，是指接受委托，对建设项目工程造价的确定与控制提供专业咨询服务的企业。

1. 工程造价咨询企业的业务范围

（1）服务对象　工程造价咨询企业可以为政府部门、建设单位、施工单位、设计单位提供相关专业技术服务，这种以造价咨询业务为核心的服务可以是单项或分阶段的，也可以是覆盖了工程建设全过程的管理和服务。

（2）业务范围　工程造价咨询企业可以为项目投资决策和建设实施提供全过程或者其中若干阶段的造价咨询服务。其具体的业务范围包括：①建设项目建议书及可行性研究投资估算、项目经济评价报告的编制和审核；②建设项目概预算的编制与审核，并配合设计方案比选、优化设计、限额设计等工作进行工程造价分析与控制；③建设项目合同价款的确定（包括招标工程工程量清单和标底、投标报价的编制和审核）；④合同价款的签订与调整（包括工程变更、工程洽商和索赔费用的计算）及工程款支付，工程结算、竣工结算及竣工决算报告的编制与审核等；⑤工程造价经济纠纷的鉴定和仲裁的咨询；⑥提供工程造价信息服务等。

2. 工程造价咨询合同及其履行

（1）工程造价咨询合同的内容　工程造价咨询企业在承接各类工程造价咨询业务时，可参照《建设工程造价咨询合同（示范文本）》与委托人签订书面合同。《建设工程造价咨询合同（示范文本）》由三部分组成，即协议书、通用条件和专用条件。

1）协议书。协议书主要用来明确合同当事人和约定合同当事人的基本合同权利与义务。

2）通用条件。通用条件是就工程造价咨询的实施及相关事项，对合同当事人的权利和义务做出的原则性约定，既考虑了现行法律法规对工程发承包计价的有关要求，也考虑了工程造价咨询管理的特殊需要。其主要内容包括：①词语定义、语言、解释顺序与适用法律；②委托人的义务；③咨询人的义务；④违约责任；⑤支付；⑥合同变更、解除与终止；⑦争议解决；⑧其他。

3）专用条件。专用条件是对通用条件原则性约定的细化、完善、补充、修改或另行约定的条件。合同当事人可根据不同建设项目的特点及发承包计价的具体情况，通过双方的谈判、协商确定专用条件。

（2）工程造价咨询合同的履行　工程造价咨询企业从事工程造价咨询业务，应按照相关合同或约定出具工程造价成果文件。工程造价成果文件应当由工程造价咨询企业加盖有企业名称、资质等级及证书编号的执业印章，并由执行咨询业务的注册造价工程师签字、加盖个人执业印章。

工程造价咨询企业跨省、自治区、直辖市承接工程造价咨询业务的，应当自承接业务之日起30日内到建设工程所在地省、自治区、直辖市人民政府建设主管部门备案。

3. 工程造价咨询企业的行为准则与信用制度

（1）行为准则　为了保障国家与公共利益，维护公平竞争的良好秩序以及各方的合法权益，工程造价咨询企业在执业活动中均应遵循行业行为准则。

1）执行国家的宏观经济政策和产业政策，遵守国家和地方的法律、法规及有关规定，维护国家和人民的利益。

2）接受工程造价咨询行业自律组织业务指导，自觉遵守本行业的规定和各项制度，积极参加本行业组织的业务活动。

3）具有独立执业能力和工作条件，以精湛的专业技能和良好的职业操守，竭诚为客户服务。

4）按照公平、公正和诚信的原则开展业务，认真履行合同，依法独立自主开展经营活动，努力提高经济效益。

5）靠质量、信誉参与市场竞争，杜绝无序和恶性竞争；不得利用与行政机关、社会团体以及其他经济组织的特殊关系搞业务垄断。

6）以人为本，鼓励员工更新知识，掌握先进的技术手段和业务知识，采取有效措施组织、督促员工接受继续教育。

7）不得在解决经济纠纷的鉴证咨询业务中分别接受双方当事人的委托。

8）不得阻挠委托人委托其他工程造价咨询单位参与咨询服务；共同提供服务的工程造价咨询单位之间应分工明确，密切协作，不得损害其他单位的利益和名誉。

9）有义务保守客户的技术和商务秘密，客户事先允许和国家另有规定的除外。

（2）信用制度　工程造价咨询企业应当按照有关规定，向监管部门及行业组织提供真实、准确、完整的工程造价咨询企业信用档案信息。工程造价咨询企业信用档案应当包括工程造价咨询企业的基本情况、业绩、良好行为、不良行为等内容。违法行为、被投诉举报处理、行政处罚等情况应当作为工程造价咨询企业的不良记录记入其信用档案。任何单位和个人均有权查阅信用档案。

4. 工程造价咨询企业的法律责任

（1）经营违规责任　跨省、自治区、直辖市承接业务不备案的，由县级以上地方人民政府住房城乡建设主管部门或者有关专业部门给予警告，责令限期改正；逾期未改正的，可处5000元以上2万元以下的罚款。

（2）其他违规责任　工程造价咨询企业有下列行为之一的，由县级以上地方人民政府住房城乡建设主管部门或者有关专业部门给予警告，责令限期改正，并处1万元以上3万元以下的罚款：①同时接受招标人和投标人或两个以上投标人对同一工程项目的工程造价咨询业务；②以给予回扣、恶意压低收费等方式进行不正当竞争；③转包承接的工程造价咨询业务；④法律、法规禁止的其他行为。

思考题

1. 简述工程造价的两重含义。
2. 简述工程造价及计价的特点。
3. 简述从造价角度进行的建设项目分解层次。

4. 简述宏观与微观工程造价管理的关系。
5. 简述合理确定工程造价的过程。
6. 简述工程造价控制的原则。
7. 简述全面造价管理的范围。
8. 简述工程造价管理的组织系统构成。
9. 简述造价工程师的素质要求。
10. 请结合当前政策，阐述工程造价咨询企业的业务范围。

第2章

2 建设工程总投资及造价构成

【本章内容概要】

本章主要包括工程总投资及造价构成概述、设备及工器具购置费的构成和计算、建筑安装工程费用的构成及划分、工程建设其他费用的构成和计算，以及预备费和建设期利息的计算五部分，首先说明了我国及国外建设项目总投资的构成，阐述了建设工程造价的内容，以及建设工程造价与固定资产投资的关系；然后阐述了设备及工器具购置费中的两项费用、建筑安装工程费用的两种划分、工程建设其他费用的构成；最后说明了预备费的构成和计算，以及建设期利息的计算方法。

【本章知识总览】

- 建设工程总投资及造价构成
  - 工程总投资及造价构成概述
    - 我国建设项目总投资构成
    - 国外建设项目总投资构成
    - 建设工程造价的构成
  - 设备及工器具购置费的构成和计算
    - 设备购置费的构成和计算
    - 工器具及生产家具购置费的计算
    - 设备购置费计算实例
  - 建筑安装工程费用的构成及划分
    - 建筑安装工程费用的构成
    - 按费用构成要素划分的建筑安装工程费用及计算
    - 按工程造价形成划分的建筑安装工程费用及计算
  - 工程建设其他费用的构成和计算
    - 项目建设管理费
    - 用地与工程准备费
    - 工程咨询服务费和配套设施费
    - 建设期计列的生产经营费
    - 工程保险费和税金
  - 预备费和建设期利息的计算
    - 预备费的构成和计算
    - 建设期利息的计算
    - 预备费和建设期利息计算实例

【本章学习要点】

◆ 掌握：国产非标准设备购置费的计算、进口设备购置费的构成和计算、建筑安装工程费用两种划分方式的构成、预备费的构成和计算。

◆ 熟悉：国内建设项目总投资的构成、固定资产投资的构成、建设工程造价费用的构成、工程建设其他费用的构成、建设期利息的计算。

◆ 了解：国外建设项目总投资的构成、工器具及生产家具购置费的计算、建筑业的增值税税务筹划。

2.1 工程总投资及造价构成概述

工程造价的构成是指项目建设全过程中所需花费的各类费用的分配和归集，确定工程造价的构成是准确计算和有效控制工程造价的重要前提。由于不同专业类别的建设项目，如水利工程、公路工程、水运工程等在总投资与工程造价构成上会有所不同，本教材仅以各类建筑工程为对象介绍其总投资和工程造价构成。

2.1.1 我国建设项目总投资构成

建设项目总投资是指为完成工程项目建设并达到使用要求或生产条件，在建设期内预计或实际投入的全部费用总和，是投资主体为获取预期收益在选定的建设项目上投入所需的全部资金。

我国建设项目总投资构成

（1）按投资用途划分的建设项目总投资　根据投资用途，建设项目可划分为生产性建设项目和非生产性建设项目两类，其总投资构成有所不同，如图 2-1 所示。

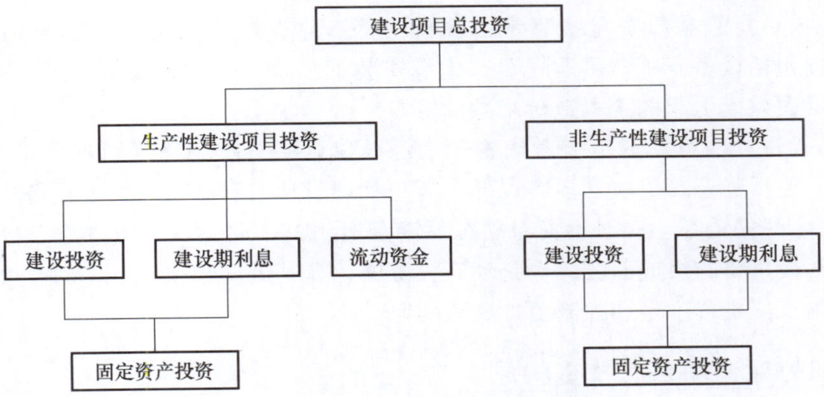

图 2-1　按投资用途划分的建设项目总投资

1）生产性建设项目。生产性建设项目是指直接用于物质资料生产或直接为物质资料生产服务的建设项目，主要包括工业建设项目、农业建设项目、基础设施建设项目、商业建设项目等。其总投资包括建设投资、建设期利息和流动资金三部分，其中，建设投资与建设期利息之和对应于固定资产投资，因此，生产性建设项目的总投资包括固定资产投资和流动资金。

2）非生产性建设项目。非生产性建设项目是指用于满足人民物质和文化、福利需要的建设和非物质资料生产部门的建设项目，主要包括办公建筑、居住建筑、公共建筑及其他非生产性建设项目。其总投资包括建设投资和建设期利息两部分。因此，非生产性建设项目的总投资只包括固定资产投资。

（2）我国现行建设项目总投资的构成　生产性建设项目中，固定资产投资是指投资主体为了特定的目的，以达到预期收益或效益的资金垫付行为。流动资金是指为进行正常生产运营，在项目投产前预先垫付，用于购买原材料、燃料、支付工资及其他运营费用等所需的周转资金。我国现行建设项目总投资构成如图 2-2 所示。

- 建设项目总投资
  - 固定资产投资（工程造价）
    - 建设投资
      - 工程费用
        - 设备及工器具购置费
        - 建筑安装工程费用
      - 工程建设其他费用
        - 项目建设管理费
        - 用地与工程准备费
        - 配套设施费
        - 工程咨询服务费
        - 建设期计列的生产经营费
        - 工程保险费
        - 税金
      - 预备费
        - 基本预备费
        - 价差预备费
    - 建设期利息
  - 流动资产投资——流动资产

图 2-2　我国现行建设项目总投资构成

（3）静态投资与动态投资　建设项目总投资构成中固定资产投资按是否考虑资金的时间价值可分为静态投资和动态投资两种。

1）静态投资。静态投资是指不考虑物价上涨、建设期贷款利息等影响因素的建设投资，静态投资包括设备及工器具购置费、建筑安装工程费、工程建设其他费、基本预备费，以及因工程量误差而引起的工程造价增减值等。

2）动态投资。动态投资是指考虑物价上涨、建设期贷款利息等影响因素的建设投资，动态投资除了包括静态投资所含内容以外，还包括建设期贷款利息、价差预备费等。

3）二者之间的关系。静态投资与动态投资密切相关，动态投资包含静态投资，静态投资是动态投资最主要的组成部分，也是动态投资的计算基础。相比之下，动态投资符合市场价格运行机制，使投资确定和控制更加贴近实际。

2.1.2　国外建设项目总投资构成

国外国家的建设项目总投资构成各有所不同，为统一世界各国的建设项目费用分类、定义、计量、分析和构成标准，在国际建设项目计量标准（International Construction Measurement Standards，简称 ICMS）中，对于工程项目的总建设成本（相当于我国的建设项目总投资）做了统一规定，明确其构成包括项目基本建设成本、项目相关建设成本、场地购置费和业主其他费用三部分。

（1）项目基本建设成本　项目基本建设成本是指为完成建筑物或土木工程项目施工合同内容而支付的总价，包含任何业主需要承包方完成的工作。它是工程建设过程中直接产生的费用，包括人工费、材料费、施工机械使用费、设备费及为工程施工进行的所有施工准备工作、临时设施费用，承包方现场和总部的管理费用、利润、税金。

项目基本建设成本可以根据项目专业类别的不同分为成本集和成本子集，主要的成本集所关联的工作包括以下内容：

1）拆除和场地平整。包括为了使项目建设场地达到项目设计平面要求，满足下部结构施工进行的所有准备工作。

2）下部结构。包括所有地下或水下承重工程，并包括相关土方工程、支护工程和非承重结构及其他相关工程，不包括装饰工程。下部结构可根据建筑、道路和高速公路、铁路、桥梁、隧道等不同的专业工程分为不同的成本子集。

3）结构。包括所有承重工程和非承重结构的主体工程，不包括下部结构和装饰工程。

4）非承重结构和装饰工程/非结构工程。包括所有非承重结构和装饰工程，不包括服务和设备、地表和地下排水系统。

5）服务和设备。包括所有用于项目竣工投入使用的永久服务和设备，如机械、水利、管道设施、消防、运输、通信、安全、电气和电子等设备，不包括地表和地下排水系统。

6）地表和地下排水系统。包括服务于项目的地表和地下排水系统。

7）附属工程。包括为主体工程所做的辅助性配套工程，但不包含在业主其他费用中。

8）施工准备/承包方现场管理费用/一般要求。包括施工方现场管理、临时设施、服务和开支，以及不直接消耗在工程实体上的工作和费用，与所有成本集相关但不直接划分到某一特定成本集中。

9）风险准备金。包括为预防风险和因项目结果不确定性需要而预留的准备金，风险准备金与项目基本建设成本有关，但不包含在业主其他费用中。风险准备金包括价格水平调整部分，即在一定期限内，允许对通货膨胀、上调或紧缩引起的价格水平波动进行调整。

10）税金。包括国家或政府机构对项目强制征收的税费，以全部或部分建设合同价款作为征税计算基数，由业主或承包方支付。

（2）项目相关建设成本　项目相关建设成本包括场外设施费用、工器具及生产家具购置费、与项目建设有关的咨询费和监理费以及风险准备金，不包括场地购置费和业主为实现项目发生的其他费用。

1）场外设施费用。包括所有为实现项目将公共设施接入现场而支付给政府机构和公共设施公司的费用。

2）工器具及生产家具购置费。包括在接近竣工时或竣工后为项目正常使用投入的家具、配件和设备的费用。

3）与项目建设有关的咨询费和监理费。包括支付给除承包方以外的服务提供方的费用。

4）风险准备金。与项目基本建设成本中的风险准备金类似，包括为预防风险和因项目结果不确定性需要而预留的准备金，此项准备金与项目相关建设成本有关，但不包含在业主其他费用中。

（3）场地购置费和业主其他费用　场地购置费和业主其他费用是指从项目开始至项目结束，为获得施工场地支付的费用和为实现项目发生的基本建设成本与相关建设成本以外的所有其他费用，主要包括以下内容：

1）场地购置费。包括为获得施工场地所需要支付的所有费用。

2）行政、财务、法律和经营费用。包括从项目开始到投入使用所有与项目实施有关的但不包含在项目基本建设成本和项目相关建设成本中的费用。

2.1.3 建设工程造价的构成

（1）建设工程造价的内容　建设工程造价是指在建设期预计或实际支出的建设费用，其内容主要包括：用于购买建设项目所含各种设备的费用，用于建筑施工和安装施工所需支出的费用，用于委托工程勘察设计应支付的费用，用于获取土地使用权所需的费用，以及用于建设单位自身进行筹建和项目管理所花费的费用等。

（2）建设工程造价的构成　建设工程造价由建设投资和建设期利息两部分构成。建设投资是主要构成部分，指的是为完成工程项目建设，在建设期内投入且形成现金流出的全部费用，包括工程费用、工程建设其他费用和预备费三部分。

1）工程费用。它是指建设期内用于工程建造、设备购置及其安装的建设投资，可分为设备及工器具购置费和建筑安装工程费用。

2）工程建设其他费用。它是指建设期为项目建设或运营必须发生的但不包括在工程费用中的费用，可分为项目建设管理费、用地与工程准备费、配套设施费、工程咨询服务费、建设期计列的生产经营费、工程保险费和税费。

3）预备费。它是指在建设期内因各种不可预见因素的变化而预留的可能增加的费用，包括基本预备费和价差预备费。

（3）建设工程造价与固定资产投资的关系　在我国，建设项目的固定资产投资与广义工程造价在量上相等，建筑安装工程费用与狭义工程造价在量上相等。因此，固定资产投资与工程造价的两重含义具有同一性。

1）包含的费用内容不同。广义的工程造价费用包括工程建设所需的全部合理费用，由设备及工器具购置费、建筑安装工程费、工程建设其他费、预备费、建设期利息构成。狭义的工程造价只包括建筑安装工程费用。

2）适用的范围不同。在编制投资估算造价、设计概算造价和竣工决算造价时，是以建设项目或单项工程为计价对象计取广义的工程造价费用。在编制施工图预算、合同价和工程结算价时，以单项工程或单位工程为计价对象计取狭义的工程造价费用。

2.2 设备及工器具购置费的构成和计算

设备及工器具购置费是由设备购置费和工器具及生产家具购置费组成的。

2.2.1 设备购置费的构成和计算

设备购置费是指为建设工程购置或自制的达到固定资产标准的设备、工器具及生产家具等的费用，由设备原价和设备运杂费构成，其计算公式为

$$\text{设备购置费}=\text{设备原价(含备品备件费)}+\text{设备运杂费} \tag{2-1}$$

式中，设备原价按设备来源不同，分为国产设备原价和进口设备原价两大类；设备原价通常包括备品备件费，备品备件费是指设备购置时随设备同时订货的首套备品备件所发生的费用，设备运杂费是指除设备原价之外的关于设备采购、运输、途中包装及仓库保管等方面支出费用的总和。

1. 国产设备原价的构成及计算

国产设备原价是指设备制造厂的交货价或订货合同价，即出厂（场）价格，它一般根据生产厂或供应商的询价、报价、合同价确定，或采用一定的方法计算确定。国产设备原价分为国产标准设备原价和国产非标准设备原价。

（1）国产标准设备原价　国产标准设备是指按照主管部门颁布的标准图纸和技术要求，由国内设备生产厂批量生产的，符合国家质量检测标准的设备。国家标准设备一般有完善的设备交易市场，因此，可通过查询相关交易市场价格或向设备生产厂家询价得到国产标准设备原价。

（2）国产非标准设备原价　国产非标准设备是指国家尚无定型标准，各设备生产厂不可能在工艺过程中采用批量生产，只能按订货要求并根据具体的设计图纸制造的设备。非标准设备由于单件生产、无定型标准，因此无法获取市场交易价格，只能按其成本构成或相关技术参数估算其价格。非标准设备原价有多种不同的计算方法，如成本计算估价法、系列设备插入估价法、分部组合估价法、定额估价法等，但无论采用哪种方法都应该使非标准设备计价接近实际出厂价，并且计算方法要简便。

成本计算估价法是目前比较常用估算非标准设备原价的方法，按成本计算估价法，非标准设备原价由以下各项组成。

1）材料费，其计算公式为

$$材料费=材料净用量\times(1+加工损耗系数)\times单位材料综合价 \tag{2-2}$$

2）加工费，包括生产工人工资和工资附加费、燃料动力费、设备折旧费、车间经费等，其计算公式为

$$加工费=材料总用量\times材料加工单价 \tag{2-3}$$

3）辅助材料费，简称辅材费，包括焊条、焊丝、氧气、氩气、氮气、油漆、电石等费用，其计算公式为

$$辅助材料费=材料费\times辅助材料费指标 \tag{2-4}$$

4）专用工具费，按1)～3）项之和乘以一定百分比计算。

5）废品损失费，按1)～4）项之和乘以一定百分比计算。

6）外购配套件费，按设备设计图纸所列的外购配套件的名称、型号、规格、数量、重量，根据相应的价格加运杂费计算。

7）包装费，按1)～6）项之和乘以一定百分比计算。

8）利润，可按1)～5）项之和加第7）项乘以一定利润率计算。

9）税金，主要指的是增值税，通常是指设备制造厂销售设备时向购入设备方收取的销项税额，计算公式为

$$当期销项税额=销售额\times适用增值税率$$

式中，销售额为1)～8）项之和。

10）非标准设备设计费，按国家规定的设计费收费标准计算。

综合以上各项，单台非标准设备原价的计算公式为

$$\begin{aligned}单台非标准设备原价=&\{[(材料费+加工费+辅助材料费)\times(1+专用工具费率)\times(1+废品\\&损失费率)+外购配套件费]\times(1+包装费率)-外购配套件费\}\times\\&(1+利润率)+外购配套件费+销项税额+非标设备设计费\end{aligned} \tag{2-5}$$

2. 进口设备原价的构成及计算

（1）进口设备原价的构成　进口设备的原价是指进口设备的抵岸价，即设备抵达买方边境、港口或车站，缴纳完各种手续费、税费后形成的价格。抵岸价通常由进口设备到岸价（CIF）和进口从属费构成。进口设备的到岸价，即设备抵达买方边境港口或边境车站所形成的价格。在国际贸易中，交易双方所使用的交货类别不同，则交易价格的构成内容有所差异。进口设备从属费用是指进口设备在办理进口手续过程中发生的应计入设备原价的银行财务费、外贸手续费、进口关税、消费税、进口环节增值税及进口车辆的车辆购置税等。

（2）进口设备的交易价格　在国际贸易中，较为广泛使用的交易价格术语有 FOB、CFR、CIF 三种，即离岸价、运费在内价和到岸价三种交易价格。

1）离岸价（Free on Board，简称 FOB），意为装运港船上交货价，是指当货物在装运港被装上指定船时，卖方即完成交货义务，风险转移以在指定的装运港货物被装上指定船时为分界点，费用划分与风险转移的分界点相一致。

在离岸价（FOB）交货方式下，卖方的基本义务包括：①在合同规定的时间或期限内，在装运港按照习惯方式将货物交到买方指派的船上，并及时通知买方；②自负风险和费用，取得出口许可证或其他官方批准证件，在需要办理海关手续时，办理货物出口所需的一切海关手续；③负担货物在装运港至装上船为止的一切费用和风险；④自付费用提供证明货物已交至船上的通常单据或具有同等效力的电子单证。买方的基本义务包括：①自付风险和费用，取得进口许可证或其他官方批准的证件，在需要办理海关手续时，办理货物进口以及经由他国过境的一切海关手续，并支付有关费用及过境费；②负责租船或订舱，支付运费，并给予卖方关于船名、装船地点和要求交货时间的充分的通知；③负担货物在装运港装上船后的一切费用和风险；④接受卖方提供的有关单据，受领货物，并按合同规定支付货款。

2）运费在内价（Cost and Freight，简称 CFR），意为成本加运费价，即包括运费在内的交易价格。它是指货物在装运港被装上指定船时卖方即完成交货，卖方必须支付将货物运至指定的目的港所需的运费和费用，但交货后货物灭失或损坏的风险，以及由于各种事件造成的任何额外费用，即由卖方转移到买方。与离岸价（FOB）相比，运费在内价（CFR）的费用划分与风险转移的分界点是不一致的。

采用运费在内价（CFR）交货方式下，卖方的基本义务包括：①自负风险和费用，取得出口许可证或其他官方批准证件，在需要办理海关手续时，办理货物出口所需的一切海关手续；②签订从指定装运港承运货物运往指定目的港的运输合同；③在买卖合同规定的时间和港口，将货物装上船并支付至目的港的运费，装船后及时通知买方；④负担货物在装运港至装上船为止的一切费用和风险；⑤向买方提供通常的运输单据或具有同等效力的电子单证。买方的基本义务包括：①自付风险和费用，取得进口许可证或其他官方批准的证件，在需要办理海关手续时，办理货物进口以及必要时经另一国过境的一切海关手续，并支付有关费用及过境费；②负担货物在装运港装上船后的一切费用和风险；③接受卖方提供的有关单据，受领货物，并按合同规定支付货款；④支付除通常运费以外的有关货物在运输途中所产生的各项费用以及包括驳运费和码头费在内的卸货费。

3）到岸价（Cost Insurance and Freight，简称 CIF），意为成本加保险费、运费价，即包括运费、保险费在内的交易价格。

采用到岸价（CIF）交货方式时，卖方除负有与运费在内价（CFR）相同的义务外，还应办理货物在运输途中最低险别的海运保险，并应支付保险费；如买方需要更高的保险险别，则需要与卖方明确地达成协议，或自行做出额外的保险安排。买方的基本义务除保险义务外，与运费在内价（CFR）相同。

（3）进口设备到岸价的构成及计算

$$进口设备到岸价(CIF)=离岸价(FOB)+国际运费+运输保险费 \\ =运费在内价(CFR)+运输保险费 \quad (2\text{-}6)$$

1）离岸价（FOB），分为原币货价和人民币货价。原币货价一律折算为美元表示，人民币货价按原币货价乘以外汇市场美元兑换人民币汇率中间价确定。进口设备离岸价按有关生产厂商询价、报价、订货合同价计算。

2）国际运费，即从装运港（站）到达我国目的港（站）的运费。我国进口设备大部分采用海洋运输，小部分采用铁路运输，个别采用航空运输。进口设备国际运费的计算公式为

$$\left.\begin{aligned}&国际运费(海、陆、空)=离岸价(FOB)\times运费率\\ 或\quad&国际运费(海、陆、空)=单位运价\times运量\end{aligned}\right\} \quad (2\text{-}7)$$

式中，运费率或单位运价参照有关部门或进出口公司的规定执行。

3）运输保险费，是指一种财产保险。对外贸易货物运输保险是由保险人（保险公司）与被保险人（出口人或进口人）订立保险契约，在被保险人交付议定的保险费后，保险人根据保险契约的规定对货物在运输过程中发生的承保责任范围内的损失给予经济上的补偿。运输保险费的计算公式为

$$运输保险费=\frac{离岸价(FOB)+国际运费}{1-保险费率}\times保险费率 \quad (2\text{-}8)$$

式中，保险费率按保险公司规定的进口货物保险费率计算。

（4）进口从属费的构成及计算

$$进口从属费=银行财务费+外贸手续费+关税+消费税+进口环节增值税+车辆购置税 \quad (2\text{-}9)$$

1）银行财务费，一般是指在国际贸易结算中，金融机构为进出口商提供金融结算服务所收取的费用，计算公式为

$$银行财务费=离岸价(FOB)\times人民币外汇汇率\times银行财务费率 \quad (2\text{-}10)$$

2）外贸手续费，是指按对外经济贸易部门规定的外贸手续费率计取的费用，外贸手续费率一般取1.5%，计算公式为

$$外贸手续费=到岸价(CIF)\times人民币外汇汇率\times外贸手续费率 \quad (2\text{-}11)$$

3）关税，由海关对进出国境或关境的货物和物品征收的一种税，计算公式为

$$关税=到岸价(CIF)\times人民币外汇汇率\times进口关税税率 \quad (2\text{-}12)$$

式中，到岸价（CIF）作为关税的计征基数时，通常又可称为关税完税价格。进口关税税率分为优惠和普通两种。优惠税率适用于与我国签订关税互惠条款的贸易条约或协定的国家的进口设备；普通税率适用于与我国未签订关税互惠条款的贸易条约或协定的国家的进口设备。进口关税税率按我国海关总署发布的进口关税税率计算。

4）消费税，仅对部分进口设备（如轿车、摩托车等）征收，计算公式为

$$应纳消费税税额=\frac{到岸价(CIF)\times人民币外汇汇率+关税}{1-消费税税率}\times消费税税率 \quad (2\text{-}13)$$

式中，消费税税率根据规定的税率计算。

5）进口环节增值税，是对从事进口贸易的单位和个人，在进口商品报关进口后征收的税种。我国增值税征收条例规定，进口应税产品均按组成计税价格和增值税税率直接计算应纳税额，计算公式为

$$\left.\begin{aligned}&进口环节增值税额=组成计税价格\times增值税税率\\&组成计税价格=到岸价+关税+消费税\end{aligned}\right\} \quad (2\text{-}14)$$

式中，增值税税率根据规定的税率计算。

6）进口车辆购置税，是指进口车辆需缴纳的费用，计算公式为

$$进口车辆购置税=(到岸价+关税+消费税)\times车辆购置税率 \quad (2\text{-}15)$$

3. 设备运杂费的构成及计算

（1）设备运杂费的构成　设备运杂费是指国内采购设备自来源地、国外采购设备自到岸港运至工地仓库或指定堆放地点发生的采购、运输、运输保险、保管、装卸等费用，通常由以下各项构成：

1）运费和装卸费。①国产设备由设备制造厂交货地点起至工地仓库（或施工组织设计指定的需要安装设备的堆放地点）止所发生的运费和装卸费；②进口设备则由我国到岸港口或边境车站起至工地仓库（或施工组织设计指定的需要安装设备的堆放地点）所发生的运费和装卸费。

2）包装费。在设备原价中没有包含的、为运输而进行的包装支出的各种费用。

3）设备供销部门的手续费。按有关部门规定的统一费率计算。

4）采购与仓库保管费。它是指采购、验收、保管和收发设备所发生的各种费用，包括设备采购人员、保管人员和管理人员的工资、工资附加费、办公费、差旅交通费，以及设备供应部门办公和仓库所占固定资产使用费、工具用具使用费、劳动保护费、检验试验费等，这些费用可按主管部门规定的采购与保管费费率计算。

（2）设备运杂费的计算

设备运杂费按设备原价乘以设备运杂费率计算，其计算公式为

$$设备运杂费=设备原价\times设备运杂费率 \quad (2\text{-}16)$$

式中，设备运杂费率按各部门及省、市有关规定计取。

2.2.2　工器具及生产家具购置费的计算

工器具及生产家具购置费，是指新建或扩建项目初步设计规定的，保证初期正常生产必须购置的没有达到固定资产标准的设备、仪器、工卡模具、器具、生产家具和备品备件等的购置费用。一般以设备购置费为计算基数，按照部门或行业规定的工器具及生产家具购置费费率计算，计算公式为

$$工器具及生产家具购置费=设备购置费\times定额费率 \quad (2\text{-}17)$$

2.2.3　设备购置费计算实例

【例 2-1】　某工程拟采购一台国产非标准设备，制造厂生产该台设备所用材料费 18 万元，加工费 1.6 万元，辅助材料费 3600 元，专用工具费率为 1.5%，废品损失率 10%，外购

配套件费 4 万元，包装费率为 1%，利润率为 7%，增值税率为 13%，非标准设备设计费 1.9 万元，设备运杂费率为 5%，试计算该国产非标准设备的购置费。

解：（1）计算该国产非标准设备的原价

1）专用工具费=[(18+1.6+0.36)×1.5%]万元=0.299 万元

2）废品损失费=[(18+1.6+0.36+0.299)×10%]万元=2.026 万元

3）包装费=[(18+1.6+0.36+0.299+2.026+4)×1%]万元=0.263 万元

4）利润=[(18+1.6+0.36+0.299+2.026+0.263)×7%]万元=1.578 万元

5）销项税额=[(18+1.6+0.36+0.299+2.026+4+0.263+1.578)×13%]万元=3.66 万元

则，该台非标设备原价=(18+1.6+0.36+0.299+2.026+4+0.263+1.578+3.66+1.9)万元=33.686 万元。

（2）计算该国产非标准设备的运杂费

设备运杂费=(33.686×5%)万元=1.684 万元

（3）计算该国产非标准设备的购置费

设备购置费=(33.686+1.684)万元=35.37 万元

【例 2-2】 某建设项目需要从某国进口应纳消费税的设备，进口设备重量为 1200t，装运港船上交货价为 460 万美元，该设备的国际运费标准为 420 美元/t，海上运输保险费率为 3‰，银行财务费率为 5‰，外贸手续费率为 1.5%，关税税率为 20%，消费税税率为 10%，增值税税率为 13%，银行外汇牌价为 1 美元兑换 7.1 元人民币，国内运杂费率为 1.5%，试计算该进口设备的购置费。

解：（1）计算该进口设备的到岸价（CIF）

1）进口设备离岸价(FOB)=(460×7.1)万元=3266 万元

2）国际运费=(420×1200×7.1/10000)万元=357.84 万元

3）海运保险费$=\left(\dfrac{3266+357.84}{1-3‰}\times 3‰\right)$万元=10.9 万元

则，进口设备到岸价（CIF）=(3266+357.84+10.9）万元=3634.74 万元。

（2）计算该进口设备的进口从属费用

1）银行财务费=(3266×5‰)万元=16.33 万元

2）外贸手续费=(3634.74×1.5‰)万元=54.52 万元

3）关税=(3634.74×20%)万元=726.95 万元

4）消费税$=\left(\dfrac{3634.74+726.95}{1-10\%}\times 10\%\right)$万元=484.63 万元

5）增值税=[(3634.74+726.95+484.63)×13%]万元=630.02 万元

则，进口从属费=(16.33+54.52+726.95+484.63+630.02)万元=1912.45 万元。

（3）计算该进口设备的原价

该进口设备的原价=(3634.74+1912.45)万元=5547.19 万元。

（4）计算该进口设备的国内运杂费

国内设备运杂费=(5547.19×1.5%)万元=83.21 万元。

（5）计算该进口设备的购置费

设备购置费=(5547.19+83.2)万元=5630.4 万元。

2.3 建筑安装工程费用的构成及划分

2.3.1 建筑安装工程费用的构成

1. 建筑安装工程费用的内容

建筑安装工程费用是指为完成工程项目的建造、生产性设备及配套工程安装所需的费用，包括建筑工程费和安装工程费两部分。

（1）建筑工程费的内容

1）各类房屋建筑工程和列入房屋建筑工程预算的供水、供暖、卫生、通风、煤气等设备费用及其安装、装饰工程的费用，列入建筑工程预算的各种管道、电力、电信和电缆导线敷设工程的费用。

2）设备基础、支柱、工作台、烟囱、水塔、水池、灰塔等建筑工程以及各种炉窑的砌筑工程和金属结构工程的费用。

3）为施工而进行的场地平整、工程和水文地质勘查，原有建筑物和障碍物的拆除以及施工临时用水、电、气、路、通信和完工后的场地清理，环境绿化、美化等工作的费用。

4）矿井开凿、井巷延伸、露天矿剥离，石油、天然气钻井，修建铁路、公路、桥梁、水库、堤坝、灌渠及防洪等工程的费用。

（2）安装工程费的内容

1）生产、动力、起重、运输、传动和医疗、实验等各种需要安装的机械设备的装配费用，与设备相连的工作台、梯子、栏杆等设施的工程费用，附属于被安装设备的管线敷设工程费用，以及被安装设备的绝缘、防腐、保温、油漆等工作的材料费和安装费。

2）为测定安装工程质量，对单台设备进行单机试运转、对系统设备进行系统联动无负荷试运转工作的调试费。

2. 我国现行建筑安装工程费用的组成

根据住房城乡建设部、财政部颁布的《建筑安装工程费用项目组成》文件，我国建筑安装工程费用项目按两种不同的方式划分，即按费用构成要素划分和按造价形成划分。建筑安装工程费用按这两种方式划分的构成如图 2-3 所示。

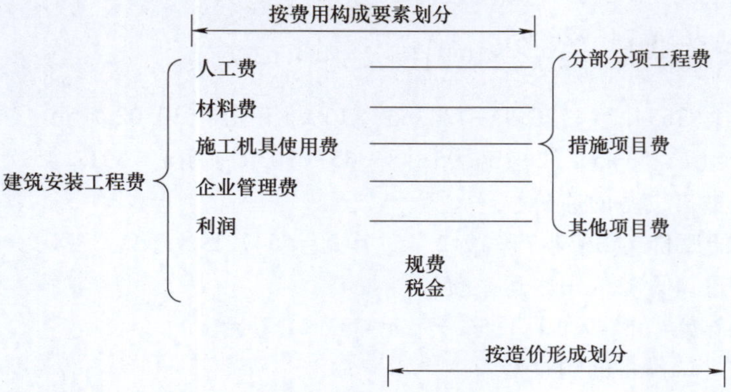

图 2-3 建筑安装工程费用构成

2.3.2 按费用构成要素划分的建筑安装工程费用及计算

按费用构成要素划分，建筑安装工程费用包括人工费、材料（包含工程设备）费、施工机具使用费、企业管理费、利润、规费和税金。

1. 人工费

（1）定义及计算公式 建筑安装工程费用中的人工费，是指支付给直接从事建筑安装工程施工作业的生产工人的各项费用，包括工资、津贴、职工福利费、劳动保护费、社会保险费、住房公积金、工会经费、职工教育经费以及特殊情况下工资性费用。人工费的计算公式为

$$人工费=\sum(工日消耗量\times日工资单价) \tag{2-18}$$

（2）计算的基本要素 式（2-18）中，计算人工费的基本要素包括人工工日消耗量和人工日工资单价。

1）人工工日消耗量。它是指在正常施工生产条件下，完成规定计量单位的建筑安装产品所消耗的生产工人的工日数量。它由分项工程所综合的各个工序劳动定额所包括的基本用工和其他用工两部分组成，其他用工包括辅助用工、超运距用工和人工幅度差。

2）人工日工资单价。它是指直接从事建筑安装工程施工的生产工人在每个法定工作日的工资、津贴及奖金等。

2. 材料费

（1）定义及计算公式 建筑安装工程费用中的材料费，是指施工过程中耗费的各种原材料、半成品、构配件、工程设备等的费用，以及周转材料等的摊销、租赁费用。材料费的计算公式为

$$材料费=\sum(材料消耗量\times材料单价) \tag{2-19}$$

（2）计算的基本要素 式（2-19）中，计算材料费的基本要素包括材料消耗量和材料单价。

1）材料消耗量。它是指在正常施工生产条件下，完成规定计量单位的建筑安装产品所消耗的各类材料的净用量和不可避免的损耗量。

2）材料单价。它是指建筑材料从其来源地运到施工工地仓库直至出库形成的综合平均单价，由材料原价、运杂费、运输损耗费、采购及保管费组成。当采用一般计税方法时，材料单价中的材料原价、运杂费等均应扣除增值税进项税额。

（3）工程设备 计列在材料费中的工程设备，是指构成或计划构成永久工程一部分的机电设备、金属结构设备、仪器装置及其他类似的设备和装置。

3. 施工机具使用费

建筑安装工程费用中的施工机具使用费，是指施工作业所发生的施工机械、仪器仪表使用费或其租赁费，包括施工机械使用费和仪器仪表使用费两项。

（1）施工机械使用费 施工机械使用费是指施工机械作业发生的使用费或租赁费，构成施工机械使用费的基本要素是施工机械台班消耗量和施工机械台班单价。其计算公式为

$$施工机械使用费=\sum(施工机械台班消耗量\times施工机械台班单价) \tag{2-20}$$

式中，施工机械台班消耗量是指在正常施工条件下，完成规定计量单位的建筑安装产品所消耗的施工机械台班的数量；施工机械台班单价是指折合到每台班的施工机械使用费，通常由

折旧费、检修费、维护费、安拆费及场外运费、人工费、燃料动力费和其他费用组成。当采用一般计税方法时，施工机械台班单价中的相关子项均应扣除增值税进项税额。

（2）仪器仪表使用费　仪器仪表使用费是指工程施工所需使用的仪器仪表的摊销及维修费用，其计算公式为

$$仪器仪表使用费=\sum(仪器仪表台班消耗量\times仪器仪表台班单价) \tag{2-21}$$

式中，仪器仪表台班单价通常由折旧费、维护费、校验费和动力费组成。当采用一般计税方法时，仪器仪表台班单价中的相关子项均应扣除增值税进项税额。

4. 企业管理费

（1）企业管理费的内容　企业管理费是指施工企业组织施工生产和经营管理所需的费用，包括以下内容：

1）管理人员工资。它是指按规定支付给管理人员的计时工资、奖金、津贴补贴、加班加点工资及特殊情况下支付的工资等。

2）办公费。它是指企业管理办公用的文具、纸张、账簿、印刷、邮电、书报、办公软件、现场监控、会议、水电、烧水和集体取暖降温（包括现场临时宿舍取暖降温）等费用。

3）差旅交通费。它是指职工因公出差、调动工作的差旅费、住勤补助费，市内交通费和误餐补助费，职工探亲路费，劳动力招募费，职工退休、退职一次性路费，工伤人员就医路费，工地转移费以及管理部门使用的交通工具的油料、燃料等费用。

4）固定资产使用费。它是指管理和试验部门及附属生产单位使用的属于固定资产的房屋、设备、仪器等的折旧、大修、维修或租赁费。

5）工具用具使用费。它是指企业施工生产和管理使用的不属于固定资产的工器具、家具、交通工具和检验、试验、测绘、消防用具等的购置、维修和摊销费。

6）劳动保险和职工福利费。它是指由企业支付的职工退职金、按规定支付给离休干部的经费，集体福利费、夏季防暑降温、冬季取暖补贴、上下班交通补贴等。

7）劳动保护费。它是指企业按规定发放的劳动保护用品的支出，如工作服、手套、防暑降温饮料以及在有碍身体健康的环境中施工的保健费用等。

8）检验试验费。它是指施工企业按照有关标准规定，对建筑以及材料、构件和建筑安装物进行一般鉴定、检查所发生的费用。包括自设试验室进行试验所耗用的材料等费用。不包括新结构、新材料的试验费，对构件做破坏性试验及其他特殊要求检验试验的费用和建设单位委托检测机构进行检测的费用，对此类检测发生的费用，由建设单位在工程建设其他费用中列支。但对施工企业提供的具有合格证明的材料进行检测不合格的，该检测费用由施工企业支付。

9）工会经费。它是指企业按《中华人民共和国工会法》规定的全部职工工资总额比例计提的工会经费。

10）职工教育经费。它是指按职工工资总额的规定比例计提，企业为职工进行专业技术和职业技能培训，专业技术人员继续教育、职工职业技能鉴定、职业资格认定以及根据需要对职工进行各类文化教育所发生的费用。

11）财产保险费。它是指施工管理用财产、车辆等的保险费用。

12）财务费。它是指企业为施工生产筹集资金或提供预付款担保、履约担保、职工工资支付担保等所发生的各种费用。

13）税金。它是指除增值税之外的企业按规定缴纳的房产税、非生产性车船使用税、土地使用税、印花税、消费税、资源税、环境保护税、城市维护建设税、教育费附加、地方教育附加等各项税费。

14）其他管理费。包括技术转让费、技术开发费、投标费、业务招待费、绿化费、广告费、公证费、法律顾问费、审计费、咨询费、保险费（含财产险、人身意外伤害险、安全生产责任险、工程质量保证险等）、劳动力招募费、企业定额编制费等。

（2）企业管理费的计算方法　企业管理费一般采用取费基数乘以费率的方法计算，取费基数有三种，分别是以直接费（是指人工费、材料费、施工机具使用费之和）为计算基础、以人工费和施工机具使用费合计为计算基础、以人工费为计算基础。相应的，企业管理费费率的计算方法如下：

1）以直接费为计算基础，计算公式为

$$\text{企业管理费费率}=\frac{\text{生产工人年平均管理费}}{\text{年有效施工天数}\times\text{人工单价}}\times\text{人工费占直接费的比例} \tag{2-22}$$

2）以人工费和施工机具使用费合计为计算基础，计算公式为

$$\text{企业管理费费率}=\frac{\text{生产工人年平均管理费}}{\text{年有效施工天数}\times(\text{人工单价}+\text{每一台班施工机具使用费})}\times100\% \tag{2-23}$$

3）以人工费为计算基础，计算公式为

$$\text{企业管理费费率}=\frac{\text{生产工人年平均管理费}}{\text{年有效施工天数}\times\text{人工单价}}\times100\% \tag{2-24}$$

工程造价管理机构在确定计价定额中企业管理费时，应以定额人工费或定额人工费与施工机具使用费之和作为计算基数，其费率根据历年积累的工程造价资料，辅以调查数据确定。

5. 利润

利润是指施工企业从事建筑安装工程施工所获得的盈利，是由施工企业根据企业自身需求并结合建筑市场实际自主确定的。

工程造价管理机构在确定计价定额中的利润时，应以定额人工费、材料费和施工机具使用费之和，或以定额人工费、定额人工费与施工机具使用费之和作为计算基数，其费率根据历年积累的工程造价资料，并结合建筑市场实际、项目竞争情况、项目规模与难易程度等确定，以单位（单项）工程测算，利润在税前建筑安装工程费用的比重可按不低于5%且不高于7%的费率计算。

6. 规费

（1）规费的内容　规费是指按国家法律、法规规定，由省级政府和省级有关权力部门规定施工单位必须缴纳或计取，应列入建筑安装工程造价的费用，主要包括社会保险费和住房公积金。

1）社会保险费。包括：①养老保险费，是指企业按照规定标准为职工缴纳的基本养老保险费；②失业保险费，是指企业按照国家规定标准为职工缴纳的失业保险费；③医疗保险费，是指企业按照规定标准为职工缴纳的基本医疗保险费；④工伤保险费，是指企业按照国务院制定的行业费率为职工缴纳的工伤保险费；⑤生育保险费，是指企业按照国家规定为职工缴纳的生育保险费。根据“十三五”规划纲要，生育保险与基本医疗保险合并的实施方

案已在12个试点城市行政区域进行试点。

2）住房公积金。它是指企业按规定标准为职工缴纳的住房公积金。

（2）规费的计算　社会保险费和住房公积金应以定额人工费为计算基础，根据工程所在地省、自治区、直辖市或行业建设主管部门规定费率计算，计算公式为

$$社会保险费和住房公积金=\sum(工程定额人工费\times社会保险费和住房公积金费率) \tag{2-25}$$

式中，社会保险费和住房公积金费率可以每万元发承包价的生产工人人工费和管理人员工资含量与工程所在地规定的缴纳标准综合分析确定。

7. 税金

建筑安装工程费用中的税金就是增值税，是指销项税，按税前造价乘以增值税税率确定。增值税是可以向下游企业进行转嫁的流转税，采用销项税额与进项税额抵扣计算应纳税额的方法，目前有两种计税方法，即一般计税方法和简易计税方法。

（1）采用一般计税方法时增值税的计算　对于一般纳税人，增值税采用一般计税方法时，建筑业增值税税率为9%，计算公式为

$$增值税=税前造价\times9\%=\frac{含税造价}{1+9\%}\times9\% \tag{2-26}$$

式中，税前造价是指人工费、材料费、施工机具使用费、企业管理费、利润和规费之和，各费用项目均以不包含增值税可抵扣进项税额的价格计算。

（2）采用简易计税方法时增值税的计算　当采用简易计税方法时，建筑业增值税征收率为3%，计算公式为

$$增值税=税前造价\times3\%=\frac{含税造价}{1+3\%}\times3\% \tag{2-27}$$

式中，税前造价为人工费、材料费、施工机具使用费、企业管理费、利润和规费之和，各费用项目均以不包含增值税进项税额的含税价格计算。

（3）采用简易计税方法的适用范围　企业可以选择适用简易计税方法的情况包括以下几种：

1）小规模纳税人发生应税行为适用简易地方税方法计税。小规模纳税人是指纳税人提供建筑的年应征增值税销售额未超过500万元，并且会计核算不健全，不能按规定报送有关税务资料的增值税纳税人。年应税销售额超过500万元但不经常发生应税行为的单位也可选择按小规模纳税人计税。

2）一般纳税人以清包工方式提供的建筑服务，可以选择适用简易计税方法计税。以清包工方式提供建筑服务，是指施工方不采购建筑工程所需的材料或只采购辅助材料，并收取人工费、管理费或者其他费用的建筑服务。

3）一般纳税人为甲供工程提供的建筑服务，可以选择适用简易计税方法计税。甲供工程是指全部或部分设备、材料、动力由工程发包方自行采购的建筑工程。其中，建筑工程总承包单位为房屋建筑的地基与基础、主体结构提供工程服务，建设单位自行采购全部或部分钢材、混凝土、砌体材料、预制构件的，适用简易计税方法计税。

4）一般纳税人为建筑工程老项目提供的建筑服务，可以选择适用简易计税方法计税。建筑工程老项目指：①“建筑工程施工许可证”注明的合同开工日期在2016年4月30日前

的建筑工程项目；②未取得“建筑工程施工许可证”的，建筑工程承包合同注明的合同开工日期在2016年4月30日前的建筑工程项目。

（4）建筑业的增值税税务筹划　在建筑业实施“营改增”政策后，建筑安装工程费用中的税金是应计入工程发承包价格中的增值税销项税金，而承包人的实际税负应为销项税金和可抵扣的进项税金之间的差额。因此，承包人的增值税税务筹划就显得尤为重要，需要合理选择计税方法。

（5）增值税计税方法的选择主体　在进行增值税税务筹划时，根据有关规定，关于计税方法的选择主体有以下几种情形：

1）计税方法的选择权应归属于承包人（纳税人）。除规定只能使用简易计税方法的情况外，满足上述简易计税适用范围的四种情况时，承包人可以选择采用一般计税方法或简易计税方法，但一经选择，36个月内不得变更。

2）一般纳税人可就不同应税行为选择不同的计税方法。有可能出现一般计税方法和简易计税方法同时存在的情形，36个月内不得变更主要是针对单个项目而言的，而不是说一般纳税人选择了简易计税方法后，全部建筑项目都要适用简易计税。

3）发包人的计税方法选择权。发包人虽然在法理上并不具备计税方法的选择权，但其可以在建设项目招投标过程中通过事先拟定的合同条款要求选择特定的计税方法。在这种情况下，发包人事实上享有了增值税计税方法的选择权。

（6）增值税计税平衡点的选择　在进行增值税税务筹划时，根据计税平衡点可选择合适的计税方法，主要步骤如下：

1）选择何种计税方法实际上关键取决于可抵扣的进项税额。这就要求在工程发承包阶段，承包人需要根据项目类型、是否甲供、未来可能的采购渠道、供应商的纳税方式等预判可抵扣的进项税额。

2）当预判的可抵扣进项税额达到承包合同总额的一定比例时。两种纳税方法的实际税负可能相等，称为无差别平衡点可抵扣进项税额。根据此平衡点可以选择合适的计税方法。

【例2-3】 某工程项目一般纳税人含税的合同总额为6000万元，预判的可抵扣进项税额为X，工程分包的合同金额为1200万元，在不考虑各项附加税的条件下，试计算该项目的无差别计税平衡点金额，并说明其含义。

解： 此项目的无差别平衡点可抵扣进项税额为

$$6000\text{万元}\times\frac{9\%}{1+9\%}-X=(6000-1200)\text{万元}\times\frac{3\%}{1+3\%}$$

则，$X=355.6$万元。

此无差别平衡点的含义：当预判的可抵扣进项税额高于355.6万元时，此承包项目应选择一般计税方法；反之，则应选择简易计税方法。

2.3.3　按工程造价形成划分的建筑安装工程费用及计算

按工程造价形成划分，建筑安装工程费用包括分部分项工程费、措施项目费、其他项目费、规费和税金。

1. 分部分项工程费

分部分项工程费是指各专业工程的分部分项工程应予列支的各项费用，各类专业工程的

分部分项工程划分遵循国家或行业工程量计算规范的规定。分部分项工程费通常用分部分项工程量乘以综合单价进行计算，计算公式为

$$分部分项工程费=\sum(分部分项工程量\times综合单价) \tag{2-28}$$

式中，综合单价包括人工费、材料费、施工机具使用费、企业管理费和利润。

2. 措施项目费

（1）措施项目费的内容　措施项目费是指为完成建设工程施工，发生于该工程施工准备和施工过程中的技术、生活、安全、环境保护等方面的费用，措施项目及其包含的内容应遵循各类专业工程的现行国家或行业工程量计算规范。依据《房屋建筑与装饰工程工程量计算规范》（GB 50854—2013）中的规定，措施项目费的内容包括以下各项：

1）安全文明施工费。它是指工程项目施工期间，施工单位为保证安全施工、文明施工和保护现场内外环境等所发生的措施项目费。通常由环境保护费、文明施工费、安全施工费、临时设施费组成。其中，①环境保护费是指施工现场为达到环保部门要求所需要的各项费用；②文明施工费是指施工现场文明施工所需要的各项费用；③安全施工费是指施工现场安全施工所需要的各项费用；④临时设施费是指施工企业为进行建设工程施工所必须搭设的生活和生产用的临时建筑物、构筑物和其他临时设施费用，包括临时设施的搭设、维修、拆除、清理费或摊销费等。安全文明施工费的具体内容如表 2-1 所示。

表 2-1　安全文明施工费的具体内容

费用	工作内容及包含范围
环境保护费	现场施工机械设备降低噪声、防扰民措施费用
	水泥和其他易飞扬细颗粒建筑材料密闭存放或采取覆盖措施等费用
	工程防扬尘洒水费用
	土石方、建筑弃渣外运车辆防护措施费用
	现场污染源的控制、生活垃圾清理外运、场地排水排污措施费用
	其他环境保护措施费用
文明施工费	“五牌一图”费用
	现场围挡的墙面美化（包括内外墙粉刷、刷白、标语等）、压顶装饰费用
	现场厕所便槽刷白、贴面砖、水泥砂浆地面或地砖铺砌，建筑物内临时便溺设施费用
	其他施工现场临时设施的装饰装修、美化措施费用
	现场生活卫生设施费用
	符合卫生要求的饮水设备、淋浴、消毒等设施费用
	生活用洁净燃料费用
	防煤气中毒、防蚊虫叮咬等措施费用
	施工现场操作场地的硬化费用
	现场绿化费用、治安综合治理费用
	现场配备医药保健器材、物品费用和急救人员培训费用
	现场工人的防暑降温、电风扇、空调等设备及用电费用
	其他文明施工措施费用

（续）

费用	工作内容及包含范围
安全施工费	安全资料、特殊作业专项方案的编制、安全施工标志的购置及安全宣传费用
	“三宝”（安全帽、安全带、安全网）、“四口”（楼梯口、电梯井口、通道口、预留洞口）、“五临边”（阳台围边、楼板围边、屋面围边、槽坑围边、卸料平台两侧）、水平防护架、垂直防护架、外架封闭等防护费用
	施工安全用电的费用，包括配电箱三级配电、两级保护装置要求、外电防护措施费用
	起重机、塔吊等起重设备（含井架、门架）和外用电梯的安全防护措施（含警示标志）及卸料平台的临边防护、层间安全门、防护棚等设施费用
	建筑工地起重机械的检验检测费用
	施工机具防护棚及其围栏的安全保护设施费用
	施工安全防护通道费用
	工人的安全防护用品、用具购置费用
	消防设施与消防器材的配置费用
	电气保护、安全照明设施费
	其他安全防护措施费用
临时设施费	施工现场采用彩色、定型钢板，砖、混凝土砌块等围挡的安砌、维修、拆除费用
	施工现场临时建筑物、构筑物的搭设、维修、拆除，如临时宿舍、办公室、食堂、厨房、厕所、诊疗所、临时文化福利用房、临时仓库、加工场、搅拌台、临时简易水塔、水池等费用
	施工现场临时设施的搭设、维修、拆除，如临时供水管道、临时供电管线、小型临时设施等费用
	施工现场规定范围内临时简易道路铺设，临时排水沟、排水设施安砌、维修、拆除费用
	其他临时设施搭设、维修、拆除费用

2）夜间施工增加费。它是指因夜间施工所发生的夜班补助费、夜间施工降效、夜间施工照明设备摊销及照明用电等措施费用。内容包括：①夜间固定照明灯具和临时可移动照明灯具的设置、拆除费用；②夜间施工时，施工现场交通标志、安全标牌、警示灯的设置、移动、拆除费用；③夜间照明设备摊销及照明用电、施工人员夜班补助、夜间施工劳动效率降低等费用。

3）非夜间施工照明费。它是指为保证工程施工正常进行，在地下室等特殊施工部位施工时所采用的照明设备的安拆、维护及照明用电等费用。

4）二次搬运费。它是指因施工管理需要或因场地狭小等原因，导致建筑材料、设备等不能一次搬运到位，必须发生的二次或以上搬运所需的费用。

5）冬雨季施工增加费。它是指由冬雨季天气原因导致施工效率降低加大投入而增加的费用，以及为确保冬雨季施工质量和安全而采取的保温、防雨等措施所需的费用。内容包括：①冬雨（风）季施工时增加的临时设施（防寒保温、防雨、防风设施）的搭设、拆除费用；②冬雨（风）季施工时，对砌体、混凝土等采用的特殊加温、保温和养护措施费用；③冬雨（风）季施工时，施工现场的防滑处理、对影响施工的雨雪的清除费用；

④冬雨（风）季施工时增加的临时设施、施工人员的劳动保护用品、施工劳动效率降低等费用。

6）地上、地下设施和建筑物的临时保护设施费。它是指在工程施工过程中，对已建成的地上、地下设施和建筑物进行的遮盖、封闭、隔离等必要保护措施所发生的费用。

7）已完工程及设备保护费。它是指竣工验收前，对已完工程及设备采取的覆盖、包裹、封闭、隔离等必要保护措施所发生的费用。

8）脚手架费。它是指施工需要的各种脚手架搭、拆、运输费用以及脚手架购置费的摊销（或租赁）费用。内容包括：①施工时可能发生的场内、场外材料搬运费用；②搭、拆脚手架、斜道、上料平台费用；③安全网的铺设费用；④拆除脚手架后材料的堆放费用。

9）混凝土模板及支架（撑）费。它是指混凝土施工过程中需要的各种钢模板、木模板、支架等的支拆、运输费用及模板、支架的摊销（或租赁）费用。内容包括：①混凝土施工过程中需要的各种模板制作费用；②模板安装、拆除、整理堆放及场内外运输费用；③清理模板黏结物及模内杂物、刷隔离剂等费用。

10）垂直运输费。它是指现场所用材料、机具从地面运至相应高度以及职工人员上下工作面等所发生的运输费用。内容包括：①垂直运输机械的固定装置、基础制作、安装费；②行走式垂直运输机械轨道的铺设、拆除、摊销费。

11）超高施工增加费。当单层建筑物檐口高度超过20m，多层建筑物超过6层时，可计算超高施工增加费。内容包括：①建筑物超高引起的人工工效降低以及由于人工工效降低引起的机械降效费；②高层施工用水加压水泵的安装、拆除及工作台班费；③通信联络设备的使用及摊销费。

12）大型机械设备进出场及安拆费。它是指机械整体或分体自停放场地运至施工现场或由一个施工地点运至另一个施工地点，所发生的机械进出场运输和转移费用及机械在施工现场进行安装、拆卸所需的人工费、材料费、机具费、试运转费和安装所需的辅助设施的费用。内容包括：①安拆费，包括施工机械、设备在现场进行安装拆卸所需人工、材料、机具和试运转费用以及机械辅助设施的折旧、搭设、拆除等费用；②进出场费，包括施工机械、设备整体或分体自停放地点运至施工现场或由一施工地点运至另一施工地点所发生的运输、装卸、辅助材料等费用。

13）施工排水、降水费。它是指将施工期间有碍施工作业和影响工程质量的水排到施工场地以外，以及防止在地下水位较高的地区开挖深基坑出现基坑浸水，地基承载力下降，在动水压力作用下还可能引起流沙、管涌和边坡失稳等现象而必须采取有效的降水和排水措施费用。内容包括：①成井费用，包括准备钻孔机械、埋设护筒、钻机就位，泥浆制作、固壁，成孔、出渣、清孔等，对接上、下井管（滤管），焊接，安放，下滤料，洗井，连接试抽等费用；②排、降水费用，包括管道安装、拆除，场内搬运等，以及抽水、值班、降水设备维修等费用。

14）其他。根据建设项目的专业特点或所在地区不同，可能会出现其他的措施项目，如工程定位复测费和特殊地区施工增加费等。①工程定位复测费是指工程施工过程中进行全部施工测量放线和复测工作的费用；②特殊地区施工增加费是指工程在沙漠或其边缘地区、高海拔、高寒、原始森林等特殊地区施工增加的费用。

（2）措施项目费的计算　根据有关专业工程量计算规范规定，措施项目分为应予计量的措施项目和不宜计量的措施项目两类。

1）应予计量的措施项目。包括脚手架费、混凝土模板及支架（支撑）费、垂直运输费、超高施工增加费、大型机械设备进出场及安拆费，以及施工排水、降水费。计算方法与分部分项工程费相同，其计算公式为

$$措施项目费=\sum(措施项目工程量\times综合单价) \tag{2-29}$$

2）不宜计量的措施项目。通常采用计算基数乘以费率的方法予以计算。

① 安全文明施工费，计算公式为

$$安全文明施工费=计算基数\times安全文明施工费费率 \tag{2-30}$$

式中，计算基数应为定额基价（定额分部分项工程费+定额中可以计量的措施项目费）、定额人工费或定额人工费与定额施工机具使用费之和，其费率由工程造价管理机构根据各专业工程的特点综合确定。

② 其余不宜计量的措施项目。包括夜间施工增加费，非夜间施工照明费，二次搬运费，冬雨季施工增加费，地上、地下设施和建筑物的临时保护设施费，已完工程及设备保护费等。计算公式为

$$措施项目费=计算基数\times措施项目费费率 \tag{2-31}$$

式中，计算基数应为定额人工费或定额人工费与定额施工机具使用费之和，其费率由工程造价管理机构根据各专业工程特点和调查资料综合分析确定。

3. 其他项目费

其他项目费的内容包括暂列金额、暂估价、计日工和总承包服务费。

（1）暂列金额　暂列金额是指建设单位在工程量清单中暂定并包括在工程合同价款中的一笔款项。用于施工合同签订时尚未确定或者不可预见的所需材料、工程设备、服务的采购，施工中可能发生的工程变更、合同约定调整因素出现时的工程价款调整以及发生的索赔、现场签证确认等的费用。暂列金额由建设单位根据工程特点，按有关计价规定估算，施工过程中由建设单位掌握使用、扣除合同价款调整后如有余额，归建设单位。

（2）暂估价　暂估价是指招标人在工程量清单中提供的用于支付必然发生但暂时不能确定价格的材料、工程设备的单价以及专业工程的金额。暂估价中的材料、工程设备暂估单价根据工程造价信息或参照市场价格估算，计入综合单价；专业工程暂估价分不同专业，按有关计价规定估算，暂估价在施工中按照合同约定再加以调整。

（3）计日工　计日工是指在施工过程中，施工企业完成建设单位提出的工程合同以外的零星项目或工作，按照合同中约定的单价计价形成的费用。计日工由建设单位和施工单位按施工过程中形成的有效签证计价。

（4）总承包服务费　总承包服务费是指总承包人为配合、协调建设单位进行的专业工程发包，对建设单位自行采购的材料、工程设备等进行保管以及施工现场管理、竣工资料汇总整理等服务所需的费用。总承包服务费由建设单位在最高投标限价中根据总包范围和有关计价规定编制，施工单位投标时自主报价，施工过程中按签约合同价执行。

4. 规费和税金

规费和税金的内容及计算与按费用构成要素划分的建筑安装工程费用项目组成部分是相同的。

2.4 工程建设其他费用的构成和计算

工程建设其他费用是指建设期发生的与土地使用权取得、全部工程项目建设以及未来生产经营有关的，并除工程费用、预备费、建设期融资费用、流动资金以外的费用。政府有关部门对建设项目管理监督所发生的，并由其部门财政支出的费用，不得列入相应建设项目的工程造价。

2.4.1 项目建设管理费

1. 项目建设管理费的内容

项目建设管理费是指项目建设单位从项目筹建之日起至办理竣工财务决算之日止发生的管理性质的支出。内容包括：工作人员薪酬（由原单位支付薪酬的除外）及相关费用、办公费、办公场地租用费、差旅交通费、劳动保护费、工具用具使用费、固定资产使用费、招募生产工人费、技术图书资料费（含软件）、业务招待费、竣工验收费和其他管理性质开支。

2. 项目建设管理费的计算

（1）计算公式　项目建设管理费按照工程费用之和（包括设备工器具购置费和建筑安装工程费用）乘以项目建设管理费率计算，计算公式为

$$项目建设管理费=工程费用\times项目建设管理费率 \tag{2-32}$$

（2）具体规定

1）实行代建制管理的项目，建设单位委托代建机构开展工程代建工作将会发生代建管理费，对此，建设项目一般不得同时列支代建管理费和项目建设管理费；确需同时发生的，则两项费用之和不得高于项目建设管理费限额。

2）建设单位委托咨询机构进行施工项目管理服务将会发生施工项目管理费，则施工项目管理费从项目建设管理费中列支。

3）委托咨询机构行使部分管理职能的，相应费用列入工程咨询服务费项下。

2.4.2 用地与工程准备费

用地与工程准备费是指取得土地与工程建设施工准备所发生的费用，包括土地使用费和补偿费、场地准备费、临时设施费等。

1. 土地使用费和补偿费

建设用地的取得，实质是依法获取国有土地的使用权。根据相关法律规定，获取国有土地使用权的基本方法有两种：一是出让；二是划拨。建设用地取得的基本方式还包括转让和租赁。

建设用地若是通过行政划拨方式取得，须承担征地补偿费用或对原用地单位或个人的拆迁补偿费用；若是通过市场机制取得，则不但须承担以上费用，还须向土地所有者支付有偿使用费，即土地出让金。

（1）征地补偿费　建设用地的征地补偿费由以下各项构成：

1）土地补偿费。它是对农村集体经济组织因土地被征用而造成的经济损失的一种补

偿。①补偿对象。土地补偿费归农村集体经济组织所有。②补偿标准。由省、自治区、直辖市通过制定公布区片综合地价确定，并至少每三年调整或公布一次。大中型水利、水电工程建设征收土地的补偿费标准和移民安置办法，由国务院另行规定。

2）青苗补偿费。它是因征地时对其正在生长的农作物受到损害而做出的一种赔偿。①补偿对象。在农村实行承包责任制后，农民自行承包土地的青苗补偿费应付给本人，属于集体种植的青苗补偿费可纳入当年集体收益。②补偿要求。凡在协商征地方案后抢种的农作物、树木等，一律不予补偿。

3）地上附着物补偿费。地上附着物是指房屋、水井、树木、涵洞、桥梁、公路、水利设施、林木等地面建筑物、构筑物、附着物等。①补偿对象。如附着物产权属个人，则该项补助费付给个人。②补偿标准。由省、自治区、直辖市规定。③补偿要求。对其中农村村民住宅，应当按照先补偿后搬迁、居住条件有改善的原则，尊重农村村民意愿，采取重新安排宅基地建房、提供安置房或者货币补偿等方式给予公平、合理的补偿，并对因征收造成的搬迁、临时安置等费用予以补偿，保障农村村民居住的权利和合法的住房财产权益。

4）安置补助费。①补偿对象。应支付给被征地单位和安置劳动力的单位，作为劳动力安置与培训的支出，以及作为不能就业人员的生活补助。②补偿标准。征收农用地的安置补助费，由省、自治区、直辖市通过制定公布区片综合地价确定，并至少每三年调整或公布一次。③补偿要求。县级以上地方政府应当将被征地农民纳入相应的养老等社会保障体系。被征地农民的社会保障费用主要用于符合条件的被征地农民的养老保险等社会保险缴费补贴，依据省、自治区、直辖市规定的标准单独列支。

5）耕地开垦费和森林植被恢复费。国家实行占用耕地补偿制度。非农业建设经批准占用耕地的，按照“占多少，垦多少”的原则，由占用耕地的单位负责开垦与所占用耕地的数量和质量相当的耕地。没有条件开垦或者开垦的耕地不符合要求的，应当按照省、自治区、直辖市的规定缴纳耕地开垦费，专款用于开垦新的耕地。涉及占用森林草原的，还应列支森林植被恢复费用。

6）生态补偿与压覆矿产资源补偿费。生态补偿费是指建设项目对水土保持等生态造成影响所发生的除工程费用之外补救或者补偿费用。压覆矿产资源补偿费是指项目工程对其压覆的矿产资源利用造成影响所发生的补偿费用。

7）其他补偿费。它是指建设项目涉及的对房屋、市政、铁路、公路、管道、通信、电力、河道、水利、厂区、林区、保护区、矿区等不附属于建设用地但与建设项目相关的建筑物、构筑物或设施的拆除、迁建补偿、搬迁运输补偿等费用。

（2）拆迁补偿费　在城镇规划区内国有土地上实施房屋拆迁，拆迁人应当对被拆迁人给予补偿、安置。

1）拆迁补偿金。补偿方式可以实行货币补偿，也可以实行房屋产权调换。货币补偿的金额，根据被拆迁房屋的区位、用途、建筑面积等因素，以房地产市场评估价格确定；具体办法由省、自治区、直辖市人民政府制定。实行房屋产权调换的，拆迁人与被拆迁人按照计算得到的被拆迁房屋的补偿金额和所调换房屋的价格，结清产权调换的差价。

2）迁移补偿费。它包括征用土地上的房屋及附属构筑物、城市公共设施等拆除、迁建补偿费、搬迁运输费，企业单位因搬迁造成的减产、停工损失补贴费，拆迁管理费等。拆迁人应当对被拆迁人或者房屋承租人支付搬迁补助费。①对于在规定的搬迁期限届满前搬迁的，拆迁人可以付给提前搬迁奖励费；②在过渡期限内，被拆迁人或者房屋承租人自行安排住处的，拆迁人应当支付临时安置补助费；③被拆迁人或者房屋承租人使用拆迁人提供的周转房的，拆迁人不支付临时安置补助费；④迁移补偿费的标准由省、自治区、直辖市人民政府规定。

（3）土地出让金

1）以出让等有偿使用方式取得国有土地使用权的建设单位。按照国务院规定的标准和办法缴纳土地使用权出让金等土地有偿使用费和其他费用后，方可使用土地。土地使用权出让金是用地单位向国家支付的土地所有权收益，出让金标准一般参考城市基准地价并结合其他因素制定。

2）在有偿出让和转让土地时，政府对地价不做统一规定，但应坚持以下原则。①地价对目前的投资环境不产生大的影响；②地价与当地的社会经济承受能力相适应；③地价要考虑已投入的土地开发费用、土地市场供求关系、土地用途、所在区类、容积率和使用年限等。

3）土地使用权出让合同约定的使用年限届满。土地使用者需要继续使用土地的，应当至迟于届满前一年申请续期，除根据社会公共利益需要收回该幅土地的，应当予以批准。

2. 场地准备费及临时设施费

（1）场地准备费及临时设施费的内容

1）建设项目场地准备费。它是指为使工程项目的建设场地达到开工条件，由建设单位组织进行的场地平整和地上余留设施拆除清理等准备工作而发生的费用。

2）建设单位临时设施费。它是指建设单位为满足施工建设需要而提供的未列入工程费用的临时水、电、路、信、气、热等工程和临时仓库等建（构）筑物的建设、维修、拆除、摊销费用或租赁费用，以及货场、码头租赁等费用。

（2）场地准备费及临时设施费的计算

1）场地准备及临时设施应尽量与永久性工程统一考虑，建设场地的大型土石方工程应计入工程费用中的总图运输费用中。

2）新建项目的场地准备费和临时设施费应根据实际工程量估算，或按工程费用的比例计算。改扩建项目一般只计拆除清理费，计算公式为

$$场地准备费和临时设施费=工程费用\times费率+拆除清理费 \tag{2-33}$$

3）发生拆除清理费时可按新建同类工程造价或主材费、设备费的比例计算。凡可回收材料的拆除工程采用以料抵工方式冲抵拆除清理费。

4）该项费用不包括已列入建筑安装工程费用中的施工单位临时设施费用。

2.4.3 工程咨询服务费和配套设施费

1. 工程咨询服务费

工程咨询服务费是指建设单位在项目建设全过程中委托咨询机构提供经济、技术、法律等服务所需的费用。工程咨询服务费包括可行性研究费、专项评价费、勘察设计费、监理费、研究试验费、特殊设备安全监督检验费、招标代理费、设计评审费、技术经济标准使用费、工程造价咨询费、竣工图编制费、BIM 技术服务费及其他咨询费。工程咨询服务费应实

行市场调节价。

(1) 可行性研究费　可行性研究费是指在工程项目投资决策阶段，对有关建设方案、技术方案或生产经营方案进行的技术经济论证，以及编制、评审可行性研究报告所需的费用，包括项目建议书、预可行性研究、可行性研究费等。

(2) 专项评价费　专项评价费是指建设单位按照国家规定委托相关单位开展专项评价及有关验收工作发生的费用，具体包括环境影响评价费、安全预评价费、职业病危害预评价费、地质灾害危险性评价费、水土保持评价费、压覆矿产资源评价费、节能评估费、危险与可操作性分析及安全完整性评价费，以及其他专项评价费。

1) 环境影响评价费。它是指在工程项目投资决策过程中，对其进行环境污染或影响评价所需的费用，包括编制环境影响报告书（含大纲）、环境影响报告表和评估等所需的费用，以及建设项目竣工验收阶段环境保护验收调查和环境监测、编制环境保护验收报告的费用。

2) 安全预评价费。它是指为预测和分析建设项目存在的危害因素种类和危险危害程度，提出先进、科学、合理可行的安全技术和管理对策，而编制评价大纲、编写安全评估报告书和评估等所需的费用。

3) 职业病危害预评价费。它是指建设项目因可能产生职业病危害，而编制职业病危害预评价书、职业病危害控制效果评价书和评估所需的费用。

4) 地质灾害危险性评价费。它是指在灾害易发区对建设项目可能诱发的地质灾害和建设项目本身可能遭受的地质灾害危险程度的预测评价，编制评价报告书和评估所需的费用。

5) 水土保持评价费。它是指对建设项目在生产建设过程中可能造成水土流失进行预测，编制水土保持方案和评估所需的费用。

6) 压覆矿产资源评价费。它是指对需要压覆重要矿产资源的建设项目，编制压覆重要矿床评价和评估所需的费用。

7) 节能评估费。它是指对建设项目的能源利用是否科学合理进行分析评估，并编制节能评估报告以及评估所发生的费用。

8) 危险与可操作性分析及安全完整性评价费。它是指对应用于生产具有流程性工艺特征的新建、改建、扩建项目进行工艺危害分析和对安全仪表系统的设置水平及可靠性进行定量评估所发生的费用。

9) 其他专项评价费。它是指根据国家法律法规、建设项目所在省、自治区、直辖市人民政府有关规定，以及行业规定需要进行的其他专项评价、评估、咨询所需的费用，如重大投资项目社会稳定风险评估、防洪评价、交通影响评价费等。

(3) 勘察设计费

1) 勘察费。它是指勘察人根据发包人的委托，收集已有资料、现场踏勘、制定勘察纲要，进行勘察作业，以及编制工程勘察文件和岩土工程设计文件等收取的费用。

2) 设计费。它是指设计人根据发包人的委托，提供编制建设项目初步设计文件、施工图设计文件、非标准设备设计文件等服务所收取的费用。

(4) 监理费　监理费是指建设单位委托监理机构开展工程建设监理工作或设备监造服务所需的费用。

(5) 研究试验费

1) 研究试验费的内容。研究试验费是指为建设项目提供或验证设计参数、数据、资料等进行必要的研究试验，以及设计规定在建设过程中必须进行试验、验证所需的费用，包括自行或委托其他部门的专题研究、试验所需人工费、材料费、试验设备及仪器使用费等。

2) 不属于研究试验费的计算项目。研究试验费按照设计单位根据本工程项目的需要提出的研究试验内容和要求计算，在计算时要注意不应包括以下项目：①应由科技三项费用(即新产品试制费、中间试验费和重要科学研究补助费) 开支的项目；②应在建筑安装费用中列支的施工企业对建筑材料、构件和建筑物进行一般鉴定、检查所发生的费用及技术革新的研究试验费；③应由勘察设计费或工程费用中开支的项目。

(6) 特殊设备安全监督检验费　特殊设备安全监督检验费是指对在施工现场安装的列入国家特种设备范围内的设备（设施）检验检测和监督检查所发生的应列入项目开支的费用。特种设备包括锅炉、压力容器、压力管道、消防设备、燃气设备、起重设备、电梯、安全阀等特殊设备和设施。

(7) 招标代理费　招标代理费是指建设单位委托招标代理机构进行招标服务工作所需的费用。

(8) 设计评审费　设计评审费是指建设单位委托相关机构对设计文件进行评审所需的费用，包括初步设计文件和施工图设计文件等的评审费用。

(9) 技术经济标准使用费　技术经济标准使用费是指建设项目投资确定与计价、费用控制过程中使用相关技术经济标准时发生的费用。

(10) 工程造价咨询费　工程造价咨询费是指建设单位委托工程造价咨询机构开展造价咨询工作所需的费用。

(11) 竣工图编制费　竣工图编制费是指建设单位委托相关机构编制竣工图所需的费用。

(12) BIM 技术服务费及其他咨询费　BIM 技术服务费及其他咨询费是指建设单位委托相关机构进行此类服务咨询所需的费用。

2. 配套设施费

工程建设其他费用中的配套设施费包括城市基础设施配套费和人防易地建设费两项。

(1) 城市基础设施配套费　城市基础设施配套费是指建设单位向政府有关部门缴纳的，用于城市基础设施和城市公用设施建设的专项费用。

(2) 人防易地建设费　人防易地建设费是指建设单位因地质、地形、施工等客观条件限制，无法修复防空地下室的，按照规定标准向人民防空主管部门缴纳的人民防空工程易地建设费。

2.4.4 建设期计列的生产经营费

建设期计列的生产经营费是指为达到生产经营条件在建设期发生或将要发生的费用，包括专利及专有技术使用费、联合试运转费、生产准备费等。

(1) 专利及专有技术使用费　专利及专有技术使用费是指在建设期内为取得专利、专有技术、商标权、商誉、特许经营权等发生的费用。

1）主要内容包括：①工艺包费、设计及技术资料费、有效专利、专有技术使用费、技术保密费和技术服务费等；②商标权、商誉和特许经营权费；③软件费等。

2）计算时应注意的问题：①按专利使用许可协议和专有技术使用合同的规定计列；②专有技术的界定应以省、部级鉴定批准为依据；③项目投资中只计需要在建设期支付的专利及专有技术使用费，协议或合同规定在生产期支付的使用费应在生产成本中核算；④一次性支付的商标权、商誉及特许经营权费按协议或合同规定计列，协议或合同规定在生产期支付的商标权或特许经营权费应在生产成本中核算。

（2）联合试运转费　联合试运转费是指新建或新增加生产能力的工程项目，在交付生产前按照设计文件规定的工程质量标准和技术要求，对整个生产线或装置进行负荷联合试运转所发生的费用净支出（试运转支出大于收入的差额部分费用）。

1）试运转支出。包括试运转所需原材料、燃料及动力消耗、低值易耗品、其他物料消耗、工具用具使用费、机械使用费、联合试运转人员工资、施工单位参加试运转人员工资、专家指导费以及必要的工业炉烘炉费等。

2）试运转收入。包括试运转期间的产品销售收入和其他收入。

3）联合试运转费。不包括应由设备安装工程费用开支的调试及试车费用，以及在试运转中暴露出来的因施工原因或设备缺陷等发生的处理费用。

（3）生产准备费　生产准备费是指在建设期内，建设单位为保证项目正常生产所做的提前准备工作发生的费用，包括人员培训、提前进厂费，以及投产使用必备的办公、生活家具用具及工器具等的购置费用。

1）费用内容包括：①人员培训费及提前进厂费，包括自行组织培训或委托其他单位培训的人员工资、工资性补贴、职工福利费、差旅交通费、劳动保护费、学习资料费等；②为保证初期正常生产（或营业、使用）所必需的生产办公、生活家具用具购置费。

2）费用计算。新建项目以设计定员为基数进行计算，改扩建项目以新增设计定员为基数进行计算，计算公式为

$$生产准备费=设计定员\times生产准备费指标 \quad (2\text{-}34)$$

式中，生产准备费指标可采用综合的生产准备费指标进行计算，也可以按费用内容的分类指标计算。

2.4.5　工程保险费和税金

1. 工程保险费

工程保险费是指在建设期内对建筑工程、安装工程和设备，以及工程质量潜在保险等进行投保所需的费用。

（1）工程保险费的内容　工程保险费包括建筑安装工程一切险、进口设备财产险和工程质量潜在缺陷险等。工程保险费是为转移工程项目建设的意外风险而发生的费用，不同的建设项目可根据工程特点选择投保险种。

（2）工程保险费的计算　根据不同的工程类别，工程保险费分别按其建筑、安装工程费乘以建筑、安装工程保险费率计算。

1）民用建筑。包括住宅楼、综合性大楼、商场、旅馆、医院、学校等，其工程保险费占建筑工程费的2‰～4‰。

2）其他建筑。包括工业厂房、仓库、道路、码头、水坝、隧道、桥梁、管道等，其工程保险费占建筑工程费的3‰~6‰。

3）安装工程。包括农业、工业、机械、电子、电器、纺织、矿山、石油、化学及钢铁工业、钢结构桥梁等，其工程保险费占建筑工程的3‰~6‰。

2. 税金

工程建设其他费用中的税金，是指根据财政部的规定，统一归纳计列的城镇土地使用税、耕地占用税、契税、车船税、印花税等除增值税外的税金。

2.5 预备费和建设期利息的计算

2.5.1 预备费的构成和计算

预备费是指在建设期内因各种不可预见因素的变化而预留的可能增加的费用，包括基本预备费和价差预备费。

1. 基本预备费

（1）基本预备费的内容　基本预备费，亦可称为工程建设不可预见费，是指投资估算或工程概算阶段预留的，由于工程实施中不可预见的工程变更及洽商、一般自然灾害处理、地下障碍物处理、超规超限设备运输等而可能增加的费用，一般由以下四部分构成。

1）工程变更及洽商增加的费用。在批准的初步设计范围内，施工图设计及施工过程中所增加的工程费用；设计变更、工程变更、材料代用、局部地基处理等增加的费用。

2）一般自然灾害处理的费用。一般自然灾害造成的损失和预防自然灾害所采取的措施费用，实行工程保险的工程项目，该费用应适当降低。

3）地下障碍物处理的费用。

4）超规超限设备运输增加的费用。

（2）基本预备费的计算　基本预备费以工程费用和工程建设其他费用二者之和为计取基础，乘以基本预备费费率进行计算。计算公式为

基本预备费=(工程费用+工程建设其他费用)×基本预备费费率　　(2-35)

式中，基本预备费费率的取值应执行国家及有关部门的规定。

2. 价差预备费

（1）价差预备费的内容　价差预备费，也称为价格变动不可预见费，是指在建设期内由于利率、汇率或价格等因素的变化而预留的可能增加的费用。价差预备费的内容包括：人工、设备、材料、施工机具的价差费，建筑安装工程费及工程建设其他费用调整，利率、汇率调整等增加的费用。

（2）价差预备费的测算方法　价差预备费一般根据国家规定的投资综合价格指数，以估算年份价格水平的投资额为基数，采用复利方法计算，计算公式为

$$PF = \sum_{t=1}^{n} I_t\left[(1+f)^m(1+f)^{0.5}(1+f)^{t-1} - 1\right] \tag{2-36}$$

式中　PF——价差预备费；

n——建设期年份数；

I_t——建设期中第 t 年的静态投资计划额，包括工程费用、工程建设其他费用及基本预备费；

f——年涨价率；

m——建设前期年限（从编制估算到开工建设，单位：年）。

2.5.2 建设期利息的计算

建设期利息是指在建设期内发生的为工程项目筹措资金的融资费用及债务资金利息。

（1）建设期利息的计算　建设期利息的计算，根据建设期资金用款计划，在总贷款分年均衡发放前提下，可按当年借款在年中支用考虑，即当年借款按半年计算，上年借款按全年计息。计算公式可表示为以下两种形式。

1）计算公式为

$$q_j=\left(P_{j-1}+\frac{1}{2}A_j\right)\cdot i \tag{2-37}$$

式中　q_j——建设期第 j 年应计利息；

P_{j-1}——建设期第（j-1）年年末累计贷款本金与利息之和；

A_j——建设期第 j 年贷款金额；

i——年利率。

2）计算公式也可表示为

各年应计利息=(年初借款本息累计+本年借款额/2)×年利率

（2）国外贷款利息的计算　利用国外贷款的利息计算中，年利率应综合考虑贷款协议中向贷款方加收的手续费、管理费、承诺费，以及国内代理机构向贷款方收取的转贷费、担保费和管理费等。

2.5.3 预备费和建设期利息计算实例

【例 2-4】　某建设项目计划当年开工建设，建设期为 3 年，各年静态投资计划额分别为第 1 年 4200 万元、第 2 年 8500 万元、第 3 年 1800 万元，年均投资价格上涨率为 6%，试计算建设项目建设期间的价差预备费。

解： $PF_1=I_1[(1+f)^{0.5}-1]=(4200\times0.03)$万元$=126$万元

$PF_2=I_2[(1+f)^{0.5}(1+f)-1]=(8500\times0.091)$万元$=773.5$万元

$PF_3=I_3[(1+f)^{0.5}(1+f)^2-1]=(1800\times0.157)$万元$=282.6$万元

则，建设期的价差预备费为：$PF=(126+773.5+282.6)$万元$=1182.1$万元。

【例 2-5】　某建设项目，建设前期为 2 年，建设期为 3 年，各年静态投资计划额分别为第 1 年 1020 万元、第 2 年 2080 万元、第 3 年 1000 万元，年均投资价格上涨率为 6%，试计算建设项目建设期间价差预备费。

解： $PF_1=I_1[(1+f)^2(1+f)^{0.5}-1]=(1020\times0.157)$万元$=160.14$万元

$PF_2=I_2[(1+f)^2(1+f)^{0.5}(1+f)-1]=(2080\times0.226)$万元$=470.08$万元

$PF_3=I_3[(1+f)^2(1+f)^{0.5}(1+f)^2-1]=(1000\times0.3)$万元$=300$万元

则，建设期的价差预备费为：$PF=(160.14+470.08+300)$万元$=930.22$万元。

【例 2-6】　某建设项目的建筑安装工程费为 7000 万元，设备购置费为 3500 万元，工程建设其他费用为2500万元，基本预备费率为5%，按该项目计划要求，项目建设前期年限为1年，项目建设期为3年，3年的投资分年使用比例为第1年30%、第2年50%、第3年20%，建设期内年平均价格上涨率预测为6%，试计算该项目建设期的价差预备费。

解： 基本预备费=[(7000+3500+2500)×5%]万元=650万元

静态投资=(7000+3500+2500+650)万元=13650万元

$PF_1=13650\times30\%\times[(1+f)(1+f)^{0.5}-1]=(4095\times0.091)$万元=372.65万元

$PF_2=13650\times50\%\times[(1+f)(1+f)^{0.5}(1+f)-1]=(6825\times0.157)$万元=1071.53万元

$PF_3=13650\times20\%\times[(1+f)(1+f)^{0.5}(1+f)^2-1]=(2730\times0.226)$万元=616.98万元

则，建设期的价差预备费为：$PF=(372.65+1071.53+616.98)$万元=2061.16万元。

【例2-7】 某工程建设期为3年，分年均衡贷款的额度为第1年850万元、第2年1050万元、第3年650万元，年利率为5%。试计算建设期利息。

解： $q_1=(0.5\times850\times5\%)$万元=21.25万元

$q_2=[(850+21.25+0.5\times1050)\times5\%]$万元=69.81万元

$q_3=[(850+21.25+1050+69.81+0.5\times650)\times5\%]$万元=115.80万元

则，建设期利息为：$q=(21.25+69.81+115.80)$万元=206.86万元。

【例2-8】 某拟建项目的静态投资为18200万元，根据项目实施进度规划，项目建设期为3年，3年的投资分年使用比例为30%、45%、25%，其中各年投资中贷款比例为年投资的30%，预计建设期内各年的贷款利率分别为5%、6%、4.5%，试计算该项目的建设期利息。

解： $q_1=[(18200\times30\%\times30\%\times0.5)\times5\%]$万元=40.95万元

$q_2=[(18200\times30\%\times30\%+40.95+18200\times45\%\times30\%\times0.5)\times6\%]$万元=174.45万元

$q_3=[(18200\times30\%\times30\%+40.95+18200\times45\%\times30\%+174.45+18200\times25\%\times30\%\times0.5)\times4.5\%]$万元=224.68万元

则，建设期贷款利息总额为：$I=(40.95+174.45+224.68)$万元=440.08万元。

思考题

1. 简述我国现行建设项目固定资产投资的构成。
2. 简述静态投资的内容。
3. 简述建设工程造价的构成。
4. 简述利用成本计算估价法进行国产非标设备原价计算的步骤。
5. 简述进口设备的三种交易价格的含义及抵岸价格的构成。
6. 简述按费用构成要素划分的建筑安装工程费用的构成。
7. 简述按造价形成划分的建筑安装工程费用的构成。
8. 简述措施项目费的定义及其他项目费的构成。
9. 简述规费的构成及税金计取的两种方式。
10. 简述工程建设其他费用的内容。
11. 简述基本预备费的内容。
12. 简述价差预备费的内容。

【案例计算题】

【背景】 某建设项目的工程费用为25800万元，工程建设其他费用为6250万元，建设前期年限为2年，建设期为3年，基本预备费率为10%，各年的投资分年使用比例为第1年40%、第2年40%、第3年20%，建设期内年平均价格变动率预测为6%；其中各年投资中贷款比例为年投资的25%，预计建设期内各年的贷款利率分别为4.5%、6%、5%。

【问题】 试计算该项目建设期的基本预备费、价差预备费、贷款利息以及静态投资额。

第3章

3 建设工程造价的计价依据

【本章内容概要】

本章主要包括工程造价计价及定额体系、施工定额及其消耗量定额、工程计价定额的编制三部分，首先说明了工程造价计价的作用及原理、工程造价计价依据的组成、工程定额的概念和特点，以及工程定额体系的分类、工程定额的改革与发展；然后阐述了施工定额及其编制原则、施工过程及工作时间分类，以及劳动、材料、机具台班三种消耗量定额的编制方法；最后阐述了预算定额、概算定额、概算指标、投资估算指标以及工程造价指数的编制内容及方法。

【本章知识总览】

- 建设工程造价的计价依据
  - 工程造价计价及定额体系
    - 工程造价计价的作用及原理
    - 工程造价计价依据的组成
    - 工程定额的概念和特点
    - 工程定额体系的分类
    - 工程定额的改革与发展
  - 施工定额及其消耗量定额
    - 施工定额及其编制原则
    - 施工过程及工作时间分类
    - 劳动定额及其编制
    - 材料消耗定额及其编制
    - 机具台班消耗定额及其编制
  - 工程计价定额的编制
    - 预算定额及其编制
    - 预算定额消耗量及基价编制
    - 概算定额及其编制
    - 概算指标及其编制
    - 投资估算指标及其编制
    - 工程造价指数及其编制

【本章学习要点】

◆ 掌握：工程造价依据的组成、工程定额的特点、工程定额体系的分类、各类定额的编制原则、施工定额的组成、施工工作时间的分类、预算定额消耗量的确定方法。

◆ 熟悉：各类定额的概念、确定劳动定额的方法、劳动定额及机具台班消耗定额的表现形式、各类定额的内容、工程造价指数的概念和分类。

◆ 了解：工程定额的改革与发展、确定材料消耗定额的方法、确定机具台班消耗定额的方法、各类定额的作用及编制依据。

3.1 工程造价计价及定额体系

3.1.1 工程造价计价的作用及原理

工程造价计价是指按照法律法规及标准规范规定的程序、方法和依据，对工程项目实施建设的各个阶段的工程造价及其构成内容进行预测和估算的行为。

1. 工程造价计价的作用

工程造价计价应体现“坚持市场在资源配置中起决定性作用，进一步完善工程造价市场形成机制”的原则。工程造价计价的作用主要体现在以下几方面：

（1）工程造价计价结果反映了工程的货币价值　建设项目兼具单件性与多样性特点，每一个建设项目都需要按业主的特定需求进行单独设计与施工，并不能批量生产。因此，从工程造价计价的角度，只能将整个项目进行分解，划分为可以按有关技术参数测算价格的基本构造单元，如将建筑安装产品分解至分项工程层级，然后计算出基本构造单元的费用，再按照自下而上的分部组合计价法，计算出总造价，从而反映出建设项目的货币价值。

（2）工程造价计价结果是工程投资控制的重要依据　工程造价的计价基本确定了建设资金的需要总额，为筹集资金提供了较为准确的依据，当建设资金组成中存在金融机构贷款时，金融机构在对项目偿贷能力进行评估的基础上，也需要依据工程造价的计价额来确定给予投资者的贷款数额。同时，由于工程造价具有动态性计价特点，即工程建设每个阶段的计价结果都受到其上一阶段计价结果的控制，其造价额不得超过上一阶段造价额的一定幅度，这种控制是在投资者财务能力限度内为取得既定的投资效益所必需的。

（3）工程造价计价结果是合同价款管理的基础　工程造价的计价活动影响着合同价款管理的各项内容，如在发承包阶段合同价的形成过程中有最高投标限价、投标报价以及签约合同价等计价活动；在施工阶段合同履约过程中，需要确定调整价款额度，工程造价计价也贯穿其中；在竣工验收阶段，对于工程合同价款的支付仍需工程造价计价工作，以确定最终的实际支付额。

2. 工程造价计价的原理

（1）利用函数关系对拟建项目的造价进行类比匡算

1）原理。微观经济学中把过程的产出和资源的消耗两者之间的关系称为产出函数，在建筑工程中，利用产出函数可建立产出总量或规模与各种资源（如人力、材料、机具等）投入之间的关系。例如，房屋建筑面积的大小和建造消耗的人工之间的关系就是产出函数，对于一定建筑面积要求的某特定建筑物，可通过对各投入参数赋予不同的值，找出相应最低的生产成本。

2）适用范围。这种利用产出函数对投资进行匡算的方法适用于还没有具体的图样和工程量清单的建设项目，如生产能力指数法就是利用生产能力与投资额间的关系函数来进行投资估算的方法。

3）注意事项。在应用时要注意：①投资的匡算需要基于某个表明设计能力或者形体尺寸的变量，如房屋的建筑面积、公路的长度、工厂的生产能力等；②规模对造价的影响，二者之间不总是呈线性关系的，典型的规模经济或规模不经济都会出现。因此要慎重选择合适的产出函数，寻找规模和经济有关的经验数据。

（2）分部组合计价原理

1）原理。任何一个建设项目都可以分解为一个或几个单项工程，任何一个单项工程都是由一个或几个单位工程所组成的，而作为单位工程的各类建筑工程和安装工程仍然是一个比较复杂的综合实体，还需要进一步分解。单位工程可以按照结构部位、路段长度及施工特点或施工任务分解为分部工程；分解成分部工程后，从工程计价的角度，还需要把分部工程按照不同的施工方法、材料、工序及路段长度等，加以更为细致的分解，划分为更为简单细小的部分，即分项工程。按照计价需要，将分项工程进一步分解或适当组合，就可以得到基本构造单元了，工程计价的基本原理是项目的分解和价格的组合。

2）适用范围。这种分部组合计价的方法适用于设计方案已经确定的建设项目，即将建设项目自上而下细分至最基本的构造单元（往往取定为分项工程这一层级），采用适当的计量单位计算其工程量，以及当时当地的工程单价，首先计算各基本构造单元的价格，再对费用按照类别进行组合汇总，从而最终计算出相应工程造价。

3.1.2 工程造价计价依据的组成

工程计价依据是指在工程计价活动中，所要依据的与计价内容、计价方法和价格标准相关的工程计量计价标准、工程计价定额及工程计价信息等。

1. 工程造价计价依据的划分

我国的工程造价计价依据可划分为工程造价管理的相关法律法规体系、工程造价管理标准体系、工程定额体系和工程计价信息体系四个主要部分。其中，法律法规是实施工程造价管理的制度依据和重要前提；工程造价管理标准是在法律法规要求下，规范工程造价管理的核心技术要求；工程定额通过提供国家、行业、地方定额的参考性依据和数据，指导企业的定额编制，起到规范管理和科学计价的作用；工程计价信息是市场经济体制下，进行造价信息传递和形成造价成果文件的重要支撑。

从工程造价管理体系的总体架构来看，前两项工程造价管理的相关法律法规体系、工程造价管理标准体系，属于工程造价宏观管理的范畴；后两项工程定额体系和工程计价信息体系，属于工程造价微观管理的范畴。工程造价管理体系中的工程造价管理的标准体系、工程定额体系和工程计价信息体系是工程造价计价的主要依据。

2. 工程造价管理的标准体系

工程造价管理标准泛指除应以法律、法规进行管理和规范的内容外，应以国家标准、行业标准进行规范的工程造价管理和工程造价咨询行为、质量的有关技术内容。工程造价管理的标准体系按照管理性质可分为基础标准、管理规范、团体标准与操作规程、质量管理标准和信息管理规范等。

（1）基础标准　基础标准是指用以统一工程造价管理的基本术语、费用构成等的基础标准，包括《工程造价术语标准》（GB/T 50875—2013）、《建设工程计价设备材料划分标准》（GB/T 50531—2009）等。此外，我国目前还没有统一的建设工程造价费用构成标准，而这一标准的制定应是规范工程造价计价最重要的基础工作。

（2）管理规范　管理规范是指用以规范工程造价管理行为、项目划分和工程量计算规则等的管理性规范。

1）规范工程造价管理行为类规范。包括《建设工程工程量清单计价规范》（GB 50500—2013）、《建设工程造价咨询规范》（GB/T 51095—2015）、《建设工程造价鉴定规范》（GB/T 51262—2017）等。

2）建筑面积以及不同专业的建设工程工程量计算规范。包括《建筑工程建筑面积计算规范》（GB/T 50353—2013）、《房屋建筑与装饰工程工程量计算规范》（GB 50854—2013）、《仿古建筑工程工程量计算规范》（GB 50855—2013）、《通用安装工程工程量计算规范》（GB 50856—2013）、《市政工程工程量计算规范》（GB 50857—2013）、《园林绿化工程工程量计算规范》（GB 50858—2013）、《矿山工程工程量计算规范》（GB 50859—2013）、《构筑物工程工程量计算规范》（GB 50860—2013）、《城市轨道交通工程工程量计算规范》（GB 50861—2013）、《爆破工程工程量计算规范》（GB 50862—2013）等。

3）其他部委和省级建设行政主管部门发布的各类清单计价、工程量计算规范。包括《水利工程工程量清单计价规范》（GB 50501—2007）、《水运工程工程量清单计价规范》（JTS/T 271—2020）以及各省市发布的公路工程工程量清单计价规范等。

（3）团体标准与操作规程　团体标准与操作规程是指用以规范各类工程造价成果文件编制的、由中国建设工程造价管理协会陆续发布的各类团体标准和操作规程。

1）关于总承包项目的造价管理规范。包括《建设项目工程总承包计价规范》（T/CCEAS 001—2022）、《房屋工程总承包工程量计算规范》（T/CCEAS 002—2022）、《市政工程总承包工程量计算规范》（T/CCEAS 003—2022）、《城市轨道交通工程总承包工程量计算规范》（T/CCEAS 004—2022）等。

2）关于建设项目全过程造价咨询的规程。包括《建设项目投资估算编审规程》（CECA/GC 1—2015）、《建设项目设计概算编审规程》（CECA/GC 2—2015）、《建设项目施工图预算编审规程》（CECA/GC 5—2010）、《建设项目工程结算编审规程》（CECA/GC 3—2010）、《建设项目工程竣工决算编制规程》（CECA/GC 9—2013）、《建设工程招标控制价编审规程》（CECA/GC 6—2011）、《建设工程造价鉴定规程》（CECA/GC 8—2012）、《工程造价咨询企业服务清单》（CCEA/GC 11—2019）、《建设项目全过程造价咨询规程》（CECA/GC 4—2017），其中《建设项目全过程造价咨询规程》是我国最早发布的涉及建设项目全过程工程咨询的标准之一。

（4）质量管理标准和信息管理规范　质量管理标准和信息管理规范是指用以规范工程造价咨询质量和档案的质量标准，以及规范工程造价指数发布及信息交换的信息标准等。

1）质量管理标准。主要包括《建设工程造价咨询成果文件质量标准》（CECA/GC 7—2012），该标准编制的目的是规范工程造价咨询成果文件和过程文件的组成、表现形式、质量管理要素、成果质量标准等。

2）信息管理规范。主要包括《建设工程人工材料设备机械数据标准》（GB/T 50851—2013）和《建设工程造价指标指数分类与测算标准》（GB/T 51290—2018）等。

3. 工程定额

工程定额包括工程消耗量定额、工程计价定额和工期定额等。

工程计价定额泛指在工程建设不同阶段用于计算和确定工程造价的基础性计价依据，如工程规划和可行性研究报告阶段应用估算指标编制投资估算，初步设计阶段应用概算指标、概算定额编制设计概算。目前，我国已编制并发布了与工程量清单计价模式配套的建筑、装饰、市政等全国统一定额，以及各行业、各地区的专业计价定额和地方计价定额，庞大的工程计价定额体系是我国工程管理的宝贵财富。

工程计价定额是工程计价依据的核心内容，我国工程计价定额体系基本满足了各类建设工程计价的需要，但是在修订制度、格式统一性、标准化、及时性等方面仍有待进一步完善。

4. 工程计价信息

工程计价信息是指国家、各地区、各部门工程造价管理机构、行业组织以及企业发布的，用于指导或服务于建设工程计价的人工、材料、工程设备、施工机具的价格信息，以及各类工程的造价指数、指标、典型工程数据库等。

工程造价信息化建设需要以标准化、网络化、动态化的基本原则进行，并通过工程建设各方共同参与建设的工程造价信息化平台，进行计价信息的发布、共享和服务。

3.1.3 工程定额的概念和特点

1. 工程定额的概念

工程定额的概念和特点

（1）工程定额的含义　定额是指在生产活动中，人力、物力、财力消耗方面应遵守或达到的数量标准。工程定额是指在工程建设中体现在单位合格产品上的人工、材料、施工机具使用消耗量的规定额度。它反映的是在一定的社会生产力发展水平的条件下，完成工程建设中的某项产品与各种生产耗费之间特定的数量关系。

（2）工程定额的适用条件　在应用工程定额消耗量时，必须满足的设定条件：①在正常的施工条件下，即施工组织合理、机械运转正常、材料供应及时的情况；②采用科学合理的施工工艺，即根据施工操作规范、标准的要求进行的施工工序；③完成一定计量单位的合格产品，即可以表述为物理计量单位或自然计量单位的建筑产品，并经质量验收合格；④所必须消耗人工工日、材料用量、机械台班等资源的数量标准。工程定额的概念描述如图 3-1 所示。

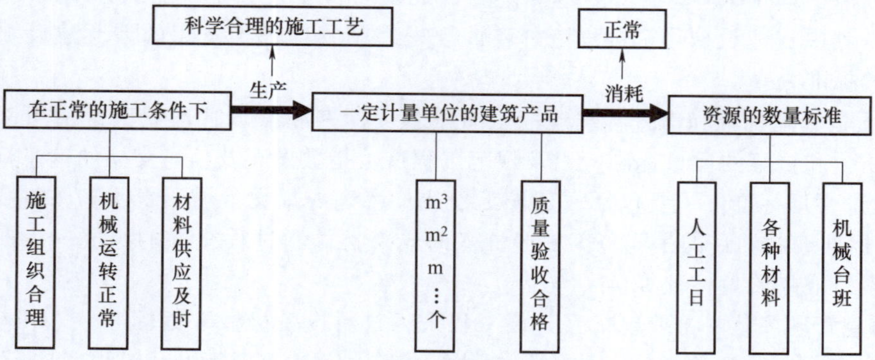

图 3-1　工程定额的概念描述

2. 工程定额的特点

工程定额具有科学性、客观性、系统性和时效性的特点。

（1）工程定额具有科学性　工程定额是在认真研究建筑生产的基本经济规律、价值规律的基础上，经长期的观察、测定，广泛搜集和总结生产实践经验及有关的资料，应用科学的方法对工时分析、作业研究、现场布置、机械设备改革以及施工技术与组织的合理配合等方面进行综合分析、研究后制定的。因此，它具有科学性。

（2）工程定额具有客观性 工程定额的编制应与生产力发展水平相适应，反映出工程建设中生产消费的客观规律，尊重客观实际，并力求定额水平合理，且工程定额管理在理论、方法和手段上必须适应现代科学技术和信息社会发展的需要。因此，它具有客观性。

（3）工程定额具有系统性 工程建设是庞大的实体系统，具有多种类、多层次特点，工程定额是为这个实体系统服务的，因此也是由多种定额结合而成的有机的整体，是相对独立的系统，有鲜明的层次和明确的目标。因此，它具有系统性。

（4）工程定额具有时效性 任何一种工程定额都是一定时期的构件工厂化、施工机械化和预制装配化程度以及工艺、材料等建筑技术发展水平和管理水平的反映，但随着生产技术的发展，各种资源的消耗量下降，劳动生产率会有所提高，导致定额的水平提高，工程定额也需要随之进行调整。因此，它具有时效性。

3.1.4 工程定额体系的分类

工程定额是一个综合概念，工程定额体系是建设工程造价计价和管理中各类定额的总称，可以按照不同的原则和方法进行分类。

1. 按定额反映的生产要素消耗内容分类

可将工程定额分为劳动消耗定额、材料消耗定额和机具消耗定额三种。

（1）劳动消耗定额 劳动消耗定额简称劳动定额，也称为人工定额，是指在正常的施工技术和组织条件下，完成规定计量单位合格建筑安装产品所消耗的人工工日的数量标准。劳动定额的主要表现形式是时间定额，但同时也表现为产量定额，二者互为倒数关系。

（2）材料消耗定额 材料消耗定额简称材料定额，是指在正常的施工技术和组织条件下，完成规定计量单位合格建筑安装产品所消耗的原材料、成品、半成品、构配件、燃料以及水、电等动力资源的数量标准。

（3）机具消耗定额 机具消耗定额由机械消耗定额和仪器仪表消耗定额组成。

1）机械消耗定额。它以一台机械一个工作班为计量单位，所以也称为机械台班消耗定额，是指在正常的施工技术和组织条件下，完成规定计量单位合格建筑安装产品所消耗的施工机械台班的数量标准。机械消耗定额的主要表现形式是机械时间定额，同时也表现为产量定额。

2）仪器仪表消耗定额。它是指在正常的施工技术和组织条件下，完成规定计量单位合格建筑安装产品所消耗的施工仪器仪表台班的数量标准。仪器仪表消耗定额的表现形式也包括时间定额和产量定额两种。

劳动消耗定额、材料消耗定额和机具消耗定额是工程定额的三大基础定额，是组成所有定额消耗内容的基础。

2. 按定额的编制程序和用途分类

可将工程定额分为施工定额、预算定额、概算定额、概算指标和投资估算指标等。

（1）施工定额 施工定额是完成一定计量单位的某一施工过程或基本工序所需要消耗的人工、材料和施工机具台班的数量标准。施工定额是施工企业内部使用的一种定额，也是工程定额中的基础性定额。为了适应组织生产和管理的需要，施工定额的项目划分很细，是工程定额中分项最细、定额子目最多的一种定额。

（2）预算定额　预算定额是在正常的施工条件下，完成一定计量单位合格分项工程或结构构件所需要消耗的人工、材料、施工机具台班数量及其费用标准，是一种计价性定额。从编制程序上看，预算定额是以施工定额为基础综合扩大编制的，同时它也是编制概算定额的基础。

（3）概算定额　概算定额是完成单位合格扩大分项工程或扩大结构构件所需要消耗的人工、材料和施工机具台班的数量及其费用标准，是一种计价性定额。概算定额是编制扩大初步设计概算、确定建设项目投资额的依据。概算定额项目划分的粗细程度，与扩大初步设计的深度相适应，一般是在预算定额的基础上综合扩大而形成。因此，每一扩大分项概算定额都包含了数项预算定额。

（4）概算指标　概算指标是以单位工程为对象，反映完成一个规定计量单位建筑安装产品的经济指标，是一种计价定额。概算指标是概算定额的扩大与合并，是以更为扩大的计量单位来编制的，它的内容包括人工、材料、机具台班三个基本部分，同时还列出了分部工程量及单位工程的造价。

（5）投资估算指标　投资估算指标是以建设项目、单项工程、单位工程为对象，反映建设总投资及其各项费用构成的经济指标。它是在项目建议书和可行性研究阶段编制投资估算、计算投资需要量时使用的一种定额，概略程度与可行性研究阶段相适应。投资估算指标往往根据历史的预算、决算资料和价格变动等资料编制，但其编制基础仍然离不开预算定额、概算定额。

上述五种定额的相互关系如表3-1所示。

表3-1　各种定额的相互关系

项目	施工定额	预算定额	概算定额	概算指标	投资估算指标
对象	施工过程或基本工序	分项工程或结构构件	扩大的分项工程或结构构件	单位工程	建设项目，单项工程、单位工程
用途	编制施工预算	编制施工图预算	编制扩大初步设计概算	编制初步设计概算	编制投资估算
目划分	最细	细	较粗	粗	很粗
定额水平	平均先进	平均			
定额性质	生产性定额	计价性定额			

3. 按专业分类

工程建设涉及众多专业，而不同的专业所含内容也不同，因此，需要按不同的专业类别分别编制和执行相应的工程定额，以确定不同专业的人工、材料和机具台班消耗数量标准。

（1）建筑工程定额　按建筑工程专业对象的不同，建筑工程定额可分为建筑及装饰工程定额、房屋修缮工程定额、市政工程定额、铁路工程定额、公路工程定额、矿山井巷工程定额、水利建筑工程定额、内河航运水工建筑工程定额等。

（2）安装工程定额　按安装工程专业对象的不同，安装工程定额可分为电气设备安装工程定额、机械设备安装工程定额、热力设备安装工程定额、通信设备安装工程定额、化学工业设备安装工程定额、工业管道安装工程定额、工艺金属结构安装工程定额、水利水电设备安装工程定额、内河航运设备安装工程定额等。

上述按不同类别划分的各种定额虽然适用于不同的情况和用途，但作为定额体系中互相联系的有机的整体，在实际工作中可以配合使用。

3.1.5 工程定额的改革与发展

1. 工程定额的改革任务

在传统的工程定额编制过程中，由于定额编制工作复杂、编制周期长，使得定额数据往往滞后于市场变化。同时，由于定额编制人员的专业局限性、定额编制的方式、定额采集的数据质量等原因，定额消耗量及费用标准与市场水平存在偏差，从而导致工程计价、投资管控等效果受到影响。

住房和城乡建设部办公厅印发的《工程造价改革工作方案》明确指出，改革开放以来，工程造价管理坚持市场化改革方向，在工程发承包计价环节探索引入竞争机制，全面推行工程量清单计价，各项制度不断完善，但还存在定额等计价依据不能很好满足市场需要，造价信息服务水平不高，造价形成机制不够科学等问题。为充分发挥市场在资源配置中的决定性作用，促进建筑业转型升级，需要对工程造价进行改革。

其中，针对工程造价计价依据改革的相关任务主要包括以下两方面：

（1）完善工程计价依据发布机制

1）加快转变政府职能，优化概算定额、估算指标编制发布和动态管理，取消最高投标限价按定额计价的规定，逐步停止发布预算定额。

2）搭建市场价格信息发布平台，统一信息发布标准和规则，鼓励企事业单位通过信息平台发布各自的人工、材料、机械台班市场价格信息，供市场主体选择。

3）加强市场价格信息发布行为监管，严格信息发布单位主体责任。

（2）加强工程造价数据积累

1）加快建立国有资金投资的工程造价数据库，按地区、工程类型、建筑结构等分类发布人工、材料、项目等造价指标指数，利用大数据、人工智能等信息化技术为概预算编制提供依据。

2）加快推进工程总承包和全过程工程咨询，综合运用造价指标指数和市场价格信息，控制设计限额、建造标准、合同价格，确保工程投资效益得到有效发挥。

2. 大数据技术对编制工程定额的影响

工程造价管理过程中，会生成大量的造价信息数据，而随着科技的发展，特别是信息技术的发展，为这些数据的管理和挖掘提供了现代化的手段。大数据技术势必对定额的编制、项目各阶段的计价，以及工程造价管理产生积极且深远的影响。

（1）企业定额测算和管理的高效化　企业定额需要准确反映企业实际技术和管理水平，因此，随着企业生产力水平的提高，企业定额需要及时更新。为适应市场竞争，企业应注重本企业定额数据的积累，大数据时代，大数据的应用不仅可以节省定额测定方面的人力、物力、财力，而且将大幅提高工作效率。因此，企业可建立基于大数据的企业定额测算体系并建立信息化平台，动态积累企业定额消耗量数据，监测企业定额的变动情况，进而动态管理企业定额。

(2) 工程定额编制和管理的动态化

1) 行业主管部门应与互联网相结合，建立定额动态管理平台，使全行业人员参与到定额的动态使用、反馈和管理中来，最大限度地拓宽覆盖面，解决传统编制过程中编制人员来源途径单一的问题，改善定额偏差性的缺陷。

2) 从业人员可在平台上共享数据，对于定额应用问题随时提出相关建议，从而实现缩短定额编制周期和定额编制时间，最大限度地改善定额滞后性、差异性的缺陷，同时还能够实现信息的快速收集、存储和分析，使得数据更真实、更有代表性和更加贴近市场。

(3) 工程定额编制和管理的市场化　大数据技术可以将来自市场的真实数据实时纳入数据库中，并依据这些数据编制工程定额，缩短定额编制周期，充分走进市场、贴近市场和反映市场，最终体现市场决定价格的作用。

3.2 施工定额及其消耗量定额

3.2.1 施工定额及其编制原则

施工定额，也称为企业定额，是以施工工序为研究对象编制的定额。它是指合理劳动组织的建筑安装工人或工作小组在正常施工条件下，完成一定计量单位的某一施工过程或基本工序所需的人工、材料和施工机具台班消耗的数量标准。

1. 施工定额的性质、作用及组成

(1) 施工定额的性质　施工定额属于企业生产定额的性质，反映施工单位在施工生产与生产消费之间的数量关系，是非计价性质的定额。施工定额是施工单位内部用于组织施工生产和加强管理的一种定额，由于各施工单位的技术能力和管理水平不同，企业定额所呈现的定额水平也各有差异。

(2) 施工定额的作用　施工定额的建立和运用可以提高施工单位的管理及生产力水平，是业内推广应用先进技术和鼓励创新的工具。施工定额在施工过程中起着重要的作用：①是施工单位进行施工管理和投标报价的基础和依据；②是施工项目部编制施工组织设计、施工预算、施工作业计划、签发施工任务单、限额领料等的依据；③是施工单位推行承包责任制，进行工料分析、两算对比、结算人工费等经济核算工作的依据；④是确定人工、材料及机具需求量计划，以及编制预算定额的基础和依据。

(3) 施工定额的组成　施工定额由劳动消耗定额、材料消耗定额和施工机具台班消耗定额三大基础定额构成，所以，施工定额的编制主要是通过劳动消耗定额、材料消耗定额和施工机具台班消耗定额的编制完成的过程，需要分别确定人工消耗量、材料消耗量和施工机具台班消耗量。

2. 施工定额的编制原则

施工定额是施工企业以某一施工过程或基本工序作为研究对象，以生产产品数量与生产要素消耗综合关系编制的定额，需要遵循以下编制原则：

(1) 平均先进性水平的原则　该原则要求施工定额应按平均先进的定额水平编制。所谓定额水平，指的是规定消耗在单位产品上的人工、材料和机具数量的多少。施工定额的平均先进水平，是指在正常的施工条件下，大多数建筑安装施工队组和大多数生产工人经过努力能够达到或超过的水平；平均先进水平往往使先进的班组或工人感到一定的压力，对处于中间水平的班组或工人能感到定额水平是通过努力可望可及的，而对于落后的班组和工人则不迁就，使其意识到必须下功夫改善施工条件，提高技术操作水平，从节约劳动时间、材料消耗和机具台班入手，尽快达到施工定额要求的水平。

（2）简明适用性原则 该原则要求施工定额的内容和形式应简明适用。贯彻定额的简明适用性原则，关键是要做到定额项目设置完全，项目划分粗细适当，定额步距间隔合理。从施工定额的内容来讲，应能满足施工单位组织施工生产和计算工人劳动报酬等多种需要；从定额的形式来讲，应简单明了、易于掌握，且便于查阅、计算和携带，以便于施工单位贯彻和执行。

（3）以专家为主编制的原则 该原则要求编制施工定额需要有政策水平高、从业经验丰富、技术与管理知识全面的专家队伍。贯彻该原则要求做到：①保持施工队伍的稳定性。有了稳定的施工专业人员，才能积累资料、施工经验，以保证编制施工定额的延续性；②注意培训专业人才，这类专业人才既懂得国家技术经济政策，又有施工技术、管理知识和实践经验，具有编制定额的工作能力，同时还拥有良好的工作作风和联系沟通工人群众的能力。

（4）独立自主和时效性原则

1）独立自主原则。要求编制施工定额时，应由施工单位自主地确定定额水平、划分定额项目，并自主地根据需要增加新的定额项目。同时，还应认识到，施工定额作为一定时期企业生产力水平的反映，不可能也不应该割断历史，应是对原有国家、部门和地区性定额的继承和发展。

2）时效性原则。施工定额是一定时期内技术发展和管理水平的反映，所以在一段时间内表现出稳定的状态。而这种稳定又是相对的，随着建筑市场的完善与发展，当施工定额不再适应市场竞争和成本控制的需要时，就要重新编制和修订，否则就会削弱施工人员的积极性，甚至产生负效应。因此，施工定额具有显著的时效性。

3.2.2 施工过程及工作时间分类

施工过程是指为完成某项施工任务，在施工现场所进行的生产过程，其最终目的是建造、改建、修复或拆除工业及民用建筑物和构筑物的全部或其中的一部分。施工中的工作时间是确定施工的时间定额和产量定额的重要依据，需要对工作时间按其消耗性质进行分类，以便研究工时消耗的数量及其特点。

1. 施工过程的要素及其分解

（1）施工过程的要素 与其他物质生产过程一样，建筑安装施工过程也包括生产力的三要素，即劳动者、劳动对象和劳动工具。因此，施工过程是由不同工种、不同技术等级的建筑安装工人使用各种劳动工具，按照一定的施工工序和操作方法，直接或间接地作用于各种劳动对象，使其按照人们预定的目的，生产出建筑、安装以及装饰合格产品的过程。其中，劳动工具可能是手动或小型工具，也可能是大中型机械和仪器仪表等；劳动对象是指各种建筑、装饰材料，半成品，预制品和各种设备、零配件等；每个施工过程的结束，获得了一定的产品，这种产品或者是改变了劳动对象的外表形态、内部结构或性质（由于制作和加工的结果），或者是改变了劳动对象在空间的位置（由于运输和安装的结果）。

（2）施工过程的分解 每个施工过程的结束，均意味着获得了相应的产品，这种产品或者是由于制作和加工的结果改变了劳动对象的外表形态、内部结构或性质，或者是由于运输和安装的结果改变了劳动对象在空间的位置。因此，按照工程分部组合的计价原理，对于复杂的工程体，需要自上而下地分解为细小的计价单元，计价时通过对计价单元价格自下而上适当组合形成工程造价。对施工过程的研究，就是要研究不同施工过程产出的产品计价单元与其工作内容、投入资源之间的关系，从而为定额编制奠定基础。

2. 施工过程的分类及影响因素

（1）施工过程的分类

1）根据施工过程组织上的复杂程度划分。施工过程可以分解为工序、工作过程和综合工作过程。

① 工序。是指施工过程中在组织上不可分割、在操作上属于同一类的作业环节，其主要特征是劳动者、劳动对象和使用的劳动工具均不发生变化。例如，钢筋制作过程包括钢筋的平直、除锈、切断、弯曲等工序。从施工的技术操作和组织观点看，工序是工艺方面最简单的施工过程，如果其中一个因素发生变化，就意味着由一项工序转入了另一项工序，在编制施工定额时，只需要分解和标定到工序为止。

② 工作过程。是指由同一小组或同一工人所完成的、在技术操作上相互有机联系的工序的综合体，其特点是劳动者和劳动对象不发生变化，而使用的劳动工具可以变换。例如，墙和勾缝，抹灰和粉刷等。

③ 综合工作过程。是指同时进行的，在组织上有直接联系的，为完成一个最终产品结合起来的各个施工过程的总和。例如，砌筑墙体时，由调制砂浆、运砂浆、运砌块、砌墙等工作过程构成，它们在不同的空间同时进行，在组织上有直接联系，并最终形成共同产品，即一定数量的砌体墙。

2）按照施工工序是否重复循环分类。施工过程可以分为循环施工过程和非循环施工过程两类。对于施工过程的工序或其组成部分，能够以同样的内容和顺序不断循环，并且每重复一次可以生产出同样的产品，称为循环施工过程；反之，则称为非循环施工过程。

3）按施工过程的完成方法和手段分类。施工过程可以分为手工操作过程（手动过程）、机械化过程（机动过程）和机手并动过程（半自动化过程）。

4）按劳动者、劳动工具、劳动对象所处位置和变化分类。施工过程可分为工艺过程、搬运过程和检验过程。

（2）施工过程的影响因素　为正确确定单位施工产品所需的工作时间消耗，必须了解施工过程的影响因素，主要有技术、组织和自然三种因素：

1）技术因素。包括产品的种类和质量要求，所用材料、半成品、构配件的类别、规格和性能，所用工具和机械设备的类别、型号、性能及完好情况等。

2）组织因素。包括施工组织与施工方法、劳动组织、工人技术水平、操作方法和劳动态度、工资分配方式、劳动竞赛等。

3）自然因素。包括酷暑、大风、雨、雪、冰冻等。

3. 工人工作时间消耗的分类

工作时间是指工作班延续时间，一个工作班按 8h 计算，午休时间不包括在内。施工中工人工作时间消耗，是指工人在同一工作班内全部劳动时间的消耗，按其消耗的性质，可分为必须消耗的工作时间和损失时间两大类。工人工作时间分类如图 3-2 所示。

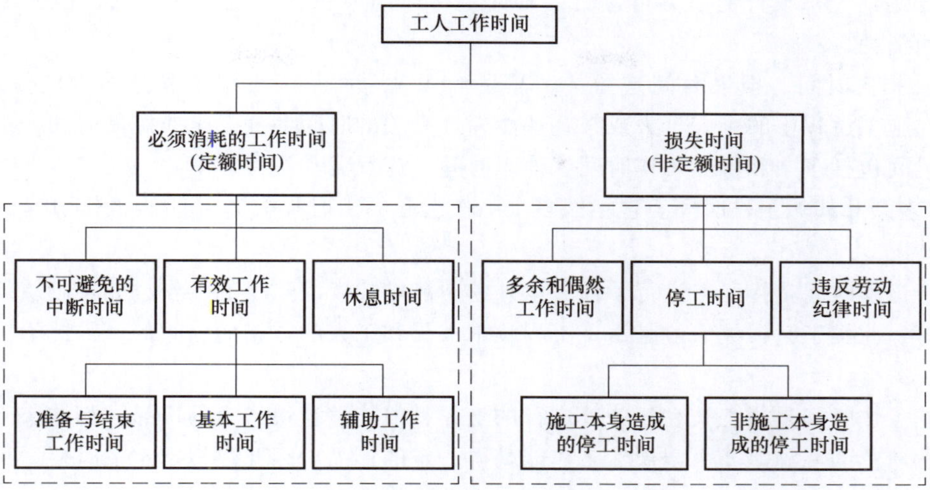

图 3-2 工人工作时间分类

（1）必须消耗的工作时间　必须消耗的工作时间是指工人在正常施工条件下，为完成一定合格产品（工作任务）所消耗的时间，是制定定额的主要依据，即定额时间。工人必须消耗的工作时间包括有效工作时间、休息时间和不可避免的中断时间三种。

1）有效工作时间。它是指从生产效果来看与产品生产直接有关的时间消耗，包括基本工作时间、辅助工作时间、准备与结束工作时间。

基本工作时间是指工人完成能生产一定产品的施工工艺过程所消耗的时间。通过这些工艺过程可以使材料改变外形、结构和性质，如钢筋的煨弯、混凝土构件的浇筑等；也可以使预制构配件安装组合成型，以及改变建筑产品的外部及表面的性质，如墙面的粉刷、木材的油漆等。基本工作时间所包括的内容依工作性质而各不相同，基本工作时间的长短与工作量大小成正比例关系。

辅助工作时间是指为了保证基本工作能顺利完成所消耗的时间，如工作过程中对施工机具的矫正，对施工机器的上油以及机械的调整等。在辅助工作时间里，不能使产品的形状大小、性质或位置发生变化，辅助工作时间的结束往往就是基本工作时间的开始，辅助工作时间的长短与工作量大小有关。

准备与结束工作时间是指执行任务前或任务完成后所消耗的工作时间，包括工作地点、劳动工具和劳动对象的准备工作时间，以及工作结束后的整理工作时间等，如工人每天从工地仓库领取工具、熟悉图纸以及交接班时间等。准备与结束工作时间的长短与所担负的工作量大小无关，但通常与工作的内容有关。

2）休息时间。它是指工人在工作过程中为恢复体力所必需的短暂休息和生理需要的时间消耗。休息时间的长短和劳动强度、劳动条件、劳动性质以及劳动危险性等密切相关。一般情况下，劳动强度越大、劳动条件越差（如高温等）、劳动危险性越高，则休息时间越长。

3）不可避免的中断时间。它是指由于施工工艺特点引起的工作中断所必需的时间，与施工工艺特点有关的工作中断时间，要计入定额时间。例如，在施工过程中，必须等到混凝土的强度达到85%设计值后方可进行，则此等待时间应包括在定额时间内，但应尽量缩短此项时间消耗。

(2) 损失时间　损失时间是指与产品生产无关，而与施工组织和技术上的缺点有关，与工人在施工过程中的个人过失或某些偶然因素有关的时间消耗，是非定额时间。工人损失的工作时间包括多余和偶然工作时间、停工时间、违反劳动纪律时间。

1) 多余和偶然工作时间。包括因多余工作引起的工时损失和因偶然工作引起的工时损失两种情况。

多余工作时间是指工人进行了任务以外的不能增加产品数量的工作，如重砌质量不合格的墙体等。此类工时损失一般是由于工程技术人员和工人的差错而引起的，因此不应计入定额时间。

偶然工作时间是指工人在任务外进行的工作，但能够获得一定的产品，如抹灰工不得不补上偶然遗留的墙洞等，由于偶然工作能获得一定的产品。因此在拟定定额时要适当考虑它的影响。

2) 停工时间。它是指工作班内停止工作造成的工时损失，按其性质可分为施工本身造成的停工时间和非施工本身造成的停工时间两种。

施工本身造成的停工时间是由于施工组织不善、材料供应不及时、工作面未准备妥当、工作地点组织不良等情况引起的，在拟定定额时不应该计入。

非施工本身造成的停工时间是由于停电、停水等外因引起的，定额中应给予合理的考虑。

3) 违反劳动纪律时间。它是指因工人在工作班开始和午休后的迟到、午饭前和工作班结束前的早退、擅自离开工作岗位、工作时间内怠工等造成的工时损失，以及由于个别工人违反劳动纪律而影响其他工人无法工作的时间损失，定额内均不予考虑。

4. 施工中机械工作时间消耗的分类

施工中机械工作时间消耗，是指在正常运转情况下，机械在一个工作班内的全部工作时间消耗，也称为台班消耗。机械在工作班内消耗的工作时间，按其消耗的性质，可分为必须消耗的时间和损失时间两大类。机械工作时间分类如图3-3所示。

(1) 必须消耗的时间　必须消耗的时间包括有效工作时间、不可避免的无负荷工作时间和不可避免的中断时间三种。

1) 有效工作时间。它是指机械直接为施工生产而进行工作的工时消耗，包括正常负荷下的工作时间和有根据地降低负荷下的工作时间两种。

正常负荷下的工作时间，是指机器在与机器说明书中规定的额定负荷相符的情况下进行工作的时间。

有根据地降低负荷下的工作时间，是指在个别情况下由于技术上的原因，机器在低于其计算负荷下工作的时间。如汽车运输重量轻而体积大的货物时，不能充分利用汽车的载重吨位，而不得不降低其计算负荷等情况。

2) 不可避免的无负荷工作时间。它是指由施工过程和机械结构的特点造成的机械无负荷工作时间，如筑路机在工作区的末端调头、载重汽车在工作班时间内的单程空返等情况。

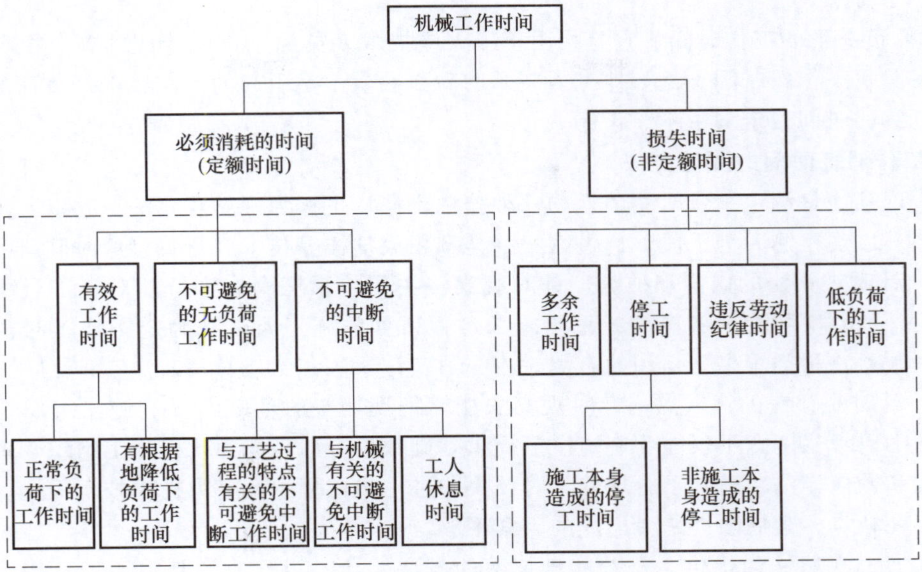

图 3-3　机械工作时间分类

3）不可避免的中断时间。它是指与工艺过程的特点、机器的使用和保养，以及工人休息有关的中断时间，包括以下三类。

① 与工艺过程的特点有关的不可避免中断工作时间。包括循环的不可避免中断工作时间和定期的不可避免中断工作时间两种。其中，循环的不可避免中断工作时间是指在机械工作的每一个循环中重复一次，如汽车装货和卸货时的停车；定期的不可避免中断工作时间是指经过一定时间重复一次，例如，将灰浆泵从一个工作地点转移到另一个工作地点时的工作中断。

② 与机械有关的不可避免中断工作时间。是指由于工人进行准备与结束工作或辅助工作时，机械停止工作而引起的中断工作时间。它是与机器的使用和保养有关的不可避免的中断时间。

③ 工人休息时间。与劳动定额中的休息时间概念相同，但需要注意的是，应尽量利用与工艺过程有关的和与机器有关的不可避免中断时间进行休息，以充分利用工作时间。

（2）损失时间　损失时间包括多余工作时间、停工时间、违反劳动纪律时间和低负荷下的工作时间四种。

1）多余工作时间。包括两种情况：①机器进行任务内和工艺过程内未包括的工作而延续的时间，例如，由于工人未及时供料而使机器空运转的时间；②机械在负荷下所做的多余工作，例如，搅拌机搅拌混凝土时超规定搅拌时间，就属于多余工作时间，定额中不予考虑。

2）停工时间。按其性质分为两类：①施工本身造成的停工时间，如由于施工组织不善、未及时供给机器燃料而引起的停工现象，定额中不予考虑；②非施工本身造成的停工时间，如气候突变、停电、暴雨导致机器停工等情况，定额中将给予合理考虑。

3）违反劳动纪律时间。它是指由于工人迟到早退或擅离岗位等原因引起的机器停工，定额中不予考虑。

4）低负荷下的工作时间。它是指由于工人或技术人员的过错所造成的施工机械在降低负荷的情况下工作的时间。例如，工人装车的砂石数量不足引起的汽车在降低负荷的情况下工作所延续的时间，定额中不予考虑。

5. 工作消耗时间的测定方法

计时观察法是测定工作时间消耗的一种技术方法，也称为现场观察法。它以研究工时消耗为对象，以观察测时为手段，通过密集抽样和粗放抽样等技术进行直接的时间研究。

（1）计时观察法的内容和种类　计时观察法主要包括三项内容，即对施工过程进行观察、测时，计算实物和劳务产量，记录施工过程所处的施工条件和确定影响工时消耗的因素。计时观察法种类很多，常用的有测时法、写实记录法和工作日写实法三种。

（2）计时观察法的优缺点　计时观察法能够把现场工时消耗情况和施工组织技术条件联系起来加以考察，它不仅能为制定定额提供基础数据，而且能为改善施工组织管理、改善工艺过程和操作方法、消除不合理的工时损失和进一步挖掘生产潜力提供技术根据。计时观察法也存在缺点，其局限性是考虑人的因素不够。

（3）计时观察法的优化　随着信息技术的发展，计时观察法的基本原理不变，但可采用更为先进的技术手段进行观测。例如，通过物联网智能设备实时采集施工现场数据，借助大数据分析技术，形成准确动态的资源消耗量、实物产量、劳务产出等数据。

3.2.3　劳动定额及其编制

1. 劳动定额的含义及作用

（1）劳动定额的含义　劳动定额，也称为人工定额，是指在正常的施工技术组织条件下，为完成一定计量单位的合格建筑产品所需要消耗的劳动时间，或一定的劳动时间内所生产的合格建筑产品的数量。劳动定额消耗量的计量单位是工日，1 工日是指一个建筑安装工人工作一个工作班，即 8h。

（2）劳动定额的作用　作为施工定额中非常重要的组成部分，劳动定额是组织施工和酬金分配的重要参考依据，关系到施工生产过程中劳动力的计划、组织和调配。在计划及组织施工方面，劳动定额是签发施工任务单、编制施工进度计划和劳动力安排计划的重要依据，也是企业改善劳动组织、提高劳动生产率、挖掘生产潜力方的基础依据。在酬金分配方面，劳动定额是衡量建筑安装工人劳动成果的主要尺度，它把工人的劳动成果和劳动报酬紧密地联系在一起，是计算计件工资和工人奖金时的主要依据。

2. 劳动定额的表现形式

与其含义相对应，劳动定额有时间定额和产量定额两种表现形式。

（1）时间定额　时间定额是指在正常的施工技术组织条件下，为完成一定计量单位（如 m、m^3、m^2、t、块等）的合格建筑产品所需要消耗的劳动时间（工日），时间定额的单位：工日/m（或工日/m^3、工日/m^2、工日/t、工日/块）。例如，一砖厚双面清水砖墙的时间定额为 0.65 工日/m^3，是指一个建筑安装工人砌 1m^3 一砖厚双面清水砖墙，必须消耗的工作时间为 0.65 工日。

（2）产量定额　产量定额是指在正常的施工技术组织条件下，在单位劳动时间（工日）内完成合格建筑产品的数量（如 m、m^3、m^2、t、块等），产量定额的单位是：m（m^3、m^2、 t、块等）/工日。例如，一砖厚双面清水砖墙，产量定额为 1.54m^3/工日，指的是一个建筑安装工人一个工日可砌 1.54m^3 的一砖厚双面清水砖墙。

（3）时间定额和产量定额的关系　在劳动定额中，两种表现形式时间定额与产量定额之间互为倒数。例如，钢筋混凝土现浇楼梯的时间定额是 1.566 工日/m^3，则每工日产量为 (1/1.566)m^3=0.6386m^3；反之，时间定额为（1/0.6386）工日=1.566 工日。

（4）时间定额与产量定额的作用

1）时间定额。可衡量出施工生产单位产品所需的时间，便于计算完成某一分部（项）工程的工日消耗数量，确定分项工期，进而编制施工进度计划。

2）产量定额。可衡量出单位时间内完成的产品数量，便于小组分配任务，签发施工任务单，考核工人的劳动效率。

【例 3-1】 某混凝土基础垫层浇筑工序，混凝土的工程量为 890m^3，每天有 30 名工人负责施工，时间定额为 0.852 工日/m^3，试计算完成该分项工程的施工天数。

解： 施工天数=(890×0.852/30）天=25.28 天（取 26 天）

即完成该分项工程需 26 天。

【例 3-2】 某现浇混凝土圈梁浇筑工序，由 15 人负责施工，产量定额为 0.206m^3/工日，试计算 6 月和 7 月两个月完成的工程量。

解： 月工程量=(15×0.206×61)m^3=188.49m^3

则该施工班组 6 月和 7 月两个月完成的工程量为 188.49m^3。

3. 劳动定额的编制方法

为了便于综合核算，劳动定额大都采用时间定额形式，即采用工作时间消耗量来计算劳动消耗的数量；而在确定了时间定额后，产量定额即可由时间定额的倒数得到。时间定额由基本工作时间、辅助工作时间、不可避免的中断时间、准备与结束工作时间，以及休息时间组成，有以下两种制定方法：

（1）应用计时观察法测定时间定额　应用计时观察法测定的工序基本工作时间、辅助工作时间、不可避免的中断时间、准备与结束工作时间和休息时间之和，就是劳动定额的时间定额，见式（3-1），时间定额的倒数即为产量定额。

$$\text{时间定额}=\text{基本工作时间}+\text{辅助工作时间}+\text{不可避免的中断时间}+\text{准备与结束工作时间}+\text{休息时间} \tag{3-1}$$

（2）利用工时规范确定时间定额　定额时间可分为工序作业时间和规范时间。其中，工序作业时间包括基本工作时间和辅助工作时间，规范时间包括准备与结束工作时间、不可避免的中断时间和休息时间。利用工时规范确定时间定额的计算公式如下：

1）工序作业时间的公式为

$$\begin{aligned}\text{工序作业时间}&=\text{基本工作时间}+\text{辅助工作时间}\\&=\text{基本工作时间}/(1-\text{辅助工作时间占比})\end{aligned} \tag{3-2}$$

式中，辅助工作时间占比是指辅助时间占工序作业时间的比例。

2）规范时间和定额时间的公式为

$$\text{规范时间}=\text{准备与结束时间}+\text{不可避免的中断时间}+\text{休息时间} \tag{3-3}$$

$$\begin{aligned}\text{定额时间}&=\text{工序作业时间}+\text{规范时间}\\&=\text{工序作业时间}/(1-\text{规范时间占比})\end{aligned} \tag{3-4}$$

式中，规范时间占比是指规范时间占定额时间（工作日）的比例。

【例 3-3】 通过计时观察资料可知，完成 $1m^3$ 三类土方人工开挖需要消耗的基本工作时间为 9h（折算为一人工作量），辅助工作时间占工序作业时间的 2%，准备与结束时间、不可避免的中断时间、休息时间分别占工作日的 2%、3%、16%。试计算人工挖每立方米三类土方的定额时间和产量定额。

解： 1）基本工作时间 = (9/8) 工日/m^3 = 1.125 工日/m^3

2）工序作业时间 = [1.125/(1−2%)] 工日/m^3 = 1.148 工日/m^3

3）定额时间 = [1.148/(1−2%−3%−16%)] 工日/m^3 = 1.453 工日/m^3

4）产量定额 = 1/时间定额 = (1/1.453) m^3/工日 = 0.688m^3/工日

故，开挖每立方米三类土方的时间定额为 1.453 工日/m^3，产量定额为 0.688m^3/工日。

3.2.4 材料消耗定额及其编制

1. 材料消耗定额的含义及作用

（1）材料消耗定额的含义 材料消耗定额，也称为材料定额，是指在正常的施工组织条件下，在合理使用材料的前提下，生产单位质量合格的建筑产品所必须消耗一定品种、规格的建筑材料的数量标准。材料定额消耗量的单位，多以材料的物理或自然计量单位表示。其中，物理计量单位是以国际统一计量标准为单位的，如体积以立方米（m^3）、面积以平方米（m^2）、长度以米（m）等为计量单位；自然计量单位是指以实物自身为计量单位，如以个、件、台、套等为计量单位。

（2）材料消耗定额的作用 建筑材料是施工过程中的生产要素之一，一般用于建筑材料的资金约为建安费的 50% 以上。因此，对材料消耗实行定额管理是工程建设中的重要举措。在建筑工程中，建筑材料是节约还是浪费，材料消耗量的多少，对工程的建安成本有着直接的影响，而建筑材料的需求量与供应量又取决于材料消耗定额。因此，材料消耗定额在很大程度上决定着材料的合理调配与使用。科学地确定材料消耗定额，保证及时地供应、调配和使用材料，减少材料的积压和浪费，对于施工企业节约材料、加速流动资金周转、减少资金占用，从而降低成本，起着至关重要的作用。

2. 材料消耗的类别划分

合理确定材料消耗定额的前提是做好材料消耗在施工过程中的分类，根据材料消耗的性质及其与工程实体的关系，可将材料消耗定额划分如下：

（1）根据材料消耗的性质划分 施工中材料的消耗可分为必须消耗的材料和损失的材料两类。

1）必须消耗的材料。它属于施工正常消耗，是确定材料消耗定额的基本数据，是指在合理用料的条件下，生产合格产品所需要消耗的材料，包括直接用于建筑和安装工程的材料、不可避免的施工废料和不可避免的材料损耗三种。其中，直接用于建筑和安装工程的材料编制材料净用量定额，不可避免的施工废料和材料损耗编制材料损耗定额。

2）损失的材料。它是指施工生产中不合理的材料消耗，在确定材料定额消耗量时一般不考虑。

（2）根据材料消耗与工程实体的关系划分 施工中的材料消耗可分为实体材料消耗和非实体材料消耗两类。

1）实体材料消耗。它是指建筑工程施工中直接构成工程实体的材料消耗，包括直接性材料消耗和辅助材料消耗两种。其中，直接性材料是指直接用于工程中构成建筑物或结构本体的一次性消耗的主要材料，如钢筋混凝土梁中的钢筋、水泥、砂、石等；辅助材料是指施工过程中必需的，虽然也是一次性消耗但并未构成建筑物或结构本体的材料，如石方爆破工程中的炸药、引信、雷管等。主要材料用量大，辅助材料用量少。

2）非实体材料消耗。它是指在施工过程中必须使用但又不能构成工程实体的施工措施性材料消耗，主要是指周转性材料，如模板、脚手架、挡土板等在工程施工中能多次使用、反复周转的工具性材料、配件和用具等。

3. 实体材料消耗量的计算及确定方法

（1）实体材料消耗量的计算　实体材料消耗量是由材料净用量和材料损耗量组成的，计算公式为

$$\begin{aligned}\text{实体材料消耗量} &= \text{材料净用量} + \text{材料损耗量}\\ &= \text{材料净用量} \times (1 + \text{损耗率})\end{aligned} \tag{3-5}$$

$$\text{损耗率} = \frac{\text{材料损耗量}}{\text{材料净用量}} \times 100\%$$

（2）实体材料损耗量的内容　实体材料消耗中，合理的损耗量包括：

1）施工操作过程中不可避免的废料和损耗量。

2）施工领料时，材料从工地仓库、现场堆放地点或施工现场内的加工地点运至施工操作地点的过程中，不可避免的场内运输及装卸损耗量。

3）材料在施工操作地点的不可避免的堆放损耗量，以及材料预算价格中未考虑的场外运输损耗量。

（3）实体材料消耗量的确定方法　确定实体材料净用量和材料损耗量的计算数据，主要有现场技术测定法、实验室试验法、现场统计法和理论计算法四种方法。

1）现场技术测定法。它主要适用于确定材料的损耗量和净用量，也称为观测法，是通过现场观察、测定，获取产品数量和材料消耗的情况，如通过现场观测铺设地砖的情况，确定地砖的损耗量和净用量的方法。

2）实验室试验法。它主要适用于确定材料的净用量，是通过试验对材料的结构、化学成分和物理性能以及按强度等级控制的混凝土、砂浆、沥青、油漆等配合比做出科学的结论，为材料消耗定额提供基础数据，如通过混凝土配合比试验确定水泥、砂、石的净用量等。

3）现场统计法。它是通过分析施工现场材料单据和完成的产品数量等统计资料，得出材料消耗量，如施工现场对于钢筋损耗量的确定。这种方法的缺点在于不能区分清楚材料消耗的性质，因此，也不能作为确定材料净用量和损耗量的依据，只能作为编制材料定额的辅助性方法采用。

4）理论计算法。它是指根据施工图和建筑构造要求，对于具有比较成熟施工工艺的工序，通过理论计算公式确定材料消耗定额的方法，如墙面砌筑工程中，标准砖及砂浆的材料用量等。

【例 3-4】　已知砌筑墙体时，标准黏土砖（规格为 240mm×115mm×53mm）和砂浆的损耗率分别为 2%和 1%，灰缝宽 10mm，砂浆实体积折合为虚体积的系数为 1.07，试通过理论

计算法确定砌筑 $1m^3$ 外墙砌体砖和砂浆的消耗量。

解：（1）计算砖的消耗量

$$砖的消耗量=\frac{1}{(砖宽+灰缝)\times(砖厚+灰缝)}\times\frac{1}{砖长}\times(1+损耗率)$$

$$=\left[\frac{1}{(0.115+0.01)\times(0.053+0.01)}\times\frac{1}{0.24}\times(1+2\%)\right]块/m^3$$

$$=(529.1\times1.02)块/m^3$$

$$=540块/m^3$$

（2）计算砂浆的消耗量

$$砂浆的消耗量=[(1-0.24\times0.115\times0.053\times529)\times1.07\times(1+1\%)]m^3/m^3$$

$$=0.244m^3/m^3$$

故，砌筑 $1m^3$ 外墙砌体需砖 540 块，砂浆 $0.244m^3$。

【例 3-5】 已知铺贴墙面砖（规格为 200mm×200mm×5mm）时，面砖的损耗率分别为 2%和 1%，缝宽 15mm，面砖结合层砂浆厚为 10mm，砂浆实体积折合为虚体积的系数为 1.07，试通过理论计算法确定铺贴 $1m^2$ 此规格外墙面砖时，面砖和砂浆的消耗量。

解：（1）计算面砖的消耗量

$$面砖的消耗量=\frac{1}{(面砖长+灰缝)\times(面砖宽+灰缝)}\times(1+损耗率)$$

$$=\left[\frac{1}{(0.2+0.015)\times(0.2+0.015)}\times(1+2\%)\right]块/m^2$$

$$=22块/m^2$$

（2）计算砂浆的消耗量

$$砂浆的消耗量=结合层砂浆消耗量+灰缝砂浆消耗量$$

$$=\{[(1-0.2\times0.2\times10)\times0.005+1\times0.01]\times1.07\times(1+1\%)\}m^3/m^2$$

$$=0.014m^3/m^2$$

故，铺贴 $1m^2$ 外墙面砖需面砖 22 块，砂浆 $0.014m^3$。

4. 非实体材料消耗量的计算方法

（1）计算公式及参数解释　非实体材料即周转材料的定额消耗量，指的是每使用一次所摊销的数量，根据周转性材料在其使用过程中发生消耗的规律，其摊销量的计算公式为

$$摊销量=\frac{一次使用量\times(1+损耗率)}{周转次数} \tag{3-6}$$

式中，相关计算参数的解释如下：

1）一次使用量。一次使用量即一次投入量，指的是周转性材料一次使用的基本量，根据施工图计算，与各分部分项工程的部位、施工工艺和施工方法有关。

2）损耗率。它是指周转性材料每使用一次后的损失率，应根据材料的不同材质、不同施工方法，以及不同的现场管理水平通过统计工作确定。

3）周转次数。它是指周转性材料从第一次使用起可重复使用的次数，与不同的周转性材料、使用的工程部位、施工方法及操作技术有关。

（2）周转次数的影响因素　材质及功能对周转次数的影响很大，如钢模板的周转次数

大大高于木模板的周转次数。同时，施工现场使用条件的好坏，以及施工速度的快慢，也会对周转次数产生影响。另外，保管情况以及保养和维修的好坏等，也都是影响周转性材料周转次数的主要因素。

3.2.5 机具台班消耗定额及其编制

1. 机具台班消耗定额的含义及作用

（1）机具台班消耗定额的含义　机具台班消耗定额，是指在正常的施工组织条件下，合理的劳动力组合和合理的使用施工机具的前提下，生产单位合格建筑产品所必须消耗的机具台班数量标准。机具台班消耗定额简称机具台班定额，也称为机具台班使用定额，包括施工机械台班消耗量和施工机具台班消耗量两部分。机具台班消耗定额的计量单位是台班，台班是指一台机械工作一个工作班，即8h。

（2）机具台班消耗定额的作用　随着建筑工程向施工现场机械化，以及构配件生产工厂化和装配化的发展，机具台班消耗定额的作用也愈加重要。施工机具台班消耗定额在编制施工机具作业计划、签发施工机具使用任务单，以及考核机械、仪器仪表的现场工作效率等方面，与劳动定额起着同样重要的作用，此外它还反映出建筑施工机械生产率水平的高低。加强和完善施工机具台班消耗定额的管理，将大大有利于促进施工生产机械化管理水平的提高。

2. 机具台班消耗定额的表现形式

机具台班消耗定额与劳动定额类似，有时间定额和产量定额两种表现形式。

（1）机具时间定额　机具时间定额是指在正常的施工技术组织条件下，完成单位合格产品（如m、m^3、m^2、t、块等）所必须消耗的机具台班数量，计量单位：台班/m（或台班/m^3、台班/m^2、台班/t、台班/块）。例如，砂浆搅拌机的时间定额为0.022台班/m^3，指的是一台砂浆搅拌机生产1m^3质量合格的砂浆，必须消耗的工作时间为0.022台班。

（2）机具产量定额　机具产量定额是指在正常的施工技术组织条件下，单位劳动时间（台班）内完成合格建筑产品的数量（如m、m^3、m^2、t、块等）；计量单位是：m（或m^3、m^2、t、块等）/台班。例如，砂浆搅拌机的产量定额为45.454 m^3/台班，指的是一台砂浆搅拌机在一个台班内能生产45.454m^3质量合格的砂浆。

（3）机具时间定额和机具产量定额的关系

1）当只有单人操作机具时，时间定额和产量定额互为倒数，计算公式为

$$\text{机具台班产量定额}=\frac{1}{\text{机具时间定额}} \tag{3-7}$$

2）当机具操作小组人数为2人及以上时，以小组工日表示的机具时间定额和产量定额的乘积在数值上等于小组人数，计算公式为

$$\text{机具台班产量定额}=\frac{\text{小组成员工日数总和}}{\text{时间定额}} \tag{3-8}$$

例如，液压反铲挖土机，斗容量为0.75m^3，挖掘深度为3.5m以内，三类土，每100m^3需要用的机械定额通过查《全国建筑安装工程统一劳动定额》得0.493/4.06，即时间定额为0.493台班/（100m^3），产量定额为4.06（100m^3）/台班，小组人数为（0.493×4.06）人＝2人。

3. 确定机具台班消耗定额的方法

施工机械台班定额的消耗量与仪器仪表台班定额消耗量的确定方法基本相同，因此，以下主要介绍施工机械台班消耗量的计算公式与确定方法。

（1）确定机械1h纯工作正常生产率　机械纯工作时间指的是机械的必须消耗时间；机械1h纯工作正常生产率，指的是在正常施工组织条件下，具有必需的知识和技能的技术工人操纵机械1h的生产率。根据机械工作特点的不同，机械1h纯工作正常生产率的确定方法也有所不同。

1）对于循环动作机械，机械纯工作1h正常生产率的计算公式为

$$机械一次循环的正常延缓时间=\sum(循环各组成部分正常延续时间)-交叠时间 \tag{3-9}$$

$$机械纯工作1h循环次数=\frac{60\times60}{一次循环的正常延续时间} \tag{3-10}$$

$$机械纯工作1h正常生产率=机械纯工作1h正常循环次数\times一次循环生产的产品数量 \tag{3-11}$$

2）对于连续动作机械，机械纯工作1h正常生产率要根据机械的类型和结构特征，以及工作过程的特点来确定。计算公式为

$$连续动作机械纯工作1h正常生产率=\frac{工作时间内生产的产品数量}{工作时间} \tag{3-12}$$

需要注意：工作时间内生产的产品数量和工作时间要通过多次现场观察和机械说明书来取得数据。

（2）确定施工机械的正常利用系数　施工机械的正常利用系数，是指施工机械在工作班内对工作时间的利用率。施工机械的正常利用系数和施工机械在工作班内的工作状况有着密切的关系。因此，要确定施工机械的正常利用系数，首先要拟定施工机械在工作班内的正常工作状况。施工机械的正常利用系数的计算公式为

$$施工机械的正常利用系数=\frac{施工机械在一个工作班内纯工作时间}{一个工作班延续时间}$$

（3）计算施工机械台班消耗定额　施工机械台班产量定额的计算公式为

$$施工机械台班产量定额=机械1h纯工作正常生产率\times工作班纯工作时间 \tag{3-13}$$

$$施工机械台班产量定额=机械1h纯工作正常生产率\times工作班延续时间\times机械正常利用系数 \tag{3-14}$$

$$施工机械时间定额=\frac{1}{机械台班产量定额指标} \tag{3-15}$$

【例3-6】 某工程现场采用出料容量500L的混凝土搅拌机，每一次循环中，装料、搅拌、卸料、中断需要的时间分别为1min、3min、1min、1min，机械的正常利用系数为0.9，求该机械的台班产量定额。

解： 该搅拌机一次循环的正常延续时间=(1+3+1+1)min=6min=0.1h

该搅拌机纯工作1h循环次数=10次

该搅拌机纯工作1h正常生产率=(10×500)L=5000L=5m^3

则，该搅拌机台班产量定额=(5×8×0.9)m^3/台班=36m^3/台班。

3.3 工程计价定额的编制

3.3.1 预算定额及其编制

工程计价定额是指工程定额中直接用于工程计价的定额或指标，包括预算定额、概算定额、概算指标和投资估算指标等。工程计价定额主要用来在建设项目的不同阶段作为确定和计算工程造价的依据。

1. 预算定额的含义及作用

（1）预算定额的含义　预算定额是指在正常的施工条件下，完成一定计量单位合格分项工程和结构构件所需要消耗的人工、材料、施工机具台班数量及其相应费用标准。为了计价的方便，预算定额中包含了定额基价，属于计价性定额，但预算定额作为反映单位合格工程人材机消耗量标准的本质是不变的。预算定额是工程建设中的一项重要的技术经济文件，是编制施工图预算的主要依据，是确定和控制工程造价的基础。

（2）预算定额的作用

1）预算定额是编制施工图预算的依据。施工图设计确定后，施工图预算造价主要受预算定额水平和人工、材料、机具台班的单价，以及各项组价费用的取费标准等因素的影响。

2）预算定额可作为编制施工组织设计的参考依据。利用预算定额能够计算出施工过程中各项资源的需要量，从而为有计划地组织材料采购和预制件加工、劳动力和施工机具的调配提供计算依据。

3）预算定额可以作为确定合同价款、拨付工程进度款及办理工程结算的参考性基础。按照施工图进行工程发包时，合同价款的确定及施工过程中的工程结算等都需要按照施工图纸进行计价，预算定额作为施工图预算的主要编制依据，也为这一系列计价工作提供支持。

4）预算定额可以作为施工单位经济活动分析的依据。预算定额规定的物化劳动和劳动消耗指标，可作为施工单位施工过程中允许消耗的最高标准。施工单位可以预算定额为依据，进行技术革新，提高劳动生产率和管理效率，从而提高自身竞争力。

5）预算定额是编制概算定额的基础。概算定额是在预算定额基础上综合扩大编制的，利用预算定额作为编制依据，不仅可以节省编制工作的大量人力、物力和时间，收到事半功倍的效果，还可以保证概算定额在水平上与预算定额保持一致，从而保证计价工作的连贯性。

2. 预算定额的编制原则

为保证预算定额的质量，充分发挥预算定额的作用，实际使用简便，在编制工作中应遵循按社会平均水平编制以及按简明适用编制的原则。

（1）按社会平均水平原则确定预算定额　预算定额作为计价性质的定额，需要遵照价值规律，按建筑市场的普遍水平确定工程资源的消耗量和费用。预算定额所反映的社会平均水平，指的是在正常的施工条件下，在合理的施工组织和工艺条件，以及平均劳动熟练程度和劳动强度下，完成单位分项工程基本构造单元所需要消耗的资源的数量水平和费用水平。

（2）按简明适用的原则编制预算定额　为使得预算定额更易于掌握且具有实用性，在确定定额项目的内容和子目划分时应简明适用。

1）分项工程粗细程度划分要合理。在编制预算定额时，对于主要的、常用的、价值量大的项目，分项工程划分宜细；对于次要的、不常用的、价值量相对较小的项目，分项工程划分则可以粗一些。

2）预算定额的项目要齐全。在编制预算定额时，如果项目不全、缺项多，就会使得计价工作缺少充足的可靠的依据，因此，要注意补充因那些采用新技术、新结构、新材料而出现的新的定额项目。

3）预算定额的计量单位要合理。在编制预算定额时，为简化工程量的计算，应尽可能地避免同一种材料用不同的计量单位和一量多用，并尽量减少定额附注和换算系数。

3. 预算定额的编制依据及发展趋势

（1）预算定额的编制依据

1）现行施工定额。预算定额是在现行施工定额的基础上编制的。预算定额中人工、材料、机具台班消耗水平需要根据施工定额取定；预算定额计量单位的选择，也要以施工定额为参考，从而保证两者的协调和可比性，以减轻预算定额的编制工作量，缩短编制时间。

2）现行的规范、标准、规程。它指的是现行的设计规范、施工及验收规范，质量评定标准和安全操作规程等，预算定额中正常的施工条件正是以这些规范、标准和规程的要求为依据设定的。

3）具有代表性的典型工程施工图及有关标准图。对这些图纸和图集进行仔细分析研究，并计算出工程数量，可作为编制定额时选择施工方法确定定额含量的依据。

4）成熟推广的新技术、新结构、新材料和先进的施工方法等。这类资料是调整定额水平和增加新的定额项目所必需的依据。

5）有关科学实验、技术测定和统计、经验资料。这些工程活动及资料是确定预算定额水平的重要依据。

6）现行的预算定额、材料单价、机具台班单价及有关文件规定等。这些资料包括过去定额编制过程中积累的基础资料，也是编制预算定额的依据和参考。

（2）预算定额编制方法的数字化发展趋势　随着大数据技术的发展，定额编制将会越来越不依赖于对施工过程的各种测定方法，而是更多地采用工程的实际生产和交易数据；根据大数据的算法和规则进行分析和预测，从而能够更加准确并动态地反映出消耗量以及价格数据。

4. 预算定额手册的内容

完整的预算定额手册，一般由建设行政主管部门发布的文件、目录、总说明、建筑面积计算规则、各分部工程的说明、预算定额项目表及预算定额附录等内容构成。

（1）建设行政主管部门发布的文件　该文件是预算定额具有法令性的必要依据。文件中明确规定预算定额的执行时间、适用范围，并说明预算定额手册的解释权和管理权所属。

（2）目录　预算定额的目录列在建设行政主管部门发布的文件之后，一般章、节、定额总子目列出三级标题与页码。

（3）总说明　总说明的内容主要包括：①预算定额的指导思想、编制依据、目的和作用，以及适用范围；②预算定额中人工、材料、机械台班消耗量校准，以及预算造价的费用组成；③预算定额的一些共性问题，如预算定额已考虑的因素、未考虑的因素和未包括的内容及其处理方法等。

（4）建筑面积计算规则　按修订定额时最新规范编写，规定计算建筑面积的范围及其计算规则，以及不计算建筑面积的范围。

（5）各分部工程的说明　各分部工程的说明主要包括：①分部工程各定额项目的工程量计算规则；②分部工程定额内综合的内容及允许换算的有关规定；③分部工程中各调整系数的使用规定。

（6）预算定额项目表　预算定额项目表是预算定额的核心部分，包括：①在定额项目表的上方说明本项工程的工作内容及计量单位；②各子目的定额编号、项目名称；③各定额子目的基价，包括人工费、材料费、机械费；④各定额子目的人工、材料、机械的名称、单位、单价和数量标准；⑤在定额项目表的下方可标注说明和附注等。

（7）预算定额附录　一些常用的资料或数据可以文字或附表的形式附在预算定额表的最后，如混凝土和砂浆的配合比等。

3.3.2　预算定额消耗量及基价编制

1. 预算定额消耗量的编制方法

预算定额中的消耗量是以施工定额为基础进行编制的。在确定预算定额人工、材料、机具台班消耗指标时，需要先按施工定额的分项逐项计算出消耗指标，再按预算定额的项目加以综合确定。这种综合不是简单的合并和相加，而是在综合过程中增加了两种定额之间适当的水平差。另外，预算定额中的消耗量还应根据编制原则和要求，采用理论与实际相结合、图纸计算与施工现场测算相结合、编制人员与现场工作人员相结合等方法进行计算和确定。

（1）预算定额人工工日消耗量的确定　预算定额人工工日消耗量，是指在正常施工条件下，完成单位合格产品所必须消耗的人工工日数量，是由分项工程所综合的各个工序劳动定额包括的基本用工和其他用工两部分组成的。其中，基本用工是指完成一定计量单位的分项工程或结构构件的各项工作过程的施工任务所必须消耗的技术工种用工；其他用工是指辅助基本用工消耗的工日，包括超运距用工、辅助用工和人工幅度差。

1）基本用工。按技术工种相应劳动定额工时定额计算，以不同工种列出定额工日，主要包括以下内容：

① 完成定额计量单位的主要用工。按综合取定的工程量和相应劳动定额进行计算，计算公式为

$$基本用工=\sum(综合取定的工程量\times劳动定额) \tag{3-16}$$

例如，工程实际中的砖基础有1砖厚、1砖半厚、2砖厚等之分，其用工各不相同，在预算定额中由于不区分厚度，需要按照统计的比例，加权平均得出综合取定的用工。

② 按劳动定额规定应增（减）计算的用工量。由于预算定额是在施工定额子目的基础上综合扩大的，包括的工作内容较多，施工的工效视具体部位而不一样，所以需要另外增加人工消耗，而这种人工消耗也可以列入基本用工内。

③ 预算定额中比劳动定额多包括的工作内容所增加的用工量。例如，在砖墙项目中，分项工程的工作内容包括附墙烟囱孔、壁橱等零星组合部分的内容，其人工消耗量相应增加附加人工消耗。

2）超运距用工。超运距是指劳动定额中已包括的材料、半成品场内水平搬运距离与预算定额所考虑的现场材料、半成品堆放地点到操作地点的水平运输距离之差，计算公式为

超运距=预算定额取定运距-劳动定额已包括的运距　　(3-17)

超运距用工=∑(超运距材料数量×时间定额)　　(3-18)

需要注意：当实际工程现场运距超过预算定额取定运距时，可另行计算现场二次搬运费。

3）辅助用工。它是指技术工种劳动定额内不包括而在预算定额内又必须考虑的用工，如机械土方工程配合用工、材料加工（筛砂、洗石、淋化石膏）、电焊点火用工等，计算公式为

辅助用工=∑(材料加工数量×相应的加工劳动定额)　　(3-19)

4）人工幅度差。人工幅度差即预算定额与劳动定额的差额，主要是指在劳动定额中未包括而在正常施工情况下不可避免但又很难准确计量的用工和各种工时损失。其内容包括：①各工种间的工序搭接及交叉作业相互配合或影响所发生的停歇用工；②施工过程中，移动临时水电线路面造成的影响工人操作的时间；③工程质量检查和隐蔽工程验收工作而影响工人操作的时间；④同一现场内单位工程之间因操作地点转移而影响工人操作的时间；⑤工序交接时对前一工序不可避免的修整用工；⑥施工中不可避免的其他零星用工。其计算公式为

人工幅度差=(基本用工+辅助用工+超运距用工)×人工幅度差系数　　(3-20)

需要注意：人工幅度差系数一般为10%~15%，在预算定额中，人工幅度差的用工量列入其他用工量中。

【例3-7】 某砌筑工程，定额测定资料为：完成10m^{3}砌体的基本用工为13.5工日，辅助用工为2.0工日，超运距用工1.5工日，人工幅度差系数为10%，求预算定额中的人工工日消耗量（单位：工日/10m^3）。

解：预算定额中的人工工日消耗量=[(13.5+2.0+1.5)×(1+10%)]工日/10m^3

=18.7工日/10m^3

(2) 预算定额材料消耗量的确定　预算定额材料消耗量，是指在正常施工条件下，完成单位合格产品所必须消耗的各种材料数量。材料消耗量主要有以下几种计算方法：

1）按材料耗用量计算。具有标准规格的材料，按规范要求计算定额计量单位的耗用量，如砖、防水卷材、块料面层等。

2）按材料净用量计算。设计图纸标注尺寸及下料要求的材料，按设计图纸尺寸计算材料净用量，如门窗制作用材料、枋、板料等。

3）按换算法计算。各种胶结、涂料等材料的配合比用料，可以根据要求条件换算，得出材料用量。

4）按测定法确定。包括：①实验室试验法，各种强度等级的混凝土及砌筑砂浆配合比的耗用原材料数量的计算，须按规范要求试配，经试压合格并做必要的调整后得出的水泥、砂子、石子、水的用量；②现场测定法，对于新材料、新结构等不能用其他方法计算定额消耗用量时，须用现场测定法来确定。

(3) 预算定额机具台班消耗量的确定　预算定额中的机具台班消耗量是指在正常施工条件下，生产单位合格产品必须消耗的某种型号施工机具的台班数量。由于施工机具所包括的施工机械和仪器仪表两类消耗量计算方法类似。因此，以下仅以机械台班消耗量的计算为准。

施工机械的台班数量，一般按施工定额中的机械台班消耗量，并考虑一定的机械幅度差

进行计算。其中，机械台班幅度差是指在施工定额中所规定的范围内没有包括，而在实际施工中又不可避免产生的影响机械或使机械停歇的时间，其内容包括：①施工机械转移工作面及配套机械相互影响损失的时间；②在正常施工条件下，机械在施工中不可避免的工序间歇；③工程开工或收尾时工作量不饱满所损失的时间；④检查工程质量影响机械操作的时间；⑤临时停机、停电影响机械操作的时间；⑥机械维修引起的停歇时间。

综上所述，预算定额机械台班消耗量计算公式为

预算定额机械台班消耗量=施工定额机械台班消耗量×(1+机械幅度差系数)　(3-21)

【例 3-8】 已知某挖土机的一个工作循环需 2min，每循环一次挖土 $0.5m^3$，工作班的延续时间为 8h，时间利用系数为 0.85，计算机械台班产量定额。

解： 1）1h 挖土机工作的循环次数＝（60/2）次＝30 次

2）1h 挖土机正常生产率＝$(30\times0.5)m^3/h=15m^3/h$

故，机械台班产量定额＝$(15\times8\times0.85)m^3$/台班＝$102m^3$/台班。

2. 预算定额基价的确定

（1）预算定额基价的分类　预算定额基价就是预算定额分项工程或结构构件的单价，我国现行各省预算定额基价的表达内容不尽统一，主要包括工料单价、不完全综合单价和完全综合单价三种形式。

1）定额基价是工料单价，即只包括人工费、材料费和施工机具使用费。

2）定额基价是不完全综合单价，即包括直接费（人工费、材料费、施工机具使用费）以外的管理费、利润的清单综合单价。

3）定额基价是完全综合单价，即在不完全综合单价的基础上包括规费、税金在内的全费用综合单价。

（2）预算定额基价的编制方法　以工料单价为例，就是工料机的消耗量和工料机单价的结合过程。其中，①人工费是由预算定额中每一分项工程各种用工数乘以地区人工工日单价之和算出；②材料费是由预算定额中每一分项工程的各种材料消耗量乘以地区相应材料预算价格之和算出；③机具费是由预算定额中每一分项工程的各种机械台班消耗量乘以地区相应施工机械台班预算价格之和，以及仪器仪表使用费汇总后算出，上述单价均为不含增值税进项税额的价格。

以基价为工料单价为例，分项工程预算定额基价的计算公式为

分项工程预算定额基价＝人工费+材料费+机具使用费　(3-22)

式（3-21）中，人工费、材料费和机具使用费的计算公式分别为

人工费＝ Σ(现行预算定额中各种人工工日用量×人工日工资单价)　(3-23)

材料费＝ Σ(现行预算定额中各种材料耗用量×相应材料单价)　(3-24)

机具使用费＝Σ(现行预算定额中机械台班用量×机械台班单价)+

Σ(仪器仪表台班用量×仪器仪表台班单价)　(3-25)

3. 预算定额基价的应用时效

预算定额基价是根据现行定额和当地的价格水平编制的，具有相对的稳定性。在预算定额中列出的“预算价值”或“基价”，应视作该定额编制时的工程单价。为了适应市场价格的变动，在编制施工图预算时，应根据调价系数或指数等对定额基价进行修正。修正后的定额基价乘以根据图纸计算出来的工程量，就可以获得符合实际市场情况的人工、材料、机具

费用。或者只使用预算定额的人材机消耗量，人材机单价采用市场价格信息进行计价。

【例 3-9】 某预算定额基价项目表（工料单价）如表 3-2 所示，试计算该项目的定额基价。

表 3-2 某预算定额基价项目表（工料单价） （单位：$10m^3$）

定额编号				3-1	
项目				砖基础	
				数量	合价
基价（元）				2036.50	
其中	人工费（元）			495.18	
	材料费（元）			1513.46	
	施工机具使用费（元）			27.86	
名称		单位	单价（元）	数量	
综合人工		工日	42.00	11.790	495.180
材料	水泥砂浆 M5	m^3	—	—	—
	水泥砂浆 M10	m^3	—	(2.360)	—
	标准砖	千块	230.00	5.236	1204.280
	水泥 32.5 级	kg	0.32	649.000	207.680
	中砂	m^3	37.15	2.407	89.420
	水	m^3	3.85	3.137	12.077
机械	灰浆搅拌机 200L	台班	70.89	0.393	27.860

注：表格形式参考《四川省建设工程工程量清单计价定额——房屋建筑与装饰工程（一）》(2020 年)。

解： 表 3-2 中，各定额子目的定额基价计算过程为：

1）定额人工费 = (42.00×11.790) 元 = 495.18 元。

2）定额材料费 = (230.00×5.236+0.32×649.000+37.15×2.407+3.85×3.137) 元 = 1513.46 元。

3）定额施工机具使用费 = (70.89×0.393) 元 = 27.86 元。

4）定额基价 = (495.18+1513.46+27.86) 元 = 2036.50 元。

3.3.3 概算定额及其编制

1. 概算定额的含义和作用

(1) 概算定额的含义　概算定额是在预算定额的基础上，确定完成合格的单位扩大分项工程或单位扩大结构构件所需要消耗的人工、材料和施工机具台班的数量及其费用标准。概算定额是预算定额的综合与扩大，也称为扩大结构定额。它将预算定额中有联系的若干个分项工程项目增加适当幅度差后综合为一个概算定额项目。如砖基础概算定额项目，就是以砖基础为主，综合了平整场地、挖地槽、铺设垫层、砌砖基础、铺设防潮层、回填土及运土等预算定额中有联系的分项工程项目而形成的。

(2) 概算定额的作用　概算定额由省、自治区、直辖市在预算定额基础上组织编写，由相关主管部门审批。设计阶段，概算定额是初步设计阶段编制设计概算和扩大初步设计阶段编制修正概算的主要依据，也是对设计项目进行技术经济分析比较的基础资料之一。建设准备阶段，概算定额是建设工程主要材料计划编制的依据、控制施工图预算的依据，以及施工企业在编制施工组织总设计或总规划时对生产要素提出需要量计划的依据；概算定额也是工程结束后，进行竣工决算和评价的依据。

（3）概算定额与预算定额的区别

1）概算定额与预算定额的相同之处。二者所表达的主要内容、表达的主要方式及基本使用方法相近。也就是说，它们都是以建（构）筑物各个结构部分和分部分项工程为单位表示的，内容也包括人工、材料和机具台班使用量定额三个基本部分，并列有基准价。

2）概算定额与预算定额的不同之处。二者的不同主要在于项目划分和综合扩大程度上的差异，且概算定额主要用于设计概算的编制。同时，由于概算定额综合了若干分项工程的预算定额，因此概算工程量计算和概算表的编制，都比编制施工图预算简化一些。

2. 编制原则和编制依据

（1）概算定额的编制原则　概算定额的编制应该贯彻社会平均水平和简明适用的原则。

1）社会平均水平的编制原则。由于概算定额与预算定额相类似，都是工程计价的依据，属于工程计价性定额，所以也应符合价值规律和反映现阶段大多数企业的设计、生产及施工管理水平，按社会平均水平原则编制。但在概预算定额水平之间应保留必要的幅度差。

2）简明适用的编制原则。概算定额的内容和深度是以预算定额为基础的综合和扩大，在合并中不得遗漏或增加项目，以保证其严密性和正确性，并做到简化、准确和适用。

（2）概算定额的编制依据　概算定额的编制依据因其使用范围不同而不同，主要包括：①相关的国家和地区文件；②现行的设计规范、施工验收技术规范和各类工程预算定额、施工定额；③具有代表性的标准设计图纸和其他设计资料；④有关的施工图预算及有代表性的工程决算资料；⑤现行的人工日工资单价标准、材料单价、机具台班单价及其他的价格资料。

3. 概算定额手册的内容

根据专业特点和地区特点编制的概算定额手册，其内容由文字说明、定额项目表和附录三个部分组成。

（1）文字说明部分　文字说明部分有总说明和分部工程说明两部分。在总说明中，主要阐述概算定额的性质和作用、概算定额编纂形式和应注意的事项、概算定额编制目的和使用范围，以及有关定额的使用方法的统一规定。

（2）定额项目表

1）定额项目的划分。概算定额项目一般按两种方法划分：①按工程结构划分，一般是按土石方、基础、墙、梁板柱、门窗、楼地面、屋面、装饰、构筑物等工程结构划分；②按工程部位（分部）划分，一般是按基础、墙体、梁柱、楼地面、屋盖、其他工程部位等划分，如基础工程中包括砖、石、混凝土基础等项目。

2）定额项目表。定额项目表是概算定额手册的主要部分，是按定额项目的划分列出的具体定额内容。由若干分节定额组成，各节定额由工程内容、定额表及附注说明组成。定额表中列有定额编号、计量单位、概算价格、人工、材料、机具台班消耗量指标，综合了预算定额的若干项目与数量。

（3）附录　概算定额的附录一般包括混凝土、砂浆配合比的系列表格及其他常用的参考数据等。

4. 概算定额基价的编制

（1）概算定额基价的分类　概算定额基价和预算定额基价一样，根据不同的表达方法，概算定额基价可能是工料单价、清单综合单价或全费用综合单价，用于编制设计概算。

（2）概算定额基价的编制方法　概算定额基价和预算定额基价的编制方法类似，单价均为不含增值税进项税额的价格，以概算定额基价为工料单价的情况为例，概算定额基价编制的过程如下：

$$\text{概算定额基价}=\text{人工费}+\text{材料费}+\text{机具使用费} \tag{3-26}$$

式（3-26）中，人工费、材料费和机具使用费的计算公式分别为

$$\text{人工费}=\text{现行概算定额中人工工日消耗量}\times\text{人工单价}$$

$$\text{材料费}=\sum(\text{现行概算定额材料消耗量}\times\text{相应材料单价})$$

$$\text{机具使用费}=\sum(\text{现行概算定额中机械台班消耗量}\times\text{相应机械台班单价})+\sum(\text{仪器仪表台班用量}\times\text{仪器仪表台班单价}) \tag{3-27}$$

表 3-3 所示为某现浇钢筋混凝土柱概算定额基价表。

表 3-3　某现浇钢筋混凝土柱概算定额基价表

工作内容：1. 混凝土浇筑、振捣、养护等。

2. 混凝土泵送及管道安拆。

3. 模板制作、安拆、整理堆放及场内运输。

（单位：$10m^3$）

定额编号				GJ-4-4	GJ-4-5	GJ-4-6
项目				现浇混凝土柱		
				矩形		
				截面面积		
				$\leqslant 0.25m^2$	$\leqslant 0.5m^2$	$>0.25m^2$
基价（元）				11889.31	10206.80	8817.06
其中	人工费（元）			3934.33	3361.04	2876.62
	材料费（元）			7885.24	6778.26	5874.58
	机械费（元）			69.74	67.50	65.86
名称		单位	单价（元）	数量		
人工	综合工日（土建）	工日	95.00	41.4140	35.3794	30.2802
材料	C30 现浇混凝土碎石<31.5	m^3	359.22	9.8691	9.8691	9.8691
	水泥抹灰砂浆 1：2	m^3	345.67	0.2343	0.2343	0.2343
	塑料薄膜	m^2	1.74	5.0000	5.0000	5.0000
	阻燃毛毡	m^2	40.39	1.0000	1.0000	1.0000
	水	m^3	4.27	2.1532	2.1532	2.1532
	草板纸 80#	张	3.79	29.1780	20.9490	14.9160
	复合木模板	m^2	29.06	28.2035	20.2493	14.4178
	零星卡具	kg	5.56	6.5456	4.6996	3.3462
	支撑钢管及扣件	kg	4.70	44.6812	32.0799	22.8414

（续）

定额编号				GJ-4-4	GJ-4-5	GJ-4-6
项目				现浇混凝土柱		
				矩形		
				截面面积		
				≤0.25m²	≤0.5m²	>0.25m²
	名称	单位	单价（元）	数量		
材料	锯成材	m³	3527.01	0.7664	0.5503	0.3918
	圆钉	kg	5.13	4.4672	3.2073	2.2836
	隔离剂	kg	2.37	9.7260	6.9830	4.9720
	草袋	m²	4.52	1.8356	1.8356	1.8356
	输送钢管	m	135.04	0.1017	0.1017	0.1017
	弯管	个	323.08	0.0099	0.0099	0.0099
	橡胶压力管	m	62.77	0.0296	0.0296	0.0296
	输送管扣件	个	256.41	0.0099	0.0099	0.0099
	密封圈	个	13.68	0.0395	0.0395	0.0395
	镀锌低碳钢丝 22#	kg	8.37	18.4800	18.4800	11.5500
	水泥基类间隔件	个	0.43	210.0000	210.0000	131.2500
机械	灰浆搅拌机 200L	台班	157.71	0.0400	0.0400	0.0400
	混凝土振捣器 插入式	台班	7.88	0.6767	0.6767	0.6767
	木工圆锯机 500mm	台班	27.49	0.2140	0.1536	0.1094
	木工双面压刨床 600mm	台班	53.04	0.0389	0.0279	0.0199
	混凝土输送泵 30m³/h	台班	612.42	0.0819	0.0819	0.0819

3.3.4 概算指标及其编制

1. 概算指标的含义及作用

（1）概算指标的含义与分类　建筑安装工程概算指标通常是以单位工程为对象，以建筑面积、体积或成套设备装置的台或组为计量单位而规定的人工、材料、机具台班的消耗量标准和造价指标。

概算指标可分为建筑工程概算指标和设备及安装工程概算指标两大类。其中，①建筑工程概算指标包括一般土建概算指标、给排水工程概算指标、采暖工程概算指标、通信工程概算指标和电气照明工程概算指标；②设备及安装工程概算指标包括机械设备及安装工程概算指标、电气设备及安装工程概算指标、工器具及生产家具购置费概算指标。

（2）概算定额与概算指标的区别

1）确定各种消耗量指标的对象不同。概算定额是以单位扩大分项工程或单位扩大结构构件为对象，而概算指标则是以单位工程为对象。因此，概算指标比概算定额更加综合与扩大。

2）确定各种消耗量指标的依据不同。概算定额以现行预算定额为基础，通过计算之后才能综合确定出各种消耗量指标，而概算指标中各种消耗量指标的确定，则主要来自各种预算或结算资料。

（3）概算指标的作用及编制依据

1）概算指标的作用。包括：①可以作为编制投资估算的参考；②是初步设计阶段编制概算书、确定工程概算造价的依据；③其中的主要材料指标可以作为匡算主要材料用量的依据；④是设计单位进行设计方案比较、设计技术经济分析的依据；⑤是编制固定资产投资计划、确定投资额和主要材料计划的主要依据；⑥是建筑企业编制劳动力、材料计划、实行经济核算的依据。

2）概算指标的编制依据。包括：①标准设计图纸和各类工程典型设计；②国家颁发的建筑标准、设计规范、施工规范等；③现行的概算指标，以及已完工程的预算或结算资料；④人工工资标准、材料单价、机具台班单价及其他价格资料。

2. 概算指标的组成

概算指标的组成一般包括文字说明和列表形式两部分，以及必要的附录。

（1）文字说明部分　文字说明指的是概算指标中的总说明和分册说明。其内容一般包括概算指标的编制范围、编制依据、分册情况、指标包括的内容、指标未包括的内容、指标的使用方法、指标允许调整的范围及调整方法等。

（2）列表形式部分

1）建筑工程列表形式。房屋建筑物、构筑物一般是以建筑面积、建筑体积、“座”“个”等为计算单位，附以必要的示意图。示意图画出建筑物的轮廓示意或单线平面图，列出综合指标：元/m^2 或元/m^3、自然条件（如地耐力、地震烈度等）、建筑物的类型、结构形式及各部位中结构的主要特点、主要工程量。

2）设备及安装工程列表形式。设备以“t”或“台”为计算单位，也可以设备购置费或设备原价的百分比（%）表示；工艺管道一般以“t”为计算单位；通信电话站安装以“站”为计算单位。列出指标编号、项目名称、规格、综合指标（元/计算单位）之后一般还要列出其中的人工费，必要时还要列出主要材料费、辅材费。

3. 概算指标列表形式的内容

具体来讲，概算指标中的列表形式包括示意图、工程特征、经济指标、构造内容及工程量指标四个部分。

（1）示意图　表明工程的结构，对于工业项目还要表示出吊车及起重能力等。

（2）工程特征　工程特征需要针对不同单位工程分别描述。对于房屋建筑的工程特征，主要是说明工程的结构形式、层高、层数和建筑面积，如表 3-4 所示；对于采暖工程特征，应列出采暖热媒及采暖形式；对于电气照明工程特征，可列出建筑层数、结构类型、配线方式、灯具名称等。

表 3-4　内浇外砌住宅结构特征

结构形式	层数	层高	檐高	建筑面积
内浇外砌	六层	2.8m	17.7m	4206m^2

（3）经济指标　说明该项目每 $100m^2$ 的造价指标及其中土建、水暖和电气照明等单位工程的相应造价，如表 3-5 所示。

表 3-5　内浇外砌住宅经济指标　　$100m^2$ 建筑面积

项目		合计（元）	其中			
			直接费（元）	间接费（元）	利润（元）	税金（元）
建筑安装造价		30422	21860	5576	1893	1093
其中	土建	26133	18778	4790	1626	939
	水暖	2565	1843	470	160	92
	电气照明	1724	1239	316	107	62

（4）构造内容及工程量指标　说明该工程项目的构造内容和相应计算单位的工程量指标及人工、材料消耗指标，如表 3-6 和表 3-7 所示。

表 3-6　内浇外砌住宅构造内容及工程量指标　　$100m^2$ 建筑面积

序号	构造特征		工程量	
			单位	数量
一、土建				
1	基础	灌注桩	m^3	14.64
2	外墙	二砖墙、清水墙勾缝、内墙抹灰刷白	m^3	24.32
3	内墙	混凝土墙、一砖墙、抹灰刷白	m^3	22.70
4	柱	混凝土柱	m^3	0.70
5	地面	碎砖垫层、水泥砂浆面层	m^2	13
6	楼面	120mm 预制空心板、水泥砂浆面层	m^2	65
7	门窗	木门窗	m^2	62
8	屋面	预制空心板、水泥珍珠岩保温、三毡四油卷材防水	m^2	21.7
9	脚手架	综合脚手架	m^2	100
二、水暖				
1	采暖方式	集中采暖		
2	给水性质	生活给水明设		
3	排水性质	生活排水		
4	通风方式	自然通风		
三、电照				
1	配电方式	塑料管暗配电线		
2	灯具种类	日光灯		
3	用电量			

表 3-7 内浇外砌住宅人工及主要材料消耗指标 100m² 建筑面积

序号	名称及规格	单位	数量	序号	名称及规格	单位	数量
一、土建				二、水暖			
1	人工	工日	506	1	人工	工日	39
2	钢筋	t	3.25	2	钢管	t	0.18
3	型钢	t	0.13	3	暖气片	m^2	20
4	水泥	t	18.10	4	卫生器具	套	2.35
5	白灰	t	2.10	5	水表	个	1.84
6	沥青	t	0.29	三、电照			
7	红砖	千块	15.10	1	人工	工日	20
8	木材	m^3	4.10	2	电线	m	283
9	砂	m^3	41	3	钢管	t	0.04
10	砺	m^3	30.5	4	灯具	套	8.43
11	玻璃	m^2	29.2	5	电表	个	1.84
12	卷材	m^2	80.8	6	配电箱	套	6.1
				四、机械使用费		%	7.5
				五、其他材料费		%	19.57

4. 概算指标的表现形式及编制方法

（1）概算指标的表现形式　概算指标在具体内容的表示方法上，分为综合指标和单项指标两种形式。

1）综合指标。它是指按照工业或民用建筑及其结构类型而制定的概算指标。综合指标的概括性较大，其准确性、针对性不如单项指标强。

2）单项指标。它是指为某种建筑物或构筑物而编制的概算指标。单项指标的针对性较强，故指标中对工程结构形式要做介绍。只要工程项目的结构形式及工程内容与单项指标中的工程概况相吻合，则编制出的设计概算就会比较准确。

（2）概算指标的编制方法　在编制概算指标时，首先编写资料审查意见，填写设计资料名称、设计单位、设计日期、建筑面积及构造情况，提出审查和修改意见。然后在计算工程量的基础上编制单位工程预算书，据以确定每百平方米建筑面积及构造情况以及人工、材料、机具消耗指标和单位造价的经济指标。具体编制时，需要注意以下几方面：

1）计算工程量。根据审定的图样和预算定额计算出建筑面积及各分部分项工程量，然后按编制方案规定的项目进行归并，并以每平方米建筑面积为计算单位，换算出所含的工程量指标。

2）编制预算书。根据计算出的工程量和预算定额等资料，编制预算书，求出每百平方米建筑面积的预算造价及人工、材料、施工机具使用费和材料消耗量指标。

3）构筑物的概算指标。构筑物是以“座”为单位编制概算指标的，所以在计算完工程量并编制完成预算书后，不必进行换算，只需要以预算书确定的价值作为每座构筑物概算指标的经济指标即可。

3.3.5 投资估算指标及其编制

1. 投资估算指标的含义及作用

（1）投资估算指标的含义　投资估算指标属于项目建设前期进行估算投资的技术经济指标，它不但要反映实施阶段的静态投资，还必须反映项目建设前期和交付使用期内发生的动态投资，以投资估算指标为依据编制的投资估算，包含项目建设的全部投资额。与概预算定额相比，投资估算指标是以独立的建设项目、单项工程或单位工程为对象，综合项目全过程投资和建设中的各类成本和费用，反映出其扩大的技术经济指标，既是定额的一种表现形式，但又不同于其他的计价定额。与其他各种计价定额相比，投资估算指标具有更大的综合性和概括性。

（2）投资估算指标的作用　投资估算指标既具有宏观指导作用，可作为编制固定资产计划投资额的参考，又能为编制项目建议书和可行性研究阶段投资估算提供依据。

1）在编制项目建议书阶段，投资估算指标是项目主管部门审批项目建议书的依据之一，并对项目的规划及规模起参考作用。

2）在可行性研究报告阶段，投资估算指标是项目决策的重要依据，也是多方案比选、优化设计方案、正确编制投资估算、合理确定项目投资额的重要基础。

3）在建设项目评价及决策过程中，投资估算指标是评价建设项目投资可行性、分析投资效益的主要经济指标。

4）在项目实施阶段，投资估算指标是限额设计和工程造价确定与控制的依据，也是核算建设项目建设投资需要额和编制建设投资计划的重要依据。

5）合理准确地确定投资估算指标，是进行工程造价管理改革、实现工程造价事前管理和主动控制的前提条件。

2. 投资估算指标的编制原则及依据

（1）投资估算指标的编制原则　投资估算指标除应遵循一般建设定额的编制原则外，还必须坚持以下原则：

1）投资估算指标项目的确定原则。应考虑以后几年编制项目建议书和可行性研究报告中投资估算的需要。投资估算指标的分类、项目划分、项目内容、表现形式等要结合各专业的特点并且要与项目建议书、可行性研究报告的编制深度相适应。

2）投资估算指标编制的典型工程的选择原则。必须遵循国家的有关建设方针政策，符合国家技术发展方向，使指标的编制既能反映正常建设条件下的造价水平，也能适应今后若干年的科技发展水平。坚持技术上先进、可行和经济上合理，力争以较少的投入求得最大的投资效益。

3）投资估算指标的编制的深度与广度确定原则。投资估算指标要适应项目前期工作深度的需要，而且具有更大的综合性。投资估算指标要密切结合行业特点，项目建设的特定条件，在内容上既要贯彻指导性、准确性和可调性原则，又要有一定的深度和广度。

4）投资估算指标的编制要贯彻静态和动态相结合的原则。要充分考虑在市场经济条件下，由于建设期的动态因素（价格、建设期利息及涉外工程的汇率）等的变动，导致指标的量差、价差、利息差等对投资估算的影响，以及必要的调整办法，尽可能减少其对投资估算准确度的影响，使指标具有较强的实用性和可操作性。

（2）投资估算指标的编制依据　投资估算指标的编制依据主要包括：①国家和主管部门制定颁发的建设项目用地定额、建设项目工期定额、单项工程施工工期定额及生产定员标准等；②编制年度现行全国统一、地区统一的各类工程计价定额、各种费用标准；③编制年度的各类工资标准、材料单价、机具台班单价及各类工程造价指数，应以所处地区的标准为准，以及设备价格等。

3. 投资估算指标的内容

投资估算指标是确定和控制建设项目全过程各项投资支出的技术经济指标，其范围涉及建设前期、建设实施期和竣工验收交付使用期等各个阶段的费用支出，内容因行业不同而各异，一般可分为建设项目综合指标、单项工程指标和单位工程指标三个层次。

（1）建设项目综合指标　建设项目综合指标是指按规定应列入建设项目总投资的从立项筹建开始至竣工验收交付使用为止的全部投资额，包括单项工程投资、工程建设其他费用和预备费等。

建设项目综合指标一般以项目的综合生产能力单位投资表示，如“元/t”“元/kW”，或以使用功能表示，如医院的综合指标以“元/床”表示。

（2）单项工程指标　单项工程指标是指按规定应列入能独立发挥生产能力或使用效益的单项工程内的全部投资额，包括建筑工程费、安装工程费、设备、工器具及生产家具购置费和可能包含的其他费用。

单项工程指标一般以单项工程生产能力单位投资，如“元/t”或其他单位表示。例如：变配电站以“元/(kV·A)”表示，锅炉房以“元/蒸汽吨”表示，供水站以“元/m^3”表示，办公室、仓库、宿舍、住宅等房屋则区分不同结构形式以“元/m^2”表示。

（3）单位工程指标　单位工程指标是指按规定应列入能独立设计、施工的工程项目的费用，即建筑安装工程费用。单位工程指标一般以如下方式表示：房屋区别不同结构形式以“元/m^2”表示；道路区别不同结构层、面层以“元/m”表示；水塔区别不同结构层、容积以“元/座”表示；管道区别不同材质、管径以“元/m”表示。

例如：某住宅项目投资估算指标如表 3-8 所示。

表 3-8　某住宅项目投资估算指标

<table>
<tr><th colspan="8">一、工程概况</th></tr>
<tr><td>工程名称</td><td>住宅楼</td><td colspan="2">工程地点</td><td>××市</td><td>建筑面积</td><td colspan="2">4549m²</td></tr>
<tr><td>层数</td><td>七层</td><td>层高</td><td>3.00m</td><td>檐高</td><td>21.60m</td><td>结构类型</td><td>砖混</td></tr>
<tr><td>地耐力</td><td>130kPa</td><td colspan="2">地震烈度</td><td>7 度</td><td>地下水位</td><td colspan="2">−0.65m、−0.83m</td></tr>
<tr><td rowspan="7">土建部分</td><td colspan="7">地基处理</td></tr>
<tr><td colspan="2">基础</td><td colspan="5">C10 混凝土垫层，C20 钢筋混凝土带形基础，砖基础</td></tr>
<tr><td rowspan="2">墙体</td><td>外</td><td colspan="5">一砖墙</td></tr>
<tr><td>内</td><td colspan="5">一砖、1/2 砖墙</td></tr>
<tr><td colspan="2">柱</td><td colspan="5">C20 钢筋混凝土构造柱</td></tr>
<tr><td colspan="2">梁</td><td colspan="5">C20 钢筋混凝土单梁、圈梁、过梁</td></tr>
<tr><td colspan="2">板</td><td colspan="5">C20 钢筋混凝土平板，C30 预应力钢筋混凝土空心板</td></tr>
</table>

（续）

一、工程概况			
土建部分	地面	垫层	混凝土垫层
		面层	水泥砂浆面层
	楼面		水泥砂浆面层
	屋面		块体刚性屋面，沥青铺加气混凝土块保温层，防水砂浆面层
	门窗		木胶合板门（带纱），塑钢窗
	装饰	天棚	混合砂浆、106涂料
		内粉	混合砂浆、水泥砂浆，106涂料
		外粉	水刷石
安装	水卫（消防）		给水镀锌钢管，排水塑料管，坐式大便器
	电气照明		照明配电箱，PVC塑料管暗敷，穿铜芯绝缘导线，避雷网敷设

二、每平方米综合造价指标						
项目	综合指标（元/m²）	直接工程费（元/m²）				取费（综合费）（元/m²）
		合价	其中			
			人工费	材料费	机械费	三类工程
工程造价	530.39	407.99	74.69	308.13	25.17	122.40
土建	503.00	386.92	70.95	291.80	24.17	116.08
水卫（消防）	19.22	14.73	2.38	11.94	0.41	4.49
电气照明	8.67	6.35	1.36	4.39	0.60	2.32

三、土建工程各分部占直接工程费的比例及每平方米直接工程费					
分部工程名称	所占比例（%）	直接工程费（元/m²）	分部工程名称	所占比例（%）	直接工程费（元/m²）
±0.00以下工程	13.01	50.40	楼地面工程	2.62	10.13
脚手架及垂直运输	4.02	15.56	屋面及防水工程	1.43	5.52
砌筑工程	16.90	65.37	防腐、保温、隔热工程	0.65	2.52
混凝土及钢筋混凝土工程	31.78	122.95	装饰工程	9.56	36.98
构件运输及安装工程	1.91	7.40	金属结构制作工程		
门窗及木结构工程	18.12	70.09	零星项目		

四、人工、材料消耗指标					
项目	单位	每100m² 消耗量	材料名称	单位	每100m² 消耗量
（一）定额用工	工日	382.06	（二）材料消耗（土建工程）		
土建工程	工日	363.83	钢材	t	2.11
			水泥	t	16.76
水卫（消防）	工日	11.60	木材	m³	1.80
			标准砖	千块	21.82
电气照明	工日	6.63	中粗砂	m³	34.39
			碎（砾）石	m³	26.20

4. 投资估算指标的编制

投资估算指标的编制既要考虑现阶段技术状况，又要展望技术发展趋势和设计动向，通常可分为四个阶段进行编制。

（1）收集资料阶段　收集整理已建成或正在建设的符合现行技术政策和技术发展方向、有可能重复采用、有代表性的工程设计施工图、标准设计以及相应的竣工决算或施工图预算资料等，这些资料是编制工作的基础，资料收集得越广泛，反映出的问题越多，编制工作考虑得越全面，就越有利于提高投资估算指标的实用性和覆盖面。

（2）分析整理资料阶段　对调查收集到的资料要选择占投资比重大，相互关联多的项目进行认真的分析整理，由于已建成或正在建设的工程的设计意图、建设时间和地点、资料的基础等不同，相互之间的差异很大，需要去粗取精、去伪存真地加以整理，才能重复利用。

（3）平衡调整阶段　由于调查收集的资料来源不同，虽然经过一定的分析整理，但难免会由于设计方案、建设条件和建设时间上的差异带来某些影响，使数据失准或漏项等。必须对相关资料进行综合平衡调整，将整理后的数据资料按项目划分栏目加以归类，按照编制年度的现行定额、费用标准和价格，调整成编制年度的造价水平及相互比例。

（4）测算审查阶段　测算是将新编的投资估算指标与选定工程的概预算，在同一价格条件下进行比较，检验其偏离程度是否在允许偏差的范围之内，如偏差过大，则需要查找原因并进行修正，以保证指标的确切、实用。同时，测算也是对指标编制质量进行的一次系统检查，应由专人进行，以保持测算口径的统一，在此基础上组织有关专业人员进行全面审查定稿。

3.3.6 工程造价指数及其编制

1. 工程造价指数的含义和作用

（1）指数的含义　指数是用来统计研究社会经济现象数量变化幅度和趋势的一种特有的分析方法和手段，有广义和狭义之分。其中，广义指数是指反映社会经济现象变动与差异程度的相对数，如产值指数、产量指数、出口额指数等。而狭义指数是反映社会经济现象复杂总体（数量上不能直接加总的总体）数量变动状况的相对数，如物价总指数、成本总指数等。

（2）工程造价指数的含义　工程造价指数是一定时期的建设工程造价相对于某一固定时期工程造价的比值，以某一设定值为参照得出的同比例数值，用来反映一定时期由于价格变化对工程造价的影响程度。它是调整工程造价价差的依据，反映了报告期与基期相比的价格变动趋势。

（3）工程造价指数的作用　在建筑市场供求和价格水平发生经常性波动的情况下，建设工程造价及其各组成部分　也处于不断变化之中，这不仅使不同时期的工程在“量”与“价”两方面都失去可比性，也给合理确定和有效控制造价造成了困难。工程造价指数不仅能够较好地反映工程造价的变动趋势和变化幅度，而且可用于剔除价格水平变化对造价的影响，正确反映建筑市场的供求关系和生产力发展水平。具体来说，工程造价指数可用于分析价格变动趋势及其原因，预计宏观经济变化对工程造价的影响，是工程承发包双方进行工程估价和结算的重要依据。

2. 工程造价指数的分类

建设工程造价指数分为人材机市场价格指数、单项工程造价指数、建设工程造价综合指数。

（1）人材机市场价格指数　它包括反映各类工程的人工费、材料费、施工机具使用费报告期价格对基期价格的变化程度的指标。它可用于研究主要单项价格变化的情况及其发展变化的趋势，其计算过程可以简单表示为报告期价格与基期价格之比。

（2）单项工程造价指数　它主要是指按照不同专业类型划分的各类单项工程造价指数。与单项工程造价指标的分类类似，单项工程造价指数也可划分为房屋建筑与装饰工程、仿古建筑工程、通用安装工程、市政工程、园林绿化工程、矿山工程、构筑物工程、城市轨道交通工程和爆破工程等。

（3）建设工程造价综合指数　综合指数通常按照地区进行编制，即将不同专业的单项工程造价指数进行加权汇总后，反映出该地区某一时期内工程造价的综合变动情况。

3. 工程造价指数的编制

（1）人材机市场价格指数的编制　人材机市场价格指数的编制可以直接用报告期价格与基期价格相比后得到，其计算公式为

$$\text{人工费(材料费、施工机具使用费)价格指数}=\frac{P_1}{P_0} \tag{3-28}$$

式中　P_0——基期人工日工资单价（材料价格、施工机具台班单价）；

P_1——报告期人工日工资单价（材料价格、施工机具台班单价）。

（2）单项工程造价指数的编制　单项工程造价指数可使用已有的各类单项工程造价指标进行编制。通过报告期与基期 相应的工程造价指标的比值计算，其计算公式为

$$\text{单项工程造价指数}=\frac{P_1'}{P_0'} \tag{3-29}$$

式中　P_1'——基期单项工程造价指标；

P_0'——报告期单项工程造价指标。

（3）建设工程造价综合指数的编制　建设工程造价综合指数的编制是在单项工程造价指数编制结果的基础上，将不同专业类型的单项工程造价指数以投资额为权重加权汇总后编制完成的，其计算公式为

$$\text{建设工程造价综合指数}=\frac{A_1\times X_1+A_2\times X_2+\cdots+A_n\times X_n}{X_1+X_2+\cdots+X_n} \tag{3-30}$$

式中　A_n——同期各类单项工程造价指数；

X_n——同期各类单项工程总投资额。

4. 工程造价指数的表现形式

工程造价指数的表现形式有多种，表3-9～表3-11分别为工程造价指数几种常见表现形式的示例。

表 3-9 ××省材料价格指数

序号	材料名称及规格、型号	当期	上期	上月同期	上年同期
1	三级抗震螺纹钢 HRB400Eϕ18mm	1185. 95	1159. 91	1151. 65	1331. 87
			环比 2. 25%	环比 2. 98%	同比-10. 96%
2	普通商品混凝土 C30	99. 78	99. 78	99. 78	110. 18
			环比 0. 00%	环比 0. 00%	同比-9. 439%
3	砂石中粗砂	99. 30	99. 30	99. 30	105. 61
			环比 0. 00%	环比 0. 00%	同比-5. 97%
4	水泥 P. O42. 5	76. 14	75. 79	75. 79	95. 19
			环比 0. 46%	环比 0. 46%	同比-20. 01%

表 3-10 ××省人工和台班价格指数

工程类别	生产要素	2021 年				2022 年			
		9 月	10 月	11 月	12 月	1 月	2 月	3 月	4 月
房屋建筑工程	人工	111. 13	111. 65	112. 70	112. 92	111. 93	112. 07	111. 63	112. 18
	台班	103. 62	104. 90	105. 43	104. 41	104. 59	106. 04	107. 94	107. 65
市政基础设施工程	人工	113. 27	112. 46	116. 84	115. 81	115. 39	114. 70	114. 74	115. 72
	台班	104. 17	105. 25	106. 83	105. 21	105. 67	107. 15	109. 63	109. 36

表 3-11 ××省当期工程价格指数和造价指数

工程类别	指数名称	指数值	环比指数
房屋建筑工程	人工价格指数	112. 64	-1. 23%
	材料价格指数	110. 45	1. 47%
	机具台班价格指数	105. 83	-1. 33%
	工程造价指数	110. 64	0. 44%
市政基础设施工程	人工价格指数	117. 25	0. 06%
	材料价格指数	108. 73	0. 44%
	机具台班价格指数	107. 46	-0. 99%
	工程造价指数	110. 50	0. 03%

注：表中环比指数是指各时期价格都以其前一期价格为基础计算的造价指数。

思考题

1. 简述工程造价依据的组成。
2. 简述工程定额的特点。
3. 简述工程造价定额体系的分类。
4. 简述施工定额的编制原则。
5. 简述施工定额的组成。
6. 简述施工中工人工作时间消耗的分类。

7. 简述施工中机具工作时间消耗的分类。
8. 简述劳动定额的表现形式。
9. 简述预算定额人工工日消耗量的组成。
10. 简述概算定额的特点和编制原则。

【案例计算题】

【背景】 某预算定额项目表，如表3-12所示。

表3-12 某预算定额项目表

定额编号					3-11	3-14
项目					M5混水砖墙	M5清水砖墙
基价						
其中	人工费（元）					
	材料费（元）					
	机械费（元）					
名称			单位	单价	数量	数量
人工	综合工日		工日	24.950	16.080	16.080
材料	混合砂浆M5		m^3	140.55	2.240	
	水泥砂浆M5		m^3	145.45		2.240
	标准砖		千匹	156	5.310	5.310
	水		m^3	2	1.212	1.212
机械	灰浆搅拌机200L		台班	50.28	0.38	0.38

【问题】 试计算混水砖墙定额子目的工、料、机单价以及定额基价。

第4章

4 建设工程决策阶段造价管理

【本章内容概要】

本章主要包括决策阶段造价管理及其影响因素、建设项目投资估算的编制、项目可行性研究及经济评价三部分，首先阐释了决策阶段造价管理的主要内容，分析说明了建设规模和建设地点的选择、技术方案和设备方案的选择，以及建造方案及环保措施的确定原则及内容；然后说明了投资估算的概念及审查要点，阐述了投资估算的内容与编制，并详细介绍了固定资产投资估算的编制方法以及流动资金估算的编制方法；最后介绍了项目可行性研究的内容以及可行性研究报告的编制，并详细阐述了项目经济评价的内容，以及财务评价和国民经济评价的内容及其指标计算。

【本章知识总览】

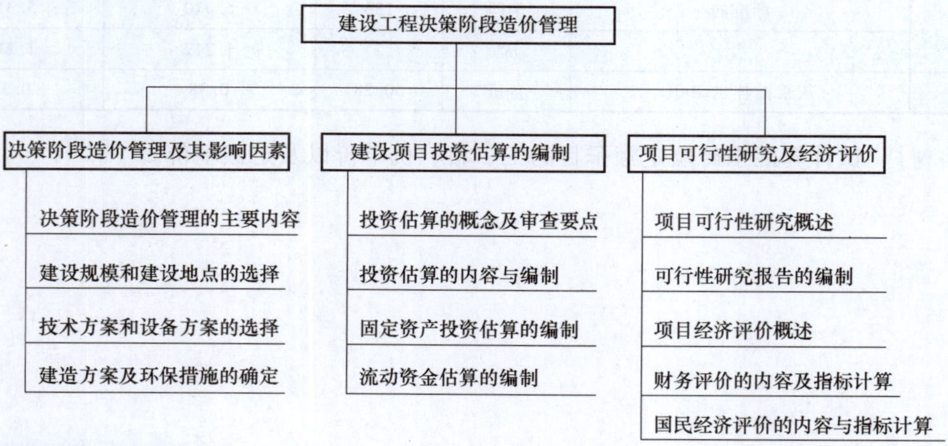

【本章学习要点】

◆ 掌握：项目决策与工程造价的关系、决策阶段工程造价管理的内容、投资估算的概念及审查要点、投资估算编制内容与步骤、固定资产投资估算编制方法、财务评价指标体系。

◆ 熟悉：建设项目决策阶段影响工程造价的因素、建设规模和建设地点的选择、技术方案和设备方案的选择、建造方案及环保措施的确定、流动资金估算的编制方法、可行性研究的概念、可行性研究报告的内容、盈利能力评价指标的计算、财务评价与国民经济评价的关系。

◆ 了解：可行性研究的作用与内容、可行性研究报告的编制与项目的审批、投资估算的审查、偿债能力分析指标的计算、国民经济评价指标及计算。

4.1 决策阶段造价管理及其影响因素

4.1.1 决策阶段造价管理的主要内容

决策阶段造价管理的主要内容

1. 项目决策的含义及作用

（1）项目决策的含义　项目决策，即建设项目的投资决策，是指在调查分析、研究的基础上，选择和决定投资行为方案的过程，是对拟建项目的必要性和可行性进行技术、经济论证，对不同建设方案进行技术经济分析、比较、选择及做出判断和决定的过程。

（2）项目决策的作用　项目投资决策是投资者对投资规模、方向、结构、分配和布局等方面做出决定，实施投资行为的前提和准则，项目决策正确与否，直接影响工程造价的高低及投资效果的好坏，并关系到项目建设的成败。

2. 项目决策与工程造价的关系

（1）项目决策的正确性是工程造价合理性的前提　项目决策正确，意味着对项目建设做出科学的决断，优选出最佳投资行动方案，达到资源的合理配置，以此为基础估算的工程造价符合建设要求，并且在实施建设方案时，能有效地控制工程造价，实现投资目标。而工程决策失误，如投资项目或建设地点的选择错误、建设方案的不合理等，会造成不必要的资源浪费，甚至造成不可弥补的损失。因此，保证项目决策的正确性是工程造价的合理估价和有效管理的前提。

（2）项目决策的内容是决定工程造价的基础　作为工程建设程序的起始阶段，决策阶段的工程计价对项目全过程的造价起着宏观控制的作用。决策阶段的各项技术经济决策，对该项目的工程造价均有重大影响，尤其是建设标准的确定、建设地点的选择、工艺的优选、设备的选用等，直接关系到工程造价的高低。据有关资料统计，在项目建设各阶段中，投资决策阶段影响工程造价的程度最高。因此，决策阶段是决定工程造价的基础阶段，项目决策的内容是决定工程造价的基础。

（3）项目决策的深度影响着投资估算的精度　投资决策是由浅入深、不断深化的过程，不同阶段决策的深度不同，投资估算的精度也不同。例如，在项目建议书阶段，投资估算的误差率在±30%以内，到了初步可行性研究阶段，投资估算的误差率在±20%以内，而到了详细可行性研究阶段即投资决策的最终阶段，投资估算的误差率在±10%以内。因此，项目决策的深度影响着投资估算的精度，决策程度越深、投资估算的精度越高，工程造价的控制效果也越好。

（4）工程造价的数额影响着项目决策的结果　项目决策影响着项目造价的高低以及拟投入资金的多少，反之亦然。项目决策阶段形成的投资估算是投资方案选择的重要依据之一，也是决定项目是否可行及主管部门进行项目审批的主要参考依据。因此，项目投资估算的数额在某种程度上也影响着项目决策的结果。

3. 决策阶段工程造价管理的内容

在建设项目决策阶段进行工程造价管理，主要是从整体上把握项目的投资，分析影响工程投资决策的主要因素，编制和审查投资估算，编制项目的可行性研究报告，并对建设项目进行经济分析与评价。

（1）分析确定影响项目投资决策的主要因素　项目决策阶段影响工程造价的因素主要包括：项目建设规模的确定，项目建设地区和具体建设地点的选择，项目生产技术方案、设备方案、建造工程方案以及环境保护措施的确定等。这些因素直接影响项目的投资造价额和全寿命周期成本，也是选择恰当的资金来源以及适当的集中筹资方法进行组合的主要因素。因此，根据建设工程项目的实际情况和所处环境，合理确定决策阶段影响工程造价的主要因素是决策阶段造价管理的首要任务。

（2）编制项目的投资估算　投资估算是项目决策阶段的主要造价文件，是项目建议书和可行性研究报告的主要组成部分，从某种意义上讲，它决定着项目的决策与投资的成败。在编制投资估算时，应根据建设项目的具体内容及国家有关规定和估算指标等，结合估算编制时的市场价格进行，并按照有关规定，合理地预测估算编制后至竣工期间的价格、利率、汇率等动态因素的变化对投资的影响，在误差允许的范围内足额考虑建设投资资金，以确保投资估算的编制质量。

（3）进行项目的经济分析与评价　项目的经济分析与评价是以建设项目和技术方案为对象进行的经济合理性的研究，其主要内容是对建设项目的经济效果和投资效益进行分析，并对项目决策的可行性进行最终评价。项目的经济分析与评价是可行性研究阶段的核心内容，也是建设项目投资决策的主要依据。在分析与评价过程中，应采用数字化分析方法，对拟建项目计算期（包括建设期和生产期）内投入产出等诸多经济因素进行调查、预测、研究、计算和论证，做出全面的财务评价，对政府投资的公共项目还需要做出国民经济评价，以提出投资决策的经济依据，确定最佳投资方案。

4.1.2　建设规模和建设地点的选择

项目建设规模的确定、项目建设地区和具体建设地点的选择是影响建设工程决策阶段造价管理的首要因素。

1. 项目建设规模的确定

建设规模，又称为项目生产规模，是指项目在其设定的正常生产运营年份可能达到的生产能力或者使用效益。在项目决策阶段应选择合理的建设规模以达到规模经济的要求，但规模扩大所产生效益不是无限的，它受到技术进步、管理水平、社会经济环境等多种因素的制约。制约项目规模合理化的主要因素可归纳为市场因素、技术因素、环境因素三个方面，对于不同行业、不同类型的项目，还需要考虑其他因素。合理地处理好这些制约因素，对确定项目合理的建设规模，从而更好地控制投资非常重要。

（1）市场因素　市场因素是确定建设规模需要考虑的首要因素。

1）市场需求状况是确定项目生产规模的前提。①应通过对产品市场需求的科学分析与预测，在准确把握市场需求状况、及时了解竞争对手情况的基础上，最终确定项目的最佳生产规模；②应以市场预测的需求量为限，并根据项目产品市场的长期发展趋势做相应调整，确保所建项目的生产规模在未来能够保持合理的盈利水平和持续发展的能力。

2）原材料市场、资金市场、劳动力市场等对建设规模的选择起着不同程度的制约作用。如项目规模过大则可能导致原材料供应紧张和价格上涨，造成项目所需投资资金的筹集困难和资金成本上升等，将制约项目的规模。

3）市场价格分析是制定营销策略和影响竞争力的主要因素。市场价格预测应结合具体情况，采用回归法或比价法等，综合考虑影响预期价格变动的各种因素，对市场价格做出合理的预测。

4）市场风险分析是确定建设规模的重要依据。在可行性研究中，应采用定量与定性相结合的方法进行市场风险分析，对于未来某些重大不确定因素发生的可能性及其对项目可能造成的损失进行分析，并提出风险防范措施。

（2）技术因素　先进适用的生产技术及技术装备是项目规模效益赖以存在的基础，而相应的管理技术水平则是实现规模效益的保证。若与经济规模生产相适应的先进技术及其装备的来源没有保障，或获取技术的成本过高，或管理水平跟不上，则不仅无法达到预期的规模效益，还可能会给项目的生存和发展带来危机，导致项目投资效益低下、工程造价支出严重浪费。

（3）环境因素　项目的建设、生产和经营都离不开一定的社会经济环境，确定项目规模需要考虑的主要环境因素包括政策因素、燃料动力供应、协作及土地条件、运输及通信条件。其中，政策因素包括产业政策、投资政策、技术经济政策，以及国家、地区及行业经济发展规划等。要特别注意的是，为了取得较好的规模效益，国家对部分行业的新建项目规模做了下限规定，选择项目规模时应遵照执行。

（4）其他因素

1）对于煤炭、金属与非金属矿山、石油、天然气等矿产资源开发项目，在确定其建设规模时，应充分考虑资源合理开发利用要求和资源可采储量、赋存条件等因素。

2）对于水利水电项目，在确定其建设规模时，应充分考虑水的资源量、可开发利用量、地质条件、建设条件、库区生态影响、占用土地以及移民安置等因素。

3）对于铁路、公路项目，在确定其建设规模时，应充分考虑建设项目影响区域内一定时期运输量的需求预测，以及该项目在综合运输系统和本系统中的作用确定线路等级、线路长度和运输能力等因素。

4）对于技术改造项目，在确定其建设规模时，应充分研究建设项目生产规模与企业现有生产规模的关系，新建生产规模属于外延型还是外延内涵复合型，以及利用现有场地、公用工程和辅助设施的可能性等因素。

2. 建设地区选择的制约因素

（1）建设地区选择的必要性　建设地区的选择是指在几个不同地区之间对拟建项目适宜配置的区域范围的选择。项目建设地区选择的合理与否，在很大程度上决定着拟建项目的命运，不仅会影响工程造价的高低、建设工期的长短和建设质量的好坏，还会影响项目建成后的运营状况。因此，建设地区的选择应充分考虑各种制约因素，遵循相关原则合理确定。

（2）制约建设地区选择的因素

1）要符合国民经济发展战略规划、国家工业布局总体规划和地区经济发展规划的要求。

2）要根据项目的特点和需要，充分考虑原材料条件、能源条件、水源条件、各地区对项目产品需求及运输条件等。

3）要综合考虑气象、地质、水文等建厂的自然条件，并充分考虑劳动力来源、生活环境、协作、施工力量、风俗文化等社会环境因素的影响。

3. 建设地区选择的基本原则

在综合考虑各种制约因素的基础上，建设地区的选择应遵循以下两项基本原则：

（1）靠近原材料、燃料提供地和产品消费地的原则　满足这一原则，在项目建成投产后，可以避免原材料、燃料和产品的长期远途运输，减少运输费用，降低产品的生产成本，并且缩短流通时间，加快流动资金的周转速度。但这一原则并非要求项目安排在至原材料、燃料提供地和产品消费地的等距离范围内，而是应根据项目的技术经济特点和要求，具体对待。

1）对农产品、矿产品的初步加工项目，由于大量消耗原材料，因此，其选址应尽可能靠近原材料产地。

2）对于能耗高的项目，如铝厂、电石厂等，由于减少电能输送损失所获得的利益，通常大大超过原材料、半成品调运中的劳动耗费，因此，其选址宜靠近电厂。

3）对于技术密集型的建设项目，由于大中城市工业和科学技术力量雄厚、协作配套条件完备、信息灵通，因此，其选址宜在大中城市。

（2）工业项目适当聚集的原则　在工业布局中，通常是一系列相关的项目聚集成适当规模的工业基地和城镇，从而有利于发挥“集聚效益”。

1）优点。主要包括：①对各种资源和生产要素充分利用，便于形成综合生产能力；②便于统一建设比较齐全的基础结构设施，避免重复建设、节约投资；③能为不同类型的劳动者提供多种就业机会。

2）注意事项。当工业聚集超越客观条件时，也会带来许多弊端，促使项目投资增加、经济效益下降。不利因素包括：①各种原材料、燃料需要量大增，原材料、燃料和产品的运输距离延长，流通过程中的劳动耗费增加；②城市人口相应集中，形成对各种农副产品的大量需求，势必增加城市农副产品供应的费用；③生产和生活用水量大增，当本地水源不足时，需要开辟新水源，远距离引水，耗资巨大；④大量生产和生活排泄物集中排放，势必造成环境污染、生态平衡破坏，为保持环境质量，不得不增加环境保护费用。

因此，当工业集聚带来的“外部不经济性”的总和超过生产集聚带来的利益时，综合经济效益反而下降，这就表明集聚程度已超过经济合理的界限。

4. 项目建设地点选择

项目建设地点选择是指对建设项目具体坐落位置的选择，与项目建设地区选择是两个不同层次的选择，是一种递进关系，既相互联系又相互区别。建设地区选定后，具体建设地点的选择也尤为重要，直接影响到项目的建设投资、建设速度和施工条件，以及未来企业的经营管理及所在地的城乡建设规划与发展。

（1）建设地点选择应满足的条件　从国民经济和社会发展的全局出发，对具体建设地点的选择需要进行系统分析和决策，应尽量满足以下要求：

1）节约土地，少占耕地，降低土地补偿费用。项目的建设尽量选择在荒地、劣地、山地和空地，不占或少占耕地，力求节约用地，还应注意节省土地的补偿费用，降低工程造价。

2）减少拆迁移民数量。项目建设的选址、选线应着眼少拆迁、少移民，尽可能不靠近、不穿越人口密集的城镇或居民区，减少或不发生拆迁安置费，降低工程造价。

3）尽量选在工程地质、水文地质条件较好的地段。土壤耐压力应满足拟建项目的要求，严防选在断层、熔岩、流沙层与有用矿床上，以及洪水淹没区、已采矿坑塌陷区、滑坡区。建设地点（厂址）的地下水位应尽可能低于地下建筑物的基准面。

4）有利于厂区合理布置和安全运行。①厂区土地面积与外形能满足建设项目的需要，并能够按科学的工艺流程布置厂房和构筑物；②厂区地形力求平坦而略有坡度（一般5%～10%为宜），以减少平整土地的土方工程量，节约投资，又便于地面排水。

5）尽量靠近交通运输条件和水电供应等条件优质的地方。①建设地点（厂址）应靠近铁路、公路、水路，以缩短运输距离，减少建设投资和未来的运营成本；②建设地点（厂址）应设在供电、供热和其他协作条件便于取得的地方，有利于施工条件的满足和项目运营期间的正常运作。

6）尽量减少对环境的污染。①对于排放大量有害气体和烟尘的项目，不能建在城市的上风口，以免对整个城市造成污染；②对于噪声大的项目，应远离居民集中区，同时，要设置一定宽度的绿化带，以减弱噪声的干扰；③对于生产或使用易燃、易爆、辐射产品的项目，应远离城镇和居民密集区。

（2）建设地点选择的费用分析　在进行建设方案技术经济分析时，除比较上述建设地点（厂址）条件外，还应具有全寿命周期的理念，从以下两方面进行费用分析：

1）项目投资费用。包括土地征购费、拆迁补偿费、土石方工程费、运输设施费、排水及污水处理设施费、动力设施费、生活设施费、临时设施费、建材运输费等。

2）项目投产后生产经营费用。包括原材料、燃料运入及产品运出费用，给水、排水、污水处理费用，动力供应费用等。

（3）建设地点方案的技术经济论证　在项目选址工作中，通过实地调查和基础资料的收集，拟定项目选址的备选方案，并对各种方案进行技术经济论证，通过建设条件、建设费用、经营费用、运输费用、环境影响和安全条件等方面的比较，确定最佳厂址方案。建设地点选址方案的技术经济论证，是寻求合理的经济和技术决策的必要手段，也是项目选址工作的重要组成部分。

4.1.3　技术方案和设备方案的选择

在项目建设规模、建设地区及建设地点确定后，项目技术方案和设备方案的选择就成为影响建设工程决策阶段造价管理的重要因素。

1. 技术方案的选择

具体的工程技术方案的选择，在很大程度上影响着工程建设成本以及建成后的运营成本。生产技术方案是指产品生产所采用的生产方法和工艺流程，技术方案的选择直接影响着项目的工程造价。因此，必须遵照基本原则，认真评价和选择拟采用的技术方案。

（1）技术方案选择的基本原则

1）先进适用原则。它是评定技术方案最基本的标准，是指要根据国情和建设项目的经济效益，综合考虑先进与适用的关系。对于拟采用的工艺，需要满足：①能用指定的原材料按时生产出符合数量、质量要求的产品；②与企业的生产和销售条件，包括原有设备能否配套，技术和管理水平、市场需求、原材料种类等方面是否相适应。

2）安全可靠原则。它是指项目所采用的技术或工艺，必须满足：①经过多次试验和实践证明是成熟的且技术过关、质量可靠、安全稳定；②有详尽的技术分析数据和可靠性记录，且生产工艺的危害程度控制在国家规定的标准之内，确保生产安全、高效运行，发挥项目的经济效益；③对于核电站、产生有毒有害和易燃易爆物质的项目，如油田、煤矿及水利水电枢纽等项目，更加重视技术的安全性和可靠性。

3）经济合理原则。它是指所用的技术或工艺应讲求经济效益，以最小的消耗取得最佳的经济效果，要求综合考虑所用工艺所能产生的经济效益和国家的经济承受能力。在可行性研究中尽可能多地提出不同的技术方案，通过对各方案的投资需用额、劳动需要量、能源消耗量、产品质量和成本等方面差异的计算、分析和比较，选择最经济合理的技术或工艺。

（2）技术方案选择的内容

1）生产方法选择。生产方法是指产品生产所采用的制作方法，它直接影响生产工艺流程的选择。应注意：①采用先进适用的生产方法；②研究拟采用的生产方法是否与采用的原材料相适应；③研究拟采用生产方法的技术来源的可得性，若采用引进技术或专利，应比较所需费用；④研究拟采用生产方法是否符合节能和清洁的要求。

2）工艺流程方案选择。工艺流程是指投入物（原材料或半成品）经过有序的生产加工，成为产出物（产品或加工品）的过程。选择时应注意：①研究工艺流程方案对产品质量的保证程度；②研究工艺流程各工序间的合理衔接，工艺流程应通畅、简捷；③研究选择先进合理的物料消耗定额，提高收益；④研究选择主要工艺参数；⑤研究工艺流程的柔性安排，既能保证主要工序生产的稳定性，又能根据市场需求变化，使生产的产品在品种规格上保持一定的灵活性。

2. 设备方案的选择

在确定了生产工艺流程和生产技术后，应根据工厂生产规模和工艺过程的要求，选择设备的型号和数量，设备的选择与技术密切相关，二者必须匹配。

（1）设备方案的选择要求　设备方案选择应符合的要求包括：①主要设备方案应与确定的建设规模、产品方案和技术方案相适应，并满足项目投产后生产或使用的要求；②在主要设备之间、主要设备与辅助设备之间的生产或使用性能要相互匹配；③设备质量应安全可靠、性能成熟，保证生产和产品质量稳定；④在保证设备性能的前提下，力求经济合理；⑤选择的设备应符合政府部门或专门机构发布的技术标准要求。

（2）设备选用的原则　要尽量选用国产设备。凡国内能够制造，且能保证质量、数量和按期供货的设备，或者进口一些技术资料就能仿制的设备，原则上必须在国内生产，不必从国外进口；凡只要引进关键设备就能由国内配套使用的，就不必成套引进。

（3）进口设备选用的注意事项

1）注意进口设备之间以及国内外设备之间的衔接配套问题。对于分别向几家制造厂购买的，必须注意各厂所供设备之间技术、效率等方面的衔接配套问题，引进时最好采用总承包的方式。

2）注意进口设备与原有国产设备、厂房之间的配套问题。应注意：①本厂原有国产设备的质量、性能与引进设备是否配套，以免因国内外设备能力不平衡而影响生产；②对于利用原有厂房安装引进设备的项目，应全面掌握原有厂房的结构、面积、高度以及原有设备的情况，以免设备到厂后安装不下或互不适应而造成浪费。

3）注意进口设备与原材料、备品备件及维修能力之间的配套问题。应注意：①应尽量避免引进设备所用的主要原材料需要进口，如果必须从国外引进时，应安排国内有关厂家尽快研制这种原材料；②采用进口设备，还必须同时组织国内研制所需备品备件问题，避免有些备件在厂家输出技术或设备之后不久就被淘汰，从而保证设备长期发挥作用。

4）必须懂得设备的操作和维修。否则，设备的先进性就可能得不到充分发挥。在外商派人安装调试时，可培训国内技术人员及时学会操作，必要时也可派人出国培训。

4.1.4 建造方案及环保措施的确定

在项目建设规模、项目技术方案和设备方案确定后，工程建造方案及工程建设所在地要求的环境保护措施，也是建设工程决策阶段造价管理应重点考虑的影响因素。

1. 工程建造方案的选择

工程建造方案，也可简称为工程方案。工程方案的选择是在已选定项目建设规模、技术方案和设备方案的基础上，研究论证主要建筑物、构筑物的建造方案，包括对于建筑标准的确定。

（1）工程方案选择的基本要求

1）满足生产使用功能要求。确定项目的工程内容、建筑面积和建筑结构时，应满足生产和使用的要求，对于分期建设的项目，应留有适当的发展余地。

2）适应已选定的场址（线路走向）。在已选定的场址（线路走向）的范围内，合理布置建筑物、构筑物，以及地上、地下管网的位置。

3）符合工程标准规范要求。建筑物、构筑物的基础、结构和所采用的建筑材料，应符合政府部门或者专门机构发布的技术标准规范要求，确保工程质量。

4）符合经济合理的要求。工程方案在满足使用功能、确保质量的前提下，应力求降低造价、节约建设资金。

（2）工程方案的研究内容

1）一般工业项目的厂房、工业窑炉、生产装置等建筑物、构筑物的工程方案。主要研究其建筑特征，包括面积、层数、高度、跨度；建筑物、构筑物的结构形式，以及特殊建筑要求，包括防火、防爆、防腐蚀、隔声、隔热等；基础工程方案，抗震设防等。

2）矿产开采项目的工程方案。主要研究开拓方式，根据矿体分布、形态、地质构造等条件，结合矿产品位、可采资源量，确定井下开采或者露天开采的工程方案。这类项目的工程方案将直接转化为生产方案。

3）铁路项目工程方案。主要研究内容包括线路、路基、轨道、桥涵、隧道、站场以及通信信号等方案。

4）水利水电项目工程方案。主要研究内容包括防洪、治涝、灌溉、供水、发电等工程方案。

5）水利水电枢纽和水库工程方案。主要研究内容包括坝址、坝型、坝体建筑结构、坝基处理以及各种建筑物、构筑物的工程方案。同时，还应研究提出库区移民安置的工程方案。

2. 环境保护措施的确定

工程建设过程一般会引起项目所在地自然环境、社会环境和生态环境的变化，对环境状况、环境质量产生不同程度的影响。因此，需要在确定场址方案和技术方案时，提出治理和保护环境的措施，并比选和优化环境保护方案。

（1）环境保护的基本要求　建设项目应注意保护场址及其周围地区的水土资源、海洋资源、矿产资源、森林植被、文物古迹、风景名胜等自然环境和社会环境，环境保护措施应符合以下要求：

1）符合国家环境保护相关法律、法规以及环境功能规划的整体要求。

2）工业建设项目应当采用能耗物耗小、污染物产生量少的清洁生产工艺，合理利用自然资源，防止环境污染和生态破坏。

3）坚持“三同时原则”，即建设项目需要配套建设的环境保护设施，必须与主体工程同时设计、同时施工、同时投产使用。

4）力求环境效益与经济效益相统一。工程建设与环境保护应全面规划，合理布局，统筹安排，力求环境保护治理方案技术可行和经济合理性。

5）注重资源综合利用和再利用。对项目在环境治理过程中产生的废气、废水、固体废弃物等，应提出回水处理和再利用方案。

（2）环境治理方案比选　对环境治理的各局部方案和总体方案进行技术经济比较，做出综合评价，并提出推荐方案。环境治理方案比选的主要内容包括技术水平对比、治理效果对比、管理及监测方式对比，以及环境效益对比。

1）技术水平对比。它是指分析对比不同环境保护治理方案所采用的技术和设备的先进性、适用性、可靠性和可得性。

2）治理效果对比。它是指分析对比不同环境保护治理方案在治理前及治理后环境指标的变化情况，以及能否满足环境保护法律法规的要求。

3）管理及监测方式对比。它是指分析对比各治理方案所采用的管理和监测方式的优缺点。

4）环境效益对比。它是指将环境治理保护所需投资和环保措施运行费用与所获得的收益相比较，并将分析结果作为方案比选的重要依据，以效益费用比值较大的方案为优。

4.2 建设项目投资估算的编制

4.2.1 投资估算的概念及审查要点

1. 投资估算的含义及作用

（1）投资估算的含义和分类　投资估算是在投资决策阶段，以方案设计或可行性研究文件为依据，按照规定的程序、方法和依据，对拟建项目所需总投资及其构成进行的预测和估计，是在研究并确定项目的建设规模和地区，以及产品、技术、工艺、设备、建造方案和项目进度计划等的基础上，依据特定的方法，估算项目从筹建、施工直至建成投产所需全部建设资金总额并测算建设期各年资金使用计划的过程。投资估算的成果文件称作投资估算书，也可简称为投资估算，是项目建议书或可行性研究报告的重要组成部分，是项目决策的重要依据之一。

投资估算按委托内容可分为建设项目的投资估算、单项工程投资估算、单位工程投资估算。投资估算的准确与否不仅影响可行性研究工作的质量和经济评价结果，而且直接关系到下一阶段设计概算和施工图预算的编制，以及建设项目的资金筹措方案。因此，全面准确地估算建设项目的工程造价，是可行性研究乃至整个决策阶段造价管理的重要任务。

（2）投资估算的作用　作为论证拟建项目的重要经济文件，投资估算在建设工程的投资决策、造价控制、筹集资金等方面都有着重要作用。

1）项目建议书阶段的投资估算。它是项目主管部门审批项目建议书的依据之一，也是编制项目规划、确定建设规模的参考依据。

2）项目可行性研究阶段的投资估算。它既是项目投资决策的重要依据，也是研究、分析、计算项目投资经济效果的重要条件。政府投资项目的可行性研究报告被批准后，其投资估算额将作为设计任务书中下达的投资限额，即建设项目投资的最高限额，不能随意突破。

3）项目投资估算是设计阶段造价控制的依据。投资估算一经确定，即成为限额设计的依据，用于对各设计专业实行投资切块分配，作为控制和指导设计的尺度。

4）项目投资估算可作为项目资金筹措及制订建设贷款计划的依据。建设单位可根据批准的项目投资估算额，进行资金筹措和向银行申请贷款。

5）项目投资估算是核算投资计划的依据。投资估算是建设项目固定资产投资需要额和编制固定资产投资计划的重要依据。

6）投资估算是建设工程设计招标、优选设计单位和设计方案的重要依据。在工程设计招标阶段，投标单位报送的投标书中包括项目设计方案、项目的投资估算和经济性分析，招标单位根据投资估算对各项设计方案的经济合理性进行分析、衡量、比较，在此基础上择优确定设计单位和设计方案。

2. 投资估算的阶段划分与精度要求

投资估算是进行建设项目技术经济评价和投资决策的基础。在建设项目规划、项目建议书（投资机会研究）、预可行性研究、可行性研究阶段应编制投资估算。项目决策的各个阶段编制投资估算的精度要求如下：

（1）建设项目规划和项目建议书阶段的投资估算精度　在项目规划和项目建议书阶段，按项目建议书中的产品方案、项目建设规模、产品主要生产工艺、企业车间组成、初选建厂地点等，估算建设项目所需投资额。此阶段项目投资估算是审批项目建议书的依据，是判断项目是否需要进入下一阶段工作的依据，精度的要求为误差控制在±30%以内。

（2）预可行性研究阶段的投资估算精度　预可行性研究阶段，在掌握更详细、更深入的资料的条件下，估算建设项目所需投资额。此阶段投资估算是初步明确项目方案，为项目进行技术经济论证提供依据，同时是判断是否进行可行性研究的依据，精度的要求为误差控制在±20%以内。

（3）可行性研究阶段的投资估算精度　可行性研究阶段的投资估算尤为重要，是对项目进行较详细的技术经济分析，决定项目是否可行，并比选出最佳投资方案的依据，此阶段的投资估算经审查批准后，即是工程设计任务书中规定的项目投资限额，对工程设计概算起控制作用，精度的要求为误差控制在±10%以内。

3. 投资估算的审查

为了保证建设项目投资估算的准确性，以确保其发挥应有的作用，必须加强对投资估算的审查工作，重点在于对投资估算的可信性、一致性和符合性三方面的审查。

(1) 编制依据可信性的审查　主要是投资估算方法的科学性和适用性，以及投资估算数据资料的实效性和准确性审查。

1) 审查投资估算方法的科学性和适用性。因为投资估算方法很多，而每种投资估算方法都有其不同的适用条件和范围，并具有不同的精度。如果应用的投资估算方法与建设项目的客观条件和情况不相适应，或者超出了该方法的使用范围，就不能保证投资估算的质量。

2) 审查投资估算数据资料的时效性和准确性。估算建设项目投资所需的数据资料较多，如已运行同类型项目的投资，设备和材料价格，运杂费率，有关的定额、指标、标准，以及有关规定等都与时间有密切关系，都可能随时间的推移而发生变化。因此，必须注意其时效性和准确性。

(2) 编制内容与规定、规划要求一致性的审查

1) 审查投资估算有否漏项。建设项目投资估算包括的工程内容与规定要求是否一致，是否漏掉了某些辅助工程、室外工程等的建设费用。

2) 审查投资估算是否符合规划要求。建设项目投资估算中，产品生产装置的先进水平与自动化程度等，与规划要求的先进程度是否相符合。

3) 审查投资估算是否按环境等因素的差异进行了调整。是否对拟建项目与已运行项目在成本、工艺水平、规模大小、环境因素等方面的差异做了适当的调整。

(3) 费用项目符合性的审查

1) 审查"三废"处理情况。投资估算是否对"三废"处理所需投资进行了估算，其估算数额是否符合实际情况。

2) 审查物价波动变化幅度是否合适。投资估算是否考虑了物价上涨和汇率变动对投资额的影响，以及物价波动变化幅度是否合适。

3) 审查是否采用了"三新"技术。投资估算中是否考虑了采用新技术、新材料以及新工艺，采用现行新标准、规范与已有运行项目的要求相比，提高效益所需增加的投资额度是否合适。

4.2.2 投资估算的内容与编制

1. 投资估算的内容

投资估算文件一般由封面、签署页、投资估算编制说明、投资估算分析、总投资估算、单项工程估算、主要技术经济指标等内容组成。

(1) 投资估算编制说明　投资估算编制说明一般包括：①工程概况；②编制范围，说明建设项目总投资估算中所包括的和不包括的工程项目和费用，如有几个单位共同编制时，说明分工编制的情况；③编制方法；④编制依据；⑤主要技术经济指标，包括投资、用地和主要材料用量指标；⑥有关参数、率值选定的说明，如征地拆迁、供电供水、考察咨询等费用的费率标准选用情况；⑦特殊问题的说明，如安全、节能、环保、消防等专项投资占总投资的比重等；⑧限额设计的情况，采用限额设计的工程还应对投资限额和投资分解做进一步说明；⑨采用方案比选的工程还应对方案比选的估算和经济指标做进一步说明；⑩资金筹措方式。

(2) 投资估算分析　投资估算分析主要包括：①工程投资比例分析，如一般民用项目要分析土建及装修等主体工程和道路、围墙等室外附属/总体工程占建设项目总投资的比例；

②各类费用构成占比分析，如分析设备及工器具购置费、建筑工程费、安装工程费、工程建设其他费用、预备费占建设项目总投资的比例等；③分析影响投资的主要因素；④与类似工程项目的比较，对投资总额进行分析。

（3）总投资估算　总投资估算包括汇总单项工程估算、工程建设其他费用、基本预备费、价差预备费、计算建设期利息等。

（4）单项工程投资估算　单项工程投资估算中，应按建设项目划分的各个单项工程分别计算组成工程费用的建 筑工程费、设备及工器具购置费和安装工程费。

（5）工程建设其他费用估算　工程建设其他费用估算应按预期将要发生的工程建设其他费用种类，逐项详细估算其费用金额。

（6）主要技术经济指标　工程造价人员应根据项目特点，计算并分析整个建设项目、各单项工程和主要单位工程的主要技术经济指标。

2. 投资估算的编制

（1）投资估算的编制依据　投资估算的编制依据是指在编制投资估算时所遵循的计量规则、市场价格、费用标准及工程计价有关参数、率值等基础资料。主要包括：①国家、行业和地方政府的有关法律、法规或规定，政府有关部门、金融机构等发布的价格指数、利率、汇率、税率等有关参数；②行业部门、项目所在地工程造价管理机构或行业协会等编制的投资估算指标、概算指标（定额）、工程建设其他费用定额（规定）、综合单价、各类工程造价指标及指数和有关造价文件等；③类似工程的各种技术经济指标和参数；④工程所在地同期的人工、材料、机具市场价格，建筑、工艺及附属设备的市场价格和有关费用；⑤与建设项目有关的工程地质资料、设计文件、图纸或有关设计专业提供的主要工程量和主要设备清单等；⑥委托单位提供的其他技术经济资料。

（2）投资估算的编制要求　建设项目投资估算编制时，应满足以下要求：

1）根据主体专业设计的阶段和深度，结合各行业的特点，所采用生产工艺流程的成熟性，以及国家及地区、行业或部门、市场相关基础资料和数据的合理、可靠、完整程度，采用合适的方法编制投资估算，并对主要技术经济指标进行分析。

2）做到工程内容和费用构成齐全，不重不漏，不提高或降低估算标准，计算合理，并充分考虑拟建项目设计的技术参数和投资估算所采用的估算系数、估算指标，在质和量方面所综合的内容，保证口径一致。

3）参考工程造价管理部门发布的投资估算指标或各类工程造价指标和指数等，依据工程所在地市场价格水平，结合项目实体情况及科学合理的建造工艺，全面反映项目建设前期和建设期的全部投资。

4）对于建设项目的边界条件，如建设用地费和外部交通、水、电、通信条件，或市政基础设施配套条件等差异所产生的与主要生产内容投资无必然关联的费用，应结合建设项目的实际情况进行修正。

5）投资估算精度应能满足控制初步设计概算要求，并尽量减少投资估算的误差。同时，应对影响造价变动的因素进行敏感性分析，分析市场的变动因素，充分估计物价上涨因素和市场供求情况对项目造价的影响，确保投资估算的编制质量。

（3）投资估算的编制步骤　根据投资估算的不同阶段，主要包括项目建议书阶段及可行性研究阶段的投资估算。可行性研究阶段的投资估算编制一般包含固定资产投资估算和流动资金估算两部分，其中固定资产投资又可分为静态投资部分和动态投资部分两部分。其编制步骤如下：

1）估算固定资产静态投资。分别估算各单项工程所需建筑工程费、设备及工器具购置费、安装工程费，在汇总各单项工程费用的基础上，估算工程建设其他费用和基本预备费，完成项目静态投资部分的估算。

2）估算固定资产动态投资。在静态投资部分的基础上，估算价差预备费和建设期利息，完成项目动态投资部分的估算。

3）估算流动资金。根据建设项目的资金特点，选用合适的方法计算得到项目的流动资金。

4）估算建设项目总投资。汇总固定资产静态投资额、动态投资额和流动资金三部分，从而得到项目的总投资。

4.2.3 固定资产投资估算的编制

1. 项目建议书阶段静态投资估算

静态投资部分估算的方法很多，各有其适用的条件和范围，所要求的误差程度也不相同。应根据项目性质、已有技术经济资料和数据的情况，选用适宜的估算方法。在项目建议书阶段，投资估算的精度较低，可采取简单的匡算法，如生产能力指数法、系数估算法、比例估算法或混合法等，条件允许时，也可采用指标估算法。

（1）生产能力指数法　生产能力指数法也称为指数估算法，是根据已建成的类似项目生产能力和投资额来粗略估算同类但生产能力不同的拟建项目静态投资额的方法，其计算公式为

$$C_2=C_1\left(\frac{Q_2}{Q_1}\right)^n\cdot f \tag{4-1}$$

式中　C_1——已建类似项目的静态投资额；

C_2——拟建项目静态投资额；

Q_1——已建类似项目的生产能力；

Q_2——拟建项目的生产能力；

n——生产能力指数（$0\leqslant n\leqslant 1$）；

f——不同时期、不同地点的定额、单价、费用和其他差异的综合调整系数。

式（4-1）表明造价与规模（或容量）呈非线性关系，且单位造价随工程规模（或容量）的增大（减小）而减小（增大）。生产能力指数法的关键是生产能力指数的确定，一般要结合行业特点确定，并应有可靠的例证。

1）生产能力指数 n 的取值。正常情况下，$0\leqslant n\leqslant 1$。不同生产率水平的国家和不同性质的项目中，n 的取值是不同的。①当拟建项目规模和已建类似项目规模的比值为 0.5~2 时，n 的取值近似为 1。②当拟建项目规模与已建类似项目规模的比值为 0.02~50 时，若拟建项目生产规模的改变是仅靠改变设备规模来达到的，n 的取值为 0.6~0.7；若是仅靠改变相同规格设备的数量达到的，则 n 的取值为 0.8~0.9。

2）生产能力指数法的适用范围。生产能力指数法主要应用于设计深度不足，设计定型并系列化，一般拟建项目与已建类似项目生产能力比值不宜大于 50 倍，以在 10 倍内效果较

好，行业内相关指数和系数等基础资料完备的情况。

3）生产能力指数法的优缺点。优点是不需要详细的工程设计资料，只需要知道工艺流程及规模就可以，在总承包工程报价时，承包人大都采用这种方法。缺点是该方法估价误差仍较大，可控制在±20%以内。

【例 4-1】 某地 2022 年拟建年产 30 万 t 某钢厂，根据调研测算，该地区 2020 年建设的年产 10 万 t 相同产品的钢厂项目投资额为 4000 万元，生产能力指数为 0.8，2020—2022 年工程造价的年平均递增率为 10%。试估算该拟建项目的建设投资额。

解： $C_2=\left[4000\times\left(\frac{30}{10}\right)^{0.8}\times(1+10\%)^2\right]$ 万元 $=11655.80$ 万元

故，该拟建项目的建设投资额为 11655.80 万元。

（2）系数估算法　系数估算法也称为因子估算法，是以拟建项目的主体工程费或主要设备购置费为基数，以其他辅助配套工程费与主体工程费或设备购置费的百分比为系数，估算拟建项目静态投资的方法。系数估算法主要应用于设计深度不足，拟建建设项目与类似建设项目的主体工程费或主要设备购置费比重较大，行业内相关系数等基础资料完备的情况。在我国国内常用的方法有设备系数法和主体专业系数法，世界银行项目投资估算常用的方法是朗格系数法。

1）设备系数法。它是指以拟建项目的设备购置费为基数，根据已建成的同类项目的建筑安装工程费用和其他工程费等与设备价值的百分比，求出拟建项目建筑安装工程费用和其他工程费，进而求出项目的静态投资，其计算公式为

$$C=E(1+f_1P_1+f_2P_2+f_3P_3+\cdots)+I \tag{4-2}$$

式中　C——拟建项目的静态投资；

E——拟建项目根据当时当地价格计算的设备购置费；

P_1，P_2，P_3，…——已建项目中建筑安装工程费及其他工程费等与设备购置费的比例；

f_1，f_2，f_3，…——不同建设时间、地点而产生的定额、价格、费用标准等差异的调整系数；

I——拟建项目的其他费用。

【例 4-2】 某地 2023 年拟建一座年产 40 万 t 的某产品的化工厂。根据调研和测算，该地区 2021 年已建年产 20 万 t 相同产品项目，建筑工程费为 2800 万元，安装工程费为 1400 万元，设备购置费为 5800 万元。已知按 2019 年该地区价格计算的拟建项目设备购置费为 7500 万元，征地拆迁等其他费用为 800 万元，且该地区 2021—2023 年建筑安装工程费用平均每年递增 4%，试估算该拟建项目的静态投资。

解： 此题是以设备购置费作为基数，将建筑工程费、安装工程费等均折算为设备购置费的一定比例，从而求出拟建项目的静态投资。

建筑工程费与设备购置费的比例 = 2800/5800 = 0.48

安装工程费与设备购置费的比例 = 1400/5800 = 0.24

拟建项目的静态投资估算 $=\{7500\times[1+(0.48+0.24)\times(1+4\%)^2]+800\}$ 万元

$=14140.64$ 万元

2）主体专业系数法。它是指以拟建项目中投资比重较大，并与生产能力直接相关的工艺设备投资为基数，根据已建同类项目的有关统计资料，计算出拟建项目各专业工程（总

图、土建、采暖、给排水、管道、电气、自控等）与工艺设备投资的百分比，据以求出拟建项目各专业投资，然后加总即为拟建项目的静态投资。其计算公式为

$$C=E'(1+f_1P'_1+f_2P'_2+f_3P'_3+\cdots)+I \tag{4-3}$$

式中，　E'——拟建项目中的投资比重较大，且与生产能力直接相关的工艺设备的投资；

P'_1，P'_2，P'_3，…——已建项目中各专业工程费用与工艺设备投资的比重；

其他符号的含义同式（4-2）。

3）朗格系数法。它是指以设备购置费为基础，乘以适当系数来推算项目的静态投资。该方法是将项目建设总成本费用中的直接成本和间接成本分别计算，再合为项目的静态投资。这种方法在国内不常见，是世界银行项目投资估算常采用的方法。其计算公式为

$$C=E(1+\sum K_i)K_C \tag{4-4}$$

式中，K_i——管线、仪表、建筑物等项费用的估算系数；

K_C——管理费、合同费、应急费等间接费在内的总估算系数；

其他符号的含义同式（4-2）。

朗格系数 K_L 是指静态投资与设备购置费之比，即

$$K_L=(1+\sum K_i)K_C \tag{4-5}$$

朗格系数包含的内容如表 4-1 所示。

表 4-1　朗格系数包含的内容

项目		固体流程	固流流程	流体流程
朗格系数 K_L		3.1	3.63	4.74
内容	(a) 包括基础、设备、绝热、油漆及设备安装费	E×1.43		
	(b) 包括上述在内和配管工程费	(a)×1.1	(a)×1.25	(a)×1.6
	(c) 装置直接费	(b)×1.5		
	(d) 包括上述在内和间接费，即总投资 C	(c)×1.31	(c)×1.35	(c)×1.38

【例 4-3】 国外某地拟建年产 30 万套汽车轮胎的工厂，已知该工厂的设备到达工地的费用为 2204 万美元，试估算该拟建工厂的静态投资。

解： 轮胎工厂的生产流程基本属于固体流程，因此在采用朗格系数法时，全部数据应采用固体流程的数据。计算如下：

1）设备到场费用为 2204 万美元。

2）(a)=(2204×1.43)万美元=3151.72 万美元

则，基础、设备、绝热、油漆及设备安装费为：(3151.72−2204)万美元=947.72 万美元。

3）(b)=(2204×1.43×1.1)万美元=3466.89 万美元

则，配管（管道工程）费为：(3466.89−3151.72)万美元=315.17 万美元。

4）(c)=(2204×1.43×1.1×1.5)万美元=5200.34 万美元

则，装置直接费（电气、仪表、建筑等工程费）为：(5200.34−3466.89)万美元=1733.45 万美元。

5) C=(2204×1.43×1.1×1.5×1.31)万美元=6812.44 万美元

则，间接费为：(6812.44−5200.34)万美元=1612.10 万美元。

综上估算出，该工厂的静态投资为 6812.44 万美元，其中间接费为 1612.10 万美元。

(3) 比例估算法　比例估算法是根据已知的同类建设项目主要设备购置费占整个建设项目静态投资的比例，先逐项估算出拟建项目主要设备购置费，再按比例估算拟建项目的静态投资的方法。该法主要应用于设计深度不足，拟建项目与类似项目的主要设备购置费比重较大，行业内相关系数等基础资料完备的情况，其计算公式为

$$I = \frac{1}{K}\sum_{i=1}^{n} Q_i P_i \tag{4-6}$$

式中，I——拟建项目的静态投资；

K——已建项目主要设备购置费占已建项目静态投资的比例；

n——主要设备种类数；

Q_i——第 i 种主要设备的数量；

P_i——第 i 种主要设备的购置单价（到厂价格）。

(4) 混合法　混合法是根据主体专业设计的阶段和深度，投资估算编制者所掌握的各类主体发布的相关投资估算基础资料和数据，以及其他统计和积累的可靠的相关造价基础资料，对一个拟建项目采用上述多种方法混合估算其静态投资额的方法。

2. 可行性研究阶段静态投资估算

在可行性研究阶段，投资估算精度要求高，为了保证编制精度，需要采用相对详细的投资估算方法，原则上应采用指标估算法。指标估算法是依据投资估算指标，对各单位工程或单项工程费用进行估算，进而估算建设项目静态投资的方法。

(1) 指标估算法的估算程序　首先，把拟建建设项目以单项工程或单位工程为单位，按建设内容纵向划分为各个主要生产系统、辅助生产系统、公用工程、服务性工程、生活福利设施，以及各项其他工程费用；按费用性质横向划分为建筑工程费、设备购置费、安装工程费等。其次，根据各种具体的投资估算指标，进行各单位工程或单项工程投资的估算，在此基础上汇集编制成拟建项目的各个单项工程费用和拟建项目的工程费用投资估算。最后，按相关规定估算工程建设其他费用、基本预备费等，形成拟建项目静态投资。

(2) 指标估算法的具体应用

1) 建筑工程费估算。它是指为建造永久性建筑物和构筑物所需要的费用，主要采用单位实物工程量投资估算法，是以单位实物工程量的建筑工程费乘以实物工程总量来估算建筑工程费的方法。当无适当估算指标或类似工程造价资料时，可采用计算主体实物工程量套用相关综合定额或概算定额进行估算，但通常需要比较详细的工程资料，工作量较大。

2) 设备及工器具购置费估算。设备购置费根据项目主要设备表及价格、费用资料编制，工器具及生产家具购置费按设备费的一定比例计取。对于价值高的设备应按单台（套）估算购置费，价值较小的设备可按类估算，国内设备和进口设备应分别估算。

3) 安装工程费估算。安装工程费包括安装主材费和安装费。其中，安装主材费可以根据行业和地方相关部门定期发布的价格信息或市场询价进行估算；安装费根据设备专业属性，按工艺设备安装费，工艺非标准件、金属结构和管道安装费，工业炉窑砌筑和保温工程

安装费，以及电气设备及自控仪表安装费分别估算。

4）工程建设其他费用估算。应结合拟建项目的具体情况分别估算：①有合同或协议明确的费用，按合同或协议列入；②无合同或协议明确的费用，根据国家和各行业部门、工程所在地地方政府的有关工程建设其他费用定额（规定）和计算办法估算；③没有定额或计算办法的费用，参照市场价格标准计算。

5）基本预备费估算。基本预备费一般是以建设项目的工程费用和工程建设其他费用之和为基础，乘以基本预备费率进行计算。基本预备费率的大小，应根据建设项目的设计阶段和具体的设计深度，以及在估算中所采用的各项估算指标与设计内容的贴近度、项目所属行业主管部门的具体规定确定。

（3）指标估算法的注意事项

1）影响投资估算精度的因素主要包括价格变化、现场施工条件、项目特征的变化等。因此，在应用指标估算法时，应根据不同地区、建设年代、条件等进行调整。

2）采用估算指标法进行投资估算时，必须对工艺流程、定额、价格及费用标准进行分析，绝不能生搬硬套，只有经过实事求是的调整与换算后，才能提高其精度。

3. 动态投资部分的估算

固定资产动态投资包括价差预备费和建设期利息两部分。动态投资部分的估算应以基准年静态投资的资金使用计划为基础计算，而不是以编制年的静态投资为基础计算。

（1）价差预备费

价差预备费计算可详见第 2 章 2.5“预备费和建设期利息的计算”。除此之外，由于涉外项目的投资中包含人民币以外的币种，需要按照相应的汇率把外币投资额换算为人民币投资额，即汇率变化会对涉外项目的投资额产生影响。因此，如果是涉外项目，还应该计算汇率的影响。

1）汇率影响的两种情况。①外币对人民币升值。项目从国外市场购买设备材料所支付的外币金额不变，但换算成人民币的金额增加；从国外借款，本息所支付的外币金额不变，但换算成人民币的金额增加。②外币对人民币贬值。项目从国外市场购买设备材料所支付的外币金额不变，但换算成人民币的金额减少；从国外借款，本息所支付的外币金额不变，但换算成人民币的金额减少。

2）汇率影响的计算方法。估计汇率变化对建设项目投资的影响，是通过预测汇率在项目建设期内的变动程度，以估算年份的投资额为基数，相乘计算求得。

（2）建设期利息　建设期利息包括银行借款和其他债务资金的利息，以及其他融资费用。其他融资费用是指某些债务融资中发生的手续费、承诺费、管理费、信贷保险费等融资费用，一般情况下应将其单独计算并计入建设期利息；在项目前期研究的初期阶段，也可做粗略估算并计入建设投资；对于不涉及国外贷款的项目，在可行性研究阶段，也可做粗略估算并计入建设投资。建设期利息的计算可详见第 2 章 2.5“预备费和建设期利息的计算”。

【例 4-4】　某工程在建设期初的建安工程费和设备工器具购置费为 9000 万元。按该项目实施进度计划，项目建设前期年限为 1 年，建设期为 3 年，投资分年使用比例为第 1 年 20%、第 2 年 35%、第 3 年 35%、投资在每年平均支用，建设期内预计年平均价格总水平上涨率为 6%。贷款情况为第 1 年 1650 万元、第 2 年 2060 万元、第 3 年 1280 万元，年利率为 5%。工程建设其他费用为 1000 万元，基本预备费率为 10%。试计算该项目的投资估算额。

解：（1）计算项目的基本预备费

基本预备费=[（9000+1000）×10%]万元=1000万元

（2）计算项目的价差预备费

1）计算项目的静态投资

静态投资=（9000+1000+1000）万元=11000万元

2）计算各年的价差预备费 PF_n

$PF_1=\{11000\times20\%\times[(1+6\%)(1+6\%)^{0.5}-1]\}$ 万元= 200.94万元

$PF_2=\{11000\times35\%\times[(1+6\%)(1+6\%)^{0.5}(1+6\%)-1]\}$ 万元=603.75万元

$PF_3=\{11000\times35\%\times[(1+6\%)(1+6\%)^{0.5}(1+6\%)^{2}-1]\}$ 万元=870.97万元

3）计算项目建设期的价差预备费

$PF=(200.94+603.75+870.97)$ 万元=1675.66万元

（3）计算项目建设期的贷款利息

$I_1=(0.5\times1650\times5\%)$ 万元=41.25万元

$I_2=[(1650+41.25+0.5\times2060)\times5\%]$ 万元=136.06万元

$I_3=[(1650+41.25+2060+136.06+0.5\times1280)\times5\%]$ 万元=226.37万元

故，$I=(41.25+136.06+226.37)$ 万元=403.68万元。

（4）计算项目的建设投资

建设投资=静态投资+价差预备费+建设期借款利息

=（11000+1675.66+403.68）万元

=13079.34万元

4.2.4 流动资金估算的编制

流动资金是项目运营需要的流动资产投资，是指生产经营性项目投产后，为进行正常的生产运营，用于购买原材料、燃料，支付工资及其他经营费用等所需的周转资金。流动资金的特点是在生产过程中不断周转，其周转额的大小与生产规模及周转速度直接相关。流动资金估算一般采用分项详细估算法，个别情况或者小型项目可采用扩大指标法。

1. 分项详细估算法

分项详细估算法是根据项目的流动资产和流动负债，估算项目所占用流动资金的方法。其中，流动资产的构成要素一般包括应收账款、预付账款、存货、库存现金；流动负债的构成要素一般包括应付账款和预收账款。流动资金等于流动资产和流动负债的差额。计算公式分别为

流动资金=流动资产-流动负债 （4-7）

流动资产=应收账款+预付账款+存货+库存现金 （4-8）

流动负债= 应付账款+预收 （4-9）

流动资金本年增加额=本年流动资金-上年流动资金

进行流动资金估算时，首先计算各类流动资产和流动负债的年周转次数，然后分项估算占用资金额。

（1）周转次数　周转次数是指流动资金的各个构成项目在一年内完成多少个生产过程，

可用1年天数（通常按360天计算）除以流动资金的最低周转天数计算，则各项流动资金年平均占用额度为流动资金的年周转额度除以流动资金的年周转次数，其计算公式为

$$周转次数=\frac{360}{流动资金最低周转天数} \tag{4-10}$$

式中，各类流动资产和流动负债的最低周转天数可参照同类企业的平均周转天数并结合项目特点确定，或按部门（行业）的规定，在确定最低周转天数时应考虑储存天数、在途天数，并考虑适当的保险系数。

（2）应收账款　应收账款是指企业对外赊销商品、提供劳务尚未收回的资金。其计算公式为

$$应收账款=\frac{年经营成本}{应收账款周转次数} \tag{4-11}$$

（3）预付账款　预付账款是指企业为购买各类材料、半成品或服务所预先支付的款项，其计算公式为

$$预付账款=\frac{外购商品或服务年费用金额}{预付账款周转次数} \tag{4-12}$$

（4）存货　存货是指企业为销售或者生产耗用而储备的各种物资，主要有原材料、辅助材料、燃料、低值易耗品、维修备件、包装物、商品、在产品、自制半成品和产成品等。为简化计算，仅考虑外购原材料、燃料、其他材料、在产品和产成品，并分项进行计算。其计算公式为

$$存货=外购原材料、燃料+其他材料+在产品+产成品$$

其中

$$外购原材料、燃料=\frac{年外购原材料、燃料费用}{分项周转次数} \tag{4-13}$$

$$其他材料=\frac{年其他材料费用}{其他材料周转次数} \tag{4-14}$$

$$在产品=\frac{年外购原材料、燃料费用+年工资福利费+年修理费+年其他制造费用}{在产品周转次数} \tag{4-15}$$

$$产成品=\frac{年经营成本-年其他营业费用}{产成品周转次数} \tag{4-16}$$

（5）现金　流动资金中的现金是指货币现金，即企业生产运营活动中停留于货币形态的那部分资金，包括企业库存现金和银行存款。其计算公式为

$$现金=\frac{年工资及福利费+年其他费用}{现金周转次数} \tag{4-17}$$

$$年其他费用=制造费用+管理费用+营业费用-以上三项费用中所含的工资及福利费、折旧费、摊销费、修理费 \tag{4-18}$$

（6）流动负债的估算　流动负债是指在一年或者超过一年的一个营业周期内，需要偿还的各种债务，包括短期借款、应付票据、应付账款、预收账款、应付工资、应付福利费、应付股利、应交税金、其他暂收应付款、预提费用和一年内到期的长期借款等。在可行性研究阶段，流动负债的估算可以只考虑应付账款和预收账款两项。其计算公式为

$$应付账款=\frac{外购原材料、燃料动力费及其他材料年费用}{应付账款周转次数} \tag{4-19}$$

$$预收账款=\frac{预收的营业收入年金额}{预收账款周转次数} \tag{4-20}$$

【例 4-5】 已知某建设项目达到设计生产能力后全厂定员 1600 人，工资和福利费按每人每年 9600 元估算。每年的其他费用为 800 万元。年外购原材料、燃料动力费估算为 20800 万元。年经营成本 24000 万元，年修理费占年经营成本的 10%，预收的营业收入年金额为 23040 万元。各项流动资金的最低周转天数：应收账款 30 天；现金 30 天；应付账款 35 天；预付账款 30 天；存货 35 天；预收账款 30 天。试估算该项目的流动资金。

解：根据资料收集情况，可采用分项详细估算法估算流动资金。

（1）估算流动资产

1）现金=[（1600×0.96+800）÷（360÷30）]万元=194.67 万元

2）应收账款=[24000÷（360÷30）]万元=2000 万元

3）外购原材料、燃料=[20800÷（360÷35）]万元=2022.22 万元

在产品=[（20800+1600×0.96+24000×10%+800）÷（360÷35）]万元=2482.67 万元

产成品=[24000÷（360÷35）]万元=2333.33 万元

故，

存货=（2022.22+2482.67+2333.33）万元=6838.22 万元

流动资产=（194.67+2000+6838.22）万元=9032.89 万元

（2）估算流动负债

1）应付账款=[20800÷（360÷35）]万元=2022.22 万元

2）预收账款=[23040÷（360÷30）]万元=1920 万元

故，流动负债=（2022.22+1920）万元=3942.22 万元。

（3）估算流动资金

流动资金=（9032.89−3942.22）万元=5090.67 万元

2. 扩大指标估算法

扩大指标估算法是根据现有同类企业的实际资料，求得各种流动资金率指标，也可依据行业或部门给定的参考值或经验确定比率，然后将各类流动资金率乘以相对应的费用基数来估算流动资金。一般常用的基数有营业收入、经营成本、总成本费用和建设投资等，究竟采用何种基数依行业习惯而定。其计算公式为

$$年流动资金额=年费用基数×各类流动资金率 \tag{4-21}$$

扩大指标估算法简便易行，但准确度不高，适用于项目建议书阶段的估算。

【例 4-6】 某建设项目投产后的年产值为 1.2 亿元，其同类企业的百元产值流动资金占用额为 30.5 元，试估算该项目的流动资金估算额。

解：根据已有资料，可采用扩大指标法估算流动资金。

流动资金估算额=[12000×（30.5/100）]万元=3660 万元

3. 流动资金估算应注意的问题

1）在不同生产负荷下的流动资金，应按不同生产负荷所需的各项费用金额，相应地根据上述公式分别估算，而不能直接按照100%生产负荷下的流动资金乘以生产负荷百分比

求得。

2）在采用分项详细估算法计算流动资金时，应根据项目实际情况分别确定现金、应收账款、预付账款、存货、应付账款和预收账款的最低周转天数，并考虑一定的保险系数。对于存货中的外购原材料和燃料，要分品种和来源，考虑运输方式和距离，以及占用流动资金的比重大小等因素确定。

3）在采用扩大指标估算法计算流动资金时，可能需要以经营成本及其中的某些科目为基数，因此实际上流动资金估算应在经营成本估算之后进行。

4）流动资金的筹措可通过长期负债和资本金（一般要求占30%）的方式解决。一般要求在投产前一年开始筹措，其借款部分按全年计算利息，流动资金利息应计入生产期间的财务费用，项目计算期末收回全部流动资金（不含利息）。

4.3 项目可行性研究及经济评价

4.3.1 项目可行性研究概述

1. 可行性研究的含义及作用

（1）可行性研究的含义　建设项目的可行性研究是在投资决策阶段，对与拟建项目相关的社会、经济、技术等方面进行深入细致的调查研究，对各种可能拟定的技术、设备和建造方案进行翔实的技术经济分析和比较论证，对项目建成后的经济效益进行科学的预测和评价。在此基础上，对拟建项目的技术先进性和适用性、经济合理性和有效性，以及建设必要性和可行性进行全面分析、系统论证、多方案比较和综合评价，从而形成建设项目是否可行以及最佳实施方案等结论性意见，为投资决策提供科学的依据。

（2）可行性研究的作用　作为项目建设前期工作的主要组成部分，可行性研究对项目决策立项起着重要作用。

1）可行性研究是项目投资决策的依据。可行性研究需要对项目有关各方面进行调查研究和分析，以大量数据论证项目的先进合理性和经济适用性，以及其他方面的可行性，因此，可行性研究的评估结果是项目主管部门对该项目是否投资立项做出相关决定的重要依据。

2）可行性研究是筹集建设资金和向金融机构借款的依据。可行性研究报告中预测的项目财务、经济和社会效益，以及抗风险能力等，是项目筹集建设资金时，投融资方和金融机构据以确认项目的盈利能力、偿债能力和经济效益水平，做出投资与借款决定的主要依据。

3）可行性研究是编制项目设计任务书和设计文件的依据。可行性研究阶段对项目选址、建设规模、主要生产流程、技术方案、设备选型等方面都进行了详细的分析和研究，因此，经审批的可行性研究报告中的相关内容可作为设计任务书及初步设计文件编制的主要依据。

4）可行性研究是申请建设执照的依据。项目在建设以及建成后的运营过程中，对市政建设、环境及生态均有影响，因此，需经当地市政、规划、环保及其他有关部门的审批和认可后方能开工建设。在可行性研究报告中，对项目的选址、总图布置、环境及生态保护方案等均做了详细论证，这是项目申请和批准建设执照的重要依据。

5）可行性研究是建设项目后评价的依据。项目的预期目标是在可行性研究报告中确定的，而目标是否实现则需要项目运营一段时期后通过项目的后评价予以确认。因此，可行性研究报告是项目后评价阶段，用于确定项目实际运营效果是否达到预期目标或衡量目标实现程度的主要依据和参考标准。

2. 可行性研究的阶段划分

项目投资决策阶段主要包括项目建议书和可行性研究阶段。其中，项目建议书阶段，即投资机会研究阶段，工作比较粗略，一般是根据拟建项目的条件和背景相似已建项目的情况来估算投资额和生产成本，初步分析建设投资效果，提供可能进行建设的投资项目或投资方案。其目的是鉴别投资方向，寻找投资机会，提出项目投资建议。可行性研究阶段则根据研究目的不同以及任务的逐步深入，主要划分为初步可行性研究、详细可行性研究、项目评估与决策三个阶段。

（1）初步可行性研究阶段　初步可行性研究阶段也称为预可行性研究阶段，是在项目建议书批准之后，对投资规模大、技术工艺比较复杂的大中型项目进行的，其目的是筛选方案，确定项目的初步可行性。初步可行性研究作为投资项目机会研究与详细可行性研究的中间研究阶段，是正式的详细可行性研究前的预备性研究阶段，主要目标是确定是否需要进行详细可行性研究，以及确定需要进行辅助性专题研究的关键问题。经过初步可行性研究，认为该项目具有一定的可行性，便可进行详细可行性研究阶段，否则该项目的前期研究工作即告终止。

（2）详细可行性研究阶段　该阶段是投资决策的主要阶段，是建设项目投资决策的基础。其目的是通过对项目进行深入细致的技术经济分析，多方案优选，提出结论性意见，为项目决策提供技术、经济、社会、商业方面的评价依据，为项目具体实施提供科学依据。详细可行性研究阶段的主要目标是提出项目建设方案、进行效益分析和最终方案选择、确定项目投资的最终可行性和选择依据标准，提交项目可行性研究报告。

（3）项目评估与决策阶段　该阶段是在项目可行性研究报告提交后，通过具有一定资质的咨询评价机构对拟建项目本身及可行性研究报告，进行技术上、经济上的评价论证，决定项目可行性研究报告中提出的方案是否可行的关键阶段。其目标是客观、科学、公正地提出对项目可行性研究报告的评估意见，对项目可行性做出最终评价，以及对项目投资是否可行、投资方案是否最优等做出最终决策。

3. 可行性研究的目的与内容

（1）可行性研究的目的　可行性研究广泛应用于新建、改建和扩建项目，其目的是在建设项目立项之前，通过全面系统的可行性研究，使项目的投资决策工作建立在科学可靠、先进合理的基础之上，以避免错误的投资判断，降低项目投资风险，保证合理的总投资与总工期，尽可能控制项目建设过程中的变更，从而实现项目投资决策科学化，减少和避免投资决策的失误，达到建设项目投资最佳经济效果的目的。

（2）可行性研究的内容　项目的可行性研究工作是由建设部门或建设单位委托设计单位或工程咨询公司承担的，内容包括建设项目在技术、财务、经济和管理等方面的可行性调研与论证，重点包括：①根据经济预测和市场预测确定建设规模和产品方案；②调研资源、原材料、燃料、动力、运输及公用设施的供应情况；③调研建设条件，确定建设地区与建设地点，以及项目的技术与设备方案；④确定主要单项工程、公用辅助设施、协作配套工程、整体布置的方案，估算土建工程量；⑤根据环境保护、城市规划等要求确定相应措施和方案；⑥确定企业组织、劳动定员和人员培训方案；⑦确定建设工程和施工进度总工期安排，确定项目投资额和资金筹措方案；⑧分析与评价建设项目的经济效益和社会效益，并做风险预测；⑨形成建设项目的可行性研究报告，明确项目是否可行，以及相关建议。

4.3.2 可行性研究报告的编制

1. 编制要求及编制步骤

（1）可行性研究报告的编制要求

1）编制单位的要求。可行性研究报告的编制单位必须具有经国家有关部门审批登记的资质等级证明，并且具有承担编制可行性研究报告的能力和经验，如工程咨询公司、设计院或专门单位等。

2）编制原则。在编制可行性研究报告时，承担单位应遵循：①科学性原则，即按科学的态度、依据和方法进行项目的可行性研究及其报告的编制；②客观性原则，即编制可行性研究报告的过程中，要坚持从实际出发、实事求是的原则；③公正性原则，即对于可行性研究报告的结论，应排除各种干扰，尊重事实，不弄虚作假，公正地为建设项目的投资决策提供可靠依据。

3）内容和深度符合要求的原则。确保可行性研究报告的内容和深度符合投资决策的要求。在内容方面，要保证真实性和科学性，报告编制单位和人员应对提供的可行性研究报告质量负完全责任。在深度方面，要做到规范化和标准化，可行性研究报告内容要完整、文件要齐全、结论要明确，以满足决策者确定方案的要求。

4）审核批准的原则。可行性研究报告编制完成后，应由编制单位的行政、技术、经济方面的负责人签字，并对研究报告质量负责。另外，还需要按要求上报主管部门按相关规定进行审核、审批。

（2）可行性研究报告的编制步骤　可行性研究报告的编制工作一般按以下步骤进行：

1）组建编制工作小组。了解有关部门与委托单位对项目的建设意图、组建可行性研究报告编制工作小组，制订编制工作计划。

2）调查研究及资料收集。拟订调研提纲，组织人员进行实地调查，收集整理与可行性有关的数据与资料，从市场和资源两方面着手分析论证研究项目建设的必要性。

3）进行方案设计和优选。结合市场和资源调查情况，根据收集的基础资料和基准数据，建立几种可供选择的技术和建设方案，并进行论证和比较，从中选出最优方案。

4）进行经济分析和评价。根据调查资料和上级管理部门有关规定，项目经济分析人员选定与项目有关的经济评价基础数据和定额指标参数，对优选的项目方案进行详细的经济评价和社会效益评价。

5）编写可行性研究报告。项目可行性研究各专业方案，经过技术经济论证和优化后，由各专业组分工编写，经项目负责人衔接协调，综合汇总，提出初稿，与委托单位交换意见后定稿。

2. 组成部分及主要内容

（1）可行性研究报告的组成部分　可行性研究报告由市场研究、技术研究和效益研究三部分组成。

1）市场研究。它是项目可行性研究的前提和基础，其主要任务是确定项目建设的必要性，包括产品的市场调查和预测研究等。

2）技术研究。它是项目可行性研究的技术基础，其主要任务是确定项目的技术可行性，包括建设条件和技术方案等。

3）效益研究。它是项目可行性研究的核心部分，其主要任务是确定项目的经济合理性，包括项目的经济效益分析与评价等。

（2）可行性研究报告的主要内容　可行性研究报告的具体内容根据建设项目的性质不同而略有区别，总体归纳起来，其总体内容主要由以下部分和若干附件组成：

1）总论。包括项目背景、可行性研究结论、主要技术经济指标表。

2）项目背景和发展概况。包括项目提出的背景、项目发展概况、投资的必要性。

3）市场分析与建设规模。包括市场调查、市场预测、市场促销战略、产品方案、建设规模、产品销售收入预测。

4）建设地区和建设地点选择。包括资源和原材料选择、建设地区和地点选择。

5）技术方案。包括项目组成、生产技术方案、总平面布置和运输、土建和其他工程。

6）环境保护和劳动安全。包括建设地区环境现状、项目主要污染源和污染物、环保标准与方案、环境监测制度、环保投资估算、环境影响评价结论、劳动保护与安全卫生。

7）企业组织和劳动定员。包括企业组织、劳动定员和人员培训。

8）项目实施进度安排。包括项目实施的各阶段、项目实施进度表、项目实施费用。

9）投资估算与资金筹措。包括项目总投资估算、资金筹措、投资使用计划。

10）财务效益、经济社会效益评价。包括生产成本和销售收入估算、财务评价、国民经济评价、不确定性分析、社会效益和社会影响。

11）可行性研究结论与建议。包括结论与建议、附件、附图。

3. 投资项目的审批制度

根据相关文件中关于简化和规范政府投资项目审批程序，合理划分审批权限的规定，对于政府投资项目实行审批制，非政府投资项目实行核准制或登记备案制。

（1）政府投资项目　对于采用直接投资和资本金注入方式的政府投资项目，政府需要从投资决策角度审批项目建议书和可行性研究报告，除特殊情况外，不再审批开工报告，同时还要严格审批政府投资项目的初步设计和概算；对于采用投资补助、转贷和贷款贴息方式的政府投资项目，则只审批资金申请报告。另外，对于政府投资项目一般需要经过符合资质要求的咨询中介机构的评估论证，特别重大的项目还应实行专家评议制度。

（2）非政府投资项目　对于企业不使用政府资金投资建设的项目，政府不再进行投资决策性质的审批，而是区别不同情况实行核准制或登记备案制。

1）投资项目的核准制度。企业投资建设《政府核准的投资项目目录》中的项目时，仅需要向政府提交项目申请报告，不再经过批准项目建议书、可行性研究报告和开工报告的程序。

2）投资项目的备案制度。企业投资建设《政府核准的投资项目目录》以外的项目时，实行备案制，除国家另有规定外，由企业按照属地原则向地方政府投资主管部门备案。

需要注意：虽然对于实施核准制度和登记备案制度的项目，政府不再审批项目建议书和可行性研究报告，但对于企业而言，还应视具体情况编制可行性研究报告，以保证投资决策的质量。

4.3.3 项目经济评价概述

1. 经济评价的含义和内容

经济评价是建设项目决策的重要依据，是建设项目可行性研究阶段的重要内容，是可行性研究报告的重要组成部分。

(1) 经济评价的含义　建设项目经济评价，即项目技术方案的经济效果评价，是根据国民经济与社会发展以及行业、地区发展规划的要求，在初步方案的基础上，采用科学的分析方法，对拟建项目的财务可行性和经济合理性进行分析论证，为项目的科学决策提供经济方面的依据。经济评价是项目前期工作的重要内容，其任务是在完成市场调查与预测、拟建规模、营销策划、资源优化、技术方案论证、环境保护、投资估算与资金筹措等可行性分析的基础上，对拟建项目各方案的投入与产出的基础数据进行推测和估算，对其经济效果进行计算，以及对方案进行评价和优选的过程。

(2) 经济评价的目的　建设项目经济评价的目的在于确保决策的正确性和科学性，最大限度地减小投资的风险，提高项目投资的综合经济效益。无论项目是何种分类，通过经济评价预先估算拟建项目的经济效果，均可有效避免因依据不足、方法不当、盲目决策导致的投资失误，有利于将有限的资源应用到具有最优经济效益和社会效益的项目中。这对加强固定资产宏观调控、提高投资决策的科学化水平、引导和促进各类资源的合理配置、优化投资结构、减少和规避投资风险、充分发挥投资效益，均有重要作用。

(3) 经济评价的内容　建设项目经济评价的主要内容包括财务评价和国民经济评价。其中，财务评价，也称为财务分析，是指在项目财务效益与费用估算的基础上，编制财务分析报表，计算财务指标，分析项目的盈利能力、偿债能力和财务生存能力，判断项目的财务可接受性，明确项目财务主体及投资者的价值贡献，为项目决策提供依据。对于非经营项目，财务评价主要分析项目的财务生存能力。国民经济评价，也称为经济分析，是在合理配置社会资源的前提下，从国民经济整体利益的角度出发，采用影子价格体系和社会折现率等国民经济参数，计算项目对国民经济的贡献，分析项目的经济效益、效果和对社会的影响，评价项目在宏观经济上的合理性。

(4) 经济评价的侧重点　建设项目经济评价的侧重点，应根据项目的性质、目标、投资者、财务主体以及项目对经济与社会的影响程度等具体情况确定。对于费用效益计算比较简单、建设期和运营期比较短、不涉及进出口平衡等一般项目，如果财务评价的结论能够满足投资决策的需要，可不进行国民经济评价；对于关系公共利益、国家安全和市场不能有效配置资源的经济和社会发展的项目，除应进行财务评价外，还应进行国民经济评价；对于特别重大的建设项目，还应辅以区域经济和宏观经济影响分析方法进行国民经济评价。

2. 财务评价与国民经济评价的关系

作为经济评价的主要内容，财务评价和国民经济评价之间存在着密切的关联性，也存在较大的区别，两者的评价结论与项目取舍之间的关系也不同。

(1) 财务评价与国民经济评价的相同点　二者在评价目的、评价基础、评价理论依据和评价方法等方面基本相同。

1) 评价目的相同。财务评价和国民经济的评价目的都是为项目决策提供依据，二者都以寻求经济效益最好的项目为目标，都追求以最小的投入获得最大的产出。

2）评价基础相同。财务评价和国民经济评价都是建设项目可行性研究的组成部分，都是在完成项目的市场分析、方案构思、投资估算和资金筹措的基础上进行的，评价的结论也都取决于项目本身的客观条件，都需要通过计算包括项目的建设期、运营期全过程的费用和效益来评价项目的可行性。

3）评价的理论依据和方法相同。财务评价和国民经济评价都是以资金的时间价值理论以及资金的等值计算原理为依据，通过编制基本报表计算经济评价指标来分析建设项目的经济合理性以及建设的可行性。

（2）财务评价与国民经济评价的区别　二者在评价角度和立场、评价对象、费用和效益的划分、采用的价格与参数以及评价的组成内容方面不同。

1）评价角度和立场不同。财务评价是从项目的微观角度，站在企业的立场按照现行的财税制度去分析项目的盈利能力和借款偿还能力，以判断项目是否具有财务上的生存能力；国民经济评价则是从国民经济整体的宏观角度，站在国家的立场按照综合平衡的思路去分析项目对国民经济发展、国家资源配置等方面的影响，以考察投资行为的经济合理性。

2）评价对象不同。财务评价的对象是有财务收益的项目，跟踪的是与项目直接相关的财务收益与财务费用；国民经济评价的对象是重大的有关国计民生的项目，跟踪的是围绕项目发生的资源流动，即减少社会资源的国民经济费用与增加社会资源的国民经济收益。

3）费用和效益的划分范围不同。财务评价根据项目的实际收支来计算项目的效益与费用，凡是项目的收入均计为效益，凡是项目的支出均计为费用；国民经济评价则根据项目实际耗费的有用资源，以及项目向社会贡献的有用产品或服务来计算项目的效益与费用。如在财务评价中作为费用或效益的税金、国内借款利息、财政补贴等，在国民经济评价中则被视为国民经济内部转移支付，并不作为项目的费用或效益。在财务评价中不计的环境污染、降低劳动强度等，在国民经济评价中则需要计为费用或效益。

4）采用的价格体系不同。在分析项目的费用与效益时，财务评价采用的是以现行市场价格体系为基础的预测价格，而考虑到国内市场价格体系的失真，国民经济评价采用的是对现行市场价格进行调整所得到的影子价格体系，是更能够确切地反映资源的真实经济价值的影子价格。

5）采用的主要参数不同。财务评价采用的汇率是官方汇率，折现率是因行业而各异的行业基准收益率；国民经济评价采用的汇率是影子汇率，折现率是国家统一测定的社会折现率。

6）评价的组成内容不同。财务评价包括盈利能力分析、偿债能力分析和财务生存能力分析三方面的内容，而国民经济评价只包括盈利能力分析和外汇效果分析两方面的内容。

（3）财务评价与国民经济评价的取舍标准　具体而言，对于需要同时进行财务评价与国民经济评价的建设项目，其取舍标准为：对于财务评价和国民经济评价的结论均为可行的项目，应予以通过；对于财务评价和国民经济评价的结论均为不可行的项目，应予以否定；对于财务评价的结论为可行但国民经济评价的结论为不可行的项目，一般应予以否定。对于关系公共利益、国家安全和市场不能有效配置资源的经济和社会发展的项目，若财务评价的结论为不可行，而国民经济评价的结论为可行时，应重新考虑方案，必要时可向国家提出采取经济优惠措施（如财政补贴、减免税等）的建议，使项目具有财务上的生存能力。

4.3.4 财务评价的内容及指标计算

建设项目的财务评价的主要内容是进行盈利能力、偿债能力和财务生存能力分析，其指标体系包括盈利能力评价指标和偿债能力评价指标两大类，所形成的项目财务评价指标体系如图 4-1 所示。

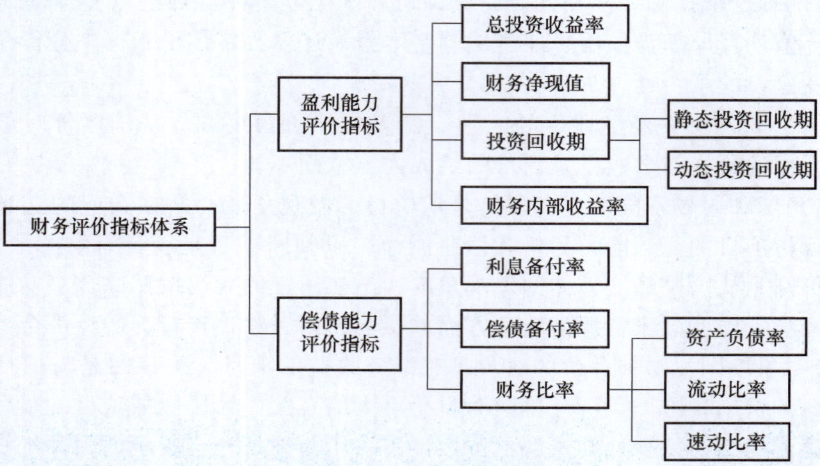

图 4-1　项目财务评价指标体系

1. 盈利能力评价指标计算

建设项目盈利能力评价是指通过计算盈利能力指标考察项目的财务盈利能力和盈利水平，反映项目盈利能力的评价指标主要有总投资收益率、财务净现值、投资回收期和财务内部收益率等。

（1）总投资收益率　总投资收益率（Return of Investment，简称 ROI），也称为投资效果系数，表示总投资的盈利水平，是指项目达到设计能力后正常年份的年息税前利润或运营期内年平均息税前利润与项目总投资的比率。总投资收益率可根据利润与利润分配表中的有关数据求得，其计算公式为

$$\mathrm{ROI}=\frac{\mathrm{EBIT}}{\mathrm{TI}}\times 100\% \tag{4-22}$$

式中　ROI——总投资收益率；

EBIT——项目正常年份的年息税前利润或运营期内年平均息税前利润；

TI——项目总投资。

总投资收益率的评价标准：将总投资收益率与行业基准投资收益率对比，以判别项目的单位投资盈利能力是否达到本行业的平均水平，当总投资收益率大于或等于行业的基准投资收益率时，表明项目用总投资收益率表示的盈利能力满足要求，在财务上可以考虑被接受。

（2）财务净现值　财务净现值（Financial Net Present Value，简称 FNPV），是指按行业的基准收益率或设定的折现率（i_c），将项目计算期内各年净现金流量折现到建设期初的现值之和。它是考察项目在计算期内盈利能力的动态评价指标。财务净现值可根据投资现金流量表或资本金现金流量表的数据计算得到。其计算公式为

$$FNPV=\sum_{t=0}^{n}(CI-CO)_t(1+i_c)^{-t} \tag{4-23}$$

式中 CI——现金流入量；

CO——现金流出量；

$(CI-CO)_t$——第 t 年的净现金流量。

财务净现值反映项目在满足按设定折现率要求的盈利能力之外获得的超额盈利的现值，是评价项目盈利能力的绝对指标，它有大于零、等于零和小于零三种计算结果，具体评价标准如下：

1）当 FNPV>0 时，说明项目的盈利能力超过了按设定的折现率计算的盈利能力，从财务角度考虑，项目可予以接受。

2）当 FNPV=0 时，说明项目的盈利能力达到按设定的折现率计算的盈利能力，这时要判断项目是否可行，需要视设定的折现率的情况而定：①若设定的折现率大于银行长期借款的利率，则项目从财务角度考虑，可予以接受；②若设定的折现率小于或等于银行长期借款的利率，则从财务角度考虑，项目不可行。

3）当 FNPV<0 时，说明项目的盈利能力未达到按设定的折现率计算的盈利能力，从财务角度考虑，项目不可行。

（3）静态投资回收期 静态投资回收期（Static Payback Time），用字母 P_t 表示，是指在不考虑资金时间价值因素条件下，以项目的净效益回收项目全部投资所需要的时间。它是考察项目在财务上的投资回收能力的主要静态评价指标，一般以年为单位，并从项目建设起始年算起。静态投资回收期可根据投资现金流量表的数据计算得到。其计算公式为

$$\sum_{t=0}^{P_t}(CI-CO)_t=0$$

在财务评价时，静态投资回收期更为实用的计算公式为

$$P_t=T-1+\frac{第(T-1)年累计净现金流量的绝对值}{第\ T\ 年净现金流量}$$

式中 T——累计净现金流量开始出现正值的年份。

静态投资回收期的评价标准：将静态投资回收期（P_t）与行业规定的基准投资回收期（P_c）进行比较，若 $P_t \leqslant P_c$，则从财务角度考虑，项目可予以接受；若 $P_t>P_c$，则从财务角度考虑，项目不可行。

（4）动态投资回收期 动态投资回收期（Dynamic Payback Time），用字母 P_d 表示，是指在考虑资金时间价值的情况下，按照设定的基准收益率，用项目投产后各年净收益回收全部投资额所需要的时间，即使得净现值等于零时的计算期期数。其计算公式为

$$\sum_{t=0}^{P_d}(CI-CO)_t(1+i_c)^{-t}=0 \tag{4-24}$$

式中，各项符号含义同前。

在财务评价时，动态投资回收期更为实用的计算公式为

$$P_d=(累计净现值开始出现正值或零的年份数-1)+\frac{上一年累计折现值的绝对值}{当年折现值} \tag{4-25}$$

动态投资回收期的评价标准是：将动态投资回收期（P_d）与行业规定的基准投资回收

期（P_c）进行比较，若 $P_d \leqslant P_c$，则从财务角度考虑，项目可予以接受；若 $P_d > P_c$，则从财务角度考虑，项目不可行。

（5）财务内部收益率　财务内部收益率（Financial Internal Rate of Return，简称 FIRR），也称为内部报酬率，包括项目投资内部收益率和项目资本金收益率，是指项目实际可望达到的报酬率，即能使投资项目的财务净现值等于零时的折现率。它反映项目所占用资金的盈利率，是考察项目盈利能力的主要动态指标。财务内部收益率的计算公式为

$$\sum_{t=0}^{n}(\mathrm{CI}-\mathrm{CO})_t(1+\mathrm{FIRR})^{-t}=0 \tag{4-26}$$

在实际计算时，财务内部收益率可根据财务现金流量表（投资现金流量表或资本金现金流量表）中的净现金流量数据，用线性插值法计算得到。线性插值法计算财务内部收益率的公式为

$$\mathrm{FIRR}=i_1+\frac{\mathrm{FNPV}_1}{\mathrm{FNPV}_1+|\mathrm{FNPV}_2|}(i_2-i_1) \tag{4-27}$$

应用线性插值法计算财务内部收益率的步骤：

1）根据经验，选定一个适当的折现率 i_0。

2）按照投资方案的现金流量情况，利用选定的折现率 i_0 求出方案的财务净现值（FNPV）。

3）若 FNPV>0，则适当使 i_0 继续增大；若 FNPV<0，则适当使 i_0 继续减小。

4）重复步骤 3），直到找到这样的两个折现率 i_1 和 i_2，使其所对应的财务净现值 $\mathrm{FNPV}_1>0$，$\mathrm{FNPV}_2<0$，其中（i_2-i_1）一般不超过 2%～5%。

5）将 i_1、i_2、FNPV_1、FNPV_2 代入式（4-27），即可求得 FIRR 值。

在应用财务内部收率指标进行财务评价时，其评价标准为：将财务内部收益率（FIRR）与设定的基准收益率（i_c）对比，若 $\mathrm{FIRR} \geqslant i_c$，从财务角度考虑，项目可予以接受；若 $\mathrm{FIRR}<i_c$，则从财务角度考虑，项目不可行。由于财务内部收益率是反映项目实际收益率的相对指标，因此该指标值越大越好，表明项目盈利性越好。

2. 偿债能力评价指标计算

建设项目偿债能力分析是指通过计算偿债能力指标考察项目计算期内各年的财务状况及偿债能力，反映项目偿债能力的指标主要有利息备付率、偿债备付率、财务比率等，财务比率主要指的是资产负债率、流动比率和速动比率。

（1）利息备付率　利息备付率（Interest Coverage Ratio，简称 ICR）是指项目在借款偿还期内，各年可用于支付利息的息税前利润与当前应付利息费用的比值，表示项目的利润偿付利息的保证倍率，从付息资金来源的充裕性角度反映项目偿付债务利息的保障程度。其计算公式为

$$\text{利息备付率}=\frac{\text{息税前利润}}{\text{计入总成本费用的应付利息}}\times 100\% \tag{4-28}$$

式中，

$$\text{息税前利润}=\text{利润总额}+\text{计入总成本费用的全部利息}$$

利息备付率应分年计算，利息备付率高，表明利息偿付的保障程度高。正常情况下，利息备付率应当大于 1，并结合债权人的要求确认，当指标小于 1 时表示付息保障能力不足。

（2）偿债备付率　偿债备付率（Debt Service Coverage Ratio，简称 DSCR）是指项目在

借款偿还期内，各年可用于还本付息的资金与当前应还本付息金额的比值，表示可用于还本付息的资金偿还借款本息的保证倍率。其计算公式为

$$偿债备付率=\frac{可用于还本付息资金}{当期应还本付息金额}\times100\% \tag{4-29}$$

式中，可用于还本付息资金=息税前利润+折旧+摊销-所得税；当期应还本付息金额为还本金额与计入总成本费用的全部利息之和，如果项目在运行期内有维持运营的投资，可用于还本付息的资金应扣除维持运营的投资。

偿债备付率应分年计算，偿债备付率高，表明可用于还本付息的资金保障程度高。正常情况下，偿债备付率应当大于1，并结合债权人的要求确认，当指标小于1时，表示当年资金来源不足以偿付当期债务，需要通过短期借款偿付已到期债务。

（3）资产负债率　资产负债率（Liability on Asset Ratio，简称LOAR）是指各期末负债总额与资产总额之比，是反映项目各年所面临的财务风险程度及偿债能力的静态评价指标。该指标可以衡量项目利用债权人提供资金进行经营活动的能力，反映债权人发放借款的安全程度。计算资产负债率所需要的相关数据可在资产负债表中获得。其计算公式为

$$资产负债率=\frac{负债总额}{资产总额}\times100\% \tag{4-30}$$

资产负债率对债权人来说，越低越好，说明项目偿债能力越强；但由于财务杠杆效应的存在，权益的所有者从盈利出发，希望保持较高的债务比，赋予资本金较高的杠杆力，用较少的资本来控制整个项目，即对于企业而言则可能希望高些。然而，过高的资产负债率会影响企业的筹资能力，因此，一般情况下，资产负债率为0.5~0.7是合适的。当资产负债率过高时，可通过增加资本金出资和减少利润分配等途径进行调节。

（4）流动比率　流动比率是反映项目各年偿还流动负债能力的静态评价指标，该指标衡量项目流动资产在短期债务到期以前可以变为现金用于偿还流动负债的能力，所需相关数据可在资产负债表中获得。其计算公式为

$$流动比率=\frac{流动资产总额}{流动负债总额}\times100\% \tag{4-31}$$

流动比率对债权人来说，越高越好，说明债权越有保障，视具体情况，一般要求流动比率最小值为1.2~2.0。需要注意的是，由于存货是一类不易变现的流动资产，因此流动比率不能确切反映项目的瞬时偿债能力。

（5）速动比率　速动比率是反映项目各年快速偿还流动负债能力的静态评价指标。该指标衡量项目流动资产在不考虑存货的情况下可以变为现金用于偿还流动负债的能力，所需相关数据可在资产负债表中获得。其计算公式为

$$速动比率=\frac{流动资产总额-存货}{流动负债总额}\times100\% \tag{4-32}$$

速动比率是对流动比率的补充，如果流动比率高，而流动资产的流动性低，则企业的偿债能力仍然不高，而速动比率越高，则说明项目在很短的时间内偿还短期债务的能力越强，视具体情况，一般要求速动比率最小值为1.0~1.2。

需要说明的是，在项目的财务评价过程中，并不是所有的评价指标均需要计算和分析，工程经济分析人员可以根据项目的具体情况和委托方的要求对评价指标进行取舍。一般情况

下，根据项目的特点及实际需要，对于项目的财务盈利能力分析，静态指标只需要计算其总投资收益率和静态投资回收期，动态指标只需要计算其财务净现值和财务内部收益率。对于项目的财务偿债能力分析，则只需要计算其利息备付率、偿债备付率以及资产负债率等静态评价指标。

4.3.5 国民经济评价的内容与指标计算

1. 国民经济评价的范围

国民经济评价的项目类型主要包括具有垄断特征的项目、产出具有公共产品特征的项目、外部效果显著的项目、资源开发项目、涉及国家经济安全的项目，以及受过度行政干预的项目等。具体来讲，国民经济评价的范围涉及以下几类项目。

（1）基础设施项目和公益性项目　财务评价是通过市场价格度量项目的收支情况，考察项目的盈利能力和偿债能力，在市场经济条件下，企业财务评价不可能将项目产生的效果全部反映出来。而铁路、公路等交通运输项目，以及市政工程、水利、电力等较大规模的项目，其外部效果非常显著，因此，对这类基础设施项目和公益性项目必须采用国民经济评价将外部效果内部化。

（2）主要产出物和投入物的市场价格不能反映其真实价值的项目　由于某些资源的市场不存在或不完整，使得这些资源的价格很低或为零，因而往往被过度使用。另外，由于国内统一市场尚未形成，或国内市场未与国际市场接轨，失真的价格也无法体现项目的实际收支状况。因此，对这类市场不能真实反映价值的项目有必要通过影子价格进行价格的修正。

（3）资源开发项目　根据生态环境保护和经济可持续发展的要求，为了实现长远整体利益，必须舍弃短期的局部利益。因此，对于涉及自然资源和生态环境保护的项目，如国家控制的战略性资源开发项目、动用社会资源和自然资源较大的中外合资项目等，都必须通过国民经济评价，客观地优选社会对资源使用的时机，以保证资源配置的合理性。

2. 国民经济评价的目的

（1）国民经济评价是宏观上合理配置国家有限资源的需要　国家的各类资源，如资金、外汇、土地、劳动力以及其他自然资源等，总是有限的，因此，必须在资源各种相互竞争的用途中做出合理的选择。而这种选择必须借助于国民经济评价，即从国家整体的角度，将国民经济作为一个大的总系统，项目的建设作为这个总系统中的一个子系统，来分析项目从国民经济中所吸取的投入，以及项目产出对国民经济这个总系统的经济目标的影响，从而选择对总系统目标最为有利的建设项目或投资方案。

（2）国民经济评价是真实反映项目对国民经济净贡献的需要　我国和大多数发展中国家一样，不少商品的价格既不能反映市场的供求关系，也不能反映市场的真实价值。在这种商品价格“失真”的情况下，按现行价格计算项目的投入或产出，不能确切地反映项目建设为国民经济带来的效益与费用。因此，就必须采用能够反映资源真实价值的影子价格，借以计算建设项目的费用和效益，以便得出该项目的建设是否对国民经济总目标有利的结论。

（3）国民经济评价是投资决策科学化的需要　这主要体现在三个方面：

1）有利于引导投资方向。经济分析时，采用经济净现值、经济内部收益率等指标及体现宏观意图的影子价格、影子汇率等参数，可以起到鼓励或抑制某些行业或项目发展的作用，从而促进国家资源的合理分配。

2）有利于控制投资规模。通过调整社会折现率这个重要的国民经济参数，国家可以调控投资规模，当投资规模膨胀时，可以利用适当提高社会折现率的方法，限制某些项目的通过。

3）有利于提高资金计划的编制水平，加强各类资金的应用质量。

3. 国民经济评价的内容

国民经济评价主要包括国民经济盈利能力分析，以及对难以量化的外部效果和无形效果的定性分析，如果是外资项目还要求进行外汇效果分析。

（1）国民经济费用与效益的识别与处理　与财务评价中的划分方法不同，国民经济费用与效益是通过分析项目耗费国家资源的多少，以及项目为国民经济带来的收益进行界定的，包括间接产生的费用与效益。总之，只要是在客观上引起的，则无论最终是由国家还是企业支付和获取，都要视为该项目的国民经济费用与效益，因此，在国民经济评价中，不仅要考察项目账面上直接显现的收支，还需要对这些直接或间接的费用与效益分别进行识别、归类、定量或定性处理。

（2）影子价格的确定和基础数据的调整　发展中国家在经济转型时期普遍存在市场价格扭曲和失真现象，因此，运用现行市场价格是无法进行国民经济评价的。只有采用通过对现行市场价格进行调整计算而获得的，能够反映资源真实经济价值和市场供求关系的影子价格，才能保证国民经济评价的科学性。因此，与项目有关的各类基础数据也都必须以影子价格为基础进行调整，才能正确地计算出项目的各项国民经济费用与效益。

（3）国民经济效果分析　根据所确定的各项国民经济费用与效益，编制国民经济评价报表，结合社会折现率等相关经济参数，计算项目的国民经济评价指标，最终对投资项目是否具有经济合理性得出结论。

4. 国民经济评价的作用

1）可保证拟建项目符合社会的需要。由于国民经济评价是以社会需求作为项目取舍的依据，而不是单纯地以项目是否盈利做出的决策，因此，国民经济评价可保证项目建设与社会需求相一致。

2）可避免拟建项目的重复和盲目建设，从而有利于避免投资决策的失误。由于国民经济评价是从国家的宏观角度而不是从地区或企业的微观角度来考察项目效益与费用的，因此，可避免地方保护主义或企业投资方案决策的片面性、局限性，以保证决策的正确性。

3）可全面评价项目的综合效益。由于国民经济评价既分析项目的直接经济效益，也分析项目的间接和辅助经济效益，因此，国民经济评价的结果相比财务评价而言，更为全面可靠。

4）可确定项目消耗社会资源的真实价值。由于有些项目投入物和产出物的国内市场价格，并不能反映其真实的经济价值，因此，往往导致项目财务效益的虚假性。通过国民经济评价，则可以采用影子价格对财务价格进行修正，从而真实地反映出项目消耗社会资源的价值量。

5. 国民经济评价的步骤

国民经济评价既可以在财务评价的基础上进行，也可以直接进行。

（1）在财务评价的基础上进行的国民经济评价　对于一般的建设项目，国民经济评价是在财务评价的基础上进行的，应注意效益和费用范围的调整和数值调整两方面的内容，其主要步骤如下：

1）效益和费用范围的调整。主要是剔除已计入财务效益和财务费用中的国民经济内部转移支付，并识别项目的间接效益和间接费用。在识别间接效益和费用时，尽可能对其进行定量计算，不能定量计算的，则应做定性说明。

2）效益和费用数值的调整。主要是对固定资产投资、流动资金、经营费用、营业收入和外汇借款等各项基础数据根据影子价格等参数进行调整。

3）分析项目的国民经济盈利能力。编制项目全部投资的国民经济效益和费用流量表，并据此计算全部投资的经济内部收益率和经济净现值等指标；对于使用国外贷款的项目，还应编制针对国内投资的国民经济收益费用表，并据此计算国内投资的经济内部收益率和经济净现值等指标。

4）分析项目的外汇效果。对于产出物出口或替代进口的建设项目，应编制经济外汇流量表和国内资源流量表，并据此计算经济外汇净现值、经济换汇成本或经济节汇成本等指标。

（2）直接进行的国民经济评价　对于社会公益类型的建设项目，也可以直接进行国民经济评价，其主要步骤如下：

1）识别和估算项目的直接效益。对于为国民经济提供产出物的项目，应先根据产出物的性质确定是否为外贸货物，再确定产出物的影子价格，最后按产出物的种类、数量及其逐年增减情况和产出物的影子价格估算项目的直接效益；对于为国民经济提供服务的项目，则应按提供服务的数量和用户的受益程度来估算项目的直接效益。

2）估算项目的投资和经营费用。依据货物的影子价格、土地的影子费用、劳动力的影子工资，以及影子汇率和社会折现率等参数直接估算项目的投资；依据生产经营的实际耗费，采用影子价格、影子工资和影子汇率、社会折现率等参数估算经营费用。

3）识别项目的间接效益和间接费用。对于能够货币量化的外部效果，尽可能对其进行定量计算；对于难以进行货币量化的产出效果，应尽可能地采用其他量纲进行定量处理；难以量化的，进行定性描述与说明。

4）编制有关报表，计算相应的评价指标，并进行国民经济评价。

6. 国民经济评价的指标计算

国民经济评价主要是进行经济盈利能力的分析，其基本评价指标包括经济净现值、经济内部收益率和效益费用比。

（1）经济净现值　经济净现值（Economic Net Present Value，简称 ENPV），是指项目按照社会折现率将计算期内各年的经济净效益流量折算到建设期初的现值之和。它是反映项目对国民经济净贡献的绝对指标，是经济费用效益分析的主要评价指标。其计算公式为

$$\mathrm{ENPV}=\sum_{t=0}^{n}(B-C)_t(1+i_s)^{-t} \tag{4-33}$$

式中　B——国民经济效益流量；

C——国民经济费用流量；

$(B-C)_t$——第 t 年的国民经济净效益流量；

n——项目计算期；

i_s——社会折现率。

应用经济净现值指标进行国民经济评价的判别准则为：如果 $ENPV \geqslant 0$，说明项目能够达到或超过社会折现率要求的社会盈余水平，认为该项目从经济资源配置的角度可以被接受；反之，则应拒绝。

（2）经济内部收益率　经济内部收益率（Economic Internal Rate of Return，简称 EIRR），是指项目在计算期内经济净效益流量的现值累计等于零时的折现率。它是反映项目对国民经济净贡献的相对指标，是经济费用效益分析的辅助评价指标。其计算公式为

$$\sum_{t=0}^{n}(B-C)_t(1+\text{EIRR})^{-t}=0 \tag{4-34}$$

式中，各项符号含义同式（4-33）。

应用经济内部收益率指标进行国民经济评价的判别准则为：如果 $\text{EIRR} \geqslant i_s$，表明项目对国民经济的净贡献达到或超过了要求的水平，认为该项目从经济资源配置的角度可以被接受；反之，则应拒绝。

（3）效益费用比　效益费用比（R_{BC}）是指项目在计算期内效益流量的现值与费用流量的现值的比率，是经济费用效益分析的辅助评价指标，其计算公式为

$$R_{BC}=\frac{\sum_{t=0}^{n}B_t(1+i_s)^{-t}}{\sum_{t=0}^{n}C_t(1+i_s)^{-t}} \tag{4-35}$$

式中　B_t——第 t 年的经济效益；

C_t——第 t 年的经济费用。

应用效益费用比指标进行国民经济评价的判别准则：如果 $R_{BC}>1$，表明项目资源配置的经济效率达到了可以被接受的水平，项目可行；反之，则项目不可行。

思考题

1. 简述项目决策与工程造价的关系。
2. 简述决策阶段工程造价管理的内容。
3. 简述决策阶段工程造价的影响因素。
4. 简述投资估算的内容。
5. 简述投资估算的编制步骤和可行性研究报告的内容。
6. 简述固定资产静态投资的编制方法。
7. 简述流动资金估算的编制步骤。
8. 简述投资估算的编制步骤。
9. 固定资产静态投资的估算方法有哪些？各自的适用范围是什么？
10. 简述可行性研究的阶段划分。
11. 简述财务评价的内容及其指标体系。
12. 简述财务评价与国民经济评价的关系。

【案例计算题】

【背景】 某建设项目的建筑安装工程费和设备及工器具购置费为 15280 万元，按该项目计划要求，项目建设前期为 2 年，建设期为 3 年，3 年的投资分年使用比例为第 1 年 20%、第 2 年 40%、第 3 年 40%，建设期内年平均价格变动率预测为 6%。贷款情况为第 1 年 1500 万元、第 2 年 4000 万元、第 3 年 4200 万元，年利率为 5%。工程建设其他费用为 980 万元，基本预备费率为 10%。建设项目达到设计生产能力后全厂定员 2000 人，工资和福利费按每人每年 9000 元估算，每年的其他费用为 600 万元，预收的营业收入年金额为 6700 万元。年外购原材料、燃料动力费估算为 7000 万元，年经营成本为 7800 万元，年修理费占年经营成本的 10%。各项流动资金的最低周转天数分别为：应收账款 30 天，现金 35 天，应付账款和预付账款为 30 天，存货 40 天。

【问题】 试计算该建设项目的投资估算额。

第5章

5 建设工程设计阶段造价管理

【本章内容概要】

本章主要包括设计阶段造价管理及其影响因素、限额设计与设计方案优选、设计概算及其编制、施工图预算及其编制四部分，首先阐释了工程设计内容及设计阶段造价管理的意义，分析说明了总平面设计、工艺设计、建筑设计对工业建设项目造价的影响，以及住宅小区建设规划、住宅建筑设计中影响造价的因素；然后说明了限额设计和标准化设计的实施程序及要点，详细介绍了比较分析法、价值工程及其优选设计方案的原则与步骤，并列举了应用实例；最后介绍了设计概算及施工图预算的概念、审查内容，详细说明了设计概算及施工图预算的编制内容和依据，并阐述了设计概算及单位工程施工图预算的编制方法。

【本章知识总览】

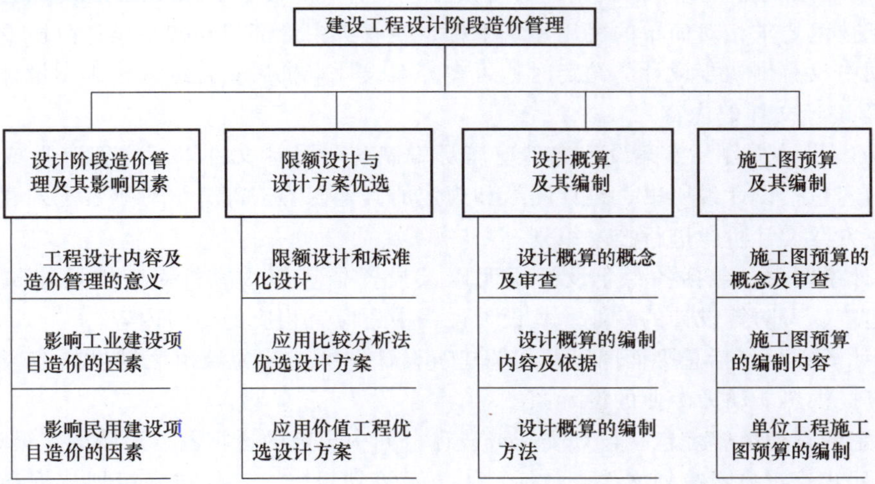

【本章学习要点】

◆ 掌握：应用价值工程优选设计方案的步骤，设计概算的概念与编制内容、单位建筑工程设计概算的编制方法、设计概算的审查方法、施工图预算的概念及编制形式、单位工程施工图预算的编制方法、施工图预算的审查方法。

◆ 熟悉：限额设计的实施程序和实施要点，应用比较分析法优选设计方案的步骤，设计阶段工程造价管理的意义、设计阶段影响工程造价的主要因素、设计方案的优选原则、比较分析法优选设计方案。

◆ 了解：工程设计的含义及阶段划分，推行标准化设计、单项工程综合设计概算及建设项目总概算的编制、单项工程施工图综合预算及建设项目施工图总预算的编制。

5.1 设计阶段造价管理及其影响因素

5.1.1 工程设计内容及造价管理的意义

1. 工程设计的含义及阶段划分

（1）工程设计的含义　工程设计是工程建设中的核心工作，指的是在工程开始施工之前，设计人员根据已批准的设计任务书，为具体实现拟建项目的技术和经济要求，拟定建筑、安装及设备制造等所需的规划、图纸、数据等技术文件的工作。设计是建设项目由计划变为现实的标志，设计文件是建筑安装施工的依据，拟建项目在建设过程中能否保证质量、进度和节约投资，在很大程度上取决于设计工作的优劣。

（2）工程设计的阶段划分　工程设计需要按一定的程序分阶段进行，一般分为方案设计、初步设计和施工图设计三个阶段，但为了满足项目建设要求，使设计工作整体优化，对于工业项目和民用项目，设计阶段的划分有所不同。

1）对于工业项目。①一般工业项目可按初步设计和施工图设计两个阶段进行，称为两阶段设计；②对于技术上复杂而又缺乏设计经验的项目，可按初步设计、技术设计和施工图设计三个阶段进行，称为三阶段设计。

2）对于民用项目。①一般民用项目可按方案设计、初步设计和施工图设计三个阶段进行；②对于技术要求相对简单的民用建筑工程，当有关主管部门在初步设计阶段没有审查要求，且合同中没有做初步设计的约定时，可在方案设计审批后直接进入施工图设计。

2. 工程设计文件的内容

（1）方案设计文件　方案设计文件应满足编制初步设计文件以及方案审批或报批的需要，主要内容包括设计说明书、设计图纸和规定的其他内容三部分。对于装配式建筑工程设计，还应在方案设计阶段进行技术策划。

1）设计说明书。包括各专业设计说明以及投资估算等内容；对于涉及建筑节能、环保、绿色建筑、人防等设计的专业，其设计说明中还应有相应的专门内容。

2）设计图纸。包括总平面图以及相关建筑设计图纸，若为城市区域供热或区域燃气调压站，还应提供热能动力专业的设计图纸。

3）规定的其他内容。包括设计委托或设计合同中规定的透视图、鸟瞰图、模型等。

4）装配式建筑技术策划文件。包括：①技术策划报告，包括技术策划依据和要求、标准化设计要求、建筑结构体系、建筑围护系统、建筑内装体系、设备管线等内容；②技术配置表，装配式结构技术选用及技术要点；③经济性评估，包括项目规模、成本、质量、效率等内容；④预制构件生产策划，包括构件厂选择、构件制作及运输方案，经济性评估等。

（2）初步设计文件　初步设计文件应满足编制施工图设计文件以及初步设计审批的需要，主要内容包括设计说明书、有关专业的设计图纸、主要设备或材料表、工程概算书，以及有关专业计算书等。

1）设计说明书。包括工程设计依据、建设的规模和设计范围、总指标，以及设计要点和提请在设计审批时需要解决或确定的主要问题。

2）有关专业的设计图纸。包括总平面、建筑、结构、建筑电气、给水排水、供暖通风与空气调节、热能动力等的设计说明及图纸。

3）主要设备或材料表。包括建筑电气、给水排水、供暖通风与空气调节、热能动力等的主要设备表。

4）工程概算书。设计概算文件由封面、签署页（扉页）、目录、编制说明、建设项目总概算表、工程建设其他费用表、单项工程综合概算表、单位工程概算书等内容组成。

5）有关专业计算书。这项并不属于必须交付的设计文件，但应按相关规定相关条款的要求编制。

（3）施工图设计文件　施工图设计文件应满足设备材料采购、非标准设备制作和施工的需要，主要内容包括合同要求所涉及的所有专业的设计图纸、合同要求的工程预算书，以及各专业计算书。

1）合同要求所涉及的所有专业的设计图纸。包括图纸目录、说明和必要的设备、材料表，以及图纸总封面；对于涉及建筑节能设计的专业，其设计说明应有建筑节能设计的专项内容；涉及装配式建筑设计的专业，其设计说明及图纸应有装配式建筑专项设计内容。

2）合同要求的工程预算书。施工图预算文件包括封面、签署页（扉页）、目录、编制说明、建设项目总预算表、单项工程综合预算表、单位工程预算书。对于方案设计后直接进入施工图设计的项目，若合同未要求编制工程预算书，施工图设计文件应包括工程概算书。

3）各专业计算书。计算书不属于必须交付的设计文件，但应按相关规定相关条款的要求编制并归档保存。

3. 设计阶段造价管理的内容及作用

（1）设计阶段造价管理的内容　工程设计阶段造价管理人员需要密切配合设计人员进行限额设计，处理好工程技术先进性与经济合理性之间的关系。设计阶段造价管理的主要内容是：按照批准的可行性研究报告中的投资限额进行多方案的技术经济分析比较，确定初步设计方案，并编制设计概算；然后按照批准的初步设计内容、范围及概算进行技术评价与分析，提出设计优化建议，确定施工图设计方案，并编制施工图预算；最后，按照审查后确定的施工图预算造价编制施工图设计中各个专业设计文件。

（2）设计阶段造价管理的作用　拟建项目投资决策确定后，设计阶段就基本上已经决定了工程建设的规模、产品方案、结构形式、建筑标准以及使用功能，并据此形成设计概算，成为拟建项目投资的最高限额。因此，设计阶段是工程造价计价确定和控制的关键阶段，对工程造价管理具有重要的作用。

1）设计阶段进行造价计价分析可提高资金利用效率。在设计阶段通过设计概算可以了解工程造价的构成，分析资金分配的合理性，并可以利用价值工程分析项目各个组成部分功能与成本的匹配程度，从而调整项目的功能与成本使其更趋于合理，以提高资金的利用率。

2）设计阶段进行造价计价分析可以提高投资控制效率。在设计阶段可将设计概算中投资比例大的部分作为控制点，先按一定的质量标准，确定资金计划，然后在设计过程中对照资金计划中所列的指标进行审核，预先发现差异，主动采取一些控制方法消除差异，使设计更经济，从而提高投资控制效率，并使控制工作更主动。

3）在设计阶段控制工程造价便于技术与经济相结合。专业设计人员在设计过程中往往更关注工程的使用功能，力求采用比较先进的技术方法实现项目所需功能，而对经济因素考虑较少。如果在设计阶段加强技术人员的经济意识，使设计从一开始就建立在合理的经济性基础之上，同时通过限额设计、推动标准化设计等举措，就能充分发挥设计人员的个人创造力，选择更经济的方式实现技术目标，从而确保设计方案能体现技术与经济的结合。

4）在设计阶段控制工程造价效果最显著。工程造价控制贯穿于项目建设的全过程，但根据国内外相关资料研究表明，设计阶段的费用虽只占工程全部费用不到1%，但在项目决策正确的前提下，它对工程造价影响程度高达75%以上，因此，只有在初步设计阶段就树立投资控制的思想，保证选择恰当的设计标准和合理的功能水平，才能更有效地控制全过程造价。

（3）影响设计阶段工程造价的因素　明确设计阶段影响工程造价的因素是工程造价有效控制的前提，建设项目的类别不同，在设计阶段需要考虑的工程造价影响因素也不同，对于工业建设项目和民用建设项目，在设计阶段应分别根据项目特点确定工程造价的影响因素。

5.1.2　影响工业建设项目造价的因素

对于工业建设项目而言，影响工程造价的主要因素有总平面设计、工艺设计、建筑设计、材料选用、设备选用五个方面。下面主要介绍前三个因素。

1. 总平面设计

（1）总平面设计的内容　总平面设计，是根据建设项目的地理、气候等自然条件以及基础设施、外部运输和协作条件进行的建设项目的总图运输设计和总平面配置。其主要内容包括：①厂址方案、占地面积和土地利用情况；②总图运输、主要建筑物和构筑物及公用设施的配置；③外部运输、水、电、气及其他外部协作条件等。

（2）总平面设计的作用　总平面设计是否合理对于整个设计方案的经济合理性有重大影响。正确合理的总平面 设计可大幅减少建筑工程量，节约建设用地，加快建设进度，节省建设投资，降低工程造价和项目运行后的使用成本，并为企业创造良好的生产组织、经营条件和生产环境，还可以为城市建设或工业区创造完美的建筑艺术整体。

（3）总平面设计对工程造价的影响　总平面设计中影响工程造价的因素包括现场条件、占地面积、功能分区和运输方式。

1）现场条件。它是制约设计方案的重要因素之一，对工程造价的影响主要体现在：①地质、水文、气象条件等影响基础形式的选择、基础的埋深（如持力层、冻土线）；②地形地貌影响平面及室外标高的确定；③场地大小、邻近建筑物地上附着物等影响平面布置、建筑层数、基础形式及埋深。

2）占地面积。它是决定征地费用、管线布置成本及项目建成后运营成本的主要因素，在总平面设计中要根据确定的生产规模，妥善处理好拟建项目长远规划与近期建设的关系，在满足工艺流程、主要设备配置和使用功能以及消防安全等要求的前提下，尽可能节约用地。

3）功能分区。对于工业建筑，合理的功能分区既能够使建筑物的各项功能充分发挥，使总平面布置紧凑、安全，又能够使生产工艺流程顺畅，从全生命周期造价管理考虑还可以使运输简便，降低项目建成后的运营成本。因此，在总平面设计中应根据拟建项目的地形地质状况，合理布置，优化功能分区，因地制宜，使建筑物的各项功能均得以充分发挥。

4）运输方式。它是决定运输效率及成本的主要因素，不同运输方式的运输效率和成本不同。例如，有轨运输的运量大，运输安全，但是需要一次性投入大量资金；无轨运输无须一次性大规模资金，但运量小、安全性较差。因此，在总平面设计中应综合考虑建设项目生产工艺流程、功能区的要求以及建设场地等具体情况，选择经济合理的运输方式。

2. 工艺设计

工艺设计阶段影响工程造价的主要因素包括：①建设规模、标准和产品方案；②工艺流程和主要设备的选型；③主要原材料、燃料供应情况；④生产组织及生产过程中的劳动定员情况；⑤“三废”治理及环保措施等。

根据我国的工程建设程序，建设项目的工艺流程已在可行性研究阶段确定，设计阶段的任务就是严格按照批准的可行性研究报告的内容进行工艺技术方案的设计，确定具体的工艺流程和生产技术。设计阶段在进行具体项目工艺设计方案的选择时，应以提高投资的经济效益为前提，深入分析、比较，综合考虑各方面的因素后确定。

3. 建筑设计

建筑设计是指根据建设项目的建筑标准、使用性质和功能要求，并考虑施工条件和施工组织的基础上进行的确定工程立面、平面、结构方案的设计。建筑设计阶段影响工业建设项目工程造价的因素包括平面组合形式、体积与面积、建筑高度与层数、柱网布置、建筑结构与材料设备选用等。

（1）平面组合形式　平面组合形式是指工业建筑中各厂房、车间、工段的位置和柱网、走道、门窗设置等的平面布置，应满足生产工艺的要求，采用经济合理的建造方案，并尽量为工人的生产操作创造适宜的工作条件。

（2）体积与面积　工业建筑物体积与面积的增加，将使得工程总造价提高，因此，在满足工艺要求和生产能力的条件下，对厂房、车间、设备的布置尽可能紧凑合理，以提高生产能力，尽量采用先进工艺和高效能设备，以节省建筑面积，还可通过采用大跨度、大柱距的平面设计形式，提高平面利用系数，以减少建筑体积，从而降低工程造价。

（3）建筑高度　决定工业建筑高度的因素是厂房、车间内的运输方式、设备高度和生产空间操作高度等，在建筑面积不变的情况下，厂房、车间高度的增加会引起墙体建造、安装管线、垂直运输设备等各项费用的增加，从而影响工程造价，因此，在满足工艺流程和设备正常运转与操作方便的前提下，应尽量降低工业建筑层高。

（4）建筑层数　工业建筑层数的选择应根据生产性质及其工艺要求，视具体情况选用单层或多层。

1）单层工业建筑。它适用于要求跨度和高度比较大、拥有重型生产和起重设备，以及生产时常有较大振动和散发大量热与气体的重型工业。

2）多层工业建筑。它适用于工艺过程紧凑、设备与产品重量较轻，并要求恒温条件的各种轻型车间。优点在于厂房占地少、可缩短运输线路和厂区的围墙长度等，并且可以降低屋盖和基础的单方造价，经济效果良好。

（5）柱网布置　柱网布置会直接影响工业建筑结构的梁板配筋及基础的大小，从而对工程造价和厂房面积的利用效率产生较大的影响，是确定柱子的跨度和间距的依据。柱网的选择与厂房中有无吊车、吊车的类型及吨位、屋顶的承重结构以及厂房的高度等因素有关。

1）对于单跨厂房。当柱间距不变时，由于除屋架外的厂房其他结构架分摊在单位面积上的平均造价随柱跨度增大而减小。因此，柱跨度越大，则单位面积造价越小。

2）对于多跨厂房。当柱跨度不变时，由于柱子和基础分摊在单位面积上的造价随中柱的增多而减少。因此，中跨数量越多越经济。

（6）建筑结构与材料设备选用　建筑结构，即建筑工程中由基础、梁、板、柱、墙、屋架等构件所组成的起骨架作用的、能承受直接和间接荷载的空间受力体系。建筑结构因所采用建筑材料不同，可分为砌体结构、钢筋混凝土结构、钢结构、轻型钢结构、木结构和组合结构等。建筑结构与材料的选择直接影响工程使用寿命和质量，以及工程耐火等级及抗震性能，对工程造价和施工费用有很大的影响。因此，建筑结构与材料的选择既要满足力学要求，又要考虑其经济性。例如，对于大中型工业厂房一般选用钢筋混凝土结构，对于多层或大跨度厂房，也可考虑选用钢结构。由于各种建筑结构各有利弊，在选用结构类型时应结合实际，因地制宜，就地取材，采用经济合理的结构形式与建筑材料。设备选用重点因设计形式的不同而不同，应选择能满足生产工艺和生产能力要求的最适用的设备和机械。

5.1.3　影响民用建设项目造价的因素

民用建设项目设计是根据建筑物的使用功能要求，确定建筑标准、结构形式、建筑物空间与平面布置以及建筑群体的配置等，内容包括住宅设计、公共建筑设计以及住宅小区设计，其中，住宅是民用建筑中最主要的、大量的建筑形式。影响民用建设项目工程造价的主要因素是住宅小区建设规划、民用住宅建筑设计两个方面。

1. 住宅小区建设规划中影响造价的因素

住宅小区是城市建设的重要组成部分，其规划设计的核心问题是提高土地利用率。小区住宅规划设计是否合理，关系着居民的日常生活和城市建筑群体的用地规划，影响着工程造价的高低。

（1）住宅小区规划要求　在进行住宅小区建设规划时，要根据小区的基本功能和要求，确定各构成部分的合理层次与关系，据此安排住宅建筑、公共建筑、管网、道路及绿地的布局，确定合理人口与建筑密度、房屋间距和建筑层数，布置公共设施项目、规模及服务半径，以及水、电、热、煤气的供应等，并划分包括土地开发在内的上述各部分的投资比例。

（2）住宅小区的占地面积　住宅小区的占地面积不仅直接决定着土地费用的高低，还影响着小区内道路、工程管线长度和公共设备的多少，而这对小区建设投资的影响通常很大。因此，用地面积指标在很大程度上影响着住宅小区建设的总造价。

（3）建筑群体的布置形式　住宅小区内建筑群体的布置形式对建设用地的影响不容忽视，应通过采取高低搭配、点条结合、前后错列以及局部东西向布置、斜向布置或拐角单元等方法节省用地。在保证小区居住功能的前提下，适当集中公共设施，提高公共建筑的层数，合理布置道路，充分利用小区内的边角用地，有利于提高建筑密度，降低小区的总造价，或者通过合理压缩建筑的间距、适当提高住宅层数或高低层搭配以及适当增加房屋长度等方式节约用地。

2. 民用住宅建筑设计中影响造价的因素

建筑设计阶段影响民用建筑工程造价的因素包括平面形状、流通空间、空间组合、建筑物的体积与面积、建筑结构、柱网布置等。

（1）住宅建筑的平面形状　建筑物平面形状的设计应在满足建筑物使用功能的前提下，降低建筑周长系数（是指建筑物的周长与建筑面积之比，即单位建筑面积所占外墙的长度），充分注意建筑平面形状的简洁、布局的合理，适当加大建筑深度，从而降低工程造价。

1）平面形状越简单，造价越低。一般情况下，形状不规则的建筑物会导致室外工程、排水工程、砌砖工程及屋面工程等复杂化，从而增加工程费用，因此，建筑物的平面形状越简单，单位面积造价就越低。

2）建筑周长系数越低，造价越低。即使在同样的建筑面积下，建筑平面形状不同，建筑周长系数也不同。通常情况下，建筑周长系数越低，设计越经济。

3）视具体情况适当选择。需要注意的是，究竟采用何种平面形状，设计时要视具体情况分析选用。例如，圆形、正方形、矩形、T形、L形建筑的建筑周长系数依次增大，但矩形建筑相较于圆形和正方形建筑而言更为常见，其原因在于：①圆形建筑施工复杂，施工费用一般比矩形建筑增加20%~30%，所以其墙体工程量所节约的费用并不能使建筑工程造价降低；②虽然正方形建筑既有利于施工，又能降低工程造价，但是若不能满足建筑物美观和使用要求，则毫无意义；③在矩形住宅建筑中，又以长∶宽=2∶1为佳，一般住宅单元以3~4个住宅单元、房屋长度以60~80m比较经济。

4）适当加大建筑物进深，可降低造价。在满足住宅功能和质量的前提下，由于随着建筑物进深的增大，墙体面积系数会相应减少，因此，在建筑物平面形状设计时，适当加大建筑物的进深，采用大开间，对降低工程造价有明显的效果。

（2）住宅建筑的流通空间　流通空间是指建筑物内设置的门厅、走廊、过道、楼梯间及电梯等公共空间，由于这些空间往往是生活居住的辅助空间，并非为获利目的而设置，但采光、装饰、清扫等方面的费用却很高。因此，在满足建筑物使用要求、功能质量要求以及美观舒适要求的前提下，应将流通空间减少到最小，这也是建筑物经济平面布置的主要目标之一。

（3）住宅建筑的层高　在建筑面积不变的情况下，建筑层高的增加会引起各项费用的增加，从而造成工程造价的提高。例如，随着住宅建筑层高的增加，因承载力的要求会使得基础、主体、屋面等结构造价增加，因工程量的增加，使得墙体粉刷等装饰费用、楼梯和电梯设备等费用，以及卫生设备、上下水管道长度、采暖热源等费用的增加，从而造成工程总造价的大幅提高。根据不同性质的工程综合测算，住宅层高每降低10cm，可降低造价1.2%~1.5%，层高降低还可提高住宅区的建筑密度，节约土地成本及市政设施费，但层高设计中还需要考虑采光与通风问题，层高过低不利于采光及通风，民用住宅的层高一般不宜超过2.8m。

（4）住宅建筑的层数　住宅建筑的层数对造价的影响，因建筑类型、结构和形式的不同而不同。在一定幅度内，住宅层数的增加具有降低造价和使用费用，以及节约用地的优点；但当住宅层数超过一定限度时，结构形式就要改变，单位造价通常会增加。同时，建筑物越高，电梯及楼梯的造价也将有提高的趋势，建筑物的维修费用也将增加，但是采暖费用有可能下降。例如，以砖混结构多层住宅层数与工程造价的关系为例，如表5-1所示，可说明住宅层数对工程造价的影响情况。

表 5-1 砖混结构多层住宅层数与工程造价的关系

住宅层数	一	二	三	四	五	六
单方造价系数（%）	138.05	116.95	108.38	103.51	101.68	100
边际造价系数（%）	—	-21.1	-8.57	-4.87	-1.83	-1.68

表 5-1 中数据表明：随着住宅层数的增加，单方造价系数在逐渐降低，即层数越多越经济。但是边际造价系数也在逐渐减小，说明随着层数的增加，单方造价系数下降幅度减缓，根据住宅设计相关规定，七层及七层以上住宅必须设置电梯，同时还需要通过加宽过道和走廊获取更多的交通面积和供水、供电等补充设备，从而使得整体费用增加。同时，当住宅层数达到高层住宅标准时，因为要经受较强的风力荷载，还需要提高结构强度，改变结构形式，都会造成工程造价的大幅提高。

（5）住宅单元组成、户型和住户面积　衡量住宅的单元组成、户型设计的指标是结构面积系数，即住宅结构面积与建筑面积之比。结构面积系数越小则设计方案越经济，因为结构面积小，其有效面积就会增加。结构面积系数除与房屋结构有关外，还与房屋外形及其长度和宽度有关，同时也与房间平均面积大小和户型组成有关。房屋平均面积越大，内墙、隔墙在建筑面积中所占比重就越小。因此，在衡量单元组成、户型设计以及房间面积分配时，应尽量满足结构面积系数指标，减少结构面积，减少内墙、隔墙等在建筑面积中所占的比重，增加有效面积，从而节约造价。据统计，三居室住宅的设计比两居室的设计降低 1.5%左右的工程造价，四居室的设计又比三居室的设计降低 3.5%的工程造价。

（6）住宅建筑的结构和材料　随着我国工业化水平的提高，住宅工业化建筑体系的结构形式多种多样，在选择结构形式时，应根据实际情况结合其他建筑设计因素，采用适合本地区的经济适宜的结构形式。例如，对于五层以下的建筑，一般选用砌体结构；对于高层或者超高层建筑，框架结构和剪力墙结构比较经济。建筑材料一般占直接费的 70%，降低材料费用不仅可以降低直接费，还可以降低间接费。因此，设计阶段合理选择建筑材料，控制材料单价或工程量，是控制工程造价的有效途径。

（7）住宅建筑设备　现代建筑越来越依赖于设备，统计资料显示，设备安装工程造价占工程总投资的 20%~50%。对于住宅而言，楼层越多，设备系统越庞大，例如，高层建筑内部空间的交通工具电梯，室内环境的调节设备如空调、通风、采暖等，各个系统的分布占用空间都需要列在考虑范围之内，既有面积、高度的限额，又有位置的优选和规范的要求。另外，设备的选用还应考虑自然环境对能源节约的有利条件，如果能从住宅项目的整个寿命周期分析，能源节约也将是降低成本的重要举措。因此，设备配置是否得当，直接影响建筑产品整个寿命周期的成本，需要在设备选用时充分考虑各方面的因素，力求节约，以有效控制造价。

5.2 限额设计与设计方案优选

5.2.1 限额设计和标准化设计

1. 限额设计的含义及作用

（1）限额设计的含义　限额设计是指按照批准的可行性研究报告中的投资限额进行初

步设计、按照批准的初步设计概算进行施工图设计、按照施工图预算造价编制施工图设计中各个专业设计文件的过程。限额设计过程中，要求工程规模不能削减、技术标准不能降低，使用功能也不能减少，因此，限额设计需要在投资额度不变的情况下，实现使用功能和建设规模的最大化。

（2）限额设计的作用　限额设计是工程造价控制系统中的一个重要环节，是设计阶段进行技术经济分析、实施工程造价控制的一项重要措施。限额设计的目标是将上一阶段审定的投资额作为下一设计阶段投资控制的总体目标，将该项总体限额目标层层分解后确定各专业、各工种或各分部分项工程的分项目标。限额设计也是提高设计质量工作的管理目标，在限额设计中体现了设计标准、规模、原则的合理确定和有关概算基础资料的合理取定，是衡量勘察设计工作质量的综合标志。因此，在建设项目的设计阶段，推行限额设计对有效使用建设资金起着重要的作用。

（3）限额设计控制造价的方式　限额设计控制造价的方式包括纵向控制和横向控制。其中，纵向控制是指按照投资限额的设计过程从前往后依次进行控制的方式，如投资估算额控制设计概算额、设计概算额控制施工图预算额就属于纵向控制；横向控制是指对设计单位及其内部各专业、科室及设计人员进行考核，实施奖惩，进而保证设计质量的一种控制方法，如结构设计组、建筑设计组等对于专业投资额的控制情况的对比等方式。

2. 限额设计的工作内容

限额设计主要包括合理确定设计限额目标、确定合理的初步设计方案，以及在概算范围内进行施工图设计三项内容，如图5-1所示。

（1）合理确定设计限额目标　投资决策阶段是限额设计的关键。对政府工程而言，投资决策阶段的可行性研究报告是政府部门核准投资总额的主要依据，而批准的投资总额则是进行限额设计的重要依据。为此，应在多方案技术经济分析和评价后确定最终方案，提高投资估算准确度，合理确定设计限额目标。

（2）确定合理的初步设计方案　在合理确定了设计限额目标后，初步设计阶段需要依据最终确定的可行性研究方案和投资估算，对影响投资的因素按照专业进行分解，并将规定的投资限额下达到各专业设计人员。设计人员应用价值工程基本原理，通过多方案技术经济比选，创造出价值较高、技术经济性较为合理的初步设计方案，并将设计概算控制在批准的投资估算内。

（3）在概算范围内进行施工图设计　施工图是设计单位的最终成果文件。在确定了合理的初步设计方案后，应按照批准的初步设计方案进行限额设计，施工图预算需要控制在批准的设计概算范围内。

3. 限额设计的实施程序

限额设计的实施是建设工程造价目标的动态反馈和管理过程，包括目标制定、目标分解、目标推进和成果评价四个阶段。

（1）目标制定　与项目建设目标一致，限额设计目标也包括造价目标、质量目标、进度目标、安全目标和环保目标，且各个目标之间既相互关联又相互制约，因此，在分析论证限额设计目标时，应统筹兼顾，全面考虑，追求技术经济合理的最佳整体目标。

（2）目标分解　目标分解是指通过层层目标分解和限额设计，实现对投资限额的有效控制，对于工程造价目标的分解是实施限额设计的主要方法和有效途径。具体实施过程为：

首先，将上一阶段确定的投资额分解到建筑、结构、电气、给排水和暖通等设计部门的各个专业；其次，将投资限额再分解到各个单项工程、单位工程、分部工程及分项工程，在目标分解过程中，要对设计方案进行综合分析与评价；最后，将各细化的目标明确到相应设计人员，制定明确的限额设计方案。

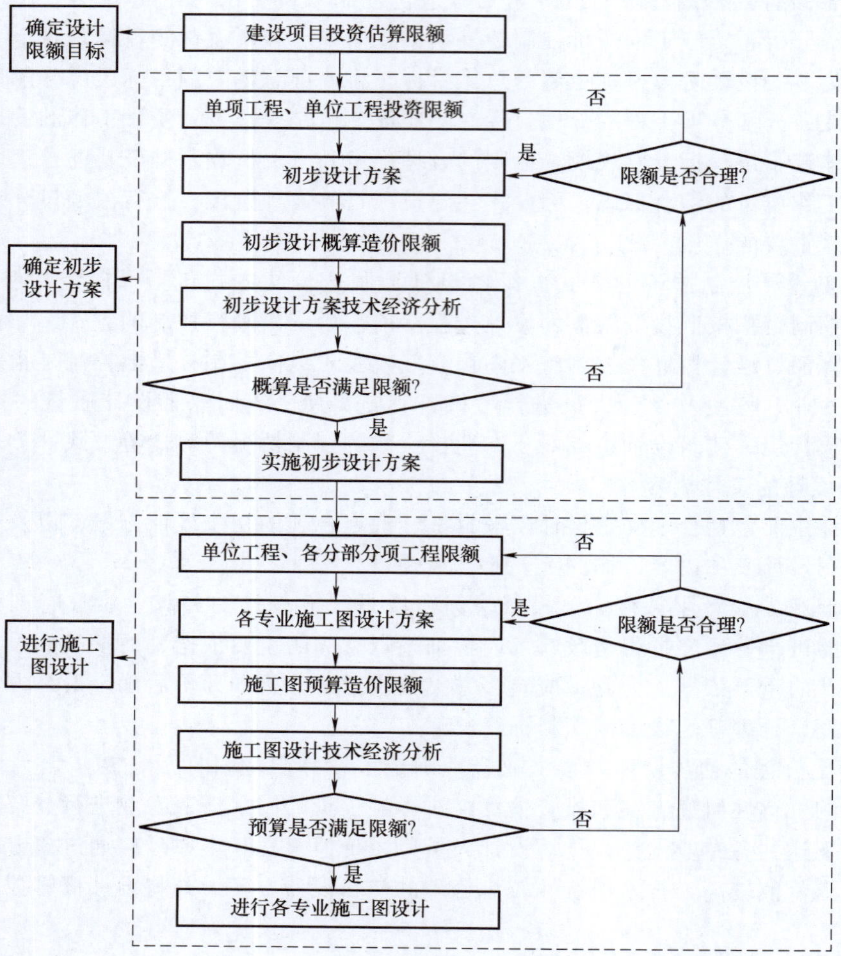

图 5-1　限额设计工作内容

（3）目标推进　目标推进通常包括限额初步设计和限额施工图设计两个阶段。

1）限额初步设计阶段。在初步设计方案完成后，由工程造价管理人员及时编制初步设计概算，并进行初步设计方案的技术经济分析，应严格按照分配的工程造价控制目标进行方案的规划和设计，直至满足限额要求。初步设计只有在满足各项功能要求并符合限额设计目标的情况下，才能作为下一阶段的限额目标给予批准。

2）限额施工图设计阶段。根据批准的限额设计目标，遵循各目标协调并进的原则，做到各目标之间的有机结合和统一，防止忽略其中任何一项目标。在施工图设计完成后，进行施工图设计的技术经济论证，分析施工图预算是否满足设计限额要求，以供设计决策者参考。

(4) 成果评价

成果评价是限额设计目标管理的总结阶段。通过对设计成果的评价，总结限额设计过程中的经验和教训，作为指导和开展后续工作的重要依据。值得指出的是，当考虑建设工程全寿命周期成本时，按照限额要求设计的方案未必具有最佳经济性，此时亦可考虑突破原有限额，重新选择设计方案。

4. 限额设计的实施要点

为更好地推行限额设计，实现设计阶段造价控制目标，并取得良好的控制效果，应注意以下事项。

(1) 合理确定项目投资估算限额　为适应推行限额设计的要求，在详细可行性研究阶段编制建设项目投资估算时，既要避免有意提高估价额和增加估算项，又要避免有意压低估算额和漏项，真正做到科学准确地编制项目投资估算，使项目的投资限额与单项工程的数量、建设标准、建筑规模，以及功能水平要求相协调。

(2) 加强限额设计审核工作　在设计阶段，要鼓励设计人员重视设计的多方案优选环节，开拓思想，勇于创新，集思广益，多提设计方案，并针对设计要求通过价值工程活动，优选出投入少、产出多的经济合理的设计方案。设计方案确定后，还应通过设计审查做好限额设计的动态控制，保证项目投资总目标与各分部分项工程造价控制分目标的实现。施工图设计阶段应尽量吸收施工单位人员的意见，使设计符合施工要求，有效避免工程变更。

(3) 做好限额设计的纵向控制和横向控制

1) 做好限额设计的纵向控制。推行限额设计必须遵循设计规律按照设计程序的要求依次进行，以保证初步设计和技术设计阶段、施工图设计阶段均以其上一阶段的投资限额为依据进行投资分配与专业设计，做到前项控制后项、后项受控于前项，从而控制项目总投资。

2) 做好限额设计的横向控制。应通过建立健全限额设计经济责任制，明确设计单位及其内部各专业设计科室对限额设计应负的责任，并建立相应的投资分配与考核奖罚制度，使得设计人员充分重视和认真对待每个设计环节及每项专业设计。

5. 推行标准化设计

(1) 设计标准和标准化设计的含义　设计标准指的是国家经济建设的重要技术规范，是进行工程建设勘察、设计、施工及验收的重要依据。标准化设计又称定型设计、通用设计，指的是工程设计中，可在一定范围内通用的标准图、通用图和复用图，一般统称为标准图。标准化设计是工程建设标准化的组成部分，通用的建筑物、构筑物、公用设施，以及各类工程建设的构件、配件、零部件等，只要有条件的，都应该实施标准化设计。

(2) 标准化设计的特点、分类和要求

1) 标准化设计的特点。包括：①以图形为主，对操作要求和使用方法做文字说明；②具有设计、施工、经济标准等各项要求的综合性；③设计人员选用后可作为产品直接用于工程建设；④对地域、环境的适应性要求强，地方性标准较多；⑤一般情况下设计人员不得自行修改标准设计，特殊情况下可根据情况做少量修改。

2) 标准化设计的分类。标准化设计可分为四类：①国家标准设计，是指在全国范围内需要统一的标准设计；②部级标准设计，是指应由主编单位提出并上报主管部门审批后颁发的在全国各行业范围内需要统一的标准设计；③省、直辖市、自治区标准设计，是指在本地区范围内需要统一的标准设计，由主编单位提出并上报省、直辖市、自治区主管部门审批颁发；④设计单位自行制定的标准设计，是指在本单位内需要统一的标准设计，是本单位内部使用的设计技术原则、设计技术规范等，由设计单位批准执行，并报上级主管部门备案。

3）标准化设计的要求。①标准设计覆盖范围很广，重复建造的建筑类型及生产能力相同的企业、单独的房屋构筑物等均应采用标准化设计或通用设计；②在设计阶段造价控制工作中，对不同用途和要求的建筑物，应按统一的建筑模数、建筑标准、设计规范、技术规定等进行设计；③对于房屋或构筑物整体不便于定型化设计时，应将其中重复出现的建筑单元、房间和主要的结构节点构造，在构配件标准化的基础上定型化；④对于建筑物和构筑物的柱网、层高及其他构件的参数尺寸，应力求统一，在基本满足使用要求和修复条件的情况下，应尽可能具有通用互换性。

（3）推行标准化设计的作用　执行设计标准和推行标准化设计是设计阶段提高造价控制水平的必要手段，可有效降低建设投资。一方面，执行设计标准可对建设工程规模、内容、建造标准进行控制，保证工程的预期使用功能和安全性，也可提供设计所需的参数、指标、定额、计算方法和构造措施等，为设计阶段控制工程造价提供方法和依据；另一方面，在工程设计中推行标准化设计还可减少设计工作量，提高设计效率，改进设计质量，同时提高劳动生产率，加快工程建设进度，节约建筑材料，节约建造成本，促进工业化、装配化水平的提高，从而加快实现建筑工业化的客观要求。

5.2.2 应用比较分析法优选设计方案

应用比较分析法优选设计方案

1. 优选设计方案的原则

设计阶段工程造价管理的目的之一是提高经济合理性，主要途径是通过多方案技术经济分析对比优选设计方案，应遵循以下优选原则。

（1）设计方案必须兼顾项目近期与远期要求的原则　该原则主要是针对项目设计方案的功能设计而言，项目建成后，会在很长的时间内发挥其预定的功能，如果只考虑近期要求，可能会出现项目运营一段时间后，因功能水平无法满足需要而重新改建的情况。但如果考虑的过远，又可能出现因功能水平过高而导致资源闲置浪费的现象。因此，好的设计方案应综合考虑项目近期与远期的要求，选择合理的功能水平，同时也要根据远景发展需要，适当留有发展空间。

（2）设计方案必须兼顾项目建造成本与使用成本的原则　该原则主要是针对保证全寿命周期费用最低的目标而言，项目建设过程中，需要通过控制建造费用实现项目的投资目标，但项目的建造费用过低，会造成使用过程中因建造质量问题产生的维修费用过高的现象，甚至造成质量事故，给社会财产和人身安全带来严重损害。因此，在设计过程中应同时考虑项目的建造成本与使用成本，力求项目全寿命周期费用最低。

（3）设计方案必须兼顾技术与经济之间关系的原则　该原则主要是针对要处理好项目技术先进性与经济合理性的关系而言。项目技术先进性要求以高端新颖的技术获得项目先进的功能水平，此标准往往导致工程造价偏高。项目经济合理性则要求尽可能以较低的工程造价得到项目合理的功能水平，但如果仅以此标准进行设计，又可能使得项目的功能水平无法满足使用者的要求。因此，技术先进性与经济合理性二者之间会出现矛盾，在此情况下，好的设计方案应做到在资金限制范围内，尽可能提高项目功能水平，或在满足使用者对项目功能要求的前提下，尽可能降低工程造价。

2. 比较分析法优选设计方案的步骤

在设计阶段，从工程的总平面布置开始，直到最后的专业设计，均应采用一定的方法进行多方案比选，优选最佳设计方案，从而提高工程建设的投资效果。比较分析法是设计方案优选最常用的一种方法。

比较分析法是对各备选设计方案中反映建筑产品功能和耗费特点的若干技术经济指标进行计算，然后通过综合分析项目现阶段的状况以及预期的经济效果，结合当时当地的实际条件，根据设计方案的优选原则，经过比较选择出功能完善、技术先进、经济合理的最佳设计方案。

在住宅方案优选时，比较分析法常用的技术经济指标包括平面技术经济指标、工程造价指标、经济效益三个指标。在采用比较分析法时，首先，根据两个或两个以上的备选方案建立对比条件，通过平面技术经济指标和工程造价指标进行技术经济分析与比较；然后，将当时当地相关造价文件中规定的其他有关费用计入后进行比较；最后，进行设计方案之间的经济效益比较，对于住宅建筑，一般是通过将单方建筑面积售价折算为单方使用面积售价的经济效益，以及在单方售价不变的情况下，按使用面积计价的总售价对比结果，综合优选最佳设计方案。

3. 应用比较分析法优选设计方案的实例

【例 5-1】 某住宅工程项目设计要求为八层单元式住宅楼，一梯三户，由四个单元组成，共 96 户，建筑面积为 9820.68m^2。现有 A、B 两个备选方案供选择，其中，方案 A：砖混结构，内、外墙均为 240mm 厚砖墙，使用面积为 7014.77m^2；结构按 7 度抗震设防设计，基础形式为钢筋混凝土条形基础，沿内、外墙的楼板及基础处均设圈梁，沿外墙的拐角及内、外墙的交接处均设构造柱，采用现浇钢筋混凝土楼板。方案 B：内浇外砌结构，内横墙厚度为 120mm，内纵墙厚度为 140mm，使用面积为 7295.37m^2；墙体采用 C25 混凝土砌块墙。其他部位的做法、选材及建筑标准均与方案 A 相同。试应用比较分析法优选该项目两个方案。

解： 应用比较分析法进行该项目两个方案的优选，具体步骤如下：

首先，根据方案 A 和方案 B 建立对比条件，进行技术经济分析与比较。

(1) 平面技术经济指标分析与对比　方案 A 与方案 B 相比：①外墙做法相同，建筑面积不变。②方案 B 的墙体厚度减小，因此增加了使用面积。其指标对比与计算结果如表 5-2 所示。

表 5-2　方案 A、方案 B 的平面技术经济指标对比

方案	结构类型	建筑面积/m^2		使用面积/m^2		使用系数（%）	使用面积净增加量/m^2	使用面积净增加率（%）
		总面积	每户	总面积	每户			
A	砖混	9820.68	102.29	7014.77	73.07	71.43		
B	内浇外砌	9820.68	102.29	7295.37	75.99	74.29	280.60	4.00

从表 5-2 的对比指标与计算结果可以看出，在保持方案 A 的平面布局和使用功能不变的情况下，方案 B 由于内墙厚度减小，增加了使用面积 280.60m^2，每户平均增加了 2.92m^2，使用面积净增加率为 4.00%。

（2）工程造价的分析与对比　按当时当地市场价格计算，方案 A 的单项工程综合概算造价为 16525182 元，单方建筑面积概算造价为 1683 元，单方使用面积概算造价为 2356 元；方案 B 的单项工程综合概算造价为 17286190 元，单方建筑面积概算造价为 1760 元，单方使用面积概算造价为 2370 元。其对比指标与计算结果如表 5-3 所示。

表 5-3　方案 A、方案 B 的设计方案工程造价对比

方案	结构类型	概算造价（元）	建筑面积			使用面积		
			单方造价（元/m^2）	差额	差率（%）	单方造价（元/m^2）	差额	差率（%）
A	砖混	16525182	1683			2356		
B	内浇外砌	17286190	1760	77	4.57	2370	14	0.59

从表 5-3 的对比指标与计算结果可以看出，按单方建筑面积计算，方案 B 的单项工程综合概算造价比方案 A 高 77 元，约高 4.57%。如按单方使用面积计算，方案 B 的单项工程综合概算造价比方案 A 高 14 元，约高 0.59%，大大缩小了两者的差距。

（3）综合比较结论　通过对平面技术经济指标和工程造价两个因素的分析比较，可得出结论：方案 B 增加的使用面积较多，增加的工程造价较少。

（4）将其他有关费用计入后进行比较　按该地区有关规定，民用建筑砖混结构按单项工程每建筑平方米需要收取 14 元实心黏土砖限制使用费，内浇外砌结构需要收取 7 元。因此，方案 A 按规定需要缴纳 137490 元，方案 B 需要缴纳 68745 元，计入该项费用后的造价对比如表 5-4 所示。

表 5-4　计入其他有关费用后的造价对比

方案	结构类型	黏土砖限制使用费（元）	计入限制使用费后的概算造价（元）	建筑面积			使用面积		
				单方造价（元/m^2）	差额	差率（%）	单方造价（元/m^2）	差额	差率（%）
A	砖混	137490	16662672	1697			2375		
B	内浇外砌	68745	17354935	1767	70	4.12	2379	4	0.17

从表 5-4 的对比结果可以看出，按规定将实心黏土砖限制使用费计入后，方案 A 与方案 B 的差距又进一步缩小。①按建筑面积计算，方案 B 由未计入该项费用前的 4.57% 降至 4.12%。②按使用面积计算，由原来的 0.59% 降至 0.17%。

综合比较后的结论是：方案 B 每户增加使用面积 2.92m^2，多投入 7211 元，折合单方使用面积多投入 2470 元，综合经济效果较好。

（5）进行方案经济效益比较

1）当单方建筑面积售价为 7000 元时，折算后单方使用面积售价的经济效益对比如表 5-5 所示。

表 5-5　单方使用面积售价经济效益对比

方案	结构类型	建筑面积/m^2	使用面积/m^2	建筑面积售价（元/m^2）	售价总值（元）	折算使用面积售价（元/m^2）
A	砖混	9820.68	7014.77	7000	68744760	9800
B	内浇外砌	9820.68	7295.37	7000	68744760	9423

从表5-5的对比结果可以看出，在总售价不变的情况下，方案B可降低单方使用面积售价。按使用面积计价方法计算可得，方案B的单方使用面积售价比方案A低377元，即低3.84%。

2）在单方售价不变的情况下，按使用面积计价的总售价对比如表5-6所示。

表5-6 按使用面积计价的总售价对比

方案	结构类型	使用面积/m^2	单方售价（元）	总售价/m^2	比较	
					差额（元）	差率（%）
A	砖混	7014.77	9800	68744746		
B	内浇外砌	7295.37	9800	71493940	2749194	4.00%

从表5-6的对比结果可以看出，单方使用面积售价不变，方案B的全楼总售价比方案A多2749194元，约多收入4.00%，经济效益可观。

（6）综合评价优选设计方案

综上，在同等级、同标准的情况下，将砖混结构设计方案改为内浇外砌结构设计方案，平均每户可增加使用面积2.92m^2，多投入7211元，折合单方使用面积多投入2470元，如作为商品房，在原单方使用面积售价不变的情况下，全楼可多4%收益，能收到较好的经济效益。故本项目优选方案B，即内浇外砌结构方案。

5.2.3 应用价值工程优选设计方案

1. 价值工程的基本原理

（1）价值工程的含义及表达式　价值工程（Value Engineering，简称VE）是以提高产品或作业价值为目的，通过有组织的创造性工作，寻求用最低的全寿命周期成本，可靠地实现使用者所需功能的一种管理技术。价值工程通过各相关领域的协作，对所研究对象的功能与费用进行系统分析，不断创新，旨在提高研究对象的价值。

价值工程中的“价值”是指作为某种产品（或作业）所具有的功能与获得该功能的全部费用的比值。它不是对象的使用价值，也不是对象的经济价值和交换价值，而是对象的比较价值，是作为评价事物有效程度的一种尺度。因此，价值工程中价值的计算公式为

$$V=\frac{F}{C} \tag{5-1}$$

式中　V——研究对象的价值；

F——研究对象的功能；

C——研究对象的成本，即全寿命周期成本。

（2）提高研究对象价值的途径　根据价值工程的计算公式，即价值为功能与成本的比值，可得出提高研究对象价值的途径有五种。①在提高研究对象功能的同时，降低其成本，这是提高价值最为理想的途径，难度较高，需要借助科学技术的突破方可实现；②在研究对象成本不变的条件下，通过提高其功能，提高利用资源的效果或效用，达到提高其价值的目的；③在保持研究对象功能不变的前提下，通过降低其全寿命周期成本，达到提高价值的目的；④在研究对象功能有较大幅度提高而成本有较少提高的情况下，可以提高其价值；⑤在研究对象功能略有下降而成本大幅降低的情况下，也可以达到提高其价值的目的。

(3) 价值工程的工作程序　价值工程的工作程序一般可分为准备、分析、创新、实施与评价四个阶段，各阶段的工作步骤实质上就是针对建筑产品的功能和成本提出问题、分析问题和解决问题的过程，具体内容及步骤如表5-7所示。

表5-7　价值工程的工作程序

工作阶段	阶段名称	工作步骤	对应回答的问题
一	准备阶段	① 研究对象选择 ② 组成工作小组 ③ 制订工作计划	① 价值工程的研究对象是什么？ ② 围绕研究对象需要进行哪些准备工作？
二	分析阶段	④ 收集整理资料 ⑤ 功能定义与整理 ⑥ 功能评价	③ 价值工程对象的功能是什么？ ④ 价值工程对象的成本是多少？ ⑤ 价值工程对象的价值是多少？
三	创新阶段	⑦ 方案创新 ⑧ 方案评价 ⑨ 提案编写	⑥ 有无其他方案可以实现同样功能？ ⑦ 新方案的成本是多少？ ⑧ 新方案能满足要求吗？
四	实施与评价阶段	⑩ 方案审批 ⑪ 方案实施 ⑫ 成果评价	⑨ 如何保证新方案的实施？ ⑩ 价值工程的工作效果如何？

2. 价值工程的实施特点

价值工程涉及价值、功能和全寿命周期成本三个基本要素，具有以下特点：

(1) 价值工程的目标是提高研究对象的价值　价值工程以最低的全寿命周期成本，使产品具备其所必须具备的功能为研究目标。产品的全寿命周期成本包括生产成本和使用及维护成本，在一定范围内，二者存在此消彼长的关系，即随着产品功能水平提高，产品的生产成本增加，使用及维护成本降低；反之，产品功能水平降低，生产成本降低，但使用及维护成本会增加。因此，价值工程的功能水平是从成本考虑的最适宜功能水平，目的是提高产品的价值。

(2) 价值工程的核心是对研究对象的功能分析　价值工程中的功能是指研究对象能够满足某种要求的一种属性，功能就是效用，而功能分析指的就是建筑产品能够满足业主与用户某种要求的属性的程度研究，即效用分析。建设项目在设计阶段应用价值工程的核心是分析建筑产品的主要功能与辅助功能，并将其定量化，即将功能转化为能够与成本直接相比的量化指标，然后分析各设计方案对这些功能的实现程度。

(3) 价值工程是将研究对象的价值、功能和成本作为一个整体同时进行考虑的　价值工程中对价值、功能、成本的考虑，不是片面和孤立的，而是在确保建筑产品功能的基础上综合考虑建设成本和使用成本，兼顾业主和用户的利益，通过对功能和成本之间的关系进行定性与定量的分析，从而确定建筑产品的价值，并择优选用实现其功能的可靠方法，为降低费用支出寻求科学的依据，从而创造出总体价值最高的建筑产品。

(4) 价值工程强调不断改革和创新，获得新方案　价值工程强调开拓新构思和新途径，通过不断的改革和创新，获得提高研究对象价值的新方案，创造新功能载体，从而简化产品结构，节约原材料，节约能源，绿色环保，以最终提高产品的技术经济效益和社会效益。

(5) 价值工程是以集体的智慧开展的有计划、有组织的管理活动　开展价值工程，需要组织科研、设计、制造、管理、采购、供销、财务等各方面有经验的人员参加，组成一个智力结构合理的集体。依靠集体的专业知识和能力进行有组织、有领导的系统活动，发挥各方面、各环节人员的知识、经验和积极性，博采众长地进行方案设计，以达到提高产品价值的目的。

3. 设计阶段实施价值工程的作用

建设项目寿命周期内、工程建设程序各个阶段均可通过实施价值工程进行造价控制，但设计阶段实施价值工程进行方案优选的作用和意义更为明显，表现在以下几个方面：

(1) 设计阶段实施价值工程能够使各专业设计既独立又相互协调　在建设项目设计过程中涉及多部门多专业工种，每个不同专业均需要独立设计，通过实施价值工程，发挥集体智慧，不仅可以保证各专业工种的设计均符合业主和用户的要求，同时还可以解决各工程专业设计之间的协调问题，从而得到全局合理优良的方案。

(2) 设计阶段实施价值工程能够使建筑产品的功能更合理　功能分析是价值工程的核心，而工程设计的实质也是对于建筑产品的功能设计，因此，通过实施价值工程，能够使设计人员更加准确地了解业主和用户对建筑产品的功能要求，还能够根据各专业的专家建议合理确定各项功能的权重，从而保证整体设计的功能合理性。

(3) 设计阶段实施价值工程能够有效地控制工程造价　价值工程是对建筑产品的功能与成本之间关系的系统分析与研究过程，因此，在明确功能的前提下，设计阶段通过应用价值工程进行方案优选，可以避免只重视功能而忽视成本或只关注成本而降低功能的倾向，优选出能够实现功能，又能保证成本最优的经济合理的方案，从而有效控制工程造价。

(4) 设计阶段实施价值工程能够均衡建筑产品的全寿命周期费用　价值工程研究的成本是包括工程建设费用和使用成本的建筑产品全寿命周期内发生的费用，将其作为整体通盘考虑，因此，实施价值工程能有效避免因节约建设费用而导致使用成本过高的情况，从而在均衡建筑产品全寿命周期成本的前提下，达到节约成本费用的预期目标。

4. 设计阶段实施价值工程的步骤

设计阶段实施价值工程就是通过价值系数的计算选取价值最高的方案的过程，即设计方案的优选过程，主要包括研究对象选择、功能分析、功能评价、方案创造、方案评价与优选五个步骤，如图 5-2 所示。

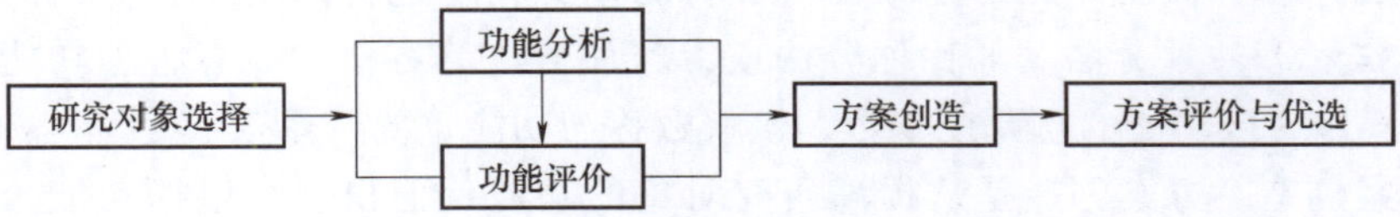

图 5-2　价值工程的应用步骤

(1) 研究对象选择　在设计阶段，对于建设项目的功能及其实现手段进行的设计，需要通过各个专业设计方案整体实现，因此，在设计阶段以整个设计方案作为价值工程的研究对象。

(2) 功能分析　功能分析是价值工程的核心和基本内容，其目的在于准确掌握业主要求的功能和水平，实现以最低的成本创造必要功能的目标。功能分析包括功能定义、功能整理和功能确定等内容，其分析过程如表 5-8 所示。

表 5-8　功能分析过程

功能分析内容	功能分析目的	指标性质
功能定义	分析各组分的功能本质，明确各组分的功能	定性指标
功能整理	分析各组分功能间的关系，明确实现功能的目的或手段	定性指标
功能确定	对各组分功能重要程度进行定性化排序，明确需要评价的功能	定性指标

1）功能定义。以建设项目作为价值工程的研究对象时，功能定义为：建筑功能是指建筑产品满足社会需要的各种性能的总和，一般分为社会功能、适用功能、技术功能、物理功能和美学功能等。

2）功能整理。不同的建筑产品有不同的使用功能，它们通过一系列建筑因素体现出来，反映建筑物的使用要求，功能系统图是按照一定的原则和方式，将定义的功能连接起来，从单个到局部，再从局部到整体而形成的一个完整的功能体系，如图 5-3 所示。

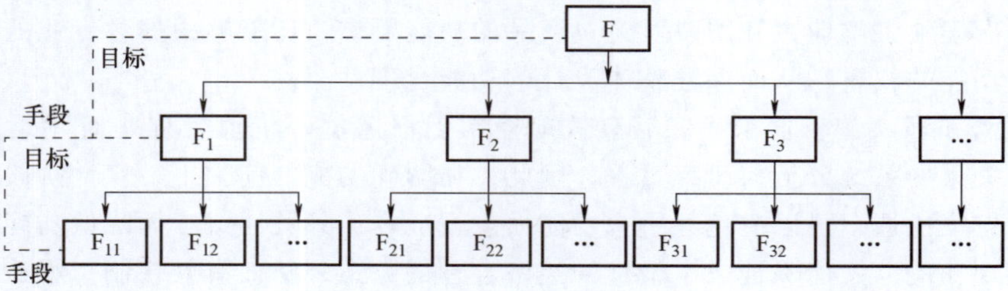

图 5-3　功能系统图

在图 5-3 中，从整体工程 F 开始，由上至下逐级展开，在位于不同级的相邻两个功能之间，上面的功能（上级）是下面功能（下级）的目标，而下面的功能（下级）是上面功能（上级）的手段。

3）功能确定。功能确定是以功能系统图为基础，以研究对象的整体功能为出发点，依据各个功能之间的逻辑关系逐级分析，确定出需要评价的功能，以保证必要功能、剔除过剩功能，以及补足欠缺功能，为功能评价和方案创造等提供依据。

（3）功能评价　功能评价是指对各项目功能重要程度进行的定量化分析。它主要是应用 0~1 评分法、0~4 评分法、环比评分法或专家评分法等方法，计算各项功能的功能评价系数，并将其作为该功能的重要度权数，该权数称为功能重要性系数。

（4）方案创造　方案创造是从提高研究对象的功能价值出发，根据功能分析和功能评价的结果，提出各种可满足不同需求的实现功能的设计方案。方案创造强调通过发挥专业人才的聪明才智，针对应改进的具体目标，通过创造性的思维活动，设想并提出技术经济效果更好的方案，主要有头脑风暴法、哥顿法、专家调查法等方法。从价值工程实践来看，方案创造是决定价值工程成败的关键。

（5）方案评价与优选　应用价值工程进行方案评价指的是通过功能系数和成本系数计算出各方案的价值系数，方案优选指的是从众多的备选方案中选出价值最高的可行方案。方案评价与优选的步骤如下：

1）功能评分。对通过方案的创造所提出的各种设计方案以其满足各项功能的程度为基准进行评分。

2）计算功能系数。以功能评价系数作为权数计算各方案的功能评价得分，据此计算各方案的功能系数。

3）计算成本系数。根据各方案的成本计算成本系数，即评价对象的现实成本在全部成本中所占的比率。

4）计算价值系数。应用功能系数和成本系数计算各方案的价值系数，并以价值系数最大者为最优设计方案。

5. 价值工程优选设计方案应用实例

【例 5-2】 某住宅工程项目设计要求为八层以下的多层住宅，建设地点地质条件较差，不宜采用条形基础或独立基础。试应用价值工程对此项目进行方案评价与优选。

解：首先组建价值工程小组，成员包括建设单位、监理单位、设计单位、施工单位等的有关专家。由小组成员对本地区环境与社会状况进行调研，收集相关资料，并充分了解用户对住宅的意见。对该项目应用价值工程的实施过程如下：

（1）研究对象选择　选择该拟建项目的整个建筑结构设计方案作为价值工程的研究对象。作为住宅工程，应满足适用、安全、美观、环保等功能要求。

（2）功能分析　经由价值工程小组研究讨论，通过对该住宅项目的功能定义、功能整理与功能确定，根据住宅项目的特性，建立功能系统图，如图 5-4 所示。

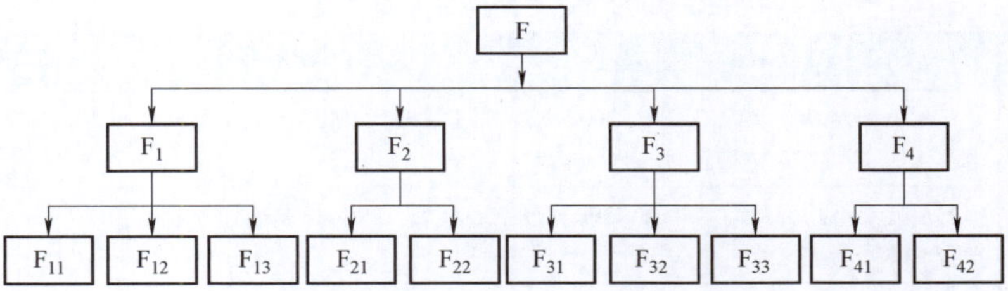

图 5-4　该住宅项目功能系统图

图 5-4 中，F 代表住宅功能，F_1、F_2、F_3、F_4 分别代表适用功能、安全功能、美观功能和其他功能，F_{11}、F_{12}、F_{13}分别代表平面布局、采光通风和层高系数，F_{21}、F_{22}分别代表牢固耐用、“三防”（即防水、防潮、防火）设施，F_{31}、F_{32}、F_{33}分别代表建筑造型、环境设计、室内装饰，F_{41}、F_{42}分别代表施工容易度、设计容易度。

（3）功能评价　本工程采用专家评分法，确定功能重要性系数，具体采用用户、设计单位、施工单位三家加权评分法，其中，三者的权重分别确定为 0.7、0.2 和 0.1，其功能重要性系数计算如表 5-9 所示。

表 5-9　功能重要性系数计算

功能 F_{ij}	用户评分 f_1		设计单位评分 f_2		施工单位评分 f_3		功能重要性系数 φ
	得分 f_{1i}	$0.7f_{1i}$	得分 f_{2i}	$0.2f_{2i}$	得分 f_{3i}	$0.1f_{3i}$	
F_{11}	30.5	21.35	32.5	6.5	29.5	2.95	0.308
F_{12}	25.5	17.85	14.5	2.9	12.5	1.25	0.22

（续）

功能 F_{ij}	用户评分 f_1		设计单位评分 f_2		施工单位评分 f_3		功能重要性系数 φ
	得分 f_{1i}	$0.7f_{1i}$	得分 f_{2i}	$0.2f_{2i}$	得分 f_{3i}	$0.1f_{3i}$	
F_{13}	4.5	3.15	5.5	1.1	4.5	0.45	0.047
F_{21}	9.5	6.65	10.5	2.1	14.5	1.45	0.102
F_{22}	6.5	4.55	7.5	1.5	6.5	0.65	0.067
F_{31}	8.5	5.95	9.5	1.9	7.5	0.75	0.086
F_{32}	9.5	6.65	10.5	2.1	10.5	1.05	0.098
F_{33}	2.5	1.75	5.5	1.1	5.5	0.55	0.034
F_{41}	1.5	1.05	2.5	0.5	4.5	0.45	0.02
F_{42}	1.5	1.05	1.5	0.3	4.5	0.45	0.018
总计	100	70	100	20	100	10	1

表 5-9 中，功能重要性系数的计算公式为

$$\varphi=\frac{0.7f_{1i}+0.2f_{2i}+0.1f_{3i}}{100} \tag{5-2}$$

（4）方案创造　根据本工程的设计要求以及地质等其他条件，有以下 3 个设计方案入选，设计方案的特征及单方造价如表 5-10 所示。

表 5-10　设计方案特征及单方造价

方案名称	方案特征	单方造价（元/m^2）
方案 A	7 层框架结构，层高 3.0m，200mm 厚加气混凝土砌块墙，沉管灌柱桩基础，建筑造价好，内装饰好	2200
方案 B	6 层砖混结构，层高 3.0m，230mm 厚空心砖墙，预制桩基础，建筑造型一般，内装饰一般	1700
方案 C	7 层砖混结构，层高 2.9m，240mm 厚页岩砖墙，筏板基础，建筑造型好，内装饰一般	1900

（5）方案的评价与优选

1）由专家对初选的 3 个方案进行功能满足程度评分，然后根据各功能的重要性系数求出各方案的功能评价得分，如表 5-11 所示。

表 5-11　方案功能评价得分

评价因素		方案功能评价得分 P_{ij}		
功能因素	重要系数	A	B	C
F_{11}	0.308	10	9	9
F_{12}	0.22	10	10	8
F_{13}	0.047	9	9	9
F_{21}	0.102	9	8	8

（续）

评价因素		方案功能评价得分 P_{ij}		
功能因素	重要系数	A	B	C
F_{22}	0.067	9	10	9
F_{31}	0.086	10	8	8
F_{32}	0.098	9	8	8
F_{33}	0.034	8	7	9
F_{41}	0.02	8	8	9
F_{42}	0.018	7	7	8
各方案功能评价总得分 P		9.524	8.877	8.476

表5-11中，各方案功能评价总得分值的计算公式为

$$\text{方案功能评价总得分 } P=\sum_{i=1}^{10}(\text{功能重要性系数 }\varphi_i\times\text{方案功能评价得分 }P_{ij}) \tag{5-3}$$

2）计算各方案的功能评价系数、成本系数和价值系数，如表5-12所示。

表5-12 方案价值系数计算及优选表

方案	功能得分	功能评价系数	单方造价（元/m^2）	成本系数	价值系数	最优方案
A	9.524	0.3543	2200	0.3793	0.934	—
B	8.877	0.3303	1700	0.2931	1.127	√
C	8.476	0.3154	1900	0.3276	0.963	—
合计	26.877	1	5800	1	—	—

表5-12中，功能系数（F_i）、成本系数（C_i）和价值系数（V_i）的计算公式分别为

$$F_i=\frac{\text{各方案功能得分值}}{\text{全部方案功能总得分值}} \tag{5-4}$$

$$C_i=\frac{\text{各方案成本值}}{\text{全部方案总成本值}} \tag{5-5}$$

$$V_i=\frac{F_i}{C_i} \tag{5-6}$$

3）方案优选结论。由于价值系数越大，方案越优级，因此该住宅工程项目的最优设计方案为方案B。

5.3 设计概算及其编制

5.3.1 设计概算的概念及审查

1. 设计概算的含义及特点

（1）设计概算的含义　设计概算是指以初步设计文件为依据，按照规定的程序、方法

和依据，对建设项目总投资及其构成进行的概略计算。具体而言，设计概算是在投资估算的控制下根据初步设计（扩大初步设计）的图纸及说明，利用国家或地区规定的概算指标、概算定额、综合指标、预算定额、各项费用定额或取费标准（指标），以及各类工程造价指标指数或其他价格信息和建设地区自然、技术经济条件和设备、材料预算价格等资料；按照设计要求，对建设项目从筹建至竣工交付使用所需全部费用进行的预计。设计概算的成果文件称作设计概算书，也可简称为设计概算，设计概算是初步设计文件的重要组成部分。

（2）设计概算的特点

1）设计概算的编制内容包括静态投资和动态投资两个层次。其中，静态投资作为评价和选择设计方案的依据，动态投资作为项目筹措、供应和控制资金使用的限额。

2）设计概算是工程造价在设计阶段的表现形式，并不具备价格属性。这是由于设计概算是设计单位根据相关依据计算出来的工程建设的预期费用，而不是在市场竞争中形成的，故设计概算并不具备价格属性。

3）设计概算的编制工作较施工图预算相对简略。这是由于设计概算在精度上较低，无须达到施工图预算的准确度，因此与施工图预算相比，编制工作相对简略，较为简单。

（3）关于设计概算调整的规定　设计概算经批准后，除特殊情况外，一般不得调整，且一个工程只允许调整一次概算。根据相关规定，可调整的范围及核定程序如下：

1）经投资主管部门或者其他有关部门核定的概算是控制政府投资项目投资的依据。初步设计提出的投资概算超过经批准的可行性研究报告提出的投资估算 10%的，项目单位应当向投资主管部门或者其他有关部门报告，投资主管部门或者其他有关部门可以要求项目单位重新报送可行性研究报告。

2）政府投资项目建设投资原则上不得超过经核定的概算。因国家政策调整、价格上涨、地质条件发生重大变化等原因确需增加投资概算的，项目单位应当提出调整方案及资金来源，按照规定的程序报原初步设计审批部门或者投资概算核定部门核定。

3）对于概算调增幅度超过原批复概算 10%的。概算核定部门原则上先商请审计机关进行审计，并依据审计结论进行概算调整。

2. 设计概算的作用

作为初步设计阶段造价的表现形式，设计概算主要用于衡量建设投资是否超过估算并控制下一阶段费用支出，具体体现在以下几个方面：

（1）设计概算是编制固定资产投资计划、确定和控制建设项目投资的依据　按照国家有关规定，编制年度固定资产投资计划，确定计划投资总额及其构成数额，要以批准的初步设计概算为依据，没有批准的初步设计文件及其概算，建设项目不能列入年度固定资产投资计划。设计概算包括建设项目从立项、可行性研究、设计、施工安装、试运行到竣工验收等的全部建设资金，一经批准，将作为控制建设项目投资的最高限额。在工程建设过程中，不得随意突破，以确保对国家固定资产投资计划的严格执行和有效控制。

（2）设计概算是衡量设计方案、控制施工图设计及施工图预算的依据　设计概算是从经济角度衡量设计方案经济合理性的重要依据。因此，设计概算是衡量设计方案技术经济合理性和选择最佳设计方案的依据。经批准的设计概算是建设项目投资的最高限额，设计概算批准后不得任意修改和调整，因此，设计单位必须按批准的初步设计和总概算进行施工图设计，施工图预算不得突破设计概算。

（3）设计概算是签订建设工程合同和贷款合同的依据　建设工程合同价款不得超过设计总概算的投资额，因此，银行贷款或各单项工程的拨款累计总额必须以设计概算为依据，不能超额。如果项目投资计划所列支投资额与贷款突破设计概算时，必须在查明原因后，由建设单位报请上级主管部门调整或追加设计概算总投资，凡未批准之前，银行对其超支部分不予拨付。

（4）设计概算是考核建设项目投资效果的依据　建设项目竣工验收完成后，通过设计概算与竣工决算的对比，可以分析和考核建设项目投资效果的好坏，同时还可以验证设计概算的准确性，有利于加强设计概算管理和建设项目的全过程造价管理工作。

3. 设计概算的审查内容

设计概算审查是确定工程造价的重要环节，包括概算编制依据、编制深度及主要内容审查三个方面。通过审查，能使设计概算更加完整、准确，也可促进工程设计的技术先进性和经济合理性。

（1）设计概算编制依据审查

1）审查编制依据的合法性。设计概算采用的编制依据必须经过国家和授权机关的批准，符合概算编制的有关规定。同时，不得擅自提高概算定额、指标或费用标准。

2）审查编制依据的时效性。设计概算文件所使用的各类依据，如定额、指标、价格、取费标准等，都应根据国家有关部门的规定进行。

3）审查编制依据的适用范围。①各主管部门规定的各类专业定额及其取费标准，仅适用于该部门的专业工程；②各地区规定的各种定额及其取费标准，只适用于该地区范围内；③地区的材料预算价格应按工程所在地区的具体规定执行。

（2）设计概算编制深度审查

1）审查编制说明。它是指审查设计概算的编制方法、深度和编制依据等重大原则性问题。

2）审查设计概算编制的完整性。对于一般大中型项目的设计概算，审查是否具有完整的编制说明、是否包括三级设计概算文件（总概算、综合概算、单位工程概算），以及是否达到规定的深度。

3）审查设计概算的编制范围。包括：①设计概算编制范围和内容是否与批准的工程项目范围相一致；②各项费用应列的项目是否符合法律法规及工程建设标准；③是否存在多列或遗漏的取费项目等。

（3）设计概算主要内容审查

1）概算编制是否符合法律、法规、相关批文及相关规定。包括：①概算所编制工程项目的建设规模和建设标准、配套工程等是否符合批准的可行性研究报告或立项批文；②对总概算投资超过批准投资估算10%以上的，应进行技术经济论证，需要重新上报进行审批；③概算所采用的编制方法、计价依据和程序是否符合相关规定。

2）概算工程量、主材用量是否准确。①应将工程量较大、造价较高、对整体造价影响较大的项目作为审查重点；②概算中主要材料用量的正确性和材料价格是否符合工程所在地的价格水平，材料价差调整是否符合相关规定等。

3）概算中设备费用计算是否准确。①设备规格、数量、配置是否符合设计要求；②设备原价和运杂费是否正确；③非标准设备原价的计价方法是否符合规定；④进口设备的各项费用的组成及其计算程序、方法是否符合规定。

4）三级概算文件的编制是否符合要求。①总概算文件的组成内容是否完整地包括工程项目从筹建至竣工投产的全部费用组成；②综合概算、总概算的编制内容、方法是否符合国家相关规定和设计文件的要求。

5）概算文件的费用计取是否符合相关规定。①概算中各项费用的计取程序和取费标准是否符合国家或地方有关部门的规定；②概算中工程建设其他费用中的费率和计取标准是否符合国家、行业有关规定；③概算项目是否符合国家对于环境治理的要求和相关规定；④概算中技术经济指标的计算方法和程序是否正确。

4. 设计概算的审查方法

采用适当方法审查设计概算，是确保概算审查质量、提高概算审查效率的关键。常用的设计概算审查方法有对比分析法、主要问题复核法、查询核实法、分类整理法和联合会审法五种。

1）对比分析法。通过对比分析建设规模、建设标准、概算编制内容和编制方法、人材机单价等，发现设计概算存在的主要问题和偏差。

2）主要问题复核法。对审查中发现的主要问题以及有较大偏差的设计进行复核，对重要、关键设备和生产装置或投资较大的项目进行复查。

3）查询核实法。对一些关键设备和设施、重要装置以及图纸不全、难以核算的较大投资进行多方查询核对，逐项落实。

4）分类整理法。对审查中发现的问题和偏差，对照单项工程、单位工程的顺序目录分类整理，汇总核增或核减的项目及金额，最后汇总审核后的总投资及增减投资额。

5）联合会审法。在设计单位自审、承包单位初审、咨询单位评审、邀请专家预审、审批部门复审等层层把关后，由有关单位和专家共同审核。

5.3.2 设计概算的编制内容及依据

1. 设计概算的编制内容

设计概算文件的编制应采用单位工程概算、单项工程综合概算、建设项目总概算三级概算编制形式。当建设项目为一个单项工程时，可采用单位工程概算、总概算两级概算编制形式。三级概算之间的相互关系和费用构成，如图 5-5 所示。

（1）单位工程概算　单位工程概算是以初步设计文件为依据，按照规定的程序、方法和依据，计算单位工程费用的成果文件，是编制单项工程综合概算（或项目总概算）的依据，是单项工程综合概算的组成部分。

单位工程概算按其工程性质可分为建筑工程概算和设备及安装工程概算两大类。其中，建筑工程概算包括一般土建工程概算，给排水、采暖工程概算，通风、空调工程概算，电气、照明工程概算，弱电工程概算，特殊构筑物工程概算等；设备及安装工程概算包括机械设备及安装工程概算、电气设备及安装工程概算、热力设备及安装工程概算、工器具及生产家具购置费概算等。

（2）单项工程综合概算　单项工程综合概算是以初步设计文件为依据，在单位工程概算的基础上汇总单项工程费用的成果文件，由单项工程中的各单位工程概算汇总编制而成，是建设项目总概算的组成部分。单项工程综合概算的内容如图 5-6 所示。

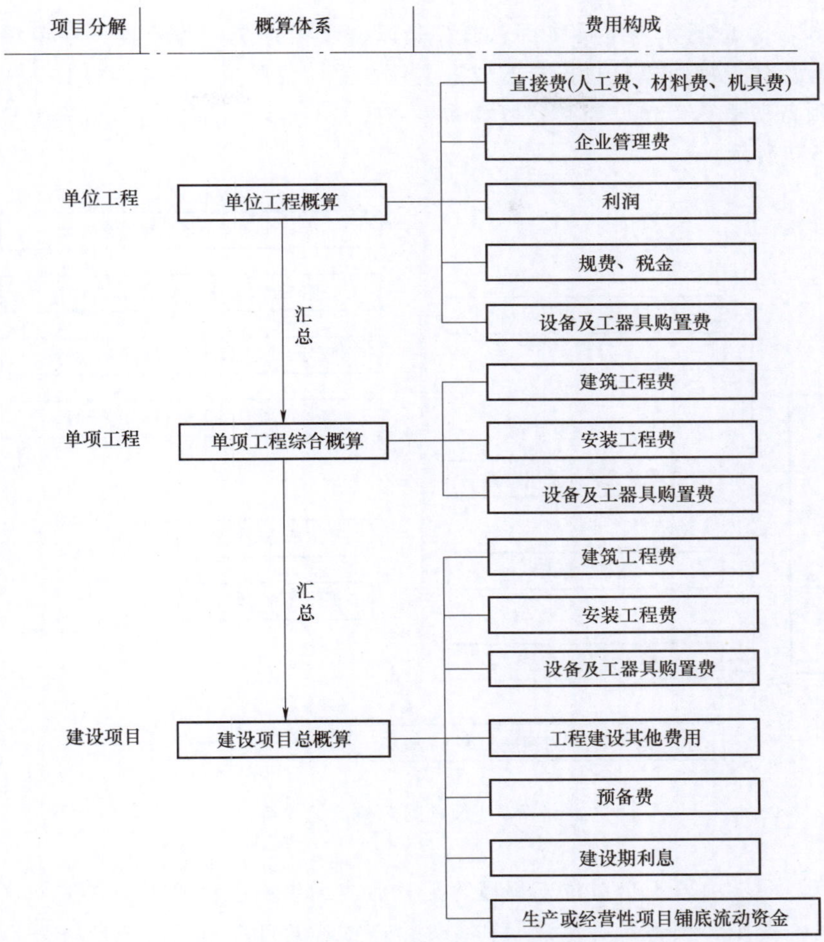

图 5-5　三级概算之间的相互关系和费用构成

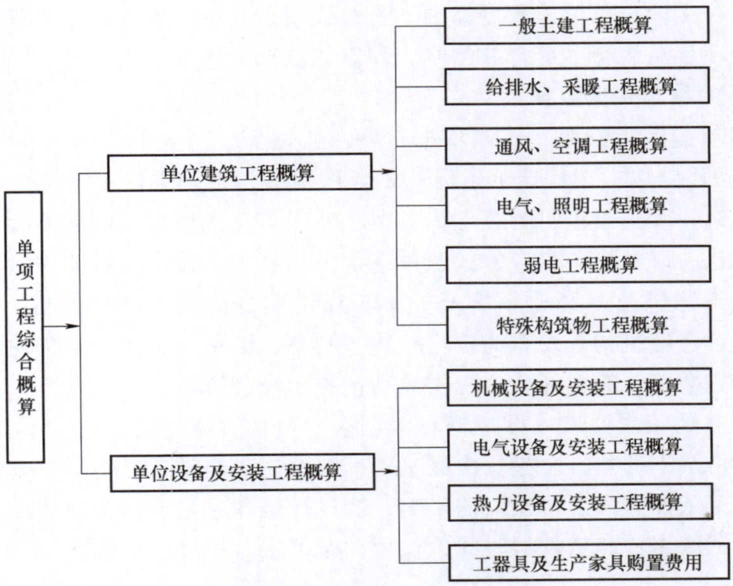

图 5-6　单项工程综合概算的内容

(3) 建设项目总概算　建设项目总概算是以初步设计文件为依据，在单项工程综合概算的基础上计算建设项目概算总投资的成果文件，是由各单项工程综合概算、工程建设其他费用概算、预备费概算、建设期利息概算和生产或经营性项目铺底流动资金概算汇总编制而成的，如图 5-7 所示。

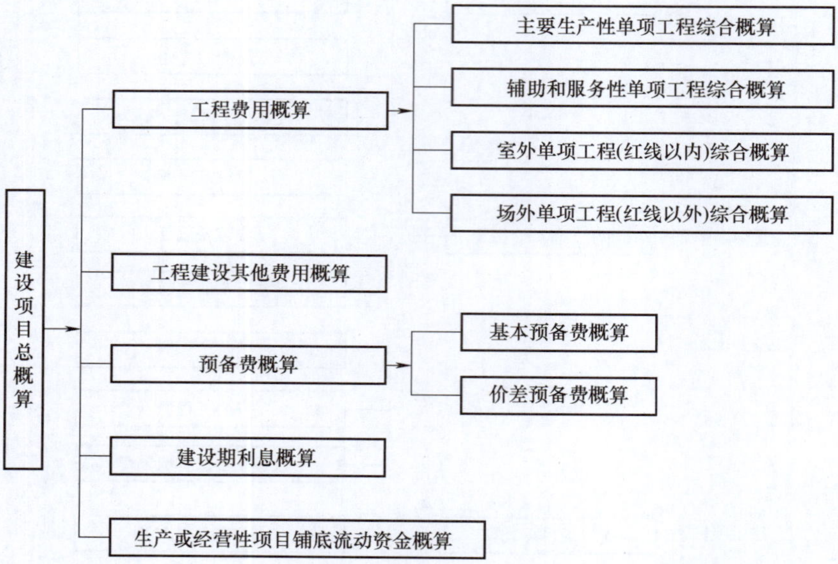

图 5-7　建设项目总概算的内容

三级概算之间，由若干个单位工程概算汇总后成为单项工程概算，若干个单项工程概算和工程建设其他费用、预备费、建设期利息、生产或经营性项目铺底流动资金等概算文件汇总后成为建设项目总概算。单项工程概算和建设项目总概算仅是一种归纳、汇总性文件，因此，最基本的计算文件是单位工程概算书。若建设项目为一个独立单项工程，则单项工程综合概算书与建设项目总概算书可合并编制，并以总概算书的形式出具。

2. 设计概算的编制依据及要求

(1) 设计概算的编制依据　编制依据包括：①国家、行业和地方有关规定；②概算定额（或指标），费用定额，工程造价指标；③工程勘察与设计文件；④拟定或常规的施工组织设计和施工方案；⑤建设项目资金筹措方案；⑥工程所在地编制同期的人工、材料、机具台班市场价格信息，以及设备供应方式及供应价格信息；⑦建设项目的技术复杂程度，新技术、新材料、新工艺以及专利使用情况等；⑧建设项目批准的相关文件、合同、协议等；⑨政府有关部门、金融机构等发布的价格指数、利率、汇率、税率及工程建设其他费用，以及各类工程造价指数等；⑩委托单位提供的其他技术经济资料。

(2) 设计概算的编制要求　设计概算编制时，具体要求包括：①设计概算应按编制时项目所在地的价格水平编制，总投资应完整地反映编制时建设项目实际投资；②设计概算应考虑建设项目施工条件等因素对投资的影响；③设计概算应按项目合理建设期限预测建设期价格水平，以及资产租赁和贷款的时间价值等动态因素对投资的影响。

5.3.3 设计概算的编制方法

设计概算是从单位工程概算开始，逐级进行单项工程综合概算以及建设项目总概算的编制程序进行的。其中，单位工程概算包括单位建筑工程概算和单位设备及安装工程概算两类。

1. 单位建筑工程概算的编制

单位建筑工程概算常用的编制方法有概算定额法、概算指标法和类似工程预算法等。

（1）概算定额法　概算定额法也称为扩大单价法或扩大结构定额法，是套用概算定额编制建筑工程概算的方法。

1）适用范围。运用概算定额法时，要求初步设计必须达到一定深度，建筑结构尺寸比较明确，能按照初步设计的平面图、立面图、剖面图纸计算出楼地面、墙身、门窗和屋面等扩大分项工程（或扩大结构构件）项目的工程量时，方可采用。

2）建筑工程概算表的编制。按构成单位工程的主要分部分项工程和措施项目编制，根据初步设计工程量按工程所在省、自治区、直辖市规定的概算定额（指标）或行业概算定额（指标），以及工程费用定额计算。

3）概算定额法的编制步骤。应用概算定额法编制设计概算的步骤：①收集基础资料、熟悉设计图纸、了解有关施工条件和施工方法；②按照概算定额子目，列出单位工程中分部分项工程项目名称并计算工程量，一般借助工程计价软件，经过建模的方式由软件系统自动计算工程量；③建模完成工程量计算后，通过套用定额各子目的综合单价，形成合价，确定各分部分项工程费；④生成综合单价表和单位工程概算表，各子目的综合单价包括人工费、材料费、施工机具使用费、管理费、利润、规费和税金；⑤计算措施项目费。计算时分为两部分：可以计量的措施项目费，与分部分项工程费的计算方法相同；综合计取的措施项目费，应以该单位工程的分部分项工程费和可以计量的措施项目费之和为基数乘以相应费率计算，费率标准可在计价软件中设定，计算过程由软件系统自动完成；⑥计算汇总得到单位工程概算造价，编写概算说明。

4）计算流程图。概算定额法计算流程如图 5-8 所示。

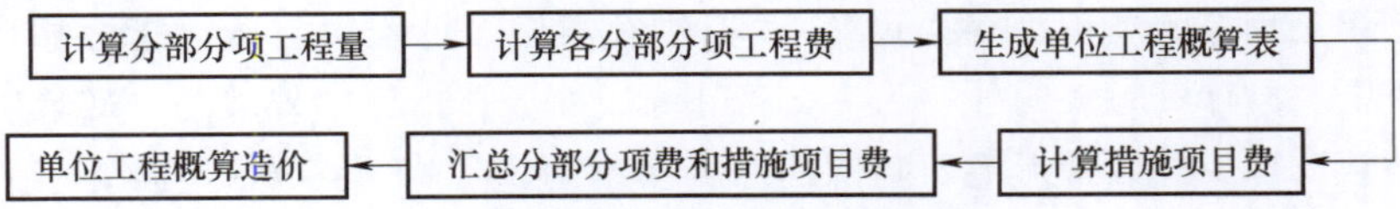

图 5-8　概算定额法计算流程

（2）概算指标法　概算指标法是用拟建的厂房、住宅的建筑面积或体积乘以技术条件相同或基本相同的概算指标得出人材机费，然后按规定计算出企业管理费、利润、规费和税金等，得到单位工程概算的方法。

1）适用范围。概算指标法适用于四种情形：①在方案设计中由于设计无详图，而只有概念性设计时或初步设计深度不够，不能准确地计算出工程量，但工程设计采用的技术比较成熟时，可以选定与该工程相似类型的概算指标编制概算；②设计方案急需造价概算而又有类似工程概算指标可以利用的情况；③图样设计间隔很久后再实施，概算造价不适用于当前情况而又急需确定造价的情形下，可按当前概算指标修正原有概算造价；④通用设计图设计可组织编制通用图设计概算指标确定造价。

2）直接套用概算指标编制概算法。采用此方法应符合的条件是：①拟建工程的建设地点与概算指标中的工程建设地点相同；②拟建工程的工程特征和结构特征与概算指标中的工程特征、结构特征基本相同；③拟建工程的建筑面积与概算指标中工程的建筑面积相差不大。计算公式为

$$\text{单位工程概算造价}=\text{概算指标每平方米(每立方米)综合单价}\times\text{拟建工程建筑面积(体积)}$$

3）采用调整后概算指标编制概算法。当拟建工程与概算指标的结构特征有局部差异时，必须对概算指标进行调整后方可套用。调整方法有以下两种：

① 调整概算指标中的每平方米（每立方米）综合单价。其计算公式为

$$\text{结构变化修正概算指标}=J+Q_1P_1-Q_2P_2 \tag{5-7}$$

式中 J——原概算指标综合单价；

Q_1——概算指标中换入结构的工程量；

Q_2——概算指标中换出结构的工程量；

P_1——换入结构的综合单价；

P_2——换出结构的综合单价。

需要注意：若概算指标中的单价为工料单价，则应根据管理费、利润、规费、税金的费（税）率确定该子目的全费用综合单价，再计算拟建工程造价，计算公式为

$$\text{单位工程概算造价}=\text{调整后的概算指标综合单价}\times\text{拟建工程建筑面积(体积)}$$

② 调整概算指标中的人材机数量。其计算公式为

$$\begin{matrix}\text{结构变化调整概算}\\\text{指标标的人材机数}\end{matrix}=\begin{matrix}\text{原概算指标的}\\\text{人材机数量}\end{matrix}+\begin{matrix}\text{换入结构件}\\\text{工程量}\end{matrix}\times\begin{matrix}\text{相应定额人}\\\text{材机消耗量}\end{matrix}-\begin{matrix}\text{换出结构件}\\\text{工程量}\end{matrix}\times\begin{matrix}\text{相应定额人}\\\text{材机消耗量}\end{matrix} \tag{5-8}$$

将调整后的概算指标结合报告编制期的人材机要素价格的变化，以及管理费、利润、规费、税金的费（税）率确定该子目的全费用综合单价。

4）应用实例

【例 5-3】 某学校拟新建一栋教学楼，其建筑面积为3500m²；按概算指标和地区材料预算价格等算出土建工程综合单价为 640 元/m²，拟建教学楼设计资料与概算指标相比较，其结构构件有部分变更。设计资料表明外墙为 1.5 砖外墙，而概算指标中外墙为 1 砖墙。根据当地土建工程预算定额计算，外墙带形毛石基础的综合单价为 147.87 元/m³，1 砖外墙的综合单价为 177.10 元/m³，1.5 砖外墙的综合单价为 178.08 元/m²；概算指标中每 100m² 中含外墙带形毛石基础为 18m³，1 砖外墙为 46.5m³。拟建工程设计资料表明，每 100m² 中含外墙带形毛石基础为 19.6m³，1.5 砖外墙为 61.2m³。试计算调整后的土建工程概算综合单价及其概算造价。

解： 土建工程中对结构构件的变更和单价调整如表 5-13 所示。

表 5-13 结构变化引起的单价调整

序号	结构名称	单位	数量（每 100m² 含量）	单价（元）	合价（元）
	土建工程单位面积造价				950
	换出部分				
1	外墙带形毛石基础	m³	24	218.8	5251.2
2	1 砖外墙	m³	68.5	258.5	17707.25

（续）

序号	结构名称	单位	数量（每 $100m^2$ 含量）	单价（元）	合价（元）
	土建工程单位面积造价				950
	换出部分				
	合计	元			22958.45
	换入部分				
3	外墙带形毛石基础	m^3	28.2	218.8	6170.16
4	1.5 砖外墙	m	89.7	260.6	23375.82
	合计	元			29545.98
单位造价调整系数：（950−22958.45/100+29545.98/100）元＝1015.88 元					

故，经调整后的土建概算综合单价即概算指标为 1015.88 元/m^2。

则，新建教学楼的土建概算造价＝(1015.88×3500)元＝3555580 元。

（3）类似工程预算法　类似工程预算法是利用技术条件与设计对象相类似的已完工程或在建工程的工程造价资料来编制拟建工程设计概算的方法。

1）适用范围。类似工程预算法主要适用于拟建工程初步设计与已完工程或在建工程的设计类似，而又没有可用的概算指标的情况。

2）编制步骤。类似工程预算法的计算步骤为：①根据设计对象的各种特征参数，选择最合适的类似工程预算；②根据本地区现行的各种价格和费用标准计算类似工程预算的人工费、材料费、施工机具使用费、企业管理费调整系数；③根据类似工程预算调整系数和以上四项费用占预算成本的比重，计算预算成本总调整系数，并计算出调整后的类似工程平方米预算成本；④根据类似工程调整后的平方米预算成本和编制概算地区的利税率计算调整后的类似工程平方米造价；⑤根据拟建工程的建筑面积和调整后的类似工程平方米造价，计算拟建工程概算造价；⑥编制概算编写说明。

3）差异调整。采用类似工程预算法时，必须对建筑结构差异和价差进行调整。其中，对于建筑结构差异的调整同概算指标法中的调整建筑结构差异的方法，对于价差的调整主要有以下两种方法。

① 当类似工程造价资料有具体的人工、材料、机具台班的用量时，可按类似工程预算造价资料中的工日、主要材料、机具台班数量乘以拟建工程所在地的人工单价、主要材料预算价格、机具台班单价，计算出人材机费，再计算企业管理费、利润、规费和税金，即可得出所需的造价指标。

② 当类似工程造价资料只有人工费、材料费、施工机具使用费和企业管理费等费用或费率时，可按以下公式调整：

$$D=AK \tag{5-9}$$

$$K=K_1\times a\%+K_2\times b\%+K_3\times c\%+K_4\times d\% \tag{5-10}$$

式中　D——拟建工程成本单价；

A——类似工程成本单价；

K——成本单价综合调整系数；

$a\%$、$b\%$、$c\%$、$d\%$——类似工程预算的人工费、材料费、施工机具使用费、企业管理费占预算成本的比重，如 $a\%$ = 类似工程人工费/类似工程预算成本×100%，$b\%$、$c\%$、$d\%$算法类同；

K_1、K_2、K_3、K_4——拟建工程地区与类似工程预算成本在人工费、材料费、施工机具使用费、企业管理费之间的差异系数，如 K_1 = 拟建工程概算的人工费（或工资标准）/类似工程预算人工费（或地区工资标准），K_2、K_3、K_4 算法类同。

4）应用实例

【例 5-4】 某拟建工程概算编制中，已知类似工程单方造价为 3600 元/m²，其中人材机费分别占土建工程造价的 15%、60%、10%，拟建工程与类似工程由于时间地点差异产生的人材机费差异系数分别为 1.1、1.25、0.96，在类似工程的工料单价中，人工、材料、施工机具使用费的比重分别为 18.5%、66.75%和 14.75%。假定以人材机费用之和为基数取费的综合取费费率为 25%。试用类似工程预算法计算拟建工程适用的综合单价。

解：（1）计算拟建工程的工料单价（人材机单价）

$$类似工程的工料单价 = [3600\times(15\%+60\%+10\%)]元/m^2 = 3060 元/m^2。$$

$$拟建工程的工料单价 = [3060\times(18.5\%\times1.1+66.75\%\times1.25+14.75\%\times0.96)]元/m^2 = 3609 元/m^2。$$

（2）计算拟建工程的综合单价

$$拟建工程适用的综合单价 = [3609\times(1+25\%)]元/m^2 = 4511.25 元/m^2$$

2. 单位设备及安装工程概算的编制

单位设备及安装工程概算包括设备及工器具购置费概算和设备安装工程费概算两部分。

（1）设备及工器具购置费概算　设备及工器具购置费是根据初步设计的设备清单计算出设备原价，并汇总求出设备总原价，然后按有关规定的设备运杂费率乘以设备总原价，两项相加再考虑工器具及生产家具购置费即为设备及工器具购置费概算。设备及工器具购置费概算的编制依据包括设备清单、工艺流程图，各省、自治区、直辖市规定的现行设备价格和运费标准、费用标准。有关设备及工器具购置费概算可参见第 2 章 2.2“设备及工器具购置费的构成和计算”。

（2）设备安装工程费概算　设备安装工程费概算的编制方法有预算单价法、扩大单价法、设备价值百分比法和综合吨位指标法等，具体选用时应根据初步设计的深度和要求所明确的程度而采用。其中，预算单价法和扩大单价法的编制步骤类似于单位建筑工程概算。

1）预算单价法。它是指直接依据安装工程预算定额单价编制设备安装工程概算的方法，其编制程序与安装工程施工图预算程序基本相同。它适用于初步设计较深、有详细设备清单的情况。这种方法的优点是计算内容较具体，精确程度较高。

2）扩大单价法。它是指采用主体设备、成套设备的综合扩大安装单价编制设备安装工程概算的方法，适用于初步设计深度不够、设备清单不完备、只有主体设备或仅有成套设备重量等情况。

3）设备价值百分比法。它是指根据安装费占设备费的百分比计算设备安装工程费的方法，其百分比值（即安装费率）由相关管理部门制定或由设计单位根据已完类似工程确定，又称为安装设备百分比法。它适用于初步设计深度不够，只有设备出厂价而无详细的规格、重量等资料的情况，常用于价格波动不大的定型产品和通用设备产品的安装工程概算。其计

算公式为

$$设备安装工程费=设备原价\times安装费率 \tag{5-11}$$

4）综合吨位指标法。它是指根据设备的重量和设备的综合吨位指标计算设备安装工程费的方法，其中综合吨位指标由相关主管部门或由设计单位根据已完类似工程的资料确定。它适用于初步设计提供的设备清单有规格和设备重量的情况，常用于设备价格波动较大的非标准设备和引进设备的安装工程概算。其计算公式为

$$设备安装工程费=设备吨重\times每吨设备安装费指标 \tag{5-12}$$

3. 单项工程综合概算的编制

单项工程综合概算是确定单项工程建设费用的综合性文件，是由该单项工程的各专业单位工程概算汇总而成，是建设项目总概算的组成部分。综合概算一般应包括建筑工程费、安装工程费和设备及工器具购置费。

单项工程综合概算采用综合概算表（含其所附的单位工程概算表和建筑材料表）进行编制。综合概算表是根据单项工程所辖范围内的各单位工程概算等基础资料，按照规定的统一表格进行编制。对工业建筑而言，其概算包括建筑工程和设备及安装工程；对民用建筑而言，其概算包括土建工程、给排水、采暖、通风及电气照明工程等。

对单一的、具有独立性的单项工程建设项目，按照两级概算编制形式，直接编制总概算。

4. 建设项目总概算的编制

建设项目总概算是设计文件的重要组成部分，是预计整个建设项目从筹建到竣工交付使用所花费的全部费用的文件。它是由各单项工程综合概算、工程建设其他费用、建设期利息、预备费和经营性项目的铺底流动资金概算所组成，按照主管部门规定的统一表格进行编制而成的。

设计总概算文件应包括编制说明、总概算表、工程建设其他费用概算表、主要建筑安装材料汇总表，以及各单项、单位工程概算表。独立装订成册的总概算文件宜加封面、签署页（扉页）和目录。

（1）编制说明

1）工程概况。简述建设项目性质、特点、生产规模、建设周期、建设地点、主要工程量、工艺设备等情况。引进项目要说明引进内容以及与国内配套工程等主要情况。

2）编制依据。包括国家和有关部门的规定、设计文件、现行概算定额或概算指标、设备材料的预算价格和费用指标等。

3）编制方法。说明设计概算是采用概算定额法，还是采用概算指标法或其他方法。

4）主要设备、材料的数量，以及主要技术经济指标。包括项目概算总投资（有引进的，给出所需外汇额度）及主要分项投资、主要技术经济指标（主要单位投资指标）等。

5）工程费用计算表。包括建筑工程费计算表、工艺安装工程费计算表、配套工程费计算表、其他涉及的工程的工程费用计算表。

6）引进设备材料有关费率取定及依据。主要是关于国际运输费、国际运输保险费、关税、增值税、国内运杂费、其他有关税费等，引进设备材料从属费用计算表，以及其他必要的说明。

（2）总概算表　建设项目的总概算表中应反映建设项目概算总投资，内容包括主要工

程、辅助工程和配套工程的工程费用（建筑工程费、安装工程费、设备购置费），工程建设其他费、预备费、建设期利息、铺底流动资金。

（3）工程建设其他费用概算表　工程建设其他费用概算按国家或地区所规定的项目和标准确定，并按统一格式进行编制。

（4）各单项、单位工程概算表　各单项、单位工程概算表包括建设项目所附各单项工程的综合概算表，以及各单项工程所附各单位工程的概算表。

（5）主要建筑安装材料汇总表　主要建筑安装材料汇总表中应反映针对建设项目中的每一个单项工程所列出的钢筋、型钢、水泥、木材等主要建筑安装材料的消耗量。

5.4 施工图预算及其编制

5.4.1 施工图预算的概念及审查

1. 施工图预算的含义

施工图预算是以施工图设计文件为依据，在工程施工前对工程项目的投资进行的预测与计算。施工图预算的成果文件称为施工图预算书，简称施工图预算。

施工图预算既可以是工程招标投标前或招标投标时，基于施工图纸，按照预算定额、取费标准、各类工程计价信息等计算得到的计划或预期价格，也可以是工程中标后施工企业根据自身的企业定额、资源市场价格以及市场供求及竞争状况计算得到的实际预算价格。

2. 施工图预算的作用

施工图预算是工程建设实施过程中重要的技术经济文件，对建设项目的参建各方均具有重要的作用。

（1）施工图预算对投资方的作用

1）施工图预算是设计阶段控制工程造价的重要环节，是控制施工图设计不突破设计概算的重要措施。

2）施工图预算是控制造价及资金合理使用的依据。施工图预算确定的预算造价是工程的计划成本，投资方按施工图预算造价筹集建设资金，合理安排建设资金计划，确保建设资金的有效使用，保证项目建设顺利进行。

3）施工图预算是确定工程最高投标限价的依据。在设置最高投标限价的情况下，最高投标限价通常是在施工图预算的基础上考虑工程的特殊施工措施、工程质量要求、目标工期、招标工程范围以及自然条件等因素进行编制的。

4）施工图预算可以作为确定合同价款、拨付工程进度款及办理工程结算的基础。

（2）施工图预算对施工企业的作用

1）施工图预算是建筑施工企业投标报价的基础。在激烈的建筑市场竞争中，建筑施工企业在施工图预算的基础上，结合企业定额和采取的投标策略，确定投标报价。

2）施工图预算是建筑工程预算包干的依据和签订施工合同的主要内容。在采用总价合同的情况下，施工单位通过与建设单位协商，可在施工图预算的基础上，考虑设计或施工变更后可能发生的费用与其他风险因素，增加一定系数作为工程造价一次性包干价。同样，施工单位与建设单位签订施工合同时，其中工程价款的相关条款也以施工图预算为依据。

3）施工图预算是施工企业安排调配施工力量、组织材料供应的依据。施工企业在施工前，可以根据施工图预算的工料机分析，编制资源计划，组织材料、机具、设备和劳动力供应，并编制进度计划，统计完成的工作量，进行经济核算并考核经营成果。

4）施工图预算是施工企业控制工程成本的依据。根据施工图预算确定的中标价格是施工企业收取工程款的依据，企业只有合理利用各项资源，采取先进技术和管理方法，将成本控制在施工图预算价格以内，才能获得良好的经济效益。

（3）施工图预算对建设项目其他相关方的作用

1）对于工程咨询单位而言。客观、准确地为委托方做出施工图预算，不仅体现出其水平、素质和信誉，而且强化了投资方对工程造价的控制，有利于节省投资，提高建设项目的投资效益。

2）对于工程造价管理部门而言。施工图预算是编制工程造价指标指数、构建建设工程造价数据库的数据资源，也是合理确定工程造价、审定工程最高投标限价的依据。

3）对于法律部门而言。施工图预算是有关仲裁、管理、司法机关依法处理、解决施工合同履行过程中发生的经济纠纷事件的主要依据。

3. 施工图预算的审查

对施工图预算进行审查，有利于核实工程实际成本，更有针对性地控制工程造价。

（1）施工图预算的审查内容　施工图预算的审查重点包括工程量的计算，定额使用，设备材料及人工、机械价格的确定，以及相关费用的选取和确定等内容。

1）工程量的计算。工程量的计算是编制施工图预算的基础性工作之一，对施工图预算的审查，应首先从审查工程量开始。工程量计算中常见问题主要是多计、重复计算、虚增工程量，或出现设计变更未及时进行工程量的相应增减等，应在审查施工图预算工程量时重点关注。

2）定额使用。对定额使用情况的审查主要包括：①定额子目的套用是否正确，即预算套价与预算定额表中的名称、规格、计量单位及所包括的内容是否一致；②补充的定额子目，要对其各项指标消耗量的合理性进行审查，并按程序进行报批，及时补充到定额当中。

3）设备材料及人工、机械价格的确定。设备材料及人工、机械价格受时间、资金和市场行情等因素的影响较大，且在工程总造价中所占比例较高，因此，应作为施工图预算审查的重点。

4）相关费用的选取和确定。审查相关费用的选取是否符合国家和地方有关规定，审查费用的计算和计取基数是否正确、合理。

（2）施工图预算的审查方法　审查施工图预算的方法很多，有全面审查法、标准预算审查法、分组计算审查法、对比审查法、筛选审查法、重点抽查法，以及利用手册审查法和分解对比审查法等其他方法。

1）全面审查法。全面审查法也称为逐项审查法，是按照预算定额顺序或施工的先后顺序，逐一进行全部审查，与编制施工图预算的过程基本相同。其优点是全面、细致，审查质量高；缺点是审查的工作量大，审查时间较长。

2）标准预算审查法。它是指对于利用标准图纸或通用图纸施工的工程，先集中力量编制标准预算，然后以此为标准对施工图预算进行审查。其优点是无须逐一详细审查工程的各预算项目，只需要对局部修改部分单独审查即可，因此审查时间较短，审查效果好；缺点是应用范围较小。

3）分组计算审查法。它是指将相邻且有一定内在联系的项目编为一组，审查某个分项工程量，然后利用工程量间具有相同或相近计算基数的关系，判断其他几个分项工程量的准确性。例如，审查时将垫层、楼地面和无梁板的天棚工程分为一组，先审查楼、地面工程量，然后据此审查算法相同的无梁板天棚工程量，最后将地面工程量乘以垫层厚度并据此审查垫层工程量即可。其优点是可加快工程量审查的速度，缺点是审查的精度较差。

4）对比审查法。它是指用已完工程的预结算或虽未建成但已审查修正的工程预结算对比审查拟建类似工程施工图预算。其优点是审查速度快，但同时需要具有较为丰富的相关工程数据库作为开展工作的基础。

5）筛选审查法。它是对数据加以汇集、优选、归纳，建立基本值，并以基本值为准进行筛选，对于未被筛下去的，即不在基本值范围内的数据进行较为详尽的审查，属于一种对比方法。其优点是便于掌握，审查速度较快；缺点是有局限性，较适用于住宅工程或不具备全面审查条件的工程项目。

6）重点抽查法。它是指抓住工程预算中的重点环节和部分进行审查。其优点是重点突出，审查时间较短，审查效果较好；缺点是对审查人员的专业素质要求较高，当审查人员经验不足或了解情况不够时，极易造成判断失误，从而严重影响审查结论的准确性。

7）其他方法。包括：①利用手册审查法，是将工程常用的构配件事先整理成预算手册，按手册对照审查；②分解对比审查法，是将一个单位工程按直接费和间接费进行分解，然后再将直接费按工种和分部工程进行分解，分别与审定的标准预结算进行对比分析。

5.4.2 施工图预算的编制内容

1. 施工图预算的内容

施工图预算由建设项目总预算、单项工程综合预算和单位工程预算组成，按照预算文件的不同，施工图预算的内容也有所不同。

（1）建设项目总预算　建设项目总预算是施工图预算文件的主要组成部分，是反映施工图设计阶段建设项目投资总额的造价文件，由组成该建设项目的各个单项工程综合预算和相关费用组成，具体包括建筑安装工程费用、设备及工器具购置费、工程建设其他费用、预备费、建设期利息及铺底流动资金。施工图总预算应控制在已批准的设计总概算投资范围以内。

（2）单项工程综合预算　单项工程综合预算是反映施工图设计阶段一个单项工程（设计单元）造价的文件，是总预算的组成部分，由构成该单项工程的各个单位工程施工图预算组成。其编制的费用项目是各单项工程的建筑安装工程费用和设备及工器具购置费总和。

（3）单位工程预算　单位工程预算是依据单位工程施工图设计文件、现行预算定额以及人工、材料和施工机具台班价格等，按照规定的计价方法编制的工程造价文件。以房屋建筑工程为例，包括单位建筑工程预算和单位安装工程预算。

1）单位建筑工程预算。它是建筑工程各专业单位工程施工图预算的总称，按其工程性质分为一般土建工程预算、给排水工程预算、采暖通风工程预算、煤气工程预算、电气照明工程预算、弱电工程预算、特殊构筑物（如烟囱、水塔）等工程预算以及工业管道工程预算等。

2）单位安装工程预算。它是安装工程各专业单位工程预算的总称，按其工程性质分为机械设备安装工程预算、电气设备安装工程预算、工业管道安装工程预算和热力设备安装工程预算等。

2. 施工图预算的编制形式

施工图预算根据建设项目实际情况可采用三级预算编制形式或二级预算编制形式。

（1）三级预算编制形式　当建设项目有多个单项工程时，应采用三级预算编制形式；三级预算编制形式由建设项目总预算、单项工程综合预算、单位工程预算组成。采用三级预算编制形式的工程预算文件包括封面、签署页及目录、编制说明、总预算表、综合预算表、单位工程预算表、附件等内容。

（2）二级预算编制形式　当建设项目只有一个单项工程时，应采用二级预算编制形式。二级预算编制形式由建设项目总预算和单位工程预算组成。采用二级预算编制形式的工程预算文件包括封面、签署页及目录、编制说明、总预算表、单位工程预算表、附件等内容。

3. 施工图预算的编制依据及原则

（1）施工图预算的编制依据　施工图预算的编制依据主要包括：①国家、行业和地方有关规定；②预算定额或企业定额、单位估价表等；③施工图设计文件及相关标准图集和规范；④项目相关文件、合同、协议等；⑤工程所在地的人工、材料、设备、施工机具单价、工程造价指标指数等；⑥施工组织设计和施工方案；⑦项目的管理模式、发包模式及施工条件；⑧其他应提供的资料。

（2）施工图预算的编制原则

1）应保证施工图预算的适用性原则。编制施工图预算时，对于编制依据的选取与确定，应保证相关规定、文件、定额、指标指数等的适用性和时效性。

2）完整准确地反映设计内容的原则。编制施工图预算时，应认真了解设计意图，并根据设计文件、图纸准确计算工程量，避免重复计算和漏算现象。

3）坚持结合拟建工程的实际，反映工程所在地当时价格水平的原则。编制施工图预算时，要求实事求是地对工程所在地的建设条件、可能影响造价的各种因素进行认真调查研究，并按照现行工程造价的构成，考虑建设期的价格变化因素，以使得施工图预算尽可能地反映设计内容、实际施工条件和实际价格。

5.4.3　单位工程施工图预算的编制

1. 工料单价法编制施工图预算

工料单价法又称定额单价法，是用事先编制好的含有分项工程单位估价表的预算定额来编制施工图预算的方法，分项工程单位估价表中反映的是人工、材料、施工机具使用价格，即工料单价。

（1）编制方法　按施工图计算各分项工程量，并乘以预算定额中对应分项工程的工料单价，汇总合计得到单位工程的人工费、材料费和施工机具使用费，再根据相关规定计取企业管理费、利润、规费和税金，将上述费用汇总后即得到该单位工程的施工图预算造价。工料单价法的计算公式为

$$\text{单位工程施工图预算造价} = \sum(\text{分项工程量} \times \text{分项工程工料单价}) + \text{企业管理费} + \text{利润} + \text{规费} + \text{税金} \tag{5-13}$$

（2）编制步骤

1）准备工作。①收集编制施工图预算的编制依据，包括预算定额或企业定额、取费标准，以及当时当地人工、材料、施工机具市场价格等各种资料；②熟悉施工图纸、有关的通用标准图、图纸会审记录、设计变更通知等资料，并检查施工图纸是否齐全、尺寸是否清楚，了解设计意图，掌握工程全貌；③了解施工组织设计和施工现场情况，全面分析各分项工程，充分了解工程进度、施工方法、人员使用、材料消耗、施工机械、技术措施等内容，并核实施工现场情况。

2）列项并计算工程量。①按定额中的项目划分规定将单位工程划分为若干分项工程，以正确地套用定额，注意不要重复列项或漏项；②按现行定额中的工程量计算规则和施工图设计尺寸计算各分项工程量；③在应用计价软件通过建模方式由软件系统自动计算工程量时，注意点选适合的定额。

3）套用定额预算单价，计算人工费、材料费和施工机具使用费。将对应于各分项工程的定额子项预算价格填入预算表的单价栏，并与复核后填入的工程量计算结果相乘得出合价，将结果填入合价栏，汇总求出单位工程的人工费、材料费和施工机具使用费。

4）编制工料分析表，进行价差调整。统计工程耗用人工工日、材料和机具台班数量，并按文件规定调整人工费和施工机械使用费，依据当时当地的市场价格调整材料价差。

5）按计价程序计取其他费用，并汇总造价。根据规定的费率、税率和相应的计费基础，分别计算企业管理费、利润、规费和税金，将费用累计后与人工费、材料费和施工机具使用费进行汇总，得到单位工程预算造价。

6）编制说明。编制说明应写明：①工程概况；②预算文件编制依据；③人工、材料和机具价差的调整情况；④预算外项目的内容，签证或变更的处理方法；⑤编制预算文件时图纸上不清楚或矛盾的地方，以及编制时的处理方法；⑥单位工程造价及单方造价，分析工程造价偏高或偏低的原因。

7）填写封面。封面应写明工程名称及编号、编制单位及编制人、预算总造价和单方造价等。

8）装订成册。①单位工程预算书，将封面、编制说明、预算费用汇总表、材料汇总表、单位工程预算书等，按顺序编排并装订成册，便完成了单位施工图预算的编制工作；②单项工程预算书，统一编写封面、编制说明，并编制包括各单位工程造价的综合预算表，后附各单位工程预算的取费表、材料汇总表及工程预算书。

（3）工料单价法的应用特点　工料单价法具有计算简单、工作量较小和编制速度较快、便于工程造价管理部门集中统一管理的优点，但由于其只能反映定额编制年份的价格水平，因此，在市场价格波动较大的情况下，必须对单价法的计算结果采用调价的方式加以调整修正，以避免计算结果偏离实际价格水平。

（4）工料单价法应用实例

【例 5-5】　某市新建住宅楼工程，主体设计采用七层框架结构、钢筋混凝土筏式基础，单位工程预算采用该市当时的建筑工程预算定额及单位估价表编制，以基础部分为例，采用工料单价法编制的单位工程（基础部分）施工图预算结果，如表 5-14 所示。

表 5-14 某住宅楼建筑工程基础部分预算书（工料单价法）

工程定额编号	工程或费用名称	计量单位	工程量	价值（元）	
				工料单价	合价
(1)	(2)	(3)	(4)	(5)	(6)
1042	平整场地	m^3	1264.62	3.04	3844.44
1063	土方开挖（三类土）	m^3	2361.83	9.74	23004.22
1092	干铺碎石	m^3	692.56	145.8	100975.25
1090	混凝土基础垫层（C10，100mm 厚）	m^3	109.56	388.78	42594.74
5006	带形钢筋混凝土基础（C20，有梁式）	m^3	363.38	1103.66	401047.97
5014	独立式钢筋混凝土基础（C20）	m^3	50.36	929	46784.44
5047	矩形钢筋混凝土柱（C20，1.8m 外）	m^3	19.62	599.72	11766.51
13002	矩形柱与异型柱差价	元	85.00		85.00
3001	砖基础（M5 水泥砂浆）	m^3	46.87	523.17	24520.98
5003	带形无筋混凝土基础（C10）	m^3	55.32	423.23	23413.08
4028	满堂脚手架（3.6m 内）	m^2	420.22	11.06	4647.63
1047	槽底钎探	m^2	1323.67	6.65	8802.41
1040	土方回填（夯填）	m^3	1340.84	30	40225.2
3004	基础防潮层	元	150.00		150.00
人材机费小计					731861.87

注：其他各项费用在土建工程预算书汇总时计列。

2. 实物量法编制施工图预算

实物量法是依据施工图纸和预算定额的项目划分及工程量计算规则，先计算出分项工程量，然后套用预算定额（或企业定额）中人工、材料、施工机具台班的消耗量，并按照当时当地的人工、材料、施工机械的实际市场单价来编制施工图预算的方法。

（1）编制方法　用实物量法编制单位工程施工图预算，就是根据施工图计算的各分项工程量分别乘以预算定额（或企业定额）中人工、材料、施工机具台班的定额消耗量，分类汇总得出该单位工程所需的全部人工、材料、施工机具台班消耗数量，然后乘以当时当地人工工日单价、各种材料单价、施工机械台班单价、施工仪器仪表台班单价，求出相应的直接费。在此基础上，通过取费的方式计算企业管理费、利润、规费和税金等费用。实物量法编制施工图预算的公式为

单位工程施工图预算造价＝Σ(各分项工程量×人工预算定额用量×当时当地人工工资单价)＋Σ(各分项工程量×材料预算定额用量×当时当地材料单价)＋Σ(各分项工程量×施工机械台班预算定额用量×当时当地机械台班单价)＋企业管理费＋利润＋规费＋税金　(5-14)

（2）编制步骤　实物量法与单价法相比，主要是人工、材料和施工机具使用费的预算单价算法不同，因此实物量法与单价法的编制步骤在首尾部分基本相同，不同点主要在消耗量与单价确定的中间步骤，如图 5-9 所示。

如图 5-9 所示，实物量法编制的不同点主要体现在分项工程量计算完成后的以下两方面。

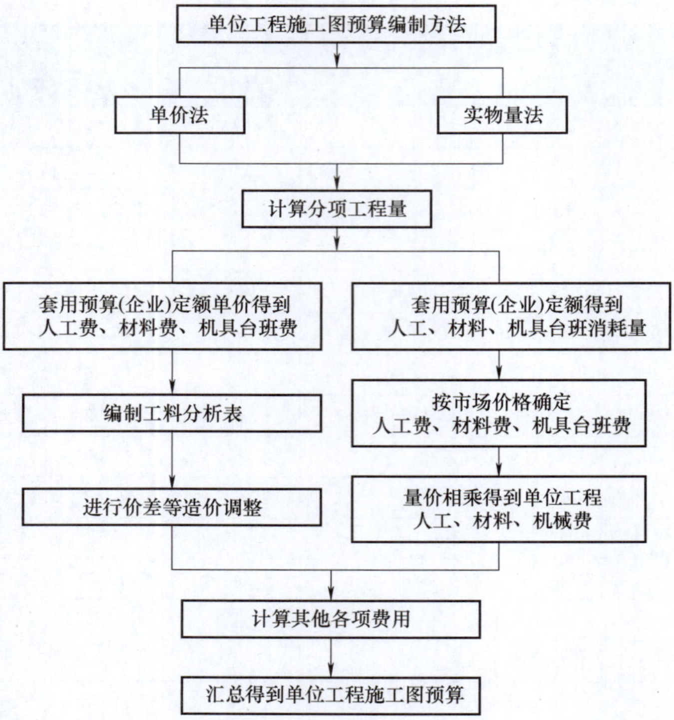

图 5-9　单价法与实物量法编制施工图预算流程

1）将计算所得分项工程量套用相应人工、材料、施工机具台班预算定额消耗量，求出各分项工程人工、材料、施工机具台班消耗数量并汇总成单位工程所需各类人工工日、材料和施工机具台班的消耗量。

2）将计算所得的人工工日、材料和施工机具台班总的消耗量分别乘以相应的当时当地各类人工工日、材料和施工机具台班的市场实际单价，汇总后得出单位工程的人工费、材料费和施工机具使用费。

(3) 实物量法的应用特点　相对单价法而言，实物量法需要统计人工工日、材料、施工机具台班的消耗量，还需要收集相应的市场实际单价，因此，工作量较大、计算过程较烦琐。但在市场经济条件下，人工、材料和机具台班单价是随市场而变化的，是影响工程造价首要因素，而用实物量法编制施工图预算，采用的是工程所在地当时人工、材料、机具台班价格，能较好地反映市场的实际价格水平。因此，工程造价的准确性较高。

综上，实物法是与市场经济体制相适应的施工图预算编制方法，而且随着信息化水平的提高以及数智化技术的应用，计算和统计量的难度问题均可通过专业的计算机软件加以解决，实物量法的应用将更为广泛。

(4) 实物量法应用实例

【例 5-6】　仍以例 5-5 所示工程为例，采用实物单价法编制的施工图预算的结果，如表 5-15和表 5-16 所示，这里以人工实物量汇总表（材料及机具实物量计算表略去）和人材机费用汇总表示例。

表 5-15　某住宅建筑工程基础部分预算书（实物量法）人工实物量汇总表

项目编号	工程或费用名称	计量单位	工程量	人工实物量	
				单位用量	合计用量
1	平整场地	m^2	1264.62	0.058	73.35
2	土方开挖（三类土）	m^3	2361.83	0.0298	70.38
3	干铺碎石	m^3	692.56	0.444	307.5
4	混凝土基础垫层（C10，100mm 厚）	m^3	109.56	2.211	242.24
5	带形钢筋混凝土基础（C20，有梁式）	m^3	363.38	2.097	762.01
6	独立式钢筋混凝土基础（C20）	m^3	50.36	1.813	91.3
7	矩形钢筋混凝土柱（C20，1.8m 外）	m^3	19.62	6.323	124.06
8	矩形柱与异型柱差价	元	85.00		85.00
9	砖基础（M5 水泥砂浆）	m^3	46.87	1.053	49.35
10	带形无筋混凝土基础（C10）	m^3	55.32	1.8	99.58
11	满堂脚手架（3.6m 内）	m^2	420.22	0.0932	39.16
12	槽底钎探	m^2	1323.67	0.0578	76.51
13	土方回填（夯填）	m^3	1340.84	0.22	294.98
14	基础防潮层	元	150.00		150.00
合计					2230.42

注：材料及机具实物量计算表略。

表 5-16　某住宅楼建筑工程基础部分预算书（实物量法）人工、材料、机具费用汇总表

序号	人工、材料、机具或费用名称	计量单位	实物工程数量	价值（元）	
				当时当地单价	合价
1	人工	工日	2230.42	95.00	211889.9
2	碎石	m^3	166.58	140.00	23321.2
3	C10 素混凝土	m^3	128.91	345.00	44473.95
4	C20 钢筋混凝土	m^3	429.34	900.00	386406
5	M5 主体砂浆	m^3	8.2	194.97	1598.75
6	机砖	千块	20.77	580.00	12046.6
7	脚手架材料费	元	204.55		204.55
8	黄土	m^3	2635.57	15.00	39533.55
9	蛙式打夯机	台班	128.35	10.28	1319.44
10	挖土机	台班	68.11	892.10	60760.93
11	推土机	台班	3.16	452.70	1430.53
12	其他机械费	元	3367.21		3367.21
13	矩形柱与异型柱差价	元	85.00		85.00
14	基础抹隔潮层费	元	150.00		150.00
人材机费小计					786587.61

注：其他各项费用在土建工程预算书汇总时计列。

思考题

1. 简述设计阶段工程造价管理的意义。
2. 简述设计阶段影响工业建设项目工程造价的建筑设计因素。
3. 简述设计阶段影响住宅项目工程造价的建筑设计因素。
4. 简述限额设计的实施程序。
5. 简述限额设计的实施要点。
6. 简述设计方案的优选原则。
7. 简述提高价值的五种途径。
8. 应用价值工程优选设计方案的步骤是什么？
9. 简述设计概算的审查方法。
10. 简述概算定额法的定义与适用范围。
11. 简述概算指标法的定义与适用范围。
12. 简述施工图预算的审查方法。
13. 简述施工图预算的编制方法及其特点。

【案例计算题】

【背景】 根据设计院提出的某公用建筑的 A、B、C 三个设计方案，监理工程师组织价值工程小组进行了技术经济分析，得出此公用建筑需要满足的五个功能 $F_1 \sim F_5$ 的重要程度系数，并利用专家调查法对各方案在公用建筑的 $F_1 \sim F_5$ 五个功能方面的满足程度评出功能得分，相关数据如表 5-17 所示。

表 5-17　价值工程分析相关数据

方案功能	方案功能得分			方案功能重要程度
	A	B	C	
F_1	10	10	9	0.35
F_2	7	9	9	0.25
F_3	9	6	8	0.15
F_4	8	8	10	0.15
F_5	9	9	7	0.10
单方造价（元/m^2）	2525	2318	2426	1.00

【问题】 根据表 5-17 的相关数据，试计算每个方案的成本系数、功能系数和价值系数，并确定最优方案。

第6章

6 建设工程招标投标阶段造价管理

【本章内容概要】

本章主要包括建设工程招标投标制度概述、建设工程招标过程的造价管理、建设工程投标过程的造价管理，以及建设工程定标过程的造价管理四部分，首先阐释了招标范围及招标方式、招标投标概念及工作内容，说明了招标投标原则及相关规定；然后详细介绍了招标过程的工作内容，说明了招标策划与招标文件的内容，阐释了招标工程量清单及最高投标限价的编制；接着详细介绍了投标报价前期工作内容、投标文件及报价技巧，说明了投标报价的编制；最后阐述了开标程序及评标准备，介绍了评标程序及评审标准，并说明了定标及合同价款约定。

【本章知识总览】

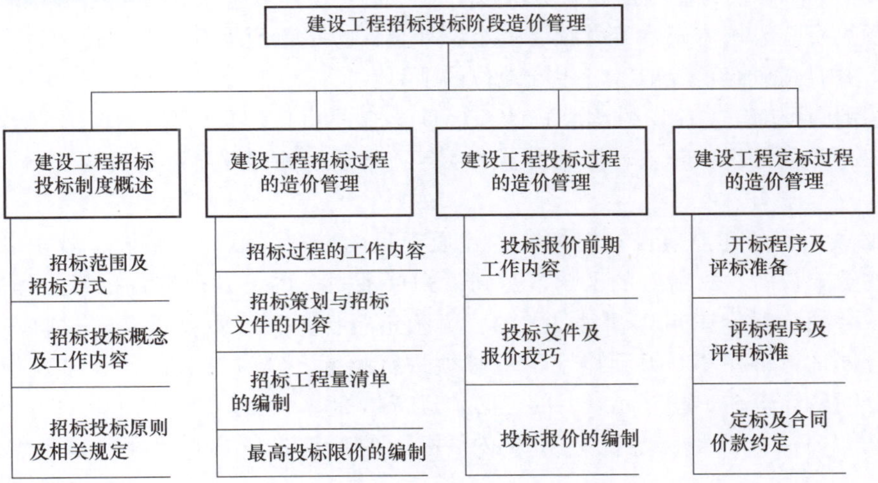

【本章学习要点】

◆ 掌握：招标文件的内容、招标工程量清单的编制内容、最高投标限价的编制内容、投标文件的内容、报价技巧、投标报价的编制内容、定标程序。

◆ 熟悉：招标方式、招标投标原则、招标过程的工作内容、投标过程的工作内容、开标程序与评标准备、评标程序。

◆ 了解：招标范围、招标投标的概念及工作内容、招标投标的相关规定、招标策划、投标报价的前期工作、评审标准、合同价款的约定。

6.1 建设工程招标投标制度概述

6.1.1 招标范围及招标方式

招标投标是在市场经济条件下进行货物、工程和服务采购时，达成交易的一种方式。招标投标是在市场经济条件下进行大宗货物的买卖、工程建设项目的发包与承包，以及服务项目的采购与提供时，采购人提出要求，供应方响应并提出自己的方案与报价，采购人选择条件最优者成为成交方的一种交易方式。招标投标是建设工程最主要的竞争性交易方式。

1. 建设工程的招标范围

（1）建设工程法定招标的范围 《招标投标法》规定，在我国境内进行下列工程建设项目，包括项目的勘察、设计、施工、监理以及与工程建设有关的重要设备、材料等的采购，必须进行招标。

1）大型基础设施、公用事业等关系社会公共利益、公众安全的项目。具体包括：①煤炭、石油、天然气、电力、新能源等能源基础设施项目；②铁路、公路、管道、水运，以及公共航空和 A1 级通用机场等交通运输基础设施项目；③电信枢纽、通信信息网络等通讯基础设施项目；④防洪、灌溉、排涝、引（供）水等水利基础设施项目；⑤城市轨道交通等城建项目。

2）全部或者部分使用国有资金投资或者国家融资的项目。具体包括：①使用预算资金 200 万元以上，并且该资金占投资额 10%以上的项目，预算资金包括一般公共预算资金、政府性基金预算资金、国有资本经营预算资金、社会保险基金预算资金；②使用国有企业事业单位资金，并且该资金占控股或者主导地位的项目。

3）使用国际组织或者外国政府贷款、援助资金的项目。具体包括：①使用世界银行、亚洲开发银行等国际组织贷款、援助资金的项目；②使用外国政府及其机构贷款、援助资金的项目。

（2）必须招标的建设项目规模标准 建设项目的勘察、设计、施工、监理以及与工程建设有关的重要设备、材料等的采购，达到下列标准之一的，必须进行招标。具体标准为：①施工单项合同估算价在 400 万元以上的，必须进行招标；②重要设备、材料等货物的采购，单项合同估算价在 200 万元以上的，必须进行招标；③勘察、设计、监理等服务的采购，单项合同估算价在 100 万元以上的，必须进行招标。

（3）可以不招标的特殊情况 对于必须招标的工程建设项目，在特殊情况下可以不招标。

根据《招标投标法》的相关规定，涉及国家安全、国家秘密、抢险救灾或者属于利用扶贫资金实行以工代赈、需要使用农民工等特殊情况，不适宜进行招标的项目，按照国家有关规定可以不进行招标。

根据《招标投标法实施条例》的相关规定，除《招标投标法》规定的上述情况外，以下情况也可以不招标：①需要采用不可替代的专利或者专有技术；②采购人依法能够自行建设、生产或者提供；③已通过招标方式选定的特许经营项目投资人依法能够自行建设、生产或者提供；④需要向原中标人采购工程、货物或者服务，否则将影响施工或者功能配套要求；⑤国家规定的其他特殊情形。

2. 建设工程的招标方式

我国《招标投标法》中规定，建设工程招标分为公开招标和邀请招标两种方式。

（1）公开招标

1）含义。公开招标是指招标人以招标公告的方式邀请不特定的法人或者其他组织投标，是由招标人按照法定程序，在公开出版物上发布或者以其他公开方式发布招标公告，所有符合条件的承包商都可以平等参加投标竞争，从中择优选择中标者的招标方式。由于公开招标对竞争没有限制，因此又称为无限竞争性招标，这种招标方式是最符合招标的宗旨的。

2）特点。①公开发布招标信息，可供选择的范围广，竞争激烈；②招标过程公开性强、透明度高；③招标时间长、费用高。

3）优缺点。其优点在于：①公开招标可为所有的承包人提供一个平等竞争的机会；②业主有较大的选择余地，有利于提高工程质量、降低工程造价和缩短工期。其缺点是：由于公开招标涉及的范围广，参加投标的承包人可能比较多，因此会大大增加资格预审和评标的工作量，同时，也可能出现通过故意压低报价而赢得中标机会的承包人，使得报价较高但更为合适的承包人被淘汰。

（2）邀请招标

1）含义。邀请招标是指招标人以投标邀请书的方式邀请特定的法人或者其他组织投标，是接到投标邀请书的法人或者其他组织才能参加投标的一种招标方式，其他潜在的投标人则被排除在投标竞争之外。因此也称为有限竞争性招标。

2）《招标投标法》规定的邀请招标范围。国务院发展计划部门确定的国家重点项目和省、自治区、直辖市人民政府确定的地方重点项目不适宜公开招标的，经国务院发展计划部门或者省、自治区、直辖市人民政府批准，可以进行邀请招标。

3）《招标投标法实施条例》规定的邀请招标范围。国有资金占控股或者主导地位的依法必须进行招标的项目，应当公开招标，但有下列情形之一的，可以邀请招标：①技术复杂、有特殊要求或者受自然环境限制，只有少量潜在投标人可供选择；②采用公开招标方式的费用占项目合同金额的比例过大。

4）特点。邀请招标必须向三个以上的潜在投标人发出邀请，并且被邀请的法人或者其他组织必须具备以下条件：①具备承担招标项目的能力，如施工招标，被邀请的施工企业必须具备与招标项目相应的施工资质等级；②资信良好。

5）优缺点。其优点包括：①无须发布招标公告和设置资格预审环节，大大节约了招标的时间和费用；②由于招标人了解被邀请投标人的业绩和履约能力，因此降低了合同履行过程中承包人的履约风险。其缺点包括：①邀请招标信息的公开程度十分有限；②邀请招标方式下，投标人的数量有限，竞争不如公开招标激烈；③邀请招标可选择面窄，有可能排除了更加优秀、在技术或报价上更具竞争实力的潜在投标人。

（3）公开招标与邀请招标的区别

1）发布招标信息的方式不同。公开招标是采用招标公告的方式发布招标信息，而邀请招标则是采用投标邀请书的方式发布招标信息。

2）投标竞争的范围不同。公开招标是面向全部的潜在投标人，而邀请招标则面向的是特定的投标人。

3）招标信息的公开程度不同。公开招标对于招标信息的公开范围广，而邀请招标对于招标信息的公开范围十分有限。

4）招标过程耗用的时间和费用不同。公开招标耗时长、费用高，而邀请招标耗时较短、费用较省。

6.1.2 招标投标概念及工作内容

1. 招标投标的相关概念

（1）招标和投标的含义　建设工程招标是指招标人（采购方、买方）将招标的内容和要求以文件形式标明，招引投标人来报价（投标），经过比较，选择理想单位并达成协议的活动。对招标人来说，招标就是择优。建设工程投标是指投标人（供应方、卖方）向招标单位提出承担该招标任务的价格和条件，供招标单位选择并获得承包权的活动。对投标人来说，参加投标是一场竞争，这种竞争不仅是对报价高低的比较，而且也是对投标人的技术实力、工程经验和企业信誉的综合比较。

（2）招标人及其自行招标的条件　招标人是指采购人，是依法提出招标项目和依法进行招标的法人或其他组织。招标人自行办理招标事宜应具备的条件包括：①招标人必须是法人或依法成立的其他组织；②招标人有与招标工程相适应的经济、技术类管理人员；③招标人有组织编制招标文件的能力；④招标人有审查投标人资质的能力；⑤招标人有组织开标、评标、定标的能力。招标人不具备自行招标条件中的②~⑤条时，应当委托招标代理机构进行代理招标。

（3）招标代理机构及其职责　招标代理机构是指依法设立、从事招标代理业务并提供相关服务的社会中介组织，是独立的法人，并获得国家认可的招标代理资格。代理招标时，招标代理机构的职责包括：①拟订招标方案；②编制和出售资格预审文件、招标文件；③审查投标人资格；④编制标底；⑤组织投标人踏勘现场；⑥接受投标文件，组织开标、评标，并协助招标人定标；⑦草拟合同；⑧完成招标人委托的其他事项。

（4）投标人应符合的条件　投标人应符合三个条件：①投标人是响应招标、参加投标竞争的法人或其他组织或自然人；②投标人应符合资质等级条件；③投标人应当符合招标要求的其他条件。

（5）联合体投标应满足的要求　两个以上法人或者其他组织可以组成一个联合体，以一个投标人的身份共同投标。对于联合体投标的具体要求如下：

1）资质要求。①联合体各方均应具有承担招标项目的相应能力；②国家或招标文件对招标人资格条件有特殊要求的，联合体各个成员都应当具备规定的相应资格条件；③由同一专业的单位组成的联合体，应当按照资质等级较低的单位确定联合体的资质等级，即联合体的资质等级遵循就低不就高的原则。

2）投标要求。①联合体各方应当签订书面的共同投标协议；②联合体中标的，联合体各方应当共同与招标人签订合同；③联合体各方对中标的项目承担连带责任。

2. 招标投标阶段工作步骤与内容

在建设工程的招标投标阶段，公开招标与邀请招标均要经过招标准备、资格审查与投标、开标评标与授标三个阶段，每个阶段又可按招标人的工作划分为若干工作步骤，投标人的活动贯穿始终。建设工程招标投标的阶段划分、主要工作步骤及主要工作内容，如表6-1所示。

表 6-1 建设工程招标投标

阶段	主要工作步骤	主要工作内容	
		招标人	投标人
招标准备	申请审批、核准招标	将招标范围、招标方式、招标组织形式报项目审批、核准部门审批、核准	进行市场调研，组成投标小组，收集招标信息，准备投标资料
	组建招标组织	自行建立招标组织或委托招标代理机构	
	策划招标方案	划分施工标段、确定承包模式、选择合同计价方式及合同类型	
	招标公告或投标邀请	发布招标公告或发出投标邀请函	
	编制标底或确定最高投标限价	编制标底或确定招标控制价	
	准备招标文件	编制资格预审文件和招标文件	
招标过程	发售资格预审文件	发售资格预审文件	购买资格预审文件并填报材料
	进行资格预审	分析资格预审材料确定合格投标单位名单，发出资格预审结果通知	接收资格预审结果通知
	发售招标文件	发售招标文件	购买招标文件，分析招标文件
	组织现场踏勘和标前会议	组织现场踏勘和标前会议 进行招标文件的澄清和补遗	参加现场踏勘和标前会议，对招标文件提出质疑
	递交和接收投标文件	接收投标文件（包括投标保函）	编制投标文件，递交投标文件
决标成交	开标	组织开标会议	参加开标会议
	评标	初步评审投标文件 详细评审投标文件 必要时组织投标单位答辩 编写评标报告	按要求进行答辩，按要求提供证明材料
	授标	发出中标通知书 组织合同谈判 签订施工合同	接收中标通知书，参加合同谈判，签订施工合同

6.1.3 招标投标原则及相关规定

1. 招标投标的基本原则

建设工程招标投标的基本原则包括公开原则、公平原则、公正原则和诚实信用原则。

（1）公开、公平、公正原则

1）公开原则。公开是指信息透明。招标投标活动应有较高的透明度，表现在建设项目招标投标的信息、条件、程序和结果公开。

2）公平原则。公平是指机会均等。招标投标过程中应当杜绝一方把自己的意志强加于对方的行为，如招标过程中或签订合同前无理压价、投标人恶意串通提高标价损害对方利益等违反公平原则的行为。

3）公正原则。公正是指程序规范、标准统一。在评标和定标的过程中，应按招标文件中规定的统一标准，实事求是地进行，不得偏袒或压制任何一方。

（2）诚实信用原则　诚实信用是指善意真诚、守信不欺。要求在招标投标活动中的招标人、招标代理机构、投标人等均应以诚实的态度参与招标投标活动，坚持良好的信用，不得以欺骗手段虚假进行招标或投标，牟取不正当利益，并且恪守诺言，严格履行有关义务。

2. 投标保证金和投标有效期的规定

（1）投标保证金和投标文件编制时间的规定

1）投标保证金。招标人在招标文件中要求投标人提交投标保证金的，投标保证金不得超过招标项目估算价的2%。施工、货物招标的，投标保证金最高不得超过80万元；勘察、设计等服务招标的，投标保证金最高不得超过10万元。招标人不得挪用投标保证金。

2）投标文件编制时间。招标人应当确定投标人编制投标文件所需要的合理时间。依法必须进行招标的项目，自招标文件开始发出之日起至投标人提交投标文件截止之日止，最短不得少于20日。

（2）投标有效期的规定

1）含义与作用。投标有效期是招标人对投标人发出的邀约做出承诺的期限，也是投标人就其提交的投标文件承担相关义务的期限。投标有效期从投标截止时间起开始计算，主要用作组织评标委员会评标、招标人定标、发出中标通知书以及签订合同等工作。

2）确定内容。投标有效期的确定需要考虑组织评标委员会完成评标需要的时间、确定中标人需要的时间，以及签订合同需要的时间。其期限可根据项目特点确定，一般项目投标有效期为60~90天。投标保证金的有效期应与投标有效期保持一致。

3）特殊情况。出现特殊情况需要延长投标有效期的，招标人以书面形式通知所有投标人延长投标有效期。投标人同意延长的，应相应延长其投标保证金的有效期，但不得要求或被允许修改其投标文件的实质性内容；投标人拒绝延长的，其投标失效，但投标人有权收回其投标保证金。

3. 与造价管理相关的招标投标规定

按照招标投标公开、公平、公正、诚实信用原则，招标人和投标人应遵守以下规定：

（1）招标项目的规定　需要招标的项目应满足的条件包括：①招标人应当有进行招标项目的相应资金或者资金来源已经落实，并应当在招标文件中如实载明；②按照国家有关规定需要履行项目审批手续的，应当先履行审批手续，取得批准；③按照国家有关规定需要履行项目审批、核准手续的依法必须进行招标的项目，其招标范围、招标方式、招标组织形式应当报项目审批、核准部门审批、核准；④项目审批、核准部门应当及时将审批、核准确定的招标范围、招标方式、招标组织形式通报有关行政监督部门。

（2）招标人不得设定不合理的条件的规定　招标人不得以不合理的条件限制、排斥潜在投标人或者投标人，主要情形包括：①就同一招标项目向潜在投标人或者投标人提供有差别的项目信息；②设定的资格、技术、商务条件与招标项目的具体特点和实际需要不相适应或者与合同履行无关；③依法必须进行招标的项目以特定行政区域或者特定行业的业绩、奖项作为加分条件或者中标条件；④对潜在投标人或者投标人采取不同的资格审查或者评标标准；⑤限定或者指定特定的专利、商标、品牌、原产地或者供应商；⑥依法必须进行招标的项目非法限定潜在投标人或者投标人的所有制形式或者组织形式；⑦以其他不合理条件限制、排斥潜在投标人或者投标人。

（3）电子招标和电子投标的规定

1）电子招标。①招标人或者其委托的招标代理机构应当在其使用的电子招标投标交易平台注册登记。②选择使用除招标人或招标代理机构之外第三方运营的电子招标投标交易平台的，还应当与电子招标投标交易平台运营机构签订使用合同，明确服务内容、服务质量、服务费用等权利和义务，并对服务过程中相关信息的产权归属、保密责任、存档等依法做出约定。③电子招标投标交易平台运营机构不得以技术和数据接口配套为由，要求潜在投标人购买指定的工具软件。

2）电子投标。①注册，投标人应当在资格预审公告、招标公告或者投标邀请书载明的电子招标投标交易平台注册登记，如实递交有关信息，并经电子招标投标交易平台运营机构验证；②递交投标文件，投标人应当通过资格预审公告、招标公告或者投标邀请书载明的电子招标投标交易平台递交数据电文形式的资格预审申请文件或者投标文件；③加密投标文件。投标人应当按照招标文件和电子招标投标交易平台的要求编制并加密投标文件。投标人未按规定加密的投标文件，电子招标投标交易平台应当拒收并提示。

（4）禁止招标人与投标人串通投标的规定　有以下情形之一的，属于招标人与投标人串通投标：①招标人在开标前开启投标文件并将有关信息泄露给其他投标人；②招标人直接或者间接向投标人泄露标底、评标委员会成员等信息；③招标人明示或者暗示投标人压低或者抬高投标报价；④招标人授意投标人撤换、修改投标文件；⑤招标人明示或者暗示投标人为特定投标人中标提供方便；⑥招标人与投标人为谋求特定投标人中标而采取的其他串通行为。

（5）禁止投标人相互串通投标的规定

有下列情形之一的，属于投标人相互串通投标：①投标人之间协商投标报价等投标文件的实质性内容；②投标人之间约定中标人；③投标人之间约定部分投标人放弃投标或者中标；④属于同一集团、协会、商会等组织成员的投标人按照该组织要求协同投标；⑤投标人之间为谋取中标或者排斥特定投标人而采取的其他联合行动。

有下列情形之一的，视为投标人相互串通投标：①不同投标人的投标文件由同一单位或者个人编制；②不同投标人委托同一单位或者个人办理投标事宜；③不同投标人的投标文件载明的项目管理成员为同一人；④不同投标人的投标文件异常一致或者投标报价呈规律性差异；⑤不同投标人的投标文件相互混装；⑥不同投标人的投标保证金从同一单位或者个人的账户转出。

（6）禁止投标人其他不正当竞争行为的规定

1）不得低于成本价竞标。它是指投标人的投标报价不得低于成本价的报价竞标，也不得以他人名义投标或者以其他方式弄虚作假，骗取中标。

2）不得以他人名义投标。它是指使用通过受让或者租借等方式获取的资格、资质证书投标，骗取中标的情形。

3）不得以其他方式弄虚作假。投标人有下列情形之一的，属于以其他方式弄虚作假的行为：①使用伪造、变造的许可证件；②提供虚假的财务状况或者业绩；③提供虚假的项目负责人或者主要技术人员简历、劳动关系证明；④提供虚假的信用状况；⑤其他弄虚作假的行为。

6.2 建设工程招标过程的造价管理

6.2.1 招标过程的工作内容

招标过程包括招标的准备工作、发布招标公告或发出投标邀请书、进行资格预审或资格后审、发售招标文件、组织现场考察和投标预备会、接收投标文件等工作内容。建设工程招标过程如图 6-1 所示。

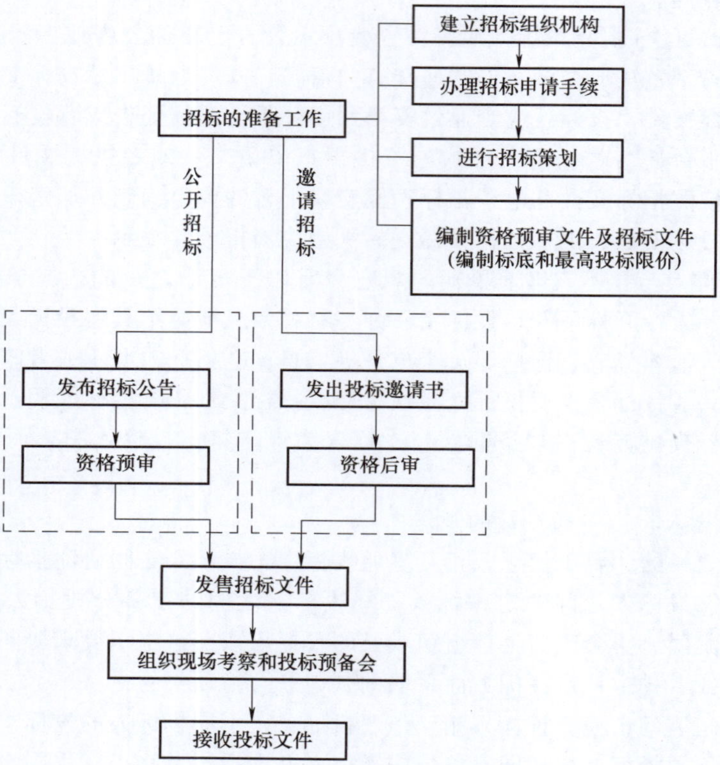

图 6-1　建设工程招标过程

1. 招标的准备工作

招标的准备工作包括建立招标组织机构、办理招标申请手续、进行招标策划、编制资格预审文件及招标文件。

（1）建立招标组织机构　根据建设单位是否具备自行招标的能力，确定是采用自行招标还是代理招标。对于采用代理招标的，要根据招标工程的性质、规模，以及工程招标代理机构的实力确定招标代理单位。

（2）办理招标申请手续　招标组织机构建立后，应按相关规定办理完成工程招标的各项申请手续，以使建设项目具备招标的条件。建设项目招标应具备的条件为：①设计概算已经相关部门批准，且有能够满足施工要求的施工图纸及技术资料；②已正式列入国家、部门或地方的年度固定资产投资计划；③建设用地的征地工作已经完成，项目的建设资金和主要建筑材料设备的来源已经落实；④已经所在地的规划部门批准，施工现场的“三通一平”（即水通、电通、路通和场地平整）工作已经完成或已列入施工的范围中。

（3）进行招标策划　在建立了招标的组织机构、按要求完成工程招标的各项审批手续，并向政府的招标投标管理机构提出招标申请后，招标人或代理机构即可进行招标策划，包括划分施工标段、确定承包模式、选择合同计价方式等内容。

（4）编制资格预审文件　对于采用公开招标的工程项目，为了保证潜在投标人能够公平地获得投标竞争机会，确保投标人满足招标项目的资格条件，招标人应对投标人进行资格审查。资格预审文件包括资格预审公告、申请人须知、资格审查办法、资格预审申请文件格式、项目建设概况等。此外，招标人对资格预审文件所做的澄清、修改，也构成资格预审文件的组成部分。

（5）编制招标文件　招标文件是向投标人提供招标信息，以指导投标人进行投标分析和决策的重要依据；是投标人进行投标文件的编制，以及招标人进行评标的依据标准。招标文件也是招标投标活动成交后，中标人与招标人签订合同的主要依据和组成部分，招标文件中提出的各项要求，对整个招标投标阶段乃至承发包双方均有约束力。为此，招标人应根据《标准施工招标文件》，结合招标项目具体特点和实际需要编制招标文件，其中应包括招标项目的所有实质性要求和条件。

2. 发布招标公告或发出投标邀请书

发布招标公告或发出投标邀请书的目的是让潜在投标人获得招标信息，以便于其进行项目筛选，确定是否参与投标竞争。招标公告或投标邀请书分别适用于不同的招标方式，招标公告适用于进行资格预审的公开招标，投标邀请书适用于进行资格后审（评标时进行）的邀请招标。

（1）发布招标公告　招标公告是指采取公开招标方式的招标人（包括招标代理机构）通过国家指定的报刊、信息网络或者其他媒介向所有潜在的投标人发出的一种广泛的通告。发布招标公告的目的是使所有潜在的投标人都具有公平的投标竞争的机会。招标公告内容包括招标条件、项目概况与招标范围、投标人资格要求、招标文件的获取、投标文件的递交、发布公告的媒介和联系方式等。

（2）发出投标邀请书　投标邀请书是指采取邀请招标方式的招标人，向5~10家（至少不应少于3家）具备承担招标工程的能力、资信良好的特定法人或者其他组织发出的参加投标的邀请。投标邀请书内容包括招标条件、项目概况与招标范围、投标人资格要求、招标文件的获取、投标文件的递交、确认和联系方式等。

3. 进行资格预审

对于采用公开招标方式的工程项目，按以下程序进行资格预审：

（1）发布资格预审公告　对于依法必须进行招标项目的资格预审公告，应在国务院发展改革部门依法指定的媒介发布。资格预审公告内容包括招标条件、项目概况与招标范围、申请人资格要求、资格预审方法、资格预审文件的获取、资格预审申请文件的递交、发布公告的媒介和联系方式等。

（2）发售资格预审文件　招标人应按照资格预审公告规定的时间、地点发售资格预审文件，资格预审文件的发售期不得少于5日。

(3) 资格预审申请文件的递交　资格预审申请文件内容包括：资格预审申请函，法定代表人身份证明或附有法定代表人身份证明的授权委托书，联合体协议书（若有），申请人基本情况表，近年财务状况表，近年完成的类似项目情况表，正在施工和新承接的项目情况表，近年发生的诉讼及仲裁情况，申请人须知前附表中要求提交的其他材料。

(4) 资格预审的内容　需要审查的主要内容是投标人的法人地位、信誉、财务状况和技术资格。①法人地位。审查投标人的注册证明和资质等级是否与招标文件中的条件要求相符。②信誉。审查投标人的主要施工经历，以及正在承建的施工项目的履约情况。③财务状况。审查投标人的承包收入、投标能力，以及可获得的信贷资金。④技术资格。审查投标人的技术力量、设备能力，以及工程施工实践经验积累情况等。

(5) 资格预审的程序和要求

1) 程序。①公开招标的项目实行资格预审的，招标人应当在招标公告或者招标预审公告中载明预审后允许参加投标的投标人的数量范围，并按照排名先后或者得分高低选择投标人；②合格潜在投标人确定后，招标人向资格预审合格的潜在投标人发出资格预审合格通知书；③潜在投标人在收到资格预审合格通知书后，应以书面形式予以确认是否参加投标，并在规定的地点和时间领取或购买招标文件和有关技术资料。

2) 要求。①招标公告或者招标预审公告没有载明数量范围的，招标人不得限制通过资格预审的投标人进行投标；②只有通过资格预审的投标申请人才有资格参与下一阶段的投标竞争；③通过资格预审的申请人少于3个的，应当重新招标。

4. 发售招标文件

招标人应当按招标公告或投标邀请书规定的时间、地点向预审合格或被邀请的投标人出售相应工程项目的招标文件。

(1) 招标文件的出售　招标人对于发出的招标文件可以酌收工本费，但对招标文件的收费应当合理，限于补偿印刷、邮寄的成本支出，不得以营利为目的。对于其中的设计文件，招标人可以采用酌收押金的方式收取其费用，在确定中标人后，对于将设计文件予以退还的，招标人应当同时将其押金退还。

(2) 招标文件的确认　投标人收到招标文件、图纸和有关资料后，应认真核对，无误后应以书面形式予以确认。招标文件自出售之日起至停止出售之日止，最短不得少于5个工作日。

5. 组织现场踏勘和投标预备会

(1) 现场踏勘

1) 目的。招标人组织投标人进行现场踏勘的目的，一方面是让投标人考察和了解施工现场的自然环境、社会环境及施工条件，便于决定投标策略和报价原则，更好地结合工程实际编制投标文件；另一方面是避免施工合同履行中承包商以不了解现场情况为由推卸其应承担的责任。

2) 内容。招标人在组织现场踏勘时，除对工程场地和相关周边环境情况进行介绍外，不对投标人提出的有关问题做进一步说明，以免干扰投标人的判断。即使是招标人在踏勘现场中介绍的工程场地和相关周边环境情况，也仅供投标人在编制投标文件时参考，招标人不对投标人据此做出的判断和决策负责。

3) 投标人须知前附表规定组织踏勘现场的。招标人应按投标人须知前附表规定的时间、地点组织投标人踏勘现场。投标人踏勘现场发生的费用自理。除招标人的原因外，投标人自行负责在踏勘现场过程中所发生的人员伤亡和财产损失。

（2）投标预备会

1）目的。投标人须知前附表规定召开投标预备会的，招标人应按投标人须知前附表规定的时间和地点召开投标预备会，招标人组织召开投标预备会的目的是澄清投标人提出的问题。

2）程序。投标人应在投标人须知前附表规定的时间前，以书面形式将提出的问题送达招标人，以便招标人在会议期间澄清。投标预备会后，招标人在投标人须知前附表规定的时间内，将对投标人所提问题的澄清，以书面方式通知所有购买招标文件的投标人。该澄清内容为招标文件的组成部分。

3）招标人对招标文件进行澄清或者修改的。内容可能影响投标文件编制的，招标人应在投标截止时间至少 15 日前，以书面形式通知所有获取招标文件的潜在投标人；不足 15 日的，招标人应顺延提交投标文件的截止时间。

6. 接收投标文件

在招标文件规定的投标截止时间之前，投标人应按招标文件的要求递交投标文件，招标人收到投标文件后，应当签收保存，在开标前任何单位和个人不得开启投标文件。在招标文件要求递交投标文件的截止时间后送达的投标文件，招标人应当拒收。投标人少于 3 个的，招标人应当依法重新招标。

6.2.2 招标策划与招标文件的内容

招标策划与招标文件的内容

1. 施工招标策划的内容

施工招标策划是指建设单位及其委托的招标代理机构在准备招标文件前，根据工程项目特点及潜在投标人情况等确定招标方案。招标策划的好坏，关系到招标的成败，直接影响投标人的投标报价乃至施工合同价。因此，招标策划对于施工招标投标过程中的工程造价管理起着关键作用。它主要包括施工标段划分及承包模式确定、合同计价方式及合同类型选择等内容。

（1）施工标段划分　施工标段划分是选择招标方式和编制招标文件前的一项非常重要的工作，划分施工标段时，应考虑的因素包括工程特点、对工程造价的影响、承包单位专长的发挥、工地管理等。

1）工程特点。如果工程场地集中、工程量不大、技术不太复杂，由一家承包单位总包易于管理，则一般不分标；但如果工地场面大、工程量大，有特殊技术要求，则应考虑划分为若干标段。

2）对工程造价的影响。①通常情况下，一项工程由一家施工单位总承包易于管理，同时便于劳动力、材料、设备的调配，因而可得到交底造价；②大型、复杂的工程项目，对承包单位的施工能力、施工经验、施工设备等有较高要求，如果不划分标段，就可能使有资格参加投标的承包单位大幅减少。竞争对手的减少，必然会导致工程报价的上涨，反而得不到较为合理的报价。

3）承包单位专长的发挥。工程项目是由单项工程、单位工程或专业工程组成的，在划分施工标段时，既要考虑不会产生各承包单位施工的交叉干扰，又要注意各承包单位之间在空间和时间上的衔接。

4）工地管理。从工地管理角度看，划分标段时应考虑两方面问题：①工程进度的衔接。对于工程网络计划中关键线路上的项目一定要选择施工水平高、能力强、信誉好的承包单位，以防影响其他承包单位的进度；②工地现场的布置和干扰。承包单位越少越好，分标时要对几个承包单位在现场的施工场地进行细致周密的安排。

5）其他因素。除上述因素外，还应考虑其他因素对施工标段划分的影响，如建设资金、设计图纸供应时间等，对于资金不足、图纸分期供应的，可先进行部分招标。

（2）承包模式确定　施工承包模式有施工总承包、平行承包、联合体承包、合作体承包等。在确定允许采取哪些承包模式的基础上，还需要结合工程特点和施工需求确定是否允许分包，以及哪些工程部位允许分包等。

（3）合同计价方式及合同类型选择　总体而言，施工合同计价方式可分为三种：总价方式、单价方式和成本加酬金方式。相应的，施工合同也分为总价合同、单价合同和成本加酬金合同三种。建设单位可综合考虑工程复杂程度及设计深度、施工技术先进程度及施工工期紧迫程度等因素，选取不同的合同计价方式，或在同一施工合同中针对不同工程部位组合采用不同计价方式。

2. 招标文件的内容

招标文件是招标人为选择工程承包人而对投标人所做投标文件的具体要求和说明的书面文件，是指导整个招标投标工作全过程的纲领性文件，由招标人（或其委托的咨询机构）编制，由招标人发布。招标文件的主要内容包括：招标公告或投标邀请书，投标人须知，评标办法，合同条款及格式，工程量清单，图纸、技术标准和要求，投标文件格式，以及投标人须知前附表规定的其他材料。

（1）招标公告或投标邀请书　当未进行资格预审时，招标文件中应包括招标公告。当进行资格预审时，招标文件中应包括投标邀请书，该邀请书可代替资格预审通过通知书，以明确投标人已具备了在某具体项目某具体标段的投标资格；其他内容包括招标文件的获取、投标文件的递交等。

（2）投标人须知　投标人须知主要包括对于项目概况的介绍和招标过程的各种具体要求，是招标文件的重要组成部分。主要内容有：①项目概况、资金来源和落实情况、招标范围、计划工期和质量要求、投标人资格要求、现场踏勘和投标预备会的要求；②招标文件的组成、澄清及修改的规定；③投标文件的组成、递交、修改与撤回的要求，以及投标报价要求、投标有效期和保证金的规定；④开标的时间、地点和程序；⑤评标委员会的要求、评标的原则和标准；⑥定标的方式、中标通知的送达、签订合同的要求等。

（3）评标办法　评标办法的内容主要包括评标的方法、评审的标准和评审的程序。

1）常用的评标办法包括经评审的最低投标价法和综合评估法两种，招标人可根据招标项目具体特点和实际需要选择采用。

2）招标人选择采用综合评估法的，各评审因素的评审标准、分值和权重等由招标人自主确定；国务院有关部门对各评审因素的评审标准、分值和权重等有规定的，从其规定。评标办法前附表应列明全部评审因素和评审标准，并标明投标人不满足要求即否决其投标的全部条款。

（4）合同条款及格式　合同条款及格式包括通用合同条款、专用合同条款和合同附件格式。通用合同条款的主要内容包括：①合同的一般约定；②发包人义务、监理人的职责和权力、承包人义务；③施工控制网，工期的计划、实施、延误和延期的处理；④工程质量要求、试验和检验规定；⑤变更的程序与估价原则、计量与支付的要求、竣工验收程序、缺陷责任与保修责任的处理；⑥不可抗力的确认与处理、索赔的处理程序与争议的解决方式等。合同条款是投标人明确在承包工程后应该承担的义务和责任以及享有的权利，并作为合同谈判的基础。合同附件一般指所附合同协议书和履约担保协议。

（5）工程量清单（最高投标限价） 工程量清单是招标文件中的主要内容，是由招标人或其委托的咨询机构根据国家标准、行业标准，以及招标项目具体特点和实际需要编制的。工程量清单是表现拟建工程分部分项工程、措施项目和其他项目名称和相应数量的明细清单，以满足工程项目具体量化和计量支付的需要，并与投标人须知、通用合同条款、专用合同条款、技术标准和要求、图纸相衔接。工程量清单是投标人编制投标报价和招标人编制最高投标限价的重要依据，如按照规定应编制最高投标限价的项目，其最高投标限价应在发布招标文件时一并公布。

（6）图纸、技术标准和要求 图纸、技术标准和要求包括经相关部门审批合格的工程设计图纸和文字说明，工程的具体内容和施工技术、质量要求，以及该工程所使用的相关规范规程，以便投标人制定相应的工程施工方案和施工组织措施等。

1）图纸。它是指应由招标人提供的用于计算最高投标限价和投标人计算投标报价所必需的各种详细程度的图纸。

2）技术标准和要求。技术标准应符合国家强制性标准，不得要求或标明某一特定的专利、商标、名称、设计、原产地或生产供应者，不得含有倾向或者排斥潜在投标人的其他内容。

（7）投标文件格式、投标人须知前附表规定的其他材料 投标文件格式规定了投标文件的组成、各部分的格式要求以及排列、装订顺序等。

1）投标文件格式。投标文件一般包括封面、目录格式，投标函及投标函附录，法定代表人身份证明，授权委托书，投标保证金，已标价工程量清单，施工组织设计，项目管理机构，资格审查资料等内容。

2）投标人须知前附表。在投标人须知正文中的未尽事宜可通过“投标人须知前附表”进行进一步明确，由招标人根据招标项目具体特点和实际需要编制和填写，但务必与招标文件的其他章节相衔接，并不得与投标人须知正文的内容相抵触，否则抵触内容无效。

3. 招标文件的澄清或修改

招标文件的澄清，是指招标人对招标文件中的遗漏、词义表述不清，或对比较复杂事项进行的补充说明，以及回答投标人提出的问题等。招标文件的修改，是指招标人对招标文件中出现的遗漏、差错、表述不清等问题认为必须进行的修订。

（1）招标人有权对招标文件进行澄清与修改 招标文件发出以后，无论出于何种原因，招标人可以对发现的错误或遗漏，在规定时间内主动地或在投标人提出问题进行解答时，澄清或者修改，改正差错，以避免损失。该澄清或者修改的内容应列为招标文件的组成部分。

（2）澄清或者修改的内容应为招标文件的组成部分 招标人对招标文件澄清和修改应以书面形式通知所有招标文件收受人，该澄清或者修改的内容应为招标文件的组成部分。招标人可以直接采取书面形式（如信函、电报、传真等可以有形地表现所载内容的形式），也可以采用召开投标预备会的方式进行解答和说明，但最终必须将澄清与修改的内容以书面方式通知所有招标文件收受人，而且作为招标文件的组成部分。

(3) 澄清与修改的时限要求

1）澄清或者修改的内容可能影响投标文件编制的，招标人应当在投标文件截止时间至少 15 日前，以书面形式通知所有获取招标文件的潜在投标人；不足 15 日的，招标人应当顺延提交投标文件的截止时间。

2）潜在投标人或者其他利害关系人对招标文件有异议的，应当在投标截止时间 10 日前提出；招标人应当自收到异议之日 3 日内做出答复，做出答复前，应当暂停招标投标活动。

6.2.3 招标工程量清单的编制

1. 编制原则及编制内容

招标工程量清单是招标人依据国家标准、招标文件、设计文件以及施工现场实际情况编制的，随招标文件发布、供投标报价的工程量清单包括说明和表格。

(1) 招标工程量清单的编制原则　编制招标工程量清单，应充分体现“实体净量”“量价分离”和“风险分担”的原则。招标阶段，由招标人或其委托的工程造价咨询人根据工程项目设计文件，编制出招标工程项目的工程量清单，并将其作为招标文件的组成部分。招标人对工程量清单的准确性和完整性负责；投标人应结合企业自身实际、参考市场有关价格信息完成清单项目工程的组合报价，并对其承担风险。

(2) 招标工程量清单的组成和编制依据

1）招标工程量清单的组成。招标工程量清单由分部分项工程项目清单、措施项目清单、其他项目清单、规费和税金项目清单组成。

2）招标工程量清单的编制依据。包括：①现行国家标准《建设工程工程量清单计价规范》及各专业工程量计算规范等；②国家或省级、行业建设主管部门颁发的计价依据、标准和办法；③建设工程设计文件及相关资料；④与建设工程有关的标准、规范、技术资料；⑤拟定的招标文件；⑥施工现场情况、地勘水文资料、工程特点及常规施工方案；⑦其他相关资料。

(3) 招标工程量清单的编制内容　招标工程量清单的编制内容包括分部分项工程项目清单、措施项目清单、其他项目清单、规费和税金项目清单、工程量清单总说明，以及招标工程量清单汇总。

2. 分部分项工程项目清单编制

分部分项工程项目清单所反映的是拟建工程分部分项工程项目名称和相应数量的明细清单，招标人负责包括项目编码、项目名称、项目特征、计量单位和工程量在内的五项内容。

(1) 项目编码　分部分项工程项目清单的项目编码，应采用 12 位阿拉伯数字表示。

1）采用五级编码。其中，一、二、三、四级编码为全国统一，即一至九位应按工程量计算规范附录的规定设置；第五级即十至十二位为清单项目编码，应根据拟建工程的工程量清单项目名称和项目特征设置，同一招标工程的项目编码不得有重码。

2）项目编码中各位数字的含义。①第一级（一、二位）表示专业工程代码；②第二级（三、四位）表示附录分类顺序码；③第三级（五、六位）表示分部工程顺序码；④第四级（七、八、九位）表示分项工程项目名称顺序码；⑤第五级（十至十二位）表示清单项目名称顺序码。

3）以项目编码010401003001为例。01表示专业工程为房屋建筑与装饰工程，04表示附录分类为砌筑工程，01表示砖砌体分部工程，003表示实心砖墙分项工程，001可表示其中的一砖厚墙体。

（2）项目名称　分部分项工程项目清单的项目名称，应按专业工程量计算规范附录的项目名称结合拟建工程的实际确定，原则上以形成的工程实体命名。确定项目名称时应注意以下内容：

1）当项目在拟建工程的施工图纸中有体现，且在专业工程计量规范附录中也有对应清单项时，则根据附录中的规定直接列项计算工程量，并确定其项目编码。

2）当项目在拟建工程的施工图纸中有体现，但在专业工程量计算规范附录中没有对应清单项，且在附录项目的项目特征或工程内容中也没有提示时，则必须编制这些分项工程的补充项目，在清单中单独列项并在清单的编制说明中注明，并报当地工程造价管理部门备案。

3）对于补充项目，在工程量清单中需要附有其项目编码、项目名称、项目特征、计量单位、工程量计算规则、工程内容。其中，项目编码由各专业附录的顺序码与B和3位阿拉伯数字组成，并应从×B001起顺序编制，同一招标工程的项目不得重码。

（3）项目特征　分部分项工程项目清单的项目特征，是对项目的准确描述，是影响价格的因素，是设置具体工程清单项目的依据，应按不同的工程部位、施工工艺或材料品种、规格等分别列项。描述项目特征的原则如下：

1）项目特征描述的内容应按附录中的规定，结合拟建工程的实际，满足确定综合单价的需要。凡附录清单中对项目特征未描述到的其他独有特征，由清单编制人以准确描述清单项目为准，视项目具体情况确定。

2）当采用标准图集或施工图纸能够全部或部分满足项目特征描述的要求时，项目特征描述可直接采用“详见××图集”或“××图号”的方式；对不能满足项目特征描述要求的部分，仍应采用文字描述。

（4）计量单位　分部分项工程项目清单的计量单位和有效位数，应按专业工程量计算规范附录中规定的计量单位确定，对于附录中有两个或两个以上计量单位的，应结合拟建工程项目的实际情况选择其中一个确定。具体要求如下：

1）除各专业另有特殊规定外，计量单位应采用基本单位。①以重量计算的项目按吨或千克（t或kg）计；②以体积计算的项目按立方米（m^3）计，以面积计算的项目按平方米（m^2）计，以长度计算的项目按米（m）计；③以自然计量单位计算的项目按个、套、台等单位计取，没有具体数量的项目按系统、项等单位计取。

2）工程量的有效位数应遵守的规定：①以“t”为单位的，应保留三位小数，第四位小数四舍五入；②以“m^3”“m^2”“m”“kg”为单位的，应保留两位小数，第三位小数四舍五入；③以“个”“项”等为单位的，应取整数。

（5）工程量　分部分项工程项目清单中所列工程量，应按专业工程量计算规范附录中规定的工程量计算规则计算。除另有说明外，所有清单项目的工程量应以实体工程量为准，并以完成后的净值计算；投标人投标报价时，应在单价中考虑施工中的各种损耗和需要增加的工程量。

3. 措施项目清单编制

措施项目清单是反映发生的拟建项目施工准备和施工过程中的技术、生活、安全、环境保护等方面的项目清单，分为单价措施项目和总价措施项目。

（1）措施项目清单的设置　措施项目清单的设置要考虑拟建工程的施工组织设计、施工技术方案、相关的施工与验收规范，以及招标文件中提出的或设计文件中不足以写进技术方案的，但必须通过一定的技术措施才能实现的要求和内容。

（2）措施项目清单的编制内容　措施项目清单应根据拟建工程的实际情况列项编制，列项时需要考虑多种因素，除工程本身的因素外，还涉及水文、气象、环境、安全等因素。若出现专业工程量计算规范附录中未列的项目，可根据工程实际情况补充。

（3）措施项目清单的编制方法

1）单价措施项目的编制。对于可以精确计算工程量的措施项目，如脚手架、混凝土模板及支架、垂直运输等项目，可采用与编制分部分项工程项目清单相同的方法，编制“分部分项工程和单价措施项目清单与计价表”。

2）总价措施项目的编制。对于项目的发生与使用时间、施工方法或者两个以上的工序相关，且大都与实际完成的实体工程量的大小关系不大的措施项目费用，如安全文明施工、冬雨季施工、已完工程设备保护等，应编制“总价措施项目清单与计价表”。

4. 其他项目清单的编制

其他项目清单是应招标人的特殊要求而发生的、与拟建工程有关的其他费用项目和相应数量的清单。其具体内容与工程建设标准的高低、复杂程度、工期长短、组成内容，以及发包人对工程管理要求等有关，当出现未包含在规范表格中的内容的项目时，可根据实际情况补充。其他项目清单应按暂列金额、暂估价、计日工、总承包服务费列项。

（1）暂列金额　该项费用应根据工程特点按有关计价规定估算，是指招标人暂定并包括在合同中的一笔款项。由招标人填写其项目名称、计量单位、暂定金额等，若不能详列，也可只列暂定金额总额。由于暂列金额由招标人支配，实际发生后才得以支付，因此，在确定暂列金额时应根据施工图纸的深度、暂估价设定的水平、合同价款约定调整的因素以及工程实际情况合理确定。一般可按分部分项工程量清单的10%～15%确定，不同专业预留的暂列金额应分别列项。

（2）暂估价　该项费用包括材料暂估单价、工程设备暂估单价和专业工程暂估价，是招标人在招标文件中提供的、用于支付必然要发生但暂时不能确定价格的材料、工程设备的单价以及专业工程的金额。一般而言，为方便合同管理和计价，需要纳入分部分项工程量项目综合单价中的暂估价，应只是材料、工程设备暂估单价，以方便投标与组价。以“项”为计量单位给出的专业工程暂估价一般应是综合暂估价，即应当包括除规费、税金以外的管理费、利润等。

（3）计日工　该项费用是为了解决现场发生的工程合同范围以外的零星工作或项目的计价而设立的，是对完成零星工作所消耗的人工工时、材料数量、机具台班进行计量，编制时应列出项目名称、计量单位和暂估数量，并按照计日工表中填报的适用项目单价进行计价支付。计日工为额外工作的计价提供一个方便快捷的途径，编制计日工表格时，应尽可能把项目列全，以消除可能产生的争议。

（4）总承包服务费　该项费用是为了解决招标人在法律法规允许的条件下，进行专业工程发包以及自行采购供应材料、设备时，要求总承包人对发包的专业工程提供协调和配合服务，对供应的材料、设备提供收发和保管服务，以及对施工现场进行统一管理，对竣工资料进行统一汇总整理等，并向承包人支付的费用。招标人应当按照投标人的投标报价支付该项费用。

5. 规费和税金项目清单的编制

规费和税金项目清单应按照规定的内容列项；当出现规范中没有的项目时，应根据省级政府或有关部门的规定列项。税金项目清单除规定的内容外，如国家税法发生变化或增加税种，应对税金项目清单进行补充。规费、税金的计算基础和费率均应按国家或地方相关部门的规定执行。

6. 招标工程量清单总说明的编制

招标工程量清单总说明包括工程概况、工程招标及分包范围、工程量清单的编制依据，以及工程质量、材料、施工等的特殊要求及其他事项。

（1）工程概况　招标工程量清单总说明应对建设规模、工程特征、计划工期、施工现场实际情况、自然地理条件、环境保护要求等做出描述。①建设规模，即建筑面积；②工程特征，应说明基础及结构类型、建筑层数、高度、门窗类型及各部位装饰、装修做法；③计划工期，是根据工程实际需要而安排的施工天数；④施工现场实际情况，是指施工场地的地表状况；⑤自然地理条件，是指建筑场地所处地理位置的气候及交通运输条件；⑥环境保护要求，是针对施工噪声及材料运输可能对周围环境造成的影响和污染所提出的防护要求。

（2）工程招标及分包范围　招标工程量清单总说明应对工程的招标及分包范围做出描述。招标范围是指单位工程的招标范围，如建筑工程招标范围为“全部建筑工程”，装饰装修工程招标范围为“全部装饰装修工程”，或招标范围不含桩基础、玻璃幕墙、门窗等。工程分包是指特殊工程项目的分包，如招标人自行采购安装“铝合金门窗”“实木门”等。

（3）工程量清单的编制依据　招标工程量清单总说明应列出工程量清单编制的主要依据，包括设计文件（设计图纸、相关标准图集）、现行《建设工程工程量清单计价规范》、招标文件、施工现场情况及常规施工方案等。

（4）工程质量、材料、施工等的特殊要求及其他事项

1）对工程质量的要求。它是指招标人要求拟建工程的质量应达到的标准，如应达到质量合格或质量优良。

2）对材料的要求。它是指招标人根据工程的重要性、使用功能及装饰装修标准提出的对材料的质量或采购标准的要求。如对水泥的品牌、钢材的生产厂家、外墙面砖的出产地等的要求。

3）对施工的要求。它是指对项目施工的过程、验收环节等应达到的标准规定，如建筑工程施工质量应符合设计与专业验收规范的要求等。

4）其他需要说明的事项。对以上内容中还有需要进一步说明的事项或未尽事宜进行备注。

7. 招标工程量清单汇总

在分部分项工程项目清单、措施项目清单、其他项目清单、规费和税金项目清单编制完成后，经审查复核，与招标工程量清单的封面、总说明汇总并装订成册，由相关责任人签字、盖章后，即形成了完整的招标工程量清单文件。

6.2.4 最高投标限价的编制

最高投标限价是推行工程量清单计价过程中对传统标底概念的性质进行界定后所设置的专业术语，它使得招标时评标定价的管理方式发生了很大的变化。

1. 最高投标限价与标底的关系

(1) 含义与编制　最高投标限价是指根据国家或省级建设行政主管部门颁发的有关计价依据和办法，依据拟订的招标文件和招标工程量清单，结合工程具体情况发布的招标工程的最高投标限价。标底是指招标人或其委托的具有工程咨询机构，根据招标项目的具体情况，编制的完成招标项目所需的全部费用，是根据国家规定的计价依据和计价办法计算出来的工程造价，是招标人对建设工程的期望价格。

《招标投标法实施条例》规定，招标人可以自行决定是否编制标底，一个招标项目只能有一个标底，标底必须保密。同时规定，招标人设有最高投标限价的，应当在招标文件中明确最高投标限价或者最高投标限价的计算方法，招标人不得规定最低投标限价。

(2) 设标底招标及无标底招标的弊端

1) 设标底招标的弊端。①易发生标底泄露及暗箱操作的情况，诱发违法违规行为，从而失去招标的公平公正性；②编制的标底往往没有考虑不同投标人施工方案、技术措施对造价的影响，容易与市场造价水平脱节，不利于引导投标人理性竞争；③评标过程中标底对于衡量投标报价的水平起着重要的作用，不合理的标底有可能成为地方或行业保护的手段，使得评标结果失去公允性；④将标底作为衡量投标人报价的基准，可能导致投标人尽力迎合标底，从而使得招标投标过程反映的是投标人编制预算文件或应用投标策略的能力，而不是投标人实力的竞争。

2) 无标底招标的弊端。①易出现围标串标现象，各投标人哄抬价格，给招标人带来投资失控的风险；②易出现低价中标后偷工减料，以牺牲工程质量来降低工程成本，或产生“先低价中标，后高额索赔”等不良后果；③评标时，招标人对投标人的报价没有参考依据和评判基准。

(3) 设最高投标限价招标的优缺点

1) 优点。①可有效控制投资，防止恶性哄抬报价带来的投资风险；②可提高透明度，避免暗箱操作与寻租等违法活动的产生；③可使各投标人根据自身实力和施工方案自主报价，符合市场规律形成公平竞争。

2) 缺点。当最高投标限价的计算不准确时，可能导致两种情况：①若公布的最高限价大幅高于市场平均价，就预示中标后利润丰厚，则只要投标不超过公布的限额都是有效投标，从而可能诱导投标人围标串标；②若公布的最高限价远远低于市场平均价，则意味着按此限额投标将无利可图，超出此限额投标又成为无效投标，可能出现 3 人以下甚至无人投标的情况，导致招标失败或招标人不得不进行二次招标，从而影响招标效率。

2. 最高投标限价的编制规定和依据

(1) 最高投标限价的编制规定　根据住房和城乡建设部的规定，国有资金投资的建筑工程招标的，应当设有最高投标限价；非国有资金投资的建筑工程招标的，可以设有最高投标限价或者招标标底。

1) 国有资金投资的工程建设项目应实行工程量清单招标，招标人应编制最高投标限价。投标人的投标报价若超过公布的最高投标限价，则其投标应被否决。

2）最高投标限价应由具有编制能力的招标人或受其委托的工程造价咨询机构编制。接受了招标人委托的最高投标限价编制任务的工程造价咨询机构，不得再就同一工程同时接受投标人委托的投标报价编制任务。

3）最高投标限价应当依据工程量清单、工程计价有关规定和市场价格信息等编制，并不得进行上浮或下调。招标人应当在招标文件中公布最高投标限价的总价，以及各单位工程的分部分项工程费、措施项目费、其他项目费、规费和税金。

4）最高投标限价超过批准的概算时，招标人应将其报原概算审批部门审核。同时，招标人应将最高投标限价报工程所在地的工程造价管理机构备查。

5）投标人经复核，认为招标人公布的最高投标限价未按照《建设工程工程量清单计价规范》的规定进行编制的，应在最高投标限价公布后5天内向招标投标监督机构和工程造价管理机构投诉。

6）工程造价管理机构受理投诉后，应立即对最高投标限价进行复查，组织投诉人、被投诉人或其委托的最高投标限价编制人等单位人员对投诉问题逐一核对。①当最高投标限价复查结论与原公布的最高投标限价误差大于±3%时，应责成招标人改正；②当重新公布最高投标限价时，若其重新公布之日起至原投标截止期不足15天的，应相应延长投标截止期。

（2）最高投标限价的编制依据　最高投标限价的编制依据是指在编制最高投标限价时需要进行工程量计量、价格确认、工程计价的有关参数、率值的确定等工作时所需的基础性资料，包括：①现行国家标准《建设工程工程量清单计价规范》与各专业工程量计算规范；②国家或省级、行业建设主管部门颁发的计价依据、标准和办法；③建设工程设计文件及相关资料，拟定的招标文件及招标工程量清单，与建设项目相关的标准、规范、技术资料；④施工现场情况、工程特点及常规施工方案；⑤工程造价管理机构发布的工程造价信息，或没有造价信息发布时可参照的市场价；⑥其他的相关资料。

3. 最高投标限价的计价程序

建设工程的最高投标限价反映的是单位工程费用，各单位工程费用是按分部分项工程费、措施项目费、其他项目费、规费和税金的计价程序依次进行的。招标人最高投标限价的计价程序如表6-2所示。

表6-2　招标人最高投标限价的计价程序

序号	汇总内容	计算方法	金额（元）
1	分部分项工程费	按计价规定计算	
2	措施项目费	按计价规定计算	
2.1	其中：安全文明施工费	按规定标准估算	
3	其他项目费		
3.1	其中：暂列金额	按计价规定估算	
3.2	其中：专业工程暂估价	按计价规定估算	
3.3	其中：计日工	按计价规定估算	
3.4	其中：总承包服务费	按计价规定估算	

（续）

序号	汇总内容	计算方法	金额（元）
4	规费	按规定标准计算	
5	税金	（人工费+材料费+施工机具使用费+企业管理费+利润+规费）×增值税税率	
最高投标限价		合计=1+2+3+4+5	

4. 最高投标限价的编制内容

（1）分部分项工程费的编制　分部分项工程费应根据招标文件中的分部分项工程项目清单及有关要求，按《建设工程工程量清单计价规范》的有关规定确定综合单价计价。分部分项工程费应由各单位工程的招标工程量清单中给定的工程量乘以其相应综合单价汇总而成。

1）综合单价的组价过程。综合单价应按照招标人发布的分部分项工程项目清单的项目名称、工程量、项目特征描述，依据工程所在地区的工程计价依据和标准或工程造价指标进行组价确定。

2）综合单价的风险因素。为使最高投标限价与投标报价所包含的内容一致，综合单价应包括招标文件中要求投标人所承担的风险内容及其范围（幅度）产生的风险费用。具体规定为：①对于技术难度较大和管理复杂的项目，可考虑一定的风险费用，并纳入综合单价中；②对于工程设备、材料价格的市场风险，应依据招标文件的规定、工程所在地或行业工程造价管理机构的有关规定，以及市场价格趋势考虑一定率值的风险费用，纳入综合单价中；③税金、规费等法律、法规、规章和政策变化的风险和人工单价等风险费用不应纳入综合单价。

（2）措施项目费的编制　措施项目应按招标文件中提供的措施项目清单确定，其中的安全文明施工费应当按照国家或省级、行业建设主管部门的规定标准计价，该部分不得作为竞争性费用。其他的措施项目分为以“量”计算和以“项”计算两种。

1）对于可计量的措施项目，以“量”计算。按其工程量用与分部分项工程项目清单单价相同的方式确定综合单价。

2）对于不可计量的措施项目，则以“项”为单位，采用费率法按有关规定综合取定。采用费率法时需要确定某项费用的计费基数及其费率，其结果应是包括除规费、税金以外的全部费用。其计算公式为

$$以“项”计算的措施项目费=措施项目计费基数\times费率 \tag{6-1}$$

（3）其他项目费的编制

1）暂列金额。由招标人根据工程特点、工期长短，按有关计价规定进行估算，一般可以分部分项工程费的10%～15%为参考。

2）暂估价。①暂估价中的材料、设备暂估单价应按照工程造价管理机构发布的工程造价信息中的单价计算；工程造价信息未发布的，其单价参考市场价格估算。②暂估价中的专业工程暂估价应分不同专业，按有关计价规定估算。

3）计日工。在编制最高投标限价时，对于计日工：①其中的人工单价和施工机械台班单价应按省级、行业建设主管部门，或其授权的工程造价管理机构公布的单价计算；②其中

的材料应按工程造价管理机构发布的工程造价信息中的材料单价计算，工程造价信息未发布单价的材料，其价格应按市场调查确定的单价计算。

4）总承包服务费。应按照省级或行业建设主管部门的规定计算，参考标准为：①招标人仅要求对分包的专业工程进行总承包管理和协调时，按分包的专业工程估算造价的1.5%计算；②招标人要求对分包的专业工程进行总承包管理和协调，并同时要求提供配合服务时，根据招标文件中列出的配合服务内容和提出的要求，按分包的专业工程估算造价的3%~5%计算；③招标人自行供应材料的，按招标人供应材料价值的1%计算。

（4）规费和税金的编制　规费和税金必须按国家或省级、行业建设主管部门的规定计算，不得作为竞争性费用。其中，税金的计算公式为

税金=（人工费+材料费+施工机具使用费+企业管理费+利润+规费）×增值税税率　（6-2）

5. 编制最高投标限价时应注意的问题

1）编制依据的选用。在编制最高投标限价时，应该正确全面地选用行业和地方的计价依据、标准、办法和市场化的工程造价信息等各类编制依据。

2）材料价格的确定。应该采用通过工程造价信息平台发布的材料价格。①对于工程造价信息未发布单价的材料，其价格应通过市场调查确定；②对于未采用发布的工程造价信息时，需要在招标文件或答疑补充文件中对最高投标限价采用的、与造价信息不一致的市场价格予以说明，采用的市场价格则应通过调查、分析确定，有可靠的信息来源。

3）施工机械设备的选型。直接关系到综合单价水平，应根据工程项目特点和施工条件，本着经济适用的原则确定。

4）不可竞争的措施费用和规费、税金等的计算。这类费用计算均属于强制性的条款，编制最高投标限价时应按国家有关规定执行。

5）竞争性的措施费用的确定。不同工程项目、不同投标人会有不同的施工组织方法，所发生的措施费也会有所不同，因此，对于竞争性的措施费用，招标人应首先编制常规的施工组织设计或施工方案，然后经科学论证后再进行措施项目与费用的合理确定。

6.3 建设工程投标过程的造价管理

6.3.1 投标报价前期工作内容

为了在竞争激烈的投标环境中取得较好的结果，投标人必须认真做好各项投标工作。投标程序包括投标的前导工作、研究招标文件、考察工程现场和参加招标答疑、投标报价决策、编制投标文件、递交投标文件等步骤，如图6-2所示。

投标阶段的重点是进行合理的投标报价，与招标过程相对应，投标报价前期工作主要包括投标的前导工作、研究招标文件、调查工程现场、询价、复核清单工程量等内容。

1. 投标的前导工作

投标的前导工作主要包括建立投标小组、报名参加投标、准备资格审查资料等内容。

（1）建立投标小组　为了随时掌握建筑市场的动态，在获取招标信息后能及时有序地开展投标工作、提高中标概率，投标人应在企业中设立专门的投标工作机构。为节约企业成本和投标保密的需要，投标工作机构的人员不宜过多，可由企业技术经济类骨干人员兼任，

应为熟悉招标业务的技术、经济、合同、管理等方面的专业人才。该机构平时收集和整理有关招标投标的各项政策文件、各类工程技术经济指标等重要资料，以及能反映本企业技术能力、管理水平、工程业绩和信誉的各种竞争性材料。待明确投标任务后，可临时组建投标小组。

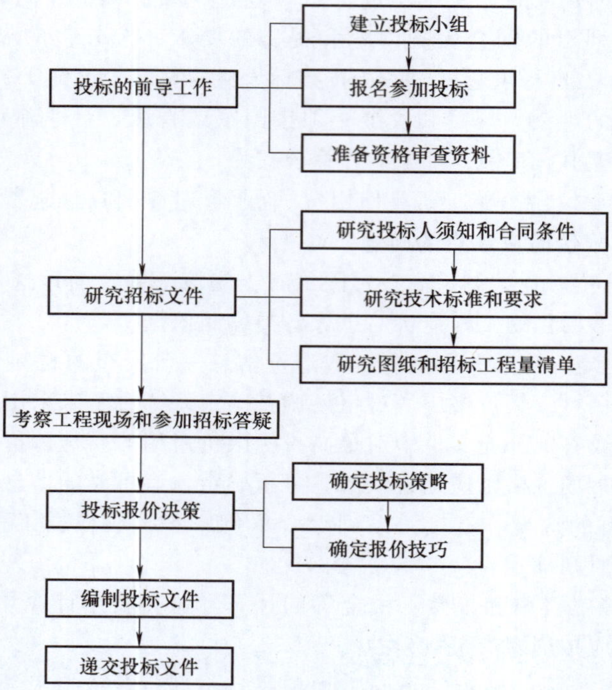

图 6-2　建设工程投标程序步骤

（2）准备资格审查资料　在报名参加投标后，投标小组应根据招标公告或投标邀请书中对投标人的资格、技术、商务等方面的招标要求，准备资格预审或资格后审资料。其中，营业执照、资质证书等资格要求，是投标人通过资格审查的重要条件；投标人是否具备招标工程施工所需的技术装备与技术能力等技术要求，以及已完工程的获奖情况、各类工程施工的经历、企业的财务和经营状况等商务要求，是招标人对投标人资格审查的重点。

2. 研究招标文件

通过资格审查后，投标人即可按要求购买招标文件。取得招标文件后，为正确理解招标人的意图以保证工程量清单报价的合理性，投标人应详细研究招标文件中的投标人须知、合同条件、技术标准和要求、图纸和招标工程量清单等部分，充分了解其内容和要求。

（1）明确投标人须知　招标文件中的投标人须知对投标工作的各个方面做出了具体的要求，投标人的研究重点应在于其中有关项目的资金来源、投标书的编制和递交、投标保证金的相关规定、评标方法与程序等方面的说明，明确投标过程和手续，以满足评标符合性审查要求，防止投标被否决。

（2）进行合同条件分析　这主要是进行合同背景、形式和条款的分析。

1）合同背景分析。投标人有必要了解与拟承包工程有关的合同背景，了解监理方式，了解合同的法律依据，为报价和合同实施及索赔提供依据。

2）合同形式分析。主要分析承包方式（如分项承包、施工承包、设计与施工总承包、管理承包等）和计价方式（如单价方式、总价方式、成本加酬金方式等）。

3）合同条款分析。主要包括：①承包人的任务、工作范围和责任；②工程变更及相应的合同价款调整；③付款方式、时间，应注意合同条款中关于工程预付款、材料预付款的规定。根据这些规定和预计的施工进度计划，计算出占用资金的数额和时间，从而计算出需要支付的利息数额并计入投标报价；④施工工期，合同条款中关于合同工期、开竣工日期、部分工程分期交付工期等规定，这是投标人制订施工进度计划的依据，也是报价的重要依据；⑤要注意合同条款中有无工期奖罚的规定，尽可能做到在工期符合要求的前提下报价有竞争力，或在报价合理的前提下工期有竞争力；⑥业主责任。投标人所制订的施工进度计划和做出的报价，都是以业主履行责任为前提的，所以应注意合同条款中关于业主责任措辞的严密性以及关于索赔的有关规定。

（3）技术标准和要求分析　工程技术标准是指按工程类型描述工程技术和工艺内容特点，对设备、材料、施工和安装方法等所规定的技术要求，也包括对工程质量进行检验、试验和验收所规定的方法和要求。工程技术标准与工程量清单中各子项工作密不可分，投标人应在准确理解招标人要求的基础上对有关工程内容进行报价，以保证投标报价的合理性和全面完整性。

（4）图纸分析　图纸是确定工程范围、内容和技术要求的重要文件，也是投标人确定施工方法等施工计划的主要依据。图纸的详细程度取决于招标人提供的施工图设计所达到的深度和所采用的合同形式，详细的设计图纸可使投标人比较准确地估价，而不够详细的图纸则需要估价人员采用综合估价方法，其结果一般不是很精确。

3. 调查工程现场

招标人一般会在招标文件中明确是否组织工程现场踏勘，以及组织进行工程现场踏勘的时间和地点，投标人应根据招标文件规定的时间和方式，参加招标人组织的现场踏勘或自行前往工程现场考察，以分析投标环境，制定报价策略。投标人进行现场踏勘应重点注意自然条件、施工条件和其他条件的调查。

（1）自然条件调查　自然条件调查主要包括对工程所在地气象资料，水文资料，地震、洪水及其他自然灾害情况，地质情况等的调查。

（2）施工条件调查　对于工程现场施工条件的调查主要包括以下几方面内容：

1）工程现场的用地范围、地上或地下障碍物，现场的“三通一平”情况；工程现场周围的道路、进出场条件、有无特殊交通限制等。

2）工程现场施工临时设施、大型施工机具、材料堆放场地安排的可能性；是否需要二次搬运；工程现场邻近建筑物与招标工程的间距、结构形式、基础埋深、新旧程度、高度等。

3）市政给排水及污水、雨水废水的处理方式，消防供水管道的管径、压力和位置等；当地供电的方式和电压、工程现场通信线路的连接和铺设等情况。

4）当地政府有关部门对施工现场管理的一般要求、特殊要求及规定，是否允许节假日和夜间施工，以及周围居民对施工时间的特殊要求等。

（3）其他条件调查　其他条件调查主要包括各种构件、半成品及商品混凝土的供应能力和价格，以及现场附近的生活设施、治安环境等情况的调查。

4. 询价

询价是投标报价前期工作中的一个重要环节，指的是在报价前通过各种渠道，采用各种方式对所需人工、材料、施工机具等要素进行系统的调查，掌握各要素的价格、质量、供应时间、供应数量等数据。

（1）询价的渠道及注意事项

1）询价的渠道。包括：①直接与生产厂商联系；②了解生产厂商的代理人或从事该项业务的经纪人；③了解经营该项产品的销售商；④向咨询公司进行询价，通过咨询公司所得到的询价资料比较可靠，但需要支付一定的咨询费用，也可向同行了解；⑤通过互联网查询；⑥自行进行市场调查或信函询价。

2）询价的注意事项。询价时要特别注意两个问题：①产品质量必须可靠，并满足招标文件的有关规定；②供货方式、时间、地点，有无附加条件和费用。

（2）生产要素询价

1）材料询价。包括调查对比材料价格、供应数量、运输方式、保险和有效期、不同买卖条件下的支付方式等。询价人员应将从各种渠道所询得的材料报价及其他有关资料汇总整理。对同种材料从不同经销部门所得到的所有资料进行比较分析，选择合适、可靠的材料供应商的报价。

2）施工机具询价。在外地施工需用的施工机具，有时在当地租赁或采购可能更为有利，因此，事前有必要进行施工机具的询价。必须采购的施工机具，可向供应厂商询价；对于租赁的施工机具，可向专门从事租赁业务的机构询价，并应详细了解其计价方法。

3）劳务询价。如果承包人准备在工程所在地招募工人，则劳务询价是必不可少的。劳务询价主要有两种情况：①成建制的劳务公司，相当于劳务分包，一般费用较高但素质较可靠，工效较高，承包人的管理工作较轻；②劳务市场招募零散劳动力，这种方式虽然劳务价格低廉，但有时素质达不到要求或工效较低，且承包人的管理工作较繁重。投标人应在对劳务市场充分了解的基础上决定采用哪种方式，并以此为依据进行投标报价。

（3）分包询价　承包人可以确定拟分包的项目范围，将拟分包的专业工程施工图纸和技术说明送交预先选定的分包单位，请分包单位在约定的时间内报价，以便通过比选得到合适的分包人。对分包人询价应注意：①分包标函是否完整；②分包工程单价所包含的内容；③分包人的工程质量、信誉及可信赖程度；④质量保证措施；⑤分包报价。

5. 复核清单工程量

工程量清单中工程量的大小是投标报价最直接的依据，复核清单工程量的准确程度将影响承包人的经营行为。

（1）复核清单工程量的作用　在投标报价前认真复核招标工程量清单中列出的工程量，对于投标人有两方面主要作用：一方面，根据复核后的工程量与招标文件提供的工程量之间的差距，投标人可考虑相应的投标策略，决定报价裕度；另一方面，根据工程量的大小，投标人可采取合适的施工方法，选择适用、经济的施工机具设备、投入使用相应的劳动力数量等。

（2）复核清单工程量的注意事项

1）投标人应根据招标文件中的招标说明、图纸、地质资料等，计算主要清单工程量，复核清单工程量。要注意按一定顺序进行，以避免漏算或重算工程量；要注意正确划分分部分项工程项目，保证与清单计价规范保持一致。

2）复核清单工程量的目的不是修改工程量清单，即使有误，投标人也不能修改招标工程量清单中的工程量，因为修改了工程量清单将导致在评标时认为投标文件未响应招标文件而被否决。

3）针对招标工程量清单中工程量的遗漏或错误，是否向招标人提出修改意见取决于投标策略。投标人可以向招标人提出，由招标人统一修改并把修改情况通知所有投标人，也可以运用一些报价技巧提高报价的质量，争取在中标后能获得更大的收益。

4）通过工程量计算复核能准确地确定订货及采购物资的数量，防止由于超量或少购等带来的浪费、积压或停工待料。

5）在核算完全部招标工程量清单中的细目后，投标人应按大项分类汇总主要工程总量，以便把握整个工程的施工规模，并据此研究采用合适的施工方法，选择适用的施工设备等。

6.3.2 投标文件及报价技巧

1. 投标文件的内容及编制要求

（1）投标文件的内容　投标文件是由投标人按照招标文件的要求编制的、对招标文件提出的实质性要求和条件做出响应的文件。投标文件是决定能否中标的关键环节，高质量的投标文件是通过合理的施工组织、先进的施工方案以及有效的经济措施体现的。投标文件由投标函及其他文件、技术标书和商务标书三部分构成。

1）投标函及其他文件。它是指投标人按照招标文件的条件和要求，向招标人提交的有关报价、质量目标等承诺和说明的函件及附录。它是投标函及“投标人须知”规定必须提交的文件，包括投标函及投标函附录、投标担保、授权书、联合体协议书、资格预审更新资料或资格后审资料、投标人承揽的在建工程情况、分包人情况等。

2）技术标书。它是指施工组织设计，需要根据施工招标文件要求，在认真调查研究的基础上，遵循经济合理原则，从时间、空间、资源、资金方面进行综合规划和全面平衡，通过施工方案比选，对科学施工做出全面部署。内容包括：施工组织设计文字说明，施工项目管理组织机构及主要人员简历，拟投入的施工机械设备和试验检测设备，新材料、新技术、新工艺、新设备的应用和推广，施工总平面布置图，施工总进度计划及资源安排计划，主要工序工艺流程，施工质量和安全保证体系，施工项目拟分包情况，合理化建议等。技术标书是评标委员评价投标人的技术实力和工程经验的主要依据。

3）商务标书。它主要包括工程报价、优惠条件、对合同条款的确认等内容。工程报价以工程量清单为主，包括已标价工程量清单、暂定金额汇总表、计日工明细表、单价分析、调价权值系数等。

（2）投标文件的编制要求　投标文件的编制是投标程序中非常重要的一项工作，投标人应完全按照招标文件的要求编制，一般不能带任何附加条件，具体规定如下：

1）投标文件应按“投标文件格式”进行编写，如有必要，可以增加附页，作为投标文件的组成部分。其中，投标函附录在满足招标文件实质性要求的基础上，可以提出比招标文件要求更能吸引招标人的承诺。

2）投标文件应当对招标文件有关工期、投标有效期、质量要求、技术标准和要求、招标范围等实质性内容做出响应。

3）投标文件应由投标人的法定代表人或其委托代理人签字和盖单位章。委托代理人签字的，投标文件应附法定代表人签署的授权委托书。投标文件应尽量避免涂改、行间插字或删除。如出现上述情况，则改动之处应加盖单位章或由投标人的法定代表人或其授权的代理人签字确认。

4）投标文件正本一份，副本份数按招标文件有关规定。正本和副本的封面上应清楚地标记正本或副本的字样。投标文件的正本与副本应分别装订成册，并编制目录。当副本和正本不一致时，以正本为准。

2. 投标文件的递交

（1）投标文件的递交程序　投标人应在招标文件规定的递交投标文件的截止时间前，将投标文件密封送达投标地点。招标人收到投标文件后，应向投标人出具标明签收人和签收时间的凭证。

（2）递交投标文件时应注意的问题

1）投标人在招标文件要求提交投标文件的截止时间前，可以补充、修改或撤回已提交的投标文件，并书面通知招标人，补充、修改的内容为投标文件的组成部分。

2）除招标文件另有规定外，投标人不得递交备选投标方案。允许投标人递交备选投标方案的，只有中标人所递交的备选投标方案方可予以考虑。评标委员会认为中标人的备选投标方案优于其按照招标文件要求编制的投标方案的，招标人可以接受该备选投标方案。

3）招标文件要求提交投标保证金的，投标人在递交投标文件的同时应按规定的日期、金额、形式递交投标保证金，并作为其投标文件的组成部分。联合体投标的，其投标保证金由牵头人或联合体各方递交，并应符合规定。

4）在招标文件要求提交投标文件的截止时间后送达或未送达指定地点的投标文件，为无效的投标文件，招标人不予受理。在开标前任何单位和个人不得开启投标文件。

3. 投标报价的基本策略

投标报价策略是指投标单位在投标竞争中的系统工作部署及参与投标竞争的方式和手段，可分为基本策略和报价技巧两个层面。投标报价的基本策略主要是指投标人应根据招标项目的不同特点，并考虑自身的优势和劣势，选择不同的报价。

（1）可选择报高价的情形　投标人遇以下情形时，其报价可提高一些：①施工条件差的工程，如条件艰苦、场地狭小或地处交通要道等；②专业要求高的技术密集型工程且投标人在这方面有专长，声望也较高；③总价低的小工程，以及投标人不愿做而被邀请投标，又不便不投标的工程；④特殊工程，如港口码头、地下开挖工程等；⑤投标对手少或工期要求紧的工程；⑥支付条件不理想的工程。

（2）可选择报低价的情形　投标人遇到下列情形时，其报价可降低一些：①施工条件好的工程，工作简单、工程量大且其他投标人都可以做的工程，如大型土石方工程、一般房屋建筑工程等；②投标人急于进入某市场或某地区，或在该地区面临工程结束，机械设备无工地转移时；③投标人附近有工程，而本项目可利用该工程的机械设备、劳务或有条件短期内完成的工程；④投标对手多，竞争激烈的工程；⑤非急需工程或支付条件好的工程。

4. 报价技巧

报价技巧是指投标中具体采用的对策和方法，常用的报价技巧有不平衡报价法、多方案报价法、增加建议方案法、保本竞标法和突然降价法等。

（1）不平衡报价法　不平衡报价法是指在不影响工程总报价的前提下，通过调整内部各个项目的报价，以达到既不提高总报价、不影响中标，又能在结算时得到更理想收益的报价方法。不平衡报价法适用于以下几种情况：

1）结算时间不同的项目。对于能够早日结算的项目，如前期措施费、基础工程、土石方工程等，可以适当提高报价，以利于资金周转、提高资金时间价值；对于后期工程项目，如设备安装、装饰工程等的报价，可适当降低。

2）工程量可能增减的项目。经过工程量核算，预计今后工程量会增加的项目，适当提高单价，以保证在最终结算时多盈利；对于将来工程量有可能减少的项目，适当降低单价，以避免在工程结算时有太大损失。

3）设计图纸或工程内容不明确的项目。对于设计图纸不明确、估计修改后工程量要增加的项目，可提高单价；对于工程内容说明不清楚的，则可先降低单价，在工程实施阶段通过索赔再寻求提高单价的机会。

4）对暂定项目要做具体分析。暂定项目需要在开工后由建设单位研究决定是否实施，以及由哪个承包单位实施，因此要视具体情况进行分析。①如果工程不分标，不会另由一家承包单位施工，则其中确定要施工的单价可报高些，不确定要施工的则应报低些；②如果工程分标，该暂定项目也可能由其他承包单位施工时，则不宜报高价，以免抬高总报价。

5）单价与包干混合制合同。招标人要求有些项目采用包干报价时，由于这类项目多半有风险，且在项目完成后可全部按报价结算，因此宜报高价；对于其余单价项目，则可适当降低报价。

6）招标文件要求投标人对工程量大的项目报“综合单价分析表”。这种情况下，在投标时可将“综合单价分析表”中的人工费及机械使用费报得高一些，而材料费报得低一些。这主要是为了在今后补充项目报价时，可参考选用“综合单价分析表”中较高的人工费和机械使用费，而材料则往往采用市场价，因而可获得较高收益。

（2）多方案报价法　多方案报价法是指招标人在招标文件中对工程范围的描述不明确、条款不清楚或不公正，或技术规范要求过于苛刻时，投标人要在充分估计投标风险的基础上，对范围加以明确、条款加以补充、技术规范要求做修正后，按多个方案进行报价处理。采用多方案报价法时应注意：要先按原招标文件的条件报价，然后提出通过某些变动可使总报价降低，由此再根据修正后的方案报一个较低的价，这样既可避免因招标文件的缺陷而增加投标风险，又可通过降低总报价吸引招标人采用新方案。

（3）增加建议方案法　增加建议方案法是指招标人在招标文件中规定可由投标人提出建议方案时，投标人应抓住机会，组织有经验的专业人员对招标文件中的设计和施工方案认真研究，提出更合理的方案吸引建设单位，从而促成自己的方案中标。需要注意的是，在采用增加建议方案法时，对原招标方案也要报价，且建议方案不要写得太过具体，要保留方案的技术关键，防止招标单位将此方案交给其他投标单位。同时，建议方案一定要比较成熟，具有较强的可操作性，并可以降低总造价或缩短工期。

（4）保本竞标法　对于缺乏竞争优势的承包单位，在不得已时可采用接近成本、不考虑利润的低价保本报价方法，以获得中标机会。保本竞标法适用于以下情形：

1）投标人长时期没有在建的工程项目，需要通过中标项目获得一定的企业管理费来维持企业的日常运转。

2）中标后，在法律法规允许的情形下，可通过劳务分包或专业分包的方式将大部分工程分包给索价较低的分包商。

3）对于分期建设的招标项目，先以低报价获得首期工程，为后期投标赢得机会、创造竞争优势，并在以后的工程实施中获得盈利。

（5）突然降价法　突然降价法是指投标人先按一般情况报价或表现出自己对招标工程的兴趣不大，等到临近投标截止时间，突然再次递交投标报价文件，降低总报价，并注明以此报价为准，为最后中标打下基础的方法。采用这种方法，可以迷惑对手，提高中标概率。但对投标单位的分析判断和决策能力要求很高，要求投标单位能全面掌握和分析信息，做出正确判断。一定要在准备投标报价的过程中考虑好降价幅度，在临近截止日期前，根据情报信息和分析判断做出最后决策。如果中标，因为开标时只降低了总报价，在签订合同后可采用不平衡报价的思想调整工程量表的各单价或价格，以期取得更高的收益。

6.3.3　投标报价的编制

1. 投标报价的编制原则及依据

投标报价是在工程招标投标过程中，由投标人按照招标文件的要求，根据招标工程特点，并结合自身的施工技术、装备和管理水平，依据招标工程量清单、已确定的施工方案和有关计价规定自主确定的工程造价。

（1）投标报价的编制原则　报价是投标的关键性工作，报价是否合理不仅直接关系到投标的成败，还关系到中标后企业的盈亏。投标报价应遵循以下编制原则。

1）自主报价原则。投标报价由投标人自主确定，但必须执行《建设工程工程量清单计价规范》的强制性规定，应由投标人或受其委托的工程造价咨询机构编制。

2）不低于成本原则。根据相关法律法规，由评标委员会认定以低于成本价竞标的，应当否决该投标人的投标，因此，投标人的投标报价不得低于工程成本。

3）风险分担原则。投标报价应以招标文件中设定的发承包双方责任划分，作为考虑投标报价费用项目和费用计算的基础，发承包双方的责任划分不同，会导致合同风险不同的分摊，从而导致投标人选择不同的报价；根据工程发承包模式考虑投标报价的费用内容和计算深度。

4）发挥自身优势原则。以施工方案、技术措施等作为投标报价计算的基本条件，以反映企业技术和管理水平的企业定额作为计算人工、材料和机具台班消耗量的基本依据，充分利用现场考察、调研成果、市场价格信息和行情资料，编制基础标价。

5）科学严谨原则。投标报价的计算方法要科学严谨，简明适用。

（2）投标报价的编制依据　编制投标报价的依据主要包括：①《建设工程工程量清单计价规范》与专业工程量计算规范；②企业定额，国家或省级、行业建设主管部门颁发的计价依据、标准和办法；③招标文件、工程量清单及其补充通知、答疑纪要；④建设工程设计文件及相关资料，施工现场情况、工程特点及投标时拟定的施工组织设计或施工方案；⑤与建设项目相关的标准、规范等技术资料；⑥市场价格信息或工程造价管理机构发布的工程造价信息；⑦其他相关资料。

(3) 投标报价的编制要求　投标报价是投标人希望达成工程承包交易的期望价格，既不得高于招标人确定的最高投标限价，也不得低于工程的成本价。投标报价必须按招标工程量清单填报价格，项目编码、项目名称、项目特征、计量单位和工程量必须与招标工程量清单一致。

2. 投标报价的计价程序

与最高投标限价类似，建设工程的投标报价反映的是单位工程费用，各单位工程费用也是按分部分项工程费、措施项目费、其他项目费、规费和税金的计价程序依次进行的。投标人投标报价的计价程序如表6-3所示。

表6-3　投标人投标报价的计价程序

序号	汇总内容	计算方法	金额（元）
1	分部分项工程费	自主报价	
2	措施项目费	自主报价	
2.1	其中：安全文明施工费	按规定标准计算	
3	其他项目费		
3.1	其中：暂列金额	按招标文件提供金额计列	
3.2	其中：专业工程暂估价	按招标文件提供金额计列	
3.3	其中：计日工	自主报价	
3.4	其中：总承包服务费	自主报价	
4	规费	按规定标准计算	
5	税金	（人工费+材料费+施工机具使用费+企业管理费+利润+规费）×增值税税率	
投标报价		合计＝1+2+3+4+5	

3. 投标报价的编制内容

投标报价的编制内容包括与招标工程量清单相对应的分部分项工程费、措施项目费、其他项目费、规费和税金的编制，以及投标报价的汇总。

(1) 分部分项工程费的编制　承包人投标报价中的分部分项工程费应根据招标文件和招标工程量清单中的分部分项工程项目清单的项目特征描述及有关要求，按企业定额和《建设工程工程量清单计价规范》的有关规定确定综合单价计算。

1) 综合单价的内容。综合单价包括完成一个规定清单项目所需的人工费、材料和工程设备费、施工机具使用费、企业管理费、利润，并考虑风险费用的分摊，是编制分部分项工程量清单投标报价的最主要的内容。

2) 综合单价以项目特征描述为依据。①投标人投标报价时应依据招标文件中清单项目的特征描述确定综合单价；②在招标投标过程中，当出现招标工程量清单特征描述与设计图纸不符时，投标人应以招标工程量清单的项目特征描述为准，确定投标报价的综合单价；

③当施工中施工图纸或设计变更与招标工程量清单项目特征描述不一致时，发承包双方应按实际施工的项目特征，依据合同约定重新确定综合单价。

3）综合单价要考虑合理的风险。招标文件中要求投标人承担的风险费用，投标人应考虑进入综合单价。在施工过程中，当出现的风险内容及其范围（幅度）在招标文件规定的范围（幅度）内时，综合单价不得变动，合同价款不做调整。

4）综合单价中的风险分摊原则。根据国际惯例并结合我国工程建设的特点，发承包双方对工程施工阶段的风险宜采用如下分摊原则：①对于主要由市场价格波动导致的价格风险，发承包双方应当在招标文件中或在合同中对此类风险的范围和幅度予以明确约定，进行合理分摊；②对于法律、法规、规章或有关政策出台导致工程税金、规费、人工费发生变化，以及由政府定价或政府指导价管理的原材料等价格进行了调整，承包人不应承担此类风险，应按照有关调整规定执行；③对于承包人根据自身技术水平、管理、经营状况能够自主控制的风险，承包人应结合市场情况，根据企业自身的实际合理确定、利用企业定额自主报价，该部分风险由承包人全部承担。

（2）措施项目费的编制　措施项目费包括单价措施项目费和总价措施项目费。

1）单价措施项目费。应根据招标文件中的单价措施项目清单的特征描述及有关要求，按《建设工程工程量清单计价规范》的有关规定确定综合单价计算。单价措施项目清单综合单价的确定及要求同分部分项工程费的综合单价。

2）总价措施项目费。应依据招标人提供的措施项目清单和投标人投标时拟定的施工组织设计或施工方案确定；总价措施项目费由投标人自主确定，但其中安全文明施工费必须按照国家或省级、行业建设主管部门的规定计价，不得作为竞争性费用。招标人不得要求投标人对该项费用进行优惠，投标人也不得将该项费用参与市场竞争。

（3）其他项目费的编制　其他项目费主要包括暂列金额、暂估价、计日工和总承包服务费。投标人对其他项目费投标报价时应遵循以下原则：

1）暂列金额不得变动。应按照招标人提供的其他项目清单中列出的金额填写。

2）暂估价不得变动和更改。暂估价中的材料、工程设备单价必须按照招标人提供的暂估单价计入清单项目的综合单价；专业工程暂估价必须按照招标人提供的其他项目清单中列出的金额填写。

3）计日工。计日工应按照招标人提供的其他项目清单列出的项目和估算的数量，自主确定各项综合单价并计算费用。

4）总承包服务费。总承包服务费应根据招标人在招标文件中列出的分包专业工程内容和供应材料、设备情况，按照招标人提出的协调、配合与服务要求和施工现场管理需要自主确定。

（4）规费和税金的编制　规费和税金的计取标准是依据有关法律、法规和政策规定制定的，具有强制性。因此，投标人在投标报价时必须按照国家或省级、行业建设主管部门的有关规定计算规费和税金，且不得作为竞争性费用。

（5）投标报价的汇总　投标人的投标总价应当与组成工程量清单的分部分项工程费、措施项目费、其他项目费和规费、税金的合计金额相一致，不能对投标总价进行降价或让利的优惠，如有优惠应反映在相应清单项目的综合单价中。

6.4 建设工程定标过程的造价管理

6.4.1 开标程序及评标准备

招标人在招标程序完成后于投标截止日进入定标阶段，包括开标、评标、定标和签订合同等程序，具体步骤如图 6-3 所示。

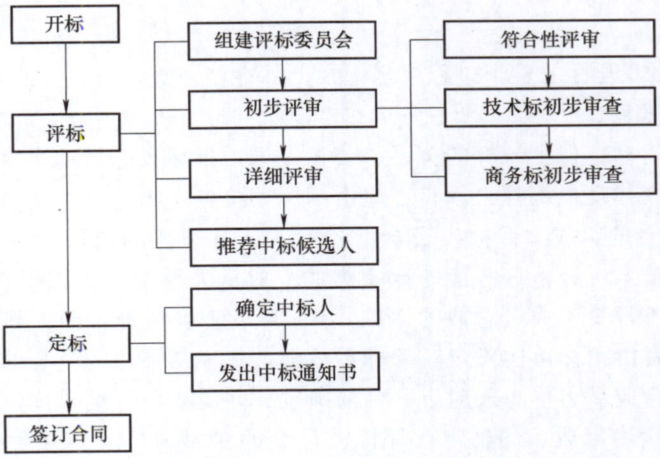

图 6-3　建设工程定标程序步骤

1. 开标程序

开标是指招标人按照招标文件规定的投标截止时间（开标时间）和投标人须知前附表规定的地点，邀请所有投标人的法定代表人或其委托代理人参加的，开启投标人提交的投标文件，公开宣布投标人名称、投标价格及投标文件中其他主要内容的活动。

（1）开标的法定程序

1）宣布开标纪律并公布相关人员信息。由主持人宣布开标纪律；公布在投标截止时间前递交投标文件的投标人名称，并点名确认投标人是否派人到场；宣布开标人、唱标人、记录人、监标人等有关人员姓名。

2）投标文件密封情况检查。主持人按投标人须知前附表规定，由投标人或者其推选的代表检查投标文件的密封情况，也可由招标人委托的公证机构检查并公证；按照投标人须知前附表的规定确定并宣布投标文件开标顺序；设有标底的，公布标底。

3）按照宣布的开标顺序当众开标。经确认无误后，由主持人当众拆封，宣读投标人名称、标段名称、投标保证金的递交情况、投标报价、质量目标、工期及投标文件的其他主要内容。

4）记录并存档。整个开标过程应由专人记录，开标记录应由招标人代表、投标人代表、监标人和记录人等有关人员签字确认后存档备查。

5）开标结束后立即进入评标。招标人应当采取必要的措施，保证评标在严格保密的情况下进行。

（2）开标的相关规定

1）开标时间和地点。开标时间应当在招标文件确定的提交投标文件截止时间的同一时间公开进行，开标地点应当为招标文件中预先确定的地点。

2）主持人及参会人。开标应由招标人或其委托的招标代理机构主持，邀请所有投标人参加，也可邀请其他部门如行政监督部门、纪检监察部门或公证机构参加，投标人可自主决定是否参加。

3）投标文件的拆封。招标人在招标文件要求提交投标文件的截止时间前收到的所有投标文件，开标时都应当众予以拆封、宣读，宣读顺序应按各投标人报送投标文件时间先后的顺序进行。

4）记录并存档。开标的整个过程应当记录，并存档备查。

2. 组建评标委员会

为了规范评标活动，保证评标的公平、公正，维护招标投标活动当事人的合法权益，评标不能由招标人或其代理机构独自承担，应由招标单位负责组建评标委员会。

（1）评标委员会的组成　评标委员会由招标人或其委托的招标代理机构熟悉相关业务的代表，以及有关技术、经济等方面的专家组成，成员人数为五人以上单数，其中，技术、经济等方面的专家不得少于成员总数的2/3。评标委员会设负责人的，其负责人由评标委员会成员推举产生或者由招标单位确定。评标委员会负责人与评标委员会的其他成员有同等的表决权。评标委员会成员名单一般应于开标前确定，并应在中标结果确定前保密。

（2）评标委员会专家成员的确定　评标委员会的专家成员应当从省级以上人民政府有关部门提供的专家名册或者招标代理机构专家库中的相关专家名单中确定。评标专家的确定可采取随机抽取或直接确定的方式。对于一般项目，可采取随机抽取的方式；对于技术特别复杂、专业性强或国家有特殊要求的招标项目，采取随机抽取方式确定的专家难以胜任的，可由招标单位直接确定。

（3）评标专家及评标委员会成员的要求

1）评标专家应符合的条件。从事相关专业领域工作满 8 年并具有高级职称或者同等专业水平；熟悉有关招标投标的法律法规，并具有与招标项目相关的实践经验；能够认真、公正、诚实、廉洁地履行职责。

2）不得担任评标委员会成员的情形。有以下情形之一的，不得担任评标委员会成员，应当回避，具体包括：①招标单位或投标单位主要负责人的近亲属；②项目主管部门或者行政监督部门的人员；③与投标单位有经济利益关系，可能影响对投标公正评审的；④曾因在招标、评标以及其他与招标投标有关活动中从事违法行为而受过行政处罚或刑事处罚的。

（4）评标委员会成员的行为准则　评标委员会成员应当客观、公正地履行职责，遵守职业道德，对所提出的评审意见承担个人责任。不得与任何投标单位或与招标结果有利害关系的人进行私下接触，不得收受投标单位、中介机构、其他利害关系人的财物或者其他好处。不得透露对投标文件的评审和比较、中标候选人的推荐情况以及与评标有关的其他情况。

3. 评标准备工作

评标委员会成立后，招标人或其委托的招标代理机构应向评标委员会提供招标文件等评标所需的重要文件、信息和数据，评标委员会成员应研究招标文件并编制供评标使用的相应表格。

(1) 研究招标文件 评标委员会成员应当认真研究招标文件，明确招标工程评标的主要内容与方法，具体包括：①招标的目标、招标项目的范围和性质；②招标文件中规定的主要技术要求、标准和商务条款；③招标文件规定的评标标准、评标方法和在评标过程中应考虑的相关因素。

(2) 编制评标表格 评标委员会成员应当在认真研究招标文件后，编制供评标使用的相应表格，主要包括招标项目资格审查符合性鉴定表、商务标评审表、技术标评审表、评标汇总表等。

1) 招标项目资格审查符合性鉴定表。包括投标单位名称、文件中资料的有效性和完整性、投标人资格的合法性、资格审查是否符合合格条件，以及符合性鉴定结论（合格/不合格）等内容。

2) 招标项目商务标评审表。包括投标单位、评审结论（投标报价是否有效合理）等内容。

3) 技术标评审表。包括投标单位、评审结论（是否可行）等内容。

4) 招标项目评标汇总表。包括投标单位、投标让利系数（%）、工期（日历天）、承诺工程质量等级、资格审查符合性鉴定、商务标评审（投标报价结论）、技术标评审结论等内容。

4. 清标及其工作内容

(1) 清标的含义 清标是指招标人或工程造价咨询机构在开标后且在评标前，对投标人的投标报价是否响应招标文件、违反国家有关规定，以及报价的合理性、算术性错误等进行审查并出具意见的活动。

(2) 清标的工作内容 清标的工作的内容主要包含：①对招标文件的实质性响应，错漏项分析；②分部分项工程项目清单项目综合单价的合理性分析；③措施项目清单的完整性和合理性分析，以及其中不可竞争性费用的正确性分析；④其他项目清单完整性和合理性分析；⑤不平衡报价分析；⑥暂列金额、暂估价正确性复核；⑦总价与合价的算术性复核及修正建议；⑧其他应分析和澄清的问题。

6.4.2 评标程序及评审标准

评标活动应遵循公平、公正、科学、择优的原则，招标人应当采取必要的措施，保证评标在严格保密的情况下进行。评标程序中包括初步评审、详细评审、推荐中标候选人和提交评标报告等工作内容。

1. 初步评审及标准

初步评审属于对投标文件的合格性评审，包括形式评审、资格评审、响应性评审，以及施工组织设计和项目管理机构设置合理性评审四个方面。初步评审内容中，投标文件有一项不符合规定的评审标准时，即做废标处理。

(1) 形式评审标准 投标文件的形式评审标准包括：①投标人名称与营业执照、资质证书、安全生产许可证一致；②投标函上有法定代表人或其委托代理人签字并加盖单位章；③投标文件格式符合要求；④联合体投标人（如有）已提交联合体协议书，并明确联合体牵头人；⑤报价唯一，即只能有一个有效报价等，不允许投标单位以优惠的方式提出如果中标可将合同价降低多少的承诺，这种优惠属于一个投标两个报价。

(2) 资格评审标准　对于投标人的资格审查，应按是否进行过资格预审分情况评审。

1) 未进行过资格预审的，需要进行资格后审，资格审查的内容和方法与资格预审相同，包括：应具备有效的营业执照，具备有效的安全生产许可证，并且资质等级、财务状况、类似项目业绩、信誉、项目经理、其他要求、联合体投标人等均符合规定。

2) 已进行过资格预审的，仍按资格审查办法中详细审查标准进行评审。

(3) 响应性评审标准　响应性投标文件是指实质上响应招标文件的所有条款、条件，无显著的差异或保留。

1) 响应性评审。它是指以下内容均应符合招标文件的有关要求，包括：①投标报价校核，审查全部报价数据计算的正确性，分析报价构成的合理性，并与最高投标限价进行对比分析；②工期、工程质量、投标有效期、投标保证金、权利和义务；③已标价工程量清单、技术标准和要求、分包计划等。

2) 不可纠正的显著的差异或保留的情形。包括：①对工程的范围、质量及使用性能产生实质性影响；②偏离了招标文件的要求，而对合同中规定的招标人的权利或者投标人的义务造成实质性的限制；③纠正这种差异或者保留将会对提交了实质性响应要求的投标书的其他投标人的竞争地位产生不公平影响。

(4) 施工组织设计和项目管理机构设置合理性评审标准　这主要包括评审施工组织、施工进度计划、项目组织机构、拟投入施工的机械和设备的合理性。

1) 施工组织的合理性。包括：施工方案与技术措施、质量管理体系与措施、安全生产管理体系与措施、环境保护管理体系与措施等的合理性和有效性。

2) 施工进度计划的合理性。包括：总体工程进度计划和关键部位里程碑工期的合理性及施工措施的可靠性，机械和人力资源配备计划的有效性及均衡施工程度。

3) 项目组织机构的合理性。包括：技术负责人的经验和组织管理能力，其他主要人员的配置是否满足实施招标工程的需要及技术和管理能力。

4) 拟投入施工的机械和设备。包括：施工设备的数量、型号能否满足施工的需要，试验、检测仪器设备是否能够满足招标文件的要求等。

(5) 投标文件的澄清和说明

1) 目的。对投标文件的相关内容做出澄清、说明或补正，其目的是有利于评标委员会对投标文件的审查、评审和比较。

2) 内容和方式。包括投标文件中含义不明确、对同类问题表述不一致或者有明显文字和计算错误的内容，评标委员会可以书面方式要求投标人对投标文件中含意不明确的内容做必要的澄清、说明或补正，评标委员会对投标人提交的澄清、说明或补正有疑问的，可以要求投标人进一步澄清、说明或补正，直至满足评标委员会的要求。

3) 禁止的情况。澄清、说明或补正不得超出投标文件的范围或者改变投标文件的实质性内容。评标委员会也不得向投标人提出带有暗示性或诱导性的问题，或向其明确投标文件中的遗漏和错误。同时，评标委员会不接受投标人主动提出的澄清、说明或补正。

(6) 报价有算术错误的修正　投标报价有算术错误的，评标委员会可按原则对投标报价进行修正，修正的价格经投标人书面确认后具有约束力。投标人不接受修正价格的，其投标被否决。投标报价中算术错误的修正原则是：投标文件中的大写金额与小写金额不一致的，以大写金额为准；总价金额与依据单价计算出的结果不一致的，以单价金额为准修正总价，但单价金额小数点有明显错误的除外。此外，如对不同文字文本投标文件的解释发生异议的，以中文文本为准。

（7）经初步评审后否决投标的情况　评标委员会应当审查每一投标文件是否对招标文件提出的所有实质性要求和条件做出响应。未能在实质上响应的投标，评标委员会应当否决其投标，做废标处理。具体情形包括：①投标文件未经投标单位盖章和单位负责人签字；②投标联合体没有提交共同投标协议；③投标人不符合国家或者招标文件规定的资格条件；④同一投标人提交两个以上不同的投标文件或者投标报价，但招标文件允许提交备选投标的除外；⑤投标报价低于成本或者高于招标文件设定的最高投标限价，对报价是否低于工程成本的异议，评标委员会可以参照国务院有关主管部门和省、自治区、直辖市有关主管部门发布的有关规定进行评审；⑥投标文件没有对招标文件的实质性要求和条件做出响应；⑦投标人有串通投标、弄虚作假、行贿等违法行为。

2. 详细评审标准及方法

经初步评审合格的投标文件，评标委员会应当根据招标文件确定的评标标准和方法；对其技术部分和商务部分做进一步评审、比较。详细评审的方法包括经评审的最低投标价法和综合评估法两种。

（1）经评审的最低投标价法

1）评审标准及规定。经评审的最低投标价法是指评标委员会对满足招标文件实质要求的投标文件，根据详细评审标准规定的量化因素及量化标准进行价格折算，按照经评审的投标价由低到高的顺序推荐中标候选人，或根据招标人授权直接确定中标人，但投标报价低于其成本的除外。经评审的投标价相等时，投标报价低的优先；投标报价也相等的，优先条件由招标人事先在招标文件中确定。

2）适用范围。采用经评审的最低投标价法的，中标人的投标应当符合招标文件规定的技术要求和标准，评标委员会无须对投标文件的技术部分进行价格折算，因此，经评审的最低投标价法一般适用于具有通用技术、性能标准或者招标人对其技术、性能没有特殊要求的招标项目。

3）评审结果提交。根据经评审的最低投标价法，完成详细评审后，评标委员会应当拟定"价格比较一览表"，连同书面评标报告一起提交招标人。"价格比较一览表"中应当载明投标人的投标报价、对商务偏差的价格调整和说明，以及经评审的最终投标价。

（2）综合评估法

1）评审标准及规定。综合评估法是指评标委员会对满足招标文件实质性要求的投标文件，按照规定的评分标准进行打分，并按得分由高到低的顺序推荐中标候选人，或根据招标人授权直接确定中标人，但投标报价低于其成本的除外。综合评分相等时，以投标报价低的优先；投标报价也相等的，优先条件由招标人事先在招标文件中确定。

2）适用范围。采用综合评估法的，应在招标文件中对于需要量化的因素及其权重做出明确规定，评标委员会对投标文件中的技术标和商务标进行量化后，还需要对这两部分的量化结果进行加权平均，计算出每一投标的综合评估分值。因此，综合评估法适用于不宜采用经评审的最低投标法的招标项目。

3）评审结果提交。根据综合评估法完成评标后，评标委员会应拟定“综合评估比较表”，连同书面评标报告一起提交给招标人。“综合评估比较表”应载明投标人的投标报价、所做的任何修正、对商务偏差和技术偏差的调整、对各评审因素的评估，以及对每一投标的最终评审结果。

3. 推荐中标候选人

（1）推荐人数　除招标文件中特别规定了授权评标委员会直接确定中标人外，评标委员会应按招标文件的要求推荐中标候选人。评标委员会提交中标候选人的人数应符合招标文件的要求，应当不超过3人，并标明排列顺序。

（2）推荐原则　满足以下条件之一的，可推荐为中标候选人：

1）根据经评审的最低投标价法，能够满足招标文件的实质性要求，并且经评审的最低投标价的投标，应当推荐为中标候选人。

2）根据综合评估法，最大限度地满足招标文件中规定的各项综合评价标准的投标，应当推荐为中标候选人。

4. 提交评标报告

评标委员会完成评标后，应当向招标人提交书面评标报告，并抄送有关行政监督部门。

（1）评标报告的内容　评标报告应当如实记载以下内容：①基本情况和数据表；②评标委员会成员名单；③开标记录；④符合要求的投标一览表；⑤否决投标情况说明；⑥评标标准、评标方法或者评标因素一览表；⑦经评审的价格或评分比较一览表；⑧经评审的投标人排序；⑨推荐的中标候选人名单与签订合同前要处理的事宜；⑩澄清、说明、补正事项纪要。

（2）评标报告的提交要求　评标报告的内容经评标委员会各成员确认后，应由全体成员签字后提交。对评标结果有不同意见的评标委员会成员应当以书面方式阐述其不同意见和理由，评标报告应当注明该不同意见。评标委员会成员拒绝在评标报告上签字且不陈述其不同意见和理由的，视为同意评标结论。评标委员会应当对此做出书面说明并记录在案。

（3）评标委员会的解散　向招标人提交书面评标报告和建议后，评标委员会即告解散，评标过程中使用的文件、表格以及其他资料应当立即归还招标人。

6.4.3 定标及合同价款约定

1.“评定分离”方法的实施

根据《住房和城乡建设部关于进一步加强房屋建筑和市政基础设施工程招标投标监管的指导意见》的规定，评标委员会对投标文件的技术、质量、安全、工期的控制能力等因素提供技术咨询建议，向招标人推荐合格的中标候选人。由招标人按照科学、民主决策原则，建立健全内部控制程序和决策约束机制，根据报价情况和技术咨询建议，择优确定中标人，实现招标投标过程的规范透明，结果的合法公正，并依法依规接受监督。以“评定分离”确定中标人的方法开始推行。所谓“评定分离”，是指将招标投标程序中的“评标委员会评标”与“招标人定标”作为相对独立的两个环节进行分离，包括定标委员会的组建、定标委员会的工作职责和定标方法三个细则。

(1) 定标委员会的组建　定标委员会由招标人负责组建和管理，成员为5人以上单数，本单位在编人员不得少于成员总数的三分之二，成员名单在中标结果确定前应当保密。定标委员会应当推荐定标组长，招标人（不含代理机构）的法定代表人或者主要负责人参加定标委员会的，由其直接担任定标委员会组长，定标委员会名单在中标结果公告前应当保密。定标委员会的组成、定标地点、定标方法和标准等内容应当在招标文件中明确。

(2) 定标委员会的工作职责　定标委员会的职责是根据评标委员会的评标报告，综合考虑报价、技术、信用、招标人的清标和前期考察结果等因素，按照招标文件规定的定标程序和规则，从评标委员会推荐的中标候选人中择优确定中标人。定标委员会应当按照招标文件确定的定标因素进行定标，并对定标活动及其结果负责，必要时可以要求评标委员会予以澄清或说明，但不得改变已确定的评标结果。

(3) 定标方法　目前常用的定标方法包括价格竞争定标法、票决定标法、集体议事法等。价格竞争定标法是指以投标价格作为定标主要依据的方法，具体方法由招标人在招标文件中加以规定，该方法可以引申出多种定标方法，比如最低投标价法、次低价法、第 N（事先约定的数字）低价法、平均值法等；票决定标法是指以直接票决或者逐轮票决等方式确定中标人的方法；集体议事法是指定标委员会进行集体商议，定标委员各自发表意见，最终由定标委员会组长确定中标人的定标方法，该方法的实质是赋予招标人的法定代表人或者主要负责人个人定标权。

2. 定标程序

(1) 确定中标人　应用“评定分离方法”，对使用国有资金投资或者国家融资的项目，招标人应确定排名第一的中标候选人为中标人。排名第一的中标候选人放弃中标、因不可抗力提出不能履行合同，或者招标文件规定应当提交履约保证金而在规定的期限内未能提交的，招标人可确定排名第二的中标候选人为中标人。排名第二的中标候选人因上述同样原因不能签订合同的，招标人可确定排名第三的中标候选人为中标人。

(2) 发出中标通知书　中标人确定后，招标人应向中标人发出中标通知书，并同时将中标结果通知所有未中标的投标人。中标通知书对招标人和中标人具有法律效力，招标人不得在中标通知书中提出压低报价、增加工作量、缩短工期或其他违背中标人意愿的要求。中标通知书发出后，招标人改变中标结果，或者中标人放弃中标项目的，应当依法承担法律责任。

(3) 提交招标投标书面报告　根据《招标投标法》的规定，依法必须进行招标的项目，招标人应当自确定中标人之日起15日内，向有关行政监督部门提交招标投标情况的书面报告。书面报告中应包括的内容有：①招标范围；②招标方式和发布招标公告、资格预审公告的媒介；③招标文件中投标人须知、技术规格、评标标准和方法、合同主要条款等内容；④评标委员会的组成和评标报告；⑤中标结果。

(4) 履约保证金的提交　招标文件要求中标人提交履约保证金的，在签订合同前，中标人应按招标文件的要求提交，其金额不得超过中标合同价的10%。关于履约保证金的具体规定如下：

1）中标人不能按要求提交履约保证金的，视为放弃中标，其投标保证金不予退还，给招标人造成的损失超过投标保证金数额的，中标人还应当对超过部分予以赔偿。

2）招标人要求中标人提供履约保证金或其他形式履约担保的，招标人应当同时向中标人提供工程款支付担保。

3）中标后的承包人应保证其履约保证金在发包人颁发工程接收证书前一直有效，发包人应在工程接收证书颁发后 28 天内将履约保证金退还给承包人。

3. 签订合同

（1）合同的签订时间　招标人应当与中标人自中标通知书发出之日起 30 天内，按照招标文件和中标人的投标文件订立书面合同，一般情况下，中标价就是合同价。招标人不得再行订立背离合同实质性内容的其他协议，且招标人应在书面合同签订后 5 日内，向中标人和未中标的投标人退还投标保证金。

（2）合同的约定内容　为了在施工合同履行过程中对工程造价实施有效管理，合同双方应在合同条款中对涉及工程价款结算的下列事项进行约定：①预付工程款的数额、支付时限及抵扣方式；②工程进度款的支付方式、数额及时限；③工程施工中发生变更时，工程价款的调整方法、索赔方式、时限要求及金额支付方式；④发生工程价款纠纷的解决方法；⑤约定承担风险的范围和幅度，以及超出约定范围和幅度的调整办法；⑥工程竣工价款的结算与支付方式、数额及时限；⑦工程质量保证（保修）金的数额、预扣方式及时限；⑧安全措施和意外伤害保险费用；⑨工期及工期提前或延后的奖惩办法；⑩与履行合同、支付价款相关的担保事项等。

（3）其他规定　中标人无正当理由拒签合同的，招标人取消其中标资格，其投标保证金不予退还；给招标人造成的损失超过投标保证金数额的，中标人还应对超过部分予以赔偿。发出中标通知书后，招标人无正当理由拒签合同的，招标人向中标单位退还投标保证金；给中标单位造成损失的，还应当赔偿损失。

4. 合同价款的约定

工程合同价款的约定按合同计价方式不同，分为总价、单价和成本加酬金三种，相应的，工程合同也称为总价合同、单价合同和成本加酬金合同。

（1）总价合同　总价合同是指按照一个总价签订合同，承包人据此价格完成合同规定的全部工程任务。根据合同总价是否可调，又可分为固定总价合同和可调总价合同。

1）固定总价合同的含义和特点。固定总价合同是指按签约合同价一笔包干工程任务的计价方式。在合同履行过程中，发包人没有要求变更原定承包内容的，不论承包人的实际成本如何，均应按签约合同价获得工程款。这种计价方式，承包人要承担合同履行中的主要风险，因此投标时报价较高。

2）固定总价合同的适用范围。固定总价合同主要适用于：①招标时已有施工图设计文件，施工任务和发包范围明确，合同履行中不会出现较大设计变更；②工程规模较小、技术不太复杂的中小型工程或承包工作内容较为简单的工程部位，承包人可在投标报价时合理地预见工程实施过程中可能遇到的各种风险；③工程量小、工期较短（一般为 1 年之内），合同双方可不必考虑市场价格浮动对承包价格的影响。

3）可调总价合同的含义和特点。可调总价合同是指在固定总价合同的基础上，因合同履行过程中市场价格变动、工程变更及其他工程条件变化而使工程成本增加时，可按合同约定对合同总价进行调整的计价方式。

4）可调总价合同的适用范围。可调总价合同适用于工期较长（1年以上）的工程，此类工程承包人在投标报价时无法合理地预见合同履行过程中市场价格变动等因素的影响，因此，应在合同中明确约定合同价款的调整原则、方法和依据。

（2）单价合同　单价合同是指承包人在投标时按工程量清单中的分项工作内容填报单价，然后以实际完成工程量乘以所报单价计算工程价款的合同。与总价合同类似，单价合同也可分为固定单价合同和可调单价合同。

1）单价合同的特点。①投标人填报的单价应为计入各种摊销费用后的综合单价，而非直接费单价，合同履行过程中无特殊情况的，一般不得变更单价；②在单价合同中，工程量清单所列工程量为估算工程量，而非实际工程量。

2）单价合同的风险分担。采用单价合同形式，可以在合同双方之间较为合理地分担合同履行过程中的风险。因为承包单位在投标时据以报价的清单工程量为估算工程量，所以当实际完成工程量与估算工程量有较大出入时，采用单价合同可以避免发包人有过多额外支出或承包人有较大亏损。此外，承包单位在投标时不可能合理准确预见的风险因素可不必计入合同价，这样有利于发包人取得较为合理的报价。

3）单价合同的适用范围。单价合同大多用于工期长、技术复杂、实施过程中发生各种不可预见因素较多的大型工程，以及建设单位为缩短工程建设周期，初步设计完成后就进行招标的工程。

4）固定单价合同的特点。采用固定单价合同时，无论发生哪些影响价格的因素，都不对合同约定的单价进行调整。对于承包单位而言，存在风险较高。

5）可调单价合同的特点。采用可调单价合同时，合同双方可以估算工程量为基准，约定实际工程量的变化超过一定比例时合同单价的调整方式。合同双方也可约定，当市场价格发生变化达到一定程度或国家政策发生变化时，可以对哪些工程内容的单价进行调整，以及如何进行调整。因此，采用可调单价合同时，承包单位的风险相对较小。

（3）成本加酬金合同　成本加酬金合同也称为成本补酬合同，是指将工程合同价款划分为工程直接成本和承包人完成工作后应得酬金两部分，合同履行过程中发生的直接成本由发包人实报实销，另按合同约定的方式支付给承包人相应报酬的合同。成本加酬金合同大多适用于边设计、边施工的紧急工程或灾后修复工程。

1）成本加酬金合同的特点及分类。由于在签订合同时，发包人还无法为承包人提供据以报价的详细资料，因而在合同中只能约定酬金计取方式。根据酬金计取方式不同，成本加酬金合同又可分为成本加固定百分比酬金、成本加固定酬金、成本加浮动酬金和目标成本加奖罚四类合同形式。

2）成本加固定百分比酬金合同。合同双方在签订合同时约定，酬金按实际发生的直接成本乘以某一百分比来计算。承包人可获得的酬金将随直接成本的增加而增加。因此，这种合同虽在签订时简单易行，但不能激励承包单位缩短工期和降低成本。

3）成本加固定酬金合同。合同双方在签订合同时约定酬金为某一固定值，这种合同虽不能鼓励承包人关心降低直接成本，但从尽快获得全部酬金、减少管理投入出发，承包人会关心缩短工期。

4）成本加浮动酬金合同。合同双方在签订合同时约定工程预期成本和固定酬金，以及实际发生的直接成本与预期成本有差异后的奖罚计算办法。这种合同通常会规定，当实际成本超支而减少酬金时，以原定的基本酬金额为减少的最高限额。从理论上讲，这种合同形式对双方都没有太大风险，且又能促使承包人关心成本降低和缩短工期。但在工程实践中，如何准确地估算作为奖罚标准的预期成本比较困难，也往往是合同双方谈判的焦点。

5）目标成本加奖罚合同。在仅有初步设计或工程说明书就迫切需要开工的情况下，可根据大致估算的工程量和适当的单价表编制粗略概算作为目标成本。随着工程设计的逐步深化，可对工程量和目标成本进行调整。在签订合同时，以当时估算的目标成本作为依据，并以百分比形式约定基本酬金和奖罚酬金的计算办法。进行工程结算时，如果实际直接成本超过合同约定的目标成本界限（如5%），则应按约定百分比扣减成本超支的罚金；反之，如果实际直接成本有节约时（也应有一个幅度界限），则应按约定百分比增加酬金。

思考题

1. 简述招标人自行招标应具备的条件。
2. 简述强制性招标的项目范围。
3. 公开招标和邀请招标的特点是什么？二者的区别是什么？
4. 简述建设项目招标应具备的条件。
5. 简述招标文件的主要内容。
6. 简述招标工程量清单的编制内容。
7. 简述综合单价的组成。
8. 简述单价措施项目清单与总价措施项目清单的区别。
9. 简述最高投标限价包括的内容。
10. 简述投标文件的组成。
11. 投标报价技巧有哪几种？
12. 简述“评定分离”确定中标人时，评标委员会和定标委员会的职责。

【案例分析题】

【背景】 某承包商通过资格预审后，对某民用建筑工程的招标文件进行了仔细分析，认为有两点需要特别说明：①原设计结构方案采用框架剪力墙结构体系过于保守；②招标人所提出的12个月的工期要求难以达到，且合同条款中规定每延误1天，工期罚款金额为合同价款的0.1%。若要保证实现该工期要求，必须采取特殊措施，从而将大大增加成本。

因此，该承包商在投标文件中对这两点做了以下说明：①建议采用框架结构体系，理由是承包商对两种结构体系均做了报价，与框架剪力墙结构体系相比，本工程采用框架结构不仅能保证工程结构的可靠性和安全性、增加使用面积、提高空间利用的灵活性，而且可降低造价约 1.8%；②招标人的工期要求难以实现，按承包商自己的方法确定的合理工期为 16 个月，且施工进度计划据此编制，投标工程量也据此报价。

该承包商在投标截止日期前 1 天上午将投标文件报送招标人，次日（即投标截止日当天）下午，在规定的开标时间前 2h，该承包商又递交了一份补充材料，其中声明将原报价降低 3%。

【问题】 该承包商运用了哪几种投标报价技巧？其运用是否得当？并请逐一说明。

第7章 建设工程施工阶段造价管理

【本章内容概要】

本章主要包括施工阶段造价的动态管理、资金使用计划及工程计量、工程变更与索赔管理，以及工程合同价款的调整与支付四部分，首先阐述了施工阶段造价管理的内容及其影响因素，阐释了施工阶段应用挣值法进行费用偏差的分析与控制的要点，介绍了资金使用计划的编制方法，以及工程计量原则和方法；然后阐释了工程变更范围、程序以及工程变更价款调整的方法，并详细说明了工程索赔的分类和程序以及费用和工期索赔的计算方法；最后介绍了合同价款的调整约定、调整事项，并阐释了工程预付款及工程进度款的支付规定与方法。

【本章知识总览】

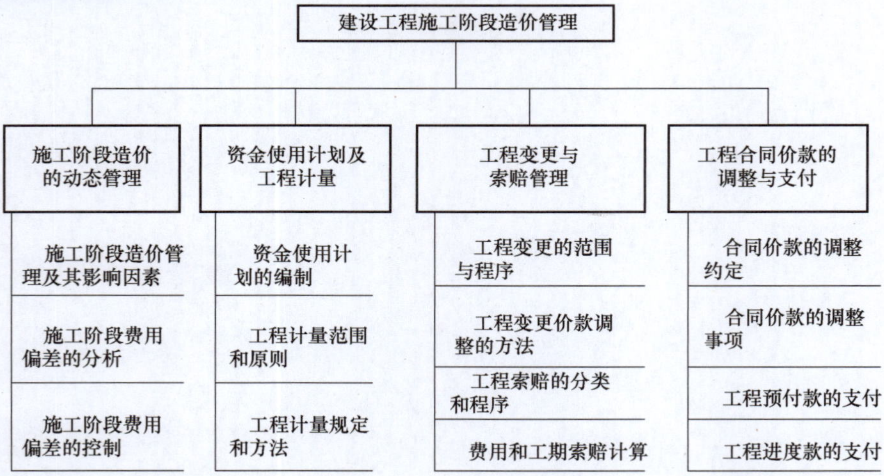

【本章学习要点】

◆ 掌握：施工阶段造价管理的内容、资金使用计划的编制方法、应用挣值法进行费用偏差的分析与控制要点、工程变更价款的确定方法、工程索赔费用的组成、费用索赔的计算方法、工程预付款的限额与起扣点的计算方法、工程进度款的内容与支付程序。

◆ 熟悉：工程计量的方法与顺序、合同价款调整事项与程序、工程变更的内容与程序、工程索赔的概念与分类、工程索赔的程序、合同价款的调整约定。

◆ 了解：施工阶段造价的影响因素、工程计量的规定和程序、法规及工程量清单变化类合同价款的调整方法、物价变化类合同价款的调整方法、工期索赔的计算方法。

7.1 施工阶段造价的动态管理

7.1.1 施工阶段造价管理及其影响因素

1. 施工阶段造价管理内容及程序

（1）施工阶段造价管理内容　施工阶段是完成工程项目实体和价值的重要过程，是人工、材料、机具设备、资金、能源等各种资源消耗量最大的时期，也是工程费用投入额度最大的阶段，因此存在着工程造价降低的极大潜力。但是，由于工程项目的造价、进度和质量目标之间存在着相互制约的内在关系，以及施工过程中出现的诸多费用影响因素，使得工程项目实际造价与预算造价差异在所难免，因此，有效的工程造价管理至关重要。施工阶段工程造价管理的主要内容包括施工阶段造价影响因素的分析、资金使用计划的编制、实际工程量的计量、工程变更与施工索赔的管理、合同价款调整及结算等。

（2）施工阶段造价动态管理流程　施工阶段造价管理是实施建设项目全过程造价管理的重要组成部分，其目的是在保证工程质量、进度的前提下，力求将施工阶段造价控制在承包合同价款以内。施工阶段造价的控制过程：造价管理目标确定后，在保证工程质量、进度等方面满足合同要求的前提下，对项目实际发生的费用支出采取一系列监督措施，分析并及时纠正发生的偏差，把各项费用支出控制在费用计划规定的范围内，以保证费用计划的实现。施工阶段造价管理是一个有限循环的周期性动态工作过程，如图 7-1 所示。

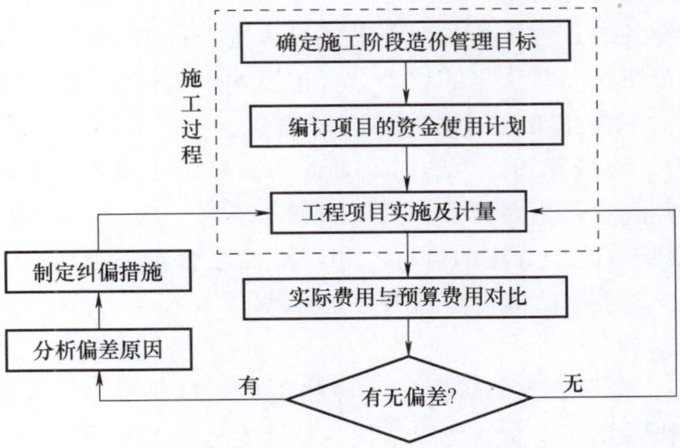

图 7-1　施工阶段造价动态管理流程

（3）施工阶段造价动态管理程序　如图 7-1 所示，施工阶段造价动态管理程序如下：

1）确定目标并制订计划。施工前根据工程项目的特点和施工要求，确定工程项目施工阶段的造价目标，并结合资金来源与需求情况编制施工阶段项目的资金使用计划。

2）计量实际工程量并与计划量做对比。在工程施工过程中，通过跟踪检查以及现场工程计量的方式，统计实际完成的工程量，检查并对比实际费用和预算费用，以动态监测项目造价的变动情况。

3）进行费用偏差分析。分析实际费用与预算费用之间的费用偏差，明确其产生原因，确定其严重程度，并预测项目后续施工所需总造价，做好后续施工资金的准备和资源的分配工作。

4）采取纠偏措施，实现造价的动态控制。在明确了费用偏差的致因及程度后，采用适当的纠偏方法，以期消除或减小偏差，从而通过造价的动态控制保证预期造价目标的实现。

2. 施工阶段造价管理的影响因素

施工阶段影响造价管理的因素很多，主要包括生产要素成本，现场管理能力和施工方法，施工工期、施工质量、施工安全，以及环境的影响等各类因素。

（1）生产要素成本的影响　生产要素成本包括劳动力成本、材料和设备成本，以及施工机具成本。

1）劳动力成本的影响。劳动力成本是影响施工阶段造价的重要因素，其影响主要体现在：①薪酬水平，不同地区、不同工种的工人往往薪酬水平存在差异，薪酬水平越高，则施工成本增加越多；②劳动力供需关系，当市场上的劳动力供应不足时，用人单位就需要支付更高的工资吸引工人的加入，从而导致劳动力成本上升；③技能水平，工人技能越高，工作质量就越好，则其薪酬要求也更高，也会影响施工成本。

2）材料和设备成本的影响。主要体现如下：①价格波动，不同材料或设备的价格会随市场供求变化而波动，而随着材料和设备价格的上涨也会导致施工成本的增加；②供应链问题，材料或设备的供应链延迟、中断或不稳定时，可能导致材料短缺或需要采取替代措施，进而增加成本。

3）施工机具设备成本的影响。主要体现如下：①租赁费用，工程需要使用大型设备或特殊设备时，租赁费用可能比较高，尤其是设备使用时间较长的情况下，就会导致施工成本增加；②维护费用，设备的日常维护和保养需要投入资金，用于设备的定期检查、维修和更换零部件等；③燃料费用，燃料价格的波动会直接影响施工机械的使用成本。

（2）现场管理能力和施工方法的影响

1）现场管理能力。现场管理能力的高低直接关系到施工成本，现场管理能力低，容易引起返工、返修、材料浪费、工人窝工、机械闲置等现象，从而导致施工成本增加。

2）施工方法的影响。施工方法的可行性和经济性会影响施工成本，采用特殊的施工技术或先进的绿色建筑技术等也可能需要额外增加成本。

（3）施工工期的影响

1）延长施工工期，会导致人力资源、设备和租赁、材料费用、贷款利息、管理和监督费用，以及延迟赔偿和罚款等方面的费用增加，从而对施工成本产生影响。

2）施工的直接成本会随着工期的缩短而增加，当压缩工期时，需要投入必要的相关费用，主要表现为措施性费用的投入；间接成本则会随着工期的缩短而减少。

3）在考虑施工总成本时，还应考虑工期变化带来的其他损益，包括效益增量和资金的时间价值等。为了控制工期成本，应选择总成本最低的工期安排。

（4）施工质量的影响　因施工质量不达标或低质量，产生质量问题或引发质量事故，都将增加以下成本：

1）修复和重建成本。如果在施工过程中出现质量问题，需要进行修复或重建工作，就会增加额外的材料、劳动力和施工机具成本，从而导致施工成本增加。

2）返工和修正成本。质量问题可能需要进行返工或修正，以达到设计要求和质量标准，就会增加劳动力和材料的使用，以及相关的时间成本。

3）额外监测和测试费用。为了确保工程质量，可能需要进行如材料检验、结构强度测试等额外的监测和测试工作，从而增加施工成本。

4）低效和浪费成本。施工质量问题，如不合格的材料或不良的施工方法等可能导致材料浪费、工时增加和能源浪费，使得施工过程效率低，从而增加施工成本。

5）维护和修理成本。低质量的施工可能导致建筑物在使用过程中需要进行频繁的维护和修理，从而增加运营成本，并可能引发未来的大额修复费用。

6）客户满意度和声誉成本。质量问题会影响客户满意度和声誉，不满意的客户可能会要求赔偿或提起诉讼，损害承包商声誉。高质量的施工可以减少这些额外费用，因此，在施工过程中确保工程质量和合格工艺非常重要，有助于降低施工总成本。

（5）施工安全的影响　受施工项目规模和复杂性、工作环境、施工方法、法规要求、劳动力培训、保险和风险管理及项目管理等因素影响，施工安全措施、安全培训，以及个人防护装备和安全监督等成本会有所不同。通过合理的安全计划和管理，可以减少安全风险、降低事故发生概率，并最终降低施工安全成本。

（6）环境的影响　按照可持续发展原则，本着绿色低碳发展和对环境负责的态度，在施工过程中需要采取或被要求采取绿色建造及施工环境保护措施，也会导致施工成本的增加。

综上，在施工阶段为保证工程造价管理效果，应注意施工组织设计的优化，尽量做到技术的先进性与经济的合理性统一，施工部署的科学性与资金安排、使用的有效性相结合。同时，在制定工程造价管理措施时还应考虑各类风险因素，做好预防和纠偏准备。

7.1.2　施工阶段费用偏差的分析

1. 费用偏差的分析方法

施工阶段是项目实施过程中耗费时间最长、资源最多以及费用最高的阶段，在施工过程中会出现诸多影响因素，使得费用偏差在所难免，因此，进行费用偏差的计算与分析是施工阶段造价控制的前提与基础。

（1）费用偏差的含义　在项目施工过程中，由于各种因素的影响，工程实施的实际情况往往会与计划出现偏差，这些偏差是施工阶段造价控制与管理的对象。其中，工程实际费用与工程预算费用之间的差异叫作费用偏差；工程实际进度与工程计划进度的差异叫作进度偏差。进度偏差对费用偏差分析的结果有重要影响，要正确反映费用偏差的实际情况，必须注意进度偏差。

（2）挣值法的含义　常用的费用偏差分析与方法是挣值法（Earned Value Management，简称EVM）。挣值法，又称为赢得值法，其核心是通过测量挣值，即已完工作实际费用，在计划和实际之间建立一个桥梁，用于分析已完工作的实际费用与拟完工作计划费用之间的差异，通过计算费用偏差、进度偏差、费用绩效指数、进度绩效指数等指标，判断工程项目造价和进度执行的情况，是一种对工程项目造价和进度进行综合监控的有效方法。

（3）应用挣值法分析费用偏差的步骤　应用挣值法计算和分析费用偏差的具体步骤如下：①确定挣值法的三个基本参数；②应用基本参数计算四个评价指标，应用评价指标，分析偏差情况；③应用横道图法、表格法和曲线法等方法表达费用偏差分析；④根据分析结果和影响因素制定纠偏措施并实施。

2. 应用挣值法分析费用偏差

(1) 确定三个基本参数　挣值法包括三个基本参数，即计划工作预算费用、已完工作预算费用和已完工作实际费用。

1) 计划工作预算费用（Budgeted Cost of Work Scheduled，简称 BCWS）。它是指截止到报告日期，按照批准的进度计划要求完成的工作量所需的预算费用，由计划工程量与预算单价相乘得到。计算公式为

$$BCWS=计划工作量\times预算单价 \tag{7-1}$$

BCWS 反映按进度计划预计完成的工作量，并成为衡量项目执行情况的基准，该基准在项目进展过程中一般是不变的，只有当项目发生较大变更时，才会做出必要的调整。

2) 已完工作预算费用（Budgeted Cost of Work Performed，简称 BCWP，挣值）。它是指截止到报告日期时项目实际完成工作量的预算费用，由实际完成工程量与预算单价相乘得到。计算公式为

$$BCWP=已完工作量\times预算单价 \tag{7-2}$$

BCWP 代表了项目所"挣得"的价值，即挣值，反映了项目按合同计划完成任务的实施状况。

3) 已完工作实际费用（Actual Cost of Work Performed，简称 ACWP）。它是指截止到报告日期时项目已完成工作量实际支出的总费用，由实际完成工程量与实际单价相乘得到。其计算公式为

$$ACWP=已完成工作量\times实际单价 \tag{7-3}$$

ACWP 是项目实际发生的真实费用，与项目预算费用无关。

(2) 计算四个评价指标并分析偏差情况　利用挣值法计算偏差时，包括费用偏差、进度偏差、费用绩效指数和进度绩效指数四个评价指标，其含义及具体的偏差情况分析如下：

1) 费用偏差（Cost Variance，简称 CV）。它是指在某个检查点上已完工作预算费用与已完工作实际费用的差值，其计算公式为

$$CV=BCWP-ACWP \tag{7-4}$$

当 $CV>0$ 时，说明已完工作实际费用没有超出已完工作预算费用，项目费用节约；当 $CV<0$ 时，说明已完工作实际费用超过已完工作预算费用，项目费用超支；当 $CV=0$ 时，说明已完工作实际费用和已完工作预算费用相等。

2) 进度偏差（Schedule Variance，SV）。它是指在某个检查点上已完工作预算费用与计划工作预算费用的差值，其计算公式为

$$SV=BCWP-BCWS \tag{7-5}$$

当 $SV>0$ 时，说明实际进度比计划进度快，项目进度提前；当 $SV<0$ 时，说明实际进度比计划进度慢，项目进度滞后；当 $SV=0$ 时，说明项目实际进度和计划进度相等。

3) 费用绩效指数（Cost Performance Index，简称 CPI）。它是已完工作预算费用与已完工作实际费用的比值，其计算公式为

$$CPI=\frac{BCWP}{ACWP} \tag{7-6}$$

当 $CPI>1$ 时，说明已完工作实际费用低于已完工作预算费用，项目费用节约；当 $CPI<1$ 时，说明已完工作实际费用高于已完工作预算费用，项目费用超支；当 $CPI=1$ 时，说明已

完工作实际费用与已完工作预算费用相等。

4）进度绩效指数（Schedule Performance Index，简称 SPI）。它是已完工作预算费用与计划工作预算费用的比值，其计算公式为

$$SPI=\frac{BCWP}{BCWS} \tag{7-7}$$

当 SPI>1 时，说明实际进度比计划进度快，项目进度提前；当 SPI<1 时，说明实际进度比计划进度慢，项目进度滞后；当 SPI=1 时，说明项目实际进度与计划进度相等。

3. 投资偏差分析的表达方法

投资偏差分析常用的表达方法有横道图法、曲线法和表格法。

（1）横道图法　应用横道图法表达费用偏差时，是用三种不同的横道线分别标识出计划工作预算费用、已完工作预算费用和已完工作实际费用，横道线的长度与其费用数额成正比。费用偏差和进度偏差数额可以用数字或横道表示，在表格中还可填入产生偏差的原因，用横道图法表达的费用偏差分析，如表 7-1 所示。

表 7-1　费用偏差分析（横道图法）

项目编码	项目名称	费用参数数额（万元）	费用偏差 CV（万元）	进度偏差 SV（万元）	偏差原因
011	土方工程	105 75 95	-10	20	
012	基础工程	110 90 125	15	35	
013	砌筑工程	115 115 90	-25	-25	
		20　40　60　80　100　120			
	合计	320 280 310	-10	30	
		50　100　200　250　300　350			

图例：ACWP　BCWS　BCWP

应用横道图法表达费用偏差分析的优点是简单直观，能准确表达出项目施工过程中费用的绝对偏差，便于掌握项目的造价控制状况；缺点是从横道图中可获取的信息量较少，只能反映出累计偏差和局部偏差。因此，这种方法具有一定的局限性，多用于对项目分部或分项工程的局部费用偏差分析。

（2）曲线法　曲线法是用时间-费用曲线（S 形曲线）进行费用偏差分析的一种方法，

通常包括三条费用曲线，即已完工作实际费用曲线 a、已完工作预算费用曲线 b 和计划工作预算费用曲线 c，如图 7-2 所示。

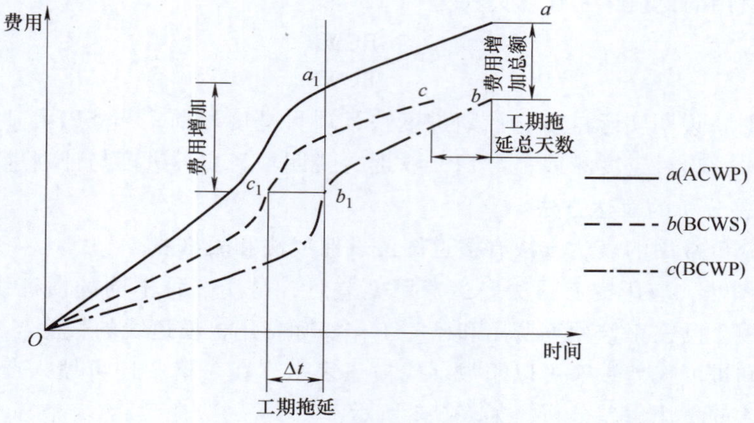

图 7-2　费用偏差分析（曲线法）

图 7-2 中，曲线 a 与曲线 b 的竖向距离表示工程费用偏差（CV），曲线 b 与曲线 c 的水平距离表示工程进度偏差（SV），图中所反映的偏差为累计偏差。应用曲线法表达投资偏差分析的优点是形象而直观，但这种方法很难直接用于偏差的定量分析，因此在应用曲线法时往往与表格法结合起来，使其具有更强的适用性。

（3）表格法　表格法是进行费用偏差分析最常用的一种表达方法，它可以根据项目的具体情况、数据来源、造价控制工作的要求等条件来设计表格，在表格中列明项目编码、项目名称、各费用计算参数、各费用偏差评价指标等内容，以便直接在表格中进行费用偏差比较，如表 7-2 所示。

表 7-2　费用偏差和进度偏差分析（表格法）

项目编码		011		012		013	
项目名称		土方工程		基础工程		砌筑工程	
费用及偏差	代码或计算式	单位	数量	单位	数量	单位	数量
预算单价	(1)	元/m^3	10	元/m^3	20	元/m^3	25
计划工程量	(2)	m^3	300	m^3	260	m^3	220
计划工作预算费用	(3)=(1)×(2)	元	3000	元	5200	元	5500
已完工程量	(4)	m^3	400	m^3	280	m^3	200
已完工作预算费用	(5)=(1)×(4)	元	4000	元	5600	元	5000
实际单价	(6)	元/m^3	12	元/m^3	18	元/m^3	23
已完工作实际费用	(7)=(4)×(6)	元	4800	元	5040	元	4600
费用偏差	(8)=(5)-(7)	元	-800	元	560	元	400
费用绩效指数	(9)=(5)/(7)	—	0.833	—	1.111	—	1.087
进度偏差	(10)=(5)-(3)	元	1000	元	400	元	-500
进度绩效指数	(11)=(5)/(3)	—	1.333	—	1.077	—	0.909

应用表格法进行费用偏差分析表达的优点是设计的表格包含的信息量大，可以反映各种偏差变量和指标，对于深入地了解项目造价的实际情况非常有益。同时，表格法还便于使用计算机辅助造价人员的日常工程管理，提高造价控制工作的效率，适用性较强。

7.1.3 施工阶段费用偏差的控制

1. 费用偏差的原因分析

通过对费用偏差的计算及状况分析，找出偏差产生的原因，以期有针对性地进行纠偏措施的制定，是施工阶段造价控制的重要内容和关键环节。导致建设工程产生费用偏差的因素是多方面的，但对这些因素进行共性分析，究其本质可以归结为客观原因和主观原因两方面。

施工阶段费用偏差的控制

(1) 费用偏差的客观原因　产生费用偏差的客观原因主要包括自然原因和社会原因。其中，自然原因是指由于气象条件、地质条件、环境条件等自然条件的变化，导致施工过程中产生费用的偏差；社会原因是指由于国家政策法规变化、城市规划的要求，以及市场人工、材料、施工机具等生产要素的价格上涨，而导致施工过程产生的费用偏差。

(2) 费用偏差的主观原因　产生费用偏差的主观原因主要包括建设单位、监理单位、设计单位、施工单位等项目管理相关方的因素所导致的造价偏差。其中，建设单位的原因主要是指投资规划不当、建设手续不健全，以及由于建设单位变更工程或未及时付清工程款等情况所导致的费用偏差；监理单位的原因主要是指错误的监理指令、指令不及时或监理程序不当等情况所导致的费用偏差；设计单位的原因主要是指设计错误、设计变更或设计标准变更等情况所导致的费用偏差；施工单位的原因主要是指施工组织设计或施工方案不合理、现场发生了质量或安全事故等情况所导致的费用偏差。

在工程项目产生费用偏差的各种原因中，客观原因是无法避免的，主观原因中，施工原因造成的损失要由施工单位自行负责，而建设单位、监理单位和设计单位的原因造成的费用偏差则是建设单位纠偏的主要对象，也是施工阶段工程发包方进行造价控制的重点。

2. 费用偏差的类型确定

对于施工阶段产生的费用偏差，并非都属于纠偏的范围，在偏差分析时，要根据不同类型的划分确定是否有纠偏必要，然后再针对性地研究纠偏措施。根据造价及进度的具体状况，可将费用偏差分为以下四种类型。

(1) 造价增加且进度拖延　该类型为Ⅰ类，指的是检查期工程造价与进度均处于不利状况，是纠正偏差的主要对象，需要进行造价及进度偏差原因分析，并制定相应的费用纠偏措施。

(2) 造价增加但进度提前　该类型为Ⅱ类，指的是检查期工程造价不利、进度有利的状况，要根据具体情况并适当考虑进度提前带来的收益的增加，综合分析后再行确定是否需要进行纠偏。一般有两种处理方式：①增加的造价超过增加的收益时，要采取费用纠偏措施；②增加的造价与增加的收益大致相等或低于收益增加额时，则可以考虑不采取费用纠偏措施。

(3) 造价节约但进度拖延　该类型为Ⅲ类，指的是检查期工程造价有利、进度不利的状况，要根据具体情况从项目参建各方尤其是建设单位的角度，根据实际需要考虑是否需要进行纠偏。

(4) 造价节约且进度提前　该类型为Ⅳ类，指的是检查期工程造价与进度均处于有利状况，是最理想的情况，一般不需要采取任何纠偏措施。但有时也要根据施工单位的具体情况认真核对工程量，避免因遗漏了工程量而出现造价节约、进度提前的工作失误。

3. 费用纠偏措施制定

分析了费用偏差产生的原因，并确定了其纠偏类型后，就要针对偏差情况采取强有力的措施加以纠正，以使实际运行状态恢复或保持在标准造价状态。费用偏差的纠正措施包括组织措施、经济措施、技术措施和合同措施四个方面。

(1) 组织措施　组织措施是指从造价控制的组织保障方面所采取的措施，通过加强组织的合理性、部门的专业性和工程流程的程序性等方面采取的措施。组织措施具体包括：①确定和落实造价控制的组织机构和人员；②明确各级造价控制人员的任务和职能分工、权利和责任；③编制造价控制工作计划和详细的造价控制工作流程图等。

(2) 经济措施　经济措施是指从造价控制的经济保障方面采取的措施，通过加强造价目标分解的合理性、施工进度计划的协调性，以及资金使用计划的保障性等方面采取的措施。经济措施具体包括：①施工前确定并分解造价目标、编制资金使用计划；②施工过程中，通过工程计量定期地进行施工费用实际值与预算值的比较，分析费用偏差产生的原因、所属的类型并据此采取相应的纠偏措施；③根据分析结果，对未完工程进行造价预测，以发现潜在问题，及时采取预防措施进行造价偏差的主动控制。

(3) 技术措施　技术措施是指从造价控制的技术保障方面采取的措施，是通过加强设计变更管理、设计方案优化，以及施工方案的审查等方面采取的措施。技术措施具体包括：①对设计变更进行技术经济比较以严格控制设计变更；②在保证项目功能和质量的前提下，对设计方案继续挖潜节约投资的可能性；③施工过程中对主要的施工方案和施工部署安排不断进行技术经济分析和优化，以节约投资保证目标的实现。

(4) 合同措施　合同措施是指从费用管理的合同保障方面采取的措施，是通过加强合同的签订与履行管理，尤其是索赔管理等方面采取的措施。合同措施具体包括：①合同签订时相关条款的约定，组织机构对合同规定责任的落实；②施工过程中对合同履行情况的日常管理。索赔管理是施工阶段费用纠偏的主要合同措施，对此，一方面，要加强主动控制，尽量减少索赔事件；另一方面，在发生索赔事件后，要认真审查有关索赔依据和索赔证据是否可靠有效、索赔费用的计算与支付是否合理，以保证最大限度地控制因索赔而产生的造价偏差。

7.2 资金使用计划及工程计量

7.2.1 资金使用计划的编制

1. 资金使用计划编制的含义、作用及编制方法

(1) 含义　资金使用计划编制是在建设项目结构分解的基础上，将工程造价的总目标值逐层分解到各个工作单元，形成各分目标值及各详细目标值，从而可以定期地将工程项目中各个子目标实际支出额与目标值进行比较，以便于及时发现偏差，找出偏差原因并及时采取纠正措施，将工程造价偏差控制在一定范围内。

（2）作用 资金使用计划编制是施工阶段进行造价管理工作的基础依据和前提，资金使用计划控制对工程造价水平有着重要影响。建设单位通过科学地编制资金使用计划，可以合理确定工程造价的总目标值和各阶段目标值，使工程造价控制有据可依。

（3）编制方法 在编制资金使用计划的过程中，最重要的步骤就是进行项目造价目标的分解，包括造价的总目标值、分目标值、各详细目标值。根据造价控制目标和要求的不同，资金使用计划可按工程造价构成、建设项目组成，以及工程进度三种方法编制。

2. 按工程造价构成编制资金使用计划

施工阶段工程造价的构成主要包括建筑安装工程费、设备及工器具购置费和工程建设其他费，与此相对应，按工程造价构成编制的资金使用计划也分为建筑安装工程费使用计划、设备及工器具购置费使用计划和工程建设其他费使用计划。其中，由于建筑工程和安装工程在性质上存在较大差异，造价的计算方法和标准也不尽相同。因此，在编制资金使用计划时往往需要对建筑工程费用和安装工程费用分开进行。

在进行各项费用分配时，费用比例要根据以往经验或已建立的数据库确定，也可根据具体情况做出相应调整。每项费用还可根据其构成要素继续细分，这种方法适用于有大量经验数据的工程项目。按工程造价构成编制的资金使用计划如图 7-3 所示。

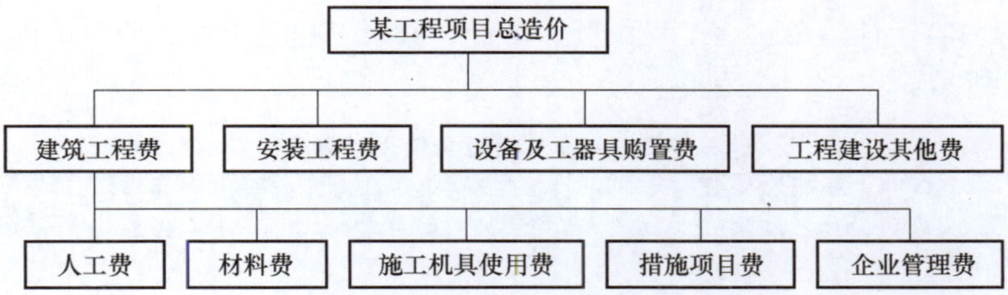

图 7-3 按工程造价构成编制的资金使用计划

3. 按建设项目组成编制资金使用计划

通过将建设项目按其组成进行单项工程、单位工程、分部工程、分项工程的合理划分，从而逐级安排资金计划的方法，具体划分的粗细程度根据建设项目资金支出的实际需要决定。这种编制方法比较简单，易于操作，需要先进行建设项目总造价的分解，然后根据工程的造价分配得到资金使用计划表。

（1）按建设项目组成分解工程造价总额 以某高校建设项目为例，按建设项目组成分解工程造价总额的过程如图 7-4 所示。

图 7-4 中，建设项目总造价的分解是按建设项目的组成依次进行的，过程如下：

1）将建设项目总造价分解到各单项工程中，形成各单项工程的总造价。某高校新校区总造价可分解为教学楼造价、实验楼造价和学生宿舍楼造价。

2）以各单项工程为独立个体，将各单项工程造价分解到各单位工程中，形成各单位工程的造价。如教学楼造价可分解为土建工程造价、水电安装工程造价。

3）将各单位工程造价分解到各分部工程中，形成各分部工程造价。如土建工程造价可分解为基础工程造价、主体工程造价、屋面工程造价、装饰工程造价。

4）将各分部工程造价进一步分解到各分项工程中，形成造价最小组分单元。如基础工程可分解为土方工程造价、基础垫层造价、筏板基础造价、回填土工程造价。

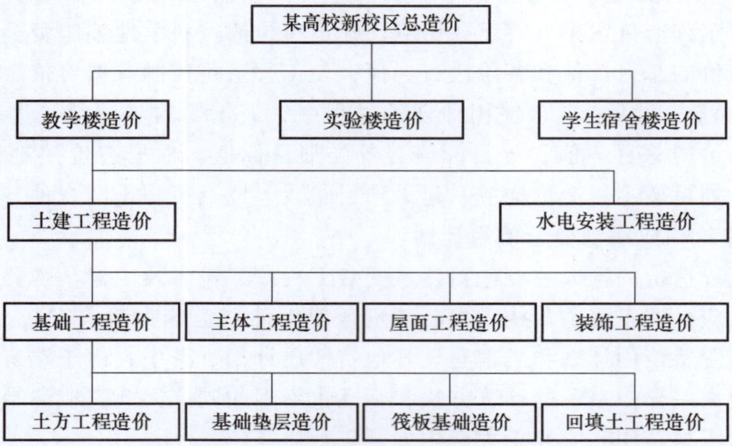

图 7-4　按建设项目组成分解的工程造价总额的过程

（2）编制各分项工程的资金使用计划表　在完成建设项目总造价的分解之后，就要根据各分项工程的造价分配额，编制详细的分项工程资金使用计划表，其内容一般包括分项工程编号、工程内容、计量单位、工程数量、单价、分项工程总价等。分项工程资金使用计划表，如表 7-3 所示。

表 7-3　分项工程资金使用计划表

序号	分项工程编号	工程内容	计量单位	工程数量	单价	分项工程总价	备注

4. 按工程进度编制资金使用计划

投入工程项目的资金是分阶段、分期支出的，资金使用是否合理与施工进度安排密切相关。因此，为了尽可能减少资金占用和利息支出，更合理有效地筹措和使用资金，可将工程项目资金按其使用时间和进度情况进行分解，以确定各施工阶段具体的目标值，并据此编制项目资金使用计划。

（1）编制工程施工进度计划　按工程进度编制资金使用计划，首先要编制工程进度计划，确定完成各项工程所需花费的时间，以及完成相应工作的工程量或资源消耗。

（2）编制单位时间费用支出计划表　根据每单位时间（月、旬或周）拟完成的实物工程量，或拟投入的人力、物力和财力等资源消耗数量，计算单位时间资金支出额，编制单位时间费用支出计划表，以月计划为例，如表 7-4 所示。

表 7-4　某工程项目月费用支出计划表

时间	1 月	2 月	3 月	4 月	5 月	6 月	7 月	8 月	9 月	10 月	11 月	12 月
费用（万元）	195	280	380	580	780	965	620	580	470	380	275	150

（3）按工程进度编制资金使用计划　单位时间费用支出计划表完成后，即可进行工程项目资金使用计划的编制，其表达方式有两种：一种是在时标网络图上表示的资金使用计

划，另一种是利用时间-费用累计曲线表示的资金使用计划。

1）在时标网络图上表示的资金使用计划。在时标网络图上拟订工程项目的执行计划时，一方面确定施工进展的时间，另一方面确定完成相应工作的资金使用额。时标网络图上按月编制的资金使用计划如图 7-5 所示。

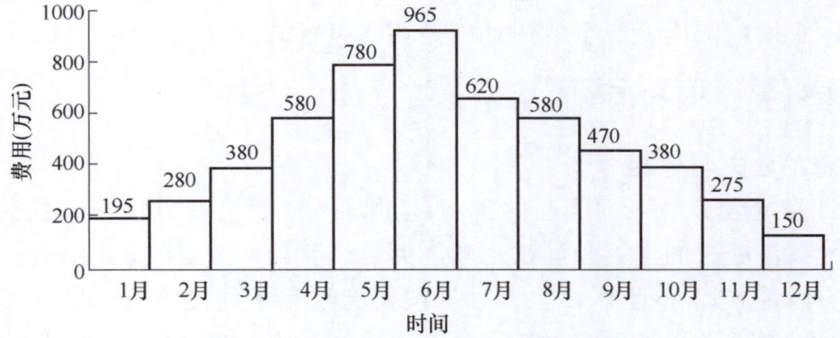

图 7-5　时标网络图上按月编制的资金使用计划

2）利用时间-费用累计曲线表示的资金使用计划。时间-费用累计曲线是以横坐标表示时间不变，以纵坐标表示到每一单位时间为止累计完成的工作量，绘制出的时间与累计完成工作量之间的关系曲线，由于形状如字母 S，所以也被称为 S 曲线。在编制资金使用计划时，时间-费用累计曲线（S 形曲线）的绘制步骤：①计算出规定时间内计划累计完成的资金额，其计算方法为各单位时间计划完成的资金额累加求和；②按各规定时间的累加资金额，绘制 S 形曲线。按时间-费用累计曲线编制的资金使用计划如图 7-6 所示。

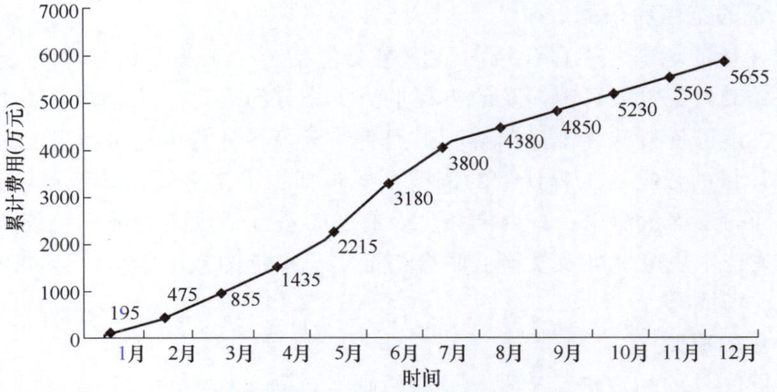

图 7-6　按时间-费用累计曲线编制的资金使用计划

3）注意事项。在采用按工程进度计划编制资金使用计划的方法时，需要注意的是，所有工作都是按最迟开始时间考虑的，这对于节约建设单位的建设资金贷款利息是很有利的，但同时也降低了工程按期竣工的保证率。因此，必须合理地确定投资支出计划，以实现既节约投资又保证工程按期完成的总目标。

5. 资金使用计划编制方法的结合应用

在实践中，资金使用计划的三种编制方法并不是相互独立的，通常结合起来使用，从而达到扬长避短的效果。例如：为便于检查各子项目工程费用构成是否完整，有无重复计算或漏算，以及各项具体的费用支出对象是否明确或落实等情况，可以将按工程造价构成分解和按建设项目组成分解两种方法结合，横向按工程造价构成分解，纵向按建设项目组成分解，反之亦然。此外，还可以将按建设项目组成分解与按工程进度分解两种方法结合起来，纵向按建设项目组成分解，横向按工程进度分解。总之，要保证项目资金计划成本总额应控制在工程造价的目标费用范围内，资金使用计划是切实可行的。

7.2.2 工程计量范围和原则

1. 工程计量的含义与作用

（1）工程计量的含义　施工阶段的工程计量，是发承包双方根据合同约定，对承包人完成合同工程的数量进行的计算和确认。具体而言，就是双方根据设计图纸、技术规范以及施工合同约定的计量方式 和计算方法，对承包人已经完成的质量合格的工程实体数量进行测量与计算，并以物理计量单位或自然计量单位进行标识、确认的过程。

（2）工程计量的作用　施工阶段的工程计量不仅是发包方控制施工阶段工程造价的关键环节，也是约束承包人按约履行合同义务、强化合同意识的重要手段，对承包人已完合格工程进行及时准确地计量并予以确认，是发包方支付工程款、进行价款结算的基础与前提。

（3）工程计量的必要性　招标工程量清单中所列的数量，通常是根据设计图纸计算的数量，是对合同工程的估计工程量。工程施工过程中，通常会由于一些原因导致承包人实际完成工程量与工程量清单中所列工程量不一致，例如，招标工程量清单缺项或项目特征描述与实际不符，工程变更，现场施工条件的变化，现场签证，暂估价中的专业工程发包等。因此，在工程合同价款结算前，必须对承包人履行合同义务所完成的实际工程进行准确计量。

2. 工程计量的范围和依据

（1）工程计量的范围　工程计量的范围主要包括：①工程量清单中的全部项目所包含的工程内容；②工程变更项目中涉及的工程量清单修订的内容；③合同文件中规定的现场签证、工程索赔、预付备料款、价格调整、工程违约金等各种费用支付项目。

（2）工程计量的依据　工程计量的依据主要包括：①工程量清单及说明；②设计图纸、设计变更及修订的工程量清单；③合同条件及有关工程计量规定的补充协议；④工程量清单计价规范、相关技术规范标准及质量验收合格证书、审定的施工组织设计和施工技术措施方案，以及施工现场情况等。

3. 工程计量的原则

（1）按合同文件的约定进行工程计量的原则　合同文件中的工程量清单（说明）、技术规范与标准、相关合同条款等会从不同角度、不同侧面涉及工程计量的要求。发包人进行工程计量的范围、内容、方法和程序应与这些合同文件中的约定相一致，遵循相关规定，并结合起来使用。

（2）对不符合合同文件要求的工程不予计量的原则　对于承包人已完的工程，发包人并不是全部进行计量，而只是对于满足设计图纸要求的、质量达到合同标准的、具有完备的工程质量验收资料，以及交验手续齐全的已完工程才进行计量，否则不予计量。

（3）对承包人原因导致的工程增量不予计量的原则　对于施工过程中因承包人自身原因所造成的超出合同约定范围的工程量，比如因工程质量不合格或质量问题而造成的返工或返修，从而使得工程量增加等情况，发包人不予计量。

4. 工程计量的程序

工程计量的一般程序及计量结果的相关规定如图 7-7 所示。

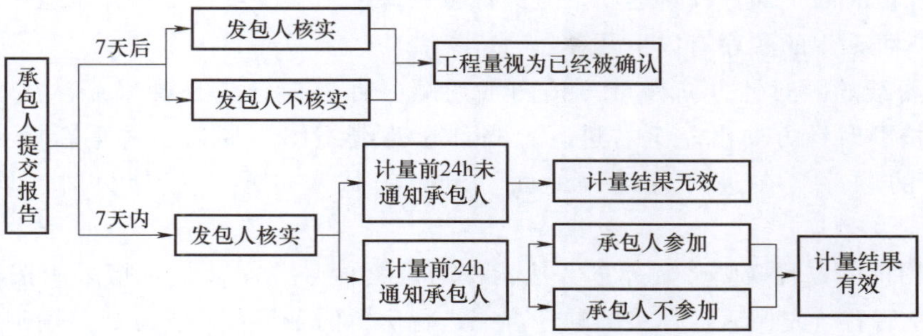

图 7-7 工程计量的程序

（1）工程计量的一般程序　按照施工合同示范文本的规定，工程计量的一般程序是：①承包人应按专用条款约定的时间，向发包人提交已完工程量的报告；②发包人接到报告后 7 天内按设计图纸核实已完工程量，并在计量前 24h 通知承包人；③承包人为计量提供便利条件并派人参加。

（2）未按要求程序进行工程计量的处理规定　对于未按要求的工程计量程序进行的项目，对工程计量结果的处理规定如下：

1）发包人收到承包人报告后 7 天内未进行计量的，从第 8 天起，承包人报告中开列的工程量视为已经被确认，并作为工程价款支付的依据。

2）发包人不按约定时间通知承包人，致使承包人不能参加计量的，计量结果无效。

3）承包人在要求的时间内接到通知但不参加计量，发包人可自行进行，计量结果有效，并作为工程价款支付的依据。

4）发包人对承包人超出设计图纸范围或因自身原因造成返工的工程量，不予计量。

7.2.3 工程计量规定和方法

1. 工程计量的规定

（1）一般规定　工程量必须按照相关工程现行国家工程量计算规范规定的工程量计算规则计算，工程计量周期可选择按月或按工程形象进度分段计量，具体计量周期在合同中约定。通常区分单价合同和总价合同规定不同的计量方法，成本加酬金合同按照单价合同的计量规定进行计量。

（2）单价合同的计量规定　单价合同工程量必须以承包人完成合同工程应予计量的且依据国家现行工程量计算规 则计算得到的工程量确定。施工中工程计量时，若发现招标工程量清单中出现缺项、工程量偏差，或因工程变更引起工程量的增减，应按承包人在履行合同义务中完成的工程量计算。

（3）总价合同的计量规定　采用工程量清单方式招标形成的总价合同，工程量应按照与单价合同相同的方式计算。采用经审定批准的施工图纸及其预算方式发包形成的总价合同，除按照工程变更规定引起的工程量增减外，总价合同各项目的工程量是承包人用于结算的最终工程量。总价合同约定的项目计量应以合同工程经审定批准的施工图纸为依据，发承包双方应在合同中约定工程计量的形象目标或时间节点进行计量。

2. 工程计量的顺序

为节省计量时间、加快计量速度、避免计量错误，施工阶段的工程计量应按照一定的顺序依次进行。可采用的顺序有以下几种：

(1) 按图纸的顺时针方向计量　按图纸的顺时针方向计量是指采用从施工图纸的左上角开始，按顺时针方向由左至右进行，当计量路线绕图一周后，再重新回到施工图纸左上角计量的顺序。在进行外墙、地面、天棚等抹灰分项工程计量时，均可采用此顺序。

(2) 按构件的位置横竖分割计量　按构件的位置横竖分割计量是指采用按构件位置从上至下、先左后右、先横后竖计量的顺序。在进行房屋的条形基础土方、砖墙砌筑、门窗过梁、墙面抹灰等分项工程计量时，均可采用此顺序。

(3) 按图纸的分项编号顺序计量　按图纸的分项编号顺序计量是指采用图纸上所注结构构件、配件的编号顺序作为工程量计量的顺序。在进行混凝土构件、门窗构件、屋架等分项工程计量时，均可采用此顺序。

总之，在计量工程量时，无论采用哪种顺序进行，都要尽可能避免漏量、少量、错量或重复计量的现象发生。

3. 工程计量的方法

根据 FIDIC 合同条件的规定，施工阶段工程计量的方法主要有以下几种：

(1) 图纸法　图纸法是指采用按照设计图纸所示的尺寸进行计量的方法，是计量工程量清单项目常用的方法。如钻孔桩的桩长计量、混凝土构筑物的体积计量等，都可按图纸法进行。

(2) 断面法　断面法是指对于开挖土方或填筑路堤等工程，以原地面线与设计断面所构成的体积进行计量的方法。采用断面法计量的，要求在开工前由承包人测绘出原地形的断面，经发包人检查后，即可作为计量的依据。

(3) 分解计量法　分解计量法是指将一个项目先根据工序或部位分解为若干子项，然后对完成的各子项进行计量支付的方法。这种计量方法主要适用于包干或规模较大的项目因其支付时间过长，而影响施工单位资金流动的情况。

(4) 估价法　估价法是指按合同文件的规定，根据发包人针对进行中的工作，估算其已完成的工程价值进行计量支付的方法。如为发包人提供办公和生活设施、办公用车以及测量设备等清单项目，这类清单项目往往要购买几种仪器设备，当承包人对于某一项清单项目中规定购买的仪器设备不能一次购进时，一般按估价法进行计量支付。

(5) 凭据法　凭据法是指按照承包人提供的确凿的凭据进行工程计量支付的方法。如施工阶段为建设工程所支出的建筑工程保险费、第三方责任保险费、履约保证金等项目，一般可按凭据法进行计量支付。

(6) 均摊法　均摊法是指对于工程量清单中某些项目稳定发生的合同价款，按合同工期进行平均计量的方法。如为建设单位提供宿舍、保养测量设备以及维护工地清洁和整洁等项目，一般可按均摊法进行计量支付。

7.3 工程变更与索赔管理

7.3.1 工程变更的范围与程序

1. 工程变更的含义及范围

（1）工程变更的含义　工程变更是工程项目变更的简称，指的是合同实施过程中由发包人提出或由承包人提出，经发包人批准的对合同工程的工作内容、工程数量、质量要求、施工顺序与时间、施工条件、施工工艺或其他特征及合同条件等的改变。工程变更指令发出后，应当迅速落实指令，全面修改相关的各种文件。承包人也应当抓紧落实，如果承包人不能全面落实变更指令，则扩大的损失应当由承包人承担。工程变更是影响工程项目造价管理的关键因素，可能会导致工程量的变化、承包人的索赔等事项，因此，工程变更管理是施工阶段工程造价控制的重要内容。

（2）工程变更的范围　根据我国标准施工招标文件，工程变更范围包括：①取消合同中任何一项工作，但被取消的工作不能转由发包人或其他人实施；②改变合同中任何一项工作的质量或其他特性；③改变合同工程的基线、标高、位置或尺寸；④改变合同中任何一项工作的施工时间或改变已批准的施工工艺或顺序；⑤为完成工程需要追加的额外工作。

2. 工程变更的内容

工程变更是施工合同履行过程中出现与签订合同时的预计条件不一致的情况，而需要改变原定施工承包范围内的某些工作内容，具体包括设计变更、施工条件变更、新增工程量变更、进度计划变更和施工措施变更等内容。

（1）设计变更　设计变更是指工程项目施工合同履约的过程中，由参建各方提出的，最终由设计单位以设计变更或设计补充文件形式发出的变更，是施工阶段工程变更的主要内容。引起设计变更的原因主要包括以下两方面。

1）设计文件中出现的各种遗漏或错误，以及设计文件中表达不清楚的部分，如设计图纸及其说明互相矛盾、各专业设计之间尺寸不统一等情况。

2）施工过程中，因设计文件与现场情况不符，或设计深度不够，以及应发包人要求等需要对设计做优化调整的情形。

（2）施工条件变更　施工条件变更是指在施工过程中，因发包人未能按合同约定提供必需的施工条件，或施工现场的地质、水文等情况使施工受到限制，以及不可抗力发生导致工程无法按预定计划实施等情况而产生的变更。引起施工条件变更的原因主要包括以下几方面：

1）发包人提供的勘察资料与现场实际情况不相符，致使工程中途停顿。

2）发包人提供的施工临时用电因社会电网紧张而断电，导致施工无法正常进行。

3）因投资和物价发生较大变动，对后期投资将产生较大影响而改变或调整承包合同价款。

4）因不可抗力事件，如暴风大雨、洪水海潮、地震、沉陷、火灾等自然或人为事件，而对已完工程、临时设施和已运进现场的施工材料、机具设备造成的重大损失等。

（3）新增工程量变更　新增工程量变更是指施工过程中，发包人要求增加原招标工程量清单之外的建设内容而引起的变更。引起新增工程量变更的原因主要包括以下两方面：

1）发包人为调整或修改建筑的整体布局而增加工程量。

2）在监理过程中，由于监理工程师的错误指令所导致的工程量增加。

（4）进度计划变更　进度计划变更是指在施工过程中，发包人因上级指令、技术因素或经营需要，调整原定工期或进度安排而引起的变更。引起进度计划变更的原因主要包括以下两方面：

1）由于天气等客观条件的影响而使工程被迫暂时停工，需要延长工期，改变进度计划。

2）发包人因某些理由要求承包人采取措施加快进度，缩短工期，改变进度计划。

（5）施工措施变更　施工措施变更是指在施工过程中，承包人向发包人和监理人提出改变原施工方案或施工措施而产生的变更。引起施工措施变更的原因及注意事项如下：

1）原因。因工程地质条件变化、施工环境或施工条件的改变等因素影响而导致承包人必须进行的施工方案与措施的调整。

2）注意事项。施工措施或方案的变更必须经发包人和监理人审查同意后实施，重大的施工措施或方案变更还应征询原设计单位的意见，否则因此而引起的投资增加和工期延误将由承包人自行承担。

3. 监理人指示的工程变更程序

监理人根据工程施工的实际需要或发包人要求实施的工程变更，可以将工程变更进一步划分为监理人直接指示的工程变更和通过与承包人协商后确定的工程变更两种情况。

（1）监理人直接指示的工程变更　监理人直接指示的工程变更属于必需的变更，如按照发包人的要求提高质量标准、设计错误需要进行的设计修改、协调施工中的交叉干扰等情况。此时不需要征求承包人意见，监理人经过发包人同意后发出变更指示要求承包人完成工程变更工作。

（2）通过与承包人协商后确定的工程变更　此类情况属于可能发生的变更，与承包人协商后再确定是否实施变更，如增加承包范围外的某项新工作等。此类变更程序如下：

1）监理人向承包人发出变更意向书，说明变更的具体内容和发包人对变更的时间要求等，并附必要的图纸和相关资料。

2）承包人收到监理人的变更意向书后，如果同意实施变更，则向监理人提出书面变更建议。建议书包括拟实施变更工作的计划、措施、竣工时间等内容的实施方案以及费用要求。若承包人收到监理人的变更意向书后认为难以实施此项变更，也应立即通知监理人，说明原因并附详细依据，如不具备实施变更项目的施工资质、无相应的施工机具等原因。

3）监理人审查承包人的建议书。①承包人根据变更意向书要求提交的变更实施方案可行并经发包人同意后，发出变更指示；②如果承包人不同意变更，监理人与承包人和发包人协商后确定撤销、改变或不改变原变更意向书。

4）变更建议应阐明要求变更的依据，并附必要的图纸和说明。监理人收到施工承包单位书面建议后，应与发包人共同研究，确认存在变更的，应在收到承包人书面建议后的 14 天内做出变更指示。经研究后不同意做出变更的，应由监理人书面答复施工承包单位。

4. 承包人提出工程变更的程序

承包人提出的工程变更可能涉及建议的变更和要求的变更两类。

（1）承包人建议的变更

1）合理化建议。承包人对发包人提供的图纸、技术要求等，提出了可能降低合同价格、缩短工期或提高工程经济效益的合理化建议，均应以书面形式提交监理人。

2）合理化建议书的内容。合理化建议书应包括建议工作的详细说明、进度计划和效益，以及与其他工作的协调等，并附必要的设计文件。

3）变更程序。监理人与发包人协商是否采纳承包人提出的建议，建议被采纳并构成变更的，监理人向承包人发出工程变更指示。

4）奖励办法。承包人提出的合理化建议使发包人获得工程造价降低、工期缩短、工程运行效益提高等实际利益，应按专用合同条款中的约定给予奖励。

（2）承包人要求的变更

1）内容。承包人收到监理人按合同约定发出的图纸和文件，经检查认为其中存在属于变更范围的情形，如提高工程质量标准、增加工作内容、改变工程的位置或尺寸等，可向监理人提出书面变更建议。变更建议应阐明要求变更的依据，并附必要的图纸和说明。

2）程序。监理人收到承包人的书面建议后，应与发包人共同研究，确认存在变更的，应在收到承包人书面建议后的 14 天内做出变更指示。经研究后不同意做出变更的，应由监理人书面答复承包人。

7.3.2 工程变更价款调整的方法

1. 工程变更价款调整的程序

在确定了工程变更后，监理人应按规定的程序和原则进行工程变更价款的确定与处理。

（1）可要求追加合同价款的工程变更

1）承包人提交调价报告。在工程变更确定后 14 天内，承包人可提出变更涉及的追加合同价款要求的报告，经监理人确认后上报发包人进行相应合同价款的调整。如果承包人在双方确定变更后的 14 天内，未向总监理工程师提出变更工程价款的报告，视为该项变更不涉及合同价款的调整。

2）监理人确认。监理人应在收到承包人的变更合同价款后 14 天内，对承包人的要求予以确认或做出其他答复。监理人无正当理由不确认或不答复时，自承包人的报告送达之日起 14 天后，视为变更价款报告已被确认。

3）监理人确认增加的工程变更价款作为追加合同价款，与工程进度款同期支付。若监理人不同意承包人提出的变更价款，按合同约定的争议条款处理。

（2）无权要求追加合同价款的工程变更　因承包人自身原因导致的工程变更，承包人无权要求追加合同价款。如果由于承包人原因使实际施工进度滞后于计划进度，某工程部位的施工与其他承包人的施工发生干扰，总监理人发布指示改变了原来的施工时间和顺序，导致施工成本的增加或效率降低，承包人也无权要求补偿。

（3）删减工程或工作的补偿　如果发包人提出的工程变更，因非承包人原因删减了合同中的某项原定工作或工程，致使承包人发生的费用或（和）得到的收益不能被包括在其他已支付或应支付的项目中，也未被包含在任何替代的工作或工程中，则承包人有权提出并得到合理的费用及利润补偿。

2. 分部分项工程变更的价款调整

工程变更引起已标价工程量清单项目或其工程数量发生变化时，对于分部分项费变更价款的确定方法，具体规定如下：

（1）已标价工程量清单中有适用于变更工程项目的　对于该情况，且工程变更导致的该清单项目的工程数量变化不足15%时，采用已标价工程量清单中的单价。直接采用适用的项目单价的前提是其采用的材料、施工工艺和方法相同，也不因此增加关键线路上工程的施工时间。

（2）已标价工程量清单中没有适用但有类似于变更工程项目的　对于该情况，可在合理范围内参照类似项目的单价或总价调整。采用类似的项目单价的前提是其采用的材料、施工工艺和方法基本相似，不增加关键线路上工程的施工时间，可仅就其变更后的差异部分，参考类似的项目单价由发承包双方协商新的项目单价。

（3）已标价工程量清单中没有适用也没有类似于变更工程项目的

1）调整方法。对于这种情况，应由承包人根据变更工程资料、计量规则和计价办法、工程造价管理机构发布的信息（参考）价格和承包人报价浮动率，提出变更工程项目的单价或总价，报发包人确认后调整。

2）承包人的报价浮动率。根据项目是否为实行招标的工程，分别按下式计算：

① 实行招标的工程

$$\text{承包人报价浮动率}=(1-\text{中标价}/\text{最高投标限价})\times 100\% \tag{7-8}$$

② 对于非招标工程

$$\text{承包人报价浮动率}=(1-\text{报价值}/\text{施工图预算})\times 100\% \tag{7-9}$$

（4）其他情况　对于已标价工程量清单中没有适用也没有类似于变更工程项目，且工程造价管理机构发布的信息（参考）价格缺价的，应由承包人根据变更工程资料、计量规则、计价办法和通过市场调查等取得有合法依据的市场价格提出变更工程项目的单价或总价，并报发包人确认后调整。

3. 措施项目变更的价款调整

工程变更引起施工方案改变并使措施项目发生变化时，对于措施项目费变更价款的确定方法，具体规定如下：

（1）措施项目费的调整原则　对于工程变更引起承包人提出调整措施项目费的，应事先将拟实施的方案提交给发包人确认，并应详细说明与原方案措施项目相比的变化情况。如果承包人未事先将拟实施的方案提交给发包人确认，则视为工程变更不引起措施项目费的调整或承包人放弃调整措施项目费的权利。

（2）措施项目费的调整规定　拟实施的变更方案经发承包双方确认后执行，并应按照下列规定调整措施项目费。

1）安全文明施工费。按照实际发生变化的措施项目调整，不得浮动。

2）采用单价计算的措施项目费。如脚手架、模板费用等，按照实际发生变化的措施项目及分部分项工程费变更价款的规定确定单价。

3）按总价或系数计算的措施项目费。如安全文明施工费、冬雨季施工增加费等，按照实际发生变化的措施项目调整，但应考虑承包人报价浮动因素，即调整金额按照实际调整金额乘以承包人报价浮动率计算。

7.3.3 工程索赔的分类和程序

1. 工程索赔的含义和内容

(1) 工程索赔含义　工程索赔是指在工程合同履行过程中，当事人一方由于另一方未履行合同所规定的义务或者出现了应当由对方承担的风险而遭受损失时，即当事人一方因非己方的原因而遭受经济损失或工期延误时，按照合同约定或法律规定，应由对方承担责任，而向对方提出工期和（或）费用补偿要求的行为。索赔是双向的，既可以是承包人向发包人的索赔，也可以是发包人向承包人的索赔，但由于发包人在向承包人索赔中处于主动地位，可以直接从应付给承包人的工程款中扣抵，也可以从履约保证金中扣款以补偿损失，索赔容易实现。因此，在实际工作中，工程索赔主要指的是承包人向发包人的索赔。

(2) 工程索赔的内容　施工过程中，对于索赔事项的确认及其价款的确定是全方位全面工程造价管理中的重要环节，工程索赔包括费用索赔和工期索赔两项内容。其中，费用索赔是指承包人在索赔事件发生后向发包人提出补偿自己的额外费用支出或赔偿损失的要求，其目的是避免承担因非承包人自身原因造成的费用损失。工期索赔是指承包人在索赔事件发生后向发包人提出延长工期、推迟竣工日期的要求，其目的是避免承担不能按原计划施工、完工而需要承担的责任。

2. 工程索赔的原因

工程索赔通常是由于不可抗力、合同的缺陷和变更、当事人违约、工程环境变化或不利的物质条件等原因引起的。

(1) 不可抗力　不可抗力是指合同订立时不能预见、不能避免且不能克服的客观情况，包括自然事件和社会事件。

1) 自然事件。它是指各种自然灾害，如地震、飓风、台风、火山爆发或海啸、洪水、冰雹等，以及当地气象、地震、卫生等部门规定的情形。

2) 社会事件。它是指政府行为和社会异常事件，如国家政策、法律、法令的变更，战争、叛乱、恐怖主义等，以及承包方人员和承包方及其雇员以外的人员的骚动、罢工或停工等。

(2) 合同的缺陷和变更

1) 合同的缺陷。它是指合同文件中相关规定不严谨甚至矛盾、合同条款遗漏或错误等情况，以及设计图纸错误造成设计修改、工程返工或窝工等。对于合同的缺陷，应由监理人给予解释，如果这种解释将导致施工成本增加或工期延长，则发包人应当给予补偿。

2) 合同的变更。合同变更也有可能导致索赔事件发生，如发包人指令增加，减少工作量，增加新的工程，提高设计标准、质量标准等，以及发包人要求承包人采取加速措施提前交付工程，或要求承包人完成合同规定以外的工作等。

(3) 当事人违约　当事人违约是指当事人没有按照合同约定履行自己的义务，包括发包人违约和承包人违约两种情况。

1) 发包人违约的情况。①发包人没有为承包人提供合同约定的施工条件、未按照合同约定的期限和数额付款等；②监理人未能按照合同约定完成工作，如未能及时发出图纸、指令错误等也视为发包人违约。

2）承包人违约的情况。承包人没有按照合同约定的质量、期限完成施工，或者由于不当行为给发包人造成其他损害等。

（4）工程环境变化或不利的物质条件

1）工程环境变化。如材料价格和人工工日单价的大幅上涨，国家法令的修改，货币贬值，外汇汇率变化等。

2）不利的物质条件。它通常是指承包人在施工现场遇到的不可预见的自然物质条件、非自然的物质障碍和污染物，包括地下和水文条件等。

3. 工程索赔的分类

根据工程索赔的含义，可将其分为承包人向发包人的索赔、发包人向承包人的索赔和反索赔三种类型。

（1）承包人向发包人的索赔　这类索赔最常见，主要是由于非承包人的原因所引起的，包括不可预见的不利的物质条件、工程变更、工程延期、发包人以及其他非承包人的原因引起的各项索赔。

1）不可预见的不利的物质条件引起的索赔。它是指施工过程中遇到的实际自然条件比招标文件中所描述的更为困难和恶劣，是一个有经验的承包人也无法预测的不利的自然条件与外界障碍，导致承包人必须耗用更多的时间和费用，则承包人有权提出索赔要求。如地质条件变化、承包人遇到了地下构筑物、地质断层、地下管道等。

2）工程变更引起的索赔。它主要是指发包人对于工程变更价款确定的单价或总价不合理，或缺乏付款依据，则承包人有权就此向发包人进行索赔。

3）工程延期引起的索赔。工程延期是指非承包人原因造成的工期拖延。工程延期的索赔有两种情况：①凡纯属发包人方面的原因造成的延期，应给予承包人延长工期和费用的补偿；②属于客观原因所造成的延期，则只延长工期而不给予费用补偿。

4）发包人以及其他非承包人的原因引起的索赔。①发包人原因引起的索赔，包括发包人拖延支付工程款、属于发包人的风险事件，以及发包人不正当地终止工程引起的索赔；②其他非承包人原因引起的索赔，包括不可抗力事件以及法律、法规、汇率变化引起的索赔。

（2）发包人向承包人的索赔　这类索赔主要是由于承包人的原因所引起的，包括发包人对施工质量不满足合同要求、工程延误、产生超额利润、承包人不履行的保险费用等事项的索赔，以及发包人合理终止合同或承包人不正当地放弃工程的索赔。

1）对施工质量不满足合同要求的索赔。当承包人的施工质量、工程应用的设备和材料等不符合合同的要求，或在缺陷责任期满之前未按规定完成应负责修补的工程时，发包人有权向承包人索赔。

2）对工程延误的索赔。工程延误是指由于承包人自身的原因造成的工期拖延，承包人的工期拖延往往会导致发包人盈利损失、贷款利息增加、附加监理费，以及不能使用或继续租用原建筑物等后果，发包人有权提出费用索赔和工期索赔。

3）对产生超额利润的索赔。当承包人由于法规的变化而在工程实施中降低了成本，由此产生了超额利润的，发包人有权重新调整合同价格，收回部分超额利润。

4）对承包人不履行的保险费用的索赔。当承包人未按照合同条款指定的项目投保，并保证保险有效时，发包人可以投保并保证保险有效，而对于发包人因此所支付的必要的保险费，则可在应付给承包人的款项中扣回。

5）发包人合理终止合同或承包人不正当地放弃工程的索赔。对于发包人合理地终止承包人的承包，或者承包人不合理地放弃工程的情况，发包人有权从承包人手中收回由新的承包人完成工程所需的工程款与原合同未付部分的差额。

（3）反索赔

1）反索赔的作用。在合同实施过程中，各类干扰事件时有发生，对此合同双方均会争取索赔机会，而进行有效的反索赔，则可能会避免蒙受损失。因此，在某些情况下，反索赔与索赔同样重要。施工阶段反索赔通常是发包人应对承包人索赔时的有效手段。

2）反索赔的内容。包括：①防止对方提出索赔，主要是通过防止发包人或监理人自己违约，按合同办事，以及争取索赔中的有利地位，早日提出索赔等措施加以实现；②反击对方的索赔要求，主要是通过反驳承包人的索赔报告实现的，即通过证实索赔事件的真实性，分析干扰事件的责任和影响，分析索赔理由和证据，以及审核索赔费用值来否定对方的索赔要求或减少自己的损失。

4. 工程索赔程序

工程索赔程序是指对于施工过程中的索赔事件从出现到最终处理全过程所包括的工作内容及工作步骤。承包人向发包人的索赔程序如图7-8所示。

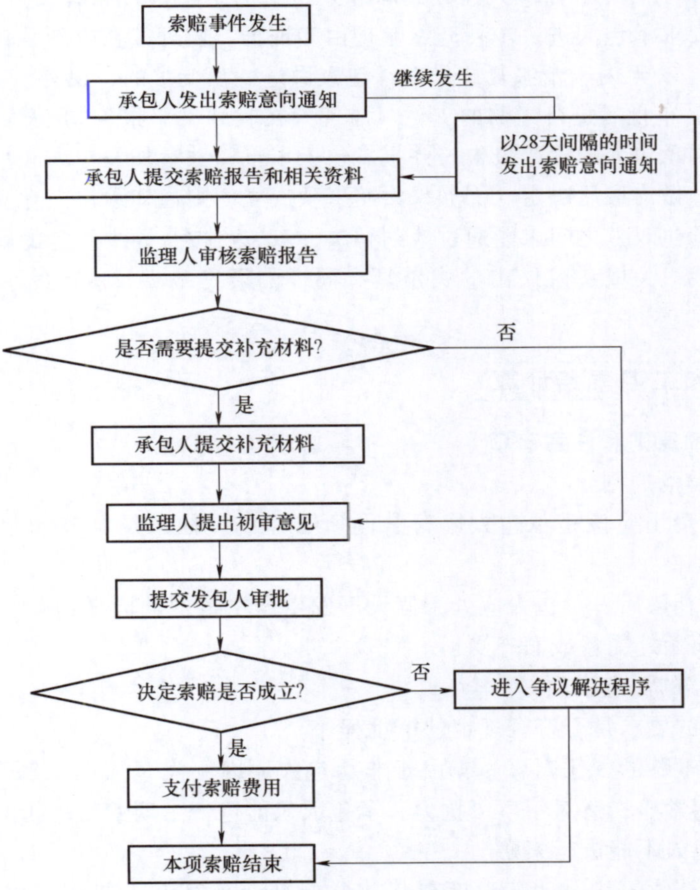

图7-8 承包人向发包人的索赔程序

如图 7-8 所示，承包人向发包人的索赔程序中具体步骤如下：

(1) 做好索赔准备工作　索赔事件发生后，承包人要做好索赔准备工作，包括索赔的前期工作和索赔的分析与初步评估。

1) 索赔的前期工作。以合同条款为依据，寻找事实，保存好索赔文件资料。

2) 索赔的分析与初步评估。①针对索赔事件，分析确定责任；②初步评估确定索赔是否可行，选定索赔方法，分析索赔问题的程度，估计索赔金额；③准备索赔报告。

(2) 发出索赔意向通知　承包人要在索赔事件发生后 28 天内，向监理人发出索赔意向通知。索赔意向通知包括以下内容：①索赔事件发生的时间、地点或工程部位，以及双方当事人或其他有关人员；②索赔事件发生的原因及性质，特别应说明并非承包人的责任，以及承包人在索赔事件发生后的态度，特别应说明承包人为控制事件的发展、减少损失所采取的行动；③写明索赔事件的发生将会使承包人产生的额外经济支出或其他不利影响，提出索赔意向，注明合同条款依据。

(3) 提交索赔报告及有关资料　承包人要在发出索赔意向通知后 28 天内，向监理人提交索赔报告及有关资料。索赔报告是承包人提交的要求发包人给予一定经济赔偿或延长工期的重要文件，内容包括：①标题；②索赔事件叙述；③索赔理由及依据；④索赔值的计算及索赔要求；⑤索赔证据资料。

(4) 监理人给予答复　监理人在收到承包人送交的索赔报告和有关资料后，应于 42 天内给予答复，或要求承包人进一步补充索赔理由和证据。监理人在收到承包人送交的索赔报告和有关资料后，42 天内未予答复或未对承包人做进一步要求的，视为该项索赔已经认可。

(5) 经初审、审批后进行索赔的支付　监理人在收到索赔报告 28 天内根据审核情况提出初审意见，连同承包人的索赔报告一并报发包人审批，并参加发包人和承包人之间的索赔谈判，通过谈判，做出最后决定。①如果索赔事项成立，则通知承包人并支付索赔款；②如果索赔事项在发承包双方之间未能通过谈判解决，双方可按合同中约定的解决争议的方式或仲裁或诉讼，仲裁机关或法院做出的决定具有同样的最终裁决权威，发承包双方必须遵照执行。

7.3.4 费用和工期索赔计算

1. 费用索赔的原则和注意事项

(1) 费用索赔的原则

1) 所发生的费用应该是承包人履行合同所必需的，如果没有该费用支出，合同无法履行。

2) 给予费用补偿后，承包人应处于假设不发生索赔事件的同样地位，承包人不应由于索赔事件的发生而额外受益或额外受损。

(2) 费用索赔的注意事项

1) 判断索赔的要求是否符合规定的审批程序。

2) 分清费用索赔的责任归属。①由于非承包人原因（发包人原因等）导致费用增加，承包人可得到费用索赔；②对于不可抗力，承包人只能进行工期索赔；③由于承包人原因导致费用增加，承包人不能进行索赔。

3) 审查对应补偿的费用计算。检查其计费标准及计算有无错误、重复等，如计费标准，应采用机械闲置费和窝工费标准，而不宜采用施工机械台班费或人工工资标准。

2. 索赔费用的组成

费用索赔以赔偿或补偿实际损失为原则，对于不同原因引起的索赔，承包人可索赔的具体费用内容并不完全相同，但总体而言，索赔费用的构成要素与工程造价的构成基本类似，可归纳为人工费、材料费、施工机具使用费、现场管理费、总部管理费、保险费和保函手续费、利息、利润、规费与税金、分包费用等。

（1）人工费

1）索赔内容。包括：①完成合同外的额外工作所花费的人工费；②因非承包人的原因导致工效降低所增加的人工费；③超过法定工作时间的加班增加的费用；④法定人工费的增长；⑤由于发包人原因的工程延期导致的人员窝工费和工资上涨费等。

2）索赔费用计算。在计算停工损失的人工费时，通常采取人工单价乘以折算系数计算。

（2）材料费

1）索赔内容。包括：①由于索赔事件的发生造成材料实际用量超过计划用量而增加的材料费；②由于客观原因材料价格大幅上涨；③由于发包人原因的工程延期导致的材料价格上涨和超期储存费用。

2）索赔费用计算。材料费应包括运输费、仓储费，以及合理的损耗费用，但如果是由于承包人管理不善造成材料损坏失效的，不能列入索赔款项内。

（3）施工机具使用费

1）索赔内容。主要是施工机械使用费，包括：①完成合同外的额外工作所增加的机械使用费；②非承包商原因导致工效降低所增加的机械使用费或窝工费等；③由于发包人或监理人原因导致机械停工的台班停滞费。

2）索赔费用计算。在计算施工机械台班停滞费时，不能按机械设备台班费计算，具体规定为：①如果机械设备是承包人自有设备，一般按台班折旧费计算；②如果是承包人租赁的机械设备，一般按台班租金加上每台班分摊的施工机械进出场费计算。

（4）现场管理费

1）索赔内容。承包人完成合同之外的额外工作以及由于发包人原因导致工期延期期间的现场管理费，包括管理人员工资、办公费、通信费、交通费等。

2）索赔费用计算。现场管理费索赔金额的计算公式为

$$现场管理费索赔金额=索赔的直接成本费用\times现场管理费率 \tag{7-10}$$

3）现场管理费率的确定。可采用的方法有：①合同百分比法，即采用合同中规定的管理费比率；②行业平均水平法，即采用公开认可的行业标准费率；③原始估价法，即采用投标报价时确定的费率；④历史数据法，即采用以往相似工程的管理费率。

（5）总部管理费

1）索赔内容。主要指的是由于发包人原因导致工程延期期间所增加的承包人向公司总部提交的管理费，包括总部职工工资、办公大楼折旧、办公用品、财务管理、通信设施以及总部领导人员赴工地检查指导工作等开支。

2）索赔金额计算。通常采用按总部管理费比率计算的方法，其计算公式为

$$总部管理费索赔金额=(人、材、机费索赔金额+现场管理费索赔金额)\times 总部管理费比率 \quad (7\text{-}11)$$

式中，总部管理费比率可按投标文件中的总部管理费比率计算（一般为3%~8%），也可按承包人所在公司总部统一规定的管理费比率计算。

3）不计取的情况。对部分工人窝工损失索赔时，如果其他工程仍然进行，一般不予以补偿总部管理费。

（6）保险费和保函手续费

1）保险费。因发包人原因导致工程延期时，承包人必须办理工程保险、施工人员意外伤害保险等各项保险的延期手续，对于由此而增加的费用，承包人可以提出索赔。

2）保函手续费。因发包人原因导致工程延期时，承包人必须办理相关履约保函的延期手续，对于由此而增加的手续费，承包人可以提出索赔。

（7）利息

1）索赔内容。主要包括：①发包人拖延支付工程款的利息；②发包人迟延退还工程质量保证金的利息；③发包人错误扣款的利息。

2）利率的计取标准。对于具体的利率标准，双方可以在合同中明确约定，没有约定或约定不明的，可以按照同期同类贷款利率或同期贷款市场报价利率计算。

（8）利润

1）索赔内容。由于工程范围的变更、发包人提供的文件有缺陷或错误、发包人未能提供施工场地，以及发包人违约导致的合同终止等事件引起的索赔，承包人都可以列入利润。对于因发包人原因暂停施工导致的工期延误，承包人有权要求发包人支付合理的利润。

2）索赔利润计算。通常是与原报价单中的利润率保持一致。

3）不应重复计算利润的费用。由于工程量清单中的单价是综合单价，已经包含了人工费、材料费、施工机具使用费、企业管理费、利润以及一定范围内的风险费用，在索赔计算中不应重复计算。

4）不应重复计算利润的事项。由于一些引起索赔的事件，同时也可能是合同中约定的合同价款调整因素（如工程变更、法律法规的变化以及物价波动等）。因此，对于已经进行了合同价款调整的索赔事件，承包人在费用索赔的计算时，不能重复计算。

（9）规费与税金　除工程内容的变更或增加，承包人可以列入相应增加的规费与税金。其他情况一般不能索赔。索赔规费与税金的款额计算通常是与原报价单中的百分率保持一致。

（10）分包费用　由于发包人的原因导致分包工程费用增加时，分包人只能向总承包人提出索赔，但分包人的索赔款项应当列入总承包人对发包人的索赔款项中。分包费用索赔指的是分包人的索赔费用，一般也包括与上述费用类似的内容索赔。

3. 费用索赔的计算方法

费用索赔的计算方法主要有实际费用法、总费用法和修正总费用法三种。

（1）实际费用法　实际费用法也称为分项法，是根据各索赔事件所造成的损失或成本增加，按照费用项目逐项进行分析，计算索赔值，然后将各费用项目的索赔值汇总，得到总索赔费用值的方法。其计算公式为

$$索赔费用=\sum 各费用项目的索赔值 \quad (7\text{-}12)$$

实际费用法是费用索赔计算中最常用的一种方法。该方法是以承包人为某项索赔工作所支付的实际开支为依据，但仅限于由于索赔事项引起的、超过原计划的费用，因此，在应用时注意不要遗漏费用项目。

(2) 总费用法　总费用法也称为总成本法，是当发生多次索赔事件以后，重新计算该工程的实际总费用，再用实际总费用减去投标报价时的估算总费用，得到索赔费用值的方法。其计算公式为

$$索赔费用=实际总费用-投标报价估算总费用 \tag{7-13}$$

该方法计算的索赔费用可能过高，对发包人不利，原因：在实际发生的总费用中可能包括由于承包人自身原因（如施工组织不善等）造成的费用增加，而这部分在计算索赔费用时很难划分责任界限。投标报价过低也可能导致索赔费用较高。因此，总费用法只有在难以采用实际费用法计算索赔费用时才应用。

(3) 修正总费用法

该方法是对总费用法的改进，即在索赔总费用计算的基础上，去掉一些不合理的因素，对总费用法进行相应的修改和调整，使其更加合理的方法。其计算公式为

$$索赔费用=某项工作修正后的实际总费用-该项工作重新核算的投标报价 \tag{7-14}$$

修正内容包括：①将计算索赔款的时段局限于受到外界影响的时间，而不是整个施工期；②只计算受影响时段内的某项工作所受影响的损失，而不是计算该时段内所有施工工作所受的损失；③与该项工作无关的费用不列入总费用中，并对投标报价费用重新进行核算。

由于修正总费用法是以某项工作调整后的实际总费用与该项工作报价费用的差值作为索赔费用值，因此它的准确程度已接近于实际费用法，在进行索赔费用计算时更为合理。

【例 7-1】 某施工合同约定，承包商租赁的施工机械相关费用为：台班单价 450 元/台班，租赁费 120 元/台班，人工工资 60 元/工日，窝工补贴 15 元/工日，以人工费为基数的综合费率为 30%。在施工过程中，发生了如下事件：①出现异常恶劣天气导致工程停工 3 天，人员窝工 40 个工日；②因恶劣天气导致场外道路中断，抢修道路用工 15 工日；③场外大面积停电，停工 3 天，人员窝工 15 工日。试分别计算各事项承包商可向业主索赔的费用额。

解： 各事项费用索赔计算如下：

1）异常恶劣天气导致的停工通常不能进行费用索赔，因此，索赔额为 0。

2）抢修道路用工的索赔额 = [15×60×(1+30%)] 元 = 1170 元。

3）停电导致的索赔额 = (3×120+15×15) 元 = 585 元

则，总索赔费用 = (1170+585) 元 = 1755 元。

4. 工期索赔的计算方法

(1) 工期索赔的原则

1）对于承包人以外的责任造成的工程延期，通过一定的申报和审批程序，承包人可获得工期和费用赔偿。

2）对于承包人的责任造成的工程延误，由工程延误引起的全部额外开支和造成的损失由承包人自己承担，并向发包人支付误期损失赔偿费。

(2) 比例分析法计算工期索赔　在实际工程中，干扰时间往往只影响某些单项工程、单位工程或分部分项工程的工期，因此可以采用比例分析法计算工期索赔值。

1）对于已知部分工程延期的情况，工程索赔值的计算公式为

$$\text{工程索赔值}=\frac{\text{受干扰部分工程的合同价}}{\text{原合同价格}}\times\text{该受干扰部分工期拖延时间} \tag{7-15}$$

2）对于已知额外增加工程量价格的情况，工程索赔值的计算公式为

$$\text{工程索赔值}=\frac{\text{额外增加的工程量}}{\text{原合同价格}}\times\text{原合同工期} \tag{7-16}$$

比例计算法虽然简单方便，但有时不符合实际情况，而且比例计算法不适用于变更施工顺序、加速施工、删减工程量等事件的索赔。

(3) 网络图分析法计算工期索赔　网络图分析法，即利用施工进度计划的网络图，分析索赔事件对其关键路线的影响。

1）若延误的工作为关键工作，则总延误时间为批准顺延的工期。

2）若延误的工作为非关键工作，当该工作因为延误超过时差限制而成为关键工作时，可以批准延误时间与时差的差值。

3）若该工作延误后被认为是非关键工作，则不存在工期索赔。

该方法通过分析干扰事件发生前和发生后网络计划的计算工期之差来计算工期索赔值，可以用于各种干扰事件和多种干扰事件共同作用所引起的工期索赔。

7.4 工程合同价款的调整与支付

7.4.1 合同价款的调整约定

1. 合同价款及其调整的约定

(1) 施工合同价款的约定　施工合同价款应由发承包双方在签订的施工合同中约定。对于实行招标的工程，其合同价款由发承包双方依据中标通知书的中标价款在合同协议书中约定；对于不实行招标的工程，其合同价款由发承包双方依据双方共同确定认可的施工图预算总造价在合同协议书中约定。

(2) 施工合同价款调整的约定　工程项目在施工阶段可能会受到多种因素的影响，而使得实际情况发生变化，从而导致发承包双方在施工合同中约定的合同价款出现变动。为合理分配合同价款的变动风险，有效地控制施工阶段的工程造价，发承包双方应当在施工合同中明确约定合同价款的调整事项、调整程序及各事项的调整方法。

(3) 施工合同价款约定的调整事项　发承包双方应当按照合同约定调整合同价款的事项，主要分为六类，即法规变化类、工程变更类、工程量清单变化类、物价变化类、工程索赔类和其他类事项。其中，法规变化类主要包括法律法规变化事项，工程变更类主要包括各类工程变更事项，工程量清单变化类主要包括项目特征描述不符、工程量清单缺项、工程量偏差、计日工等事项，物价变化类主要包括物价波动、暂估价事项，工程索赔类主要包括不可抗力、提前竣工或赶工补偿、误期赔偿、索赔等事项，其他类主要包括现场签证、暂列金额以及发承包双方约定的其他调整事项。

(4) 合同调整价款的支付　经发承包双方确认调整的合同价款，作为追加（减）合同价款，应与工程进度款或结算款同期支付。对于现场签证，需要根据签证内容，分别归于工

程变更类或索赔类，有的可能不涉及合同价款调整。

2. 合同价款调增事项的调整程序

（1）承包人的申报程序　出现不包括因工程量偏差、计日工、现场签证和施工索赔引起的合同调增事项后的 14 天内，承包人应向发包人提交合同价款调增报告并附上相关资料。若承包人在 14 天内未提交合同价款调增报告的，视为承包人对该事项不存在调整价款请求。

（2）发包人的处理程序　发包人应在收到承包人合同价款调增报告及相关资料之日起 14 天内对其核实，予以确认的应书面通知承包人。未按要求进行的，处理程序如下：

1）发包人在收到合同价款调增报告之日起 14 天内未确认也未提出协商意见的，视为承包人提交的合同价款调增报告已被发包人认可。

2）发包人提出协商意见的，承包人应在收到协商意见后的 14 天内对其核实，予以确认的应书面通知发包人。

3）如承包人在收到发包人的协商意见后 14 天内既不确认也未提出不同意见的，视为发包人提出的意见已被承包人认可。

3. 合同价款调减事项的调整程序

（1）发包人的申请程序　出现不包括因工程量偏差、施工索赔引起的合同调减事项后的 14 天内，发包人应向承包人提交合同价款调减报告并附相关资料。若发包人在 14 天内未提交合同价款调减报告的，视为发包人对该事项不存在调整价款请求。

（2）承包人的处理程序　承包人应在收到发包人合同价款调减报告及相关资料之日起 14 天内对其核实，予以确认的应书面通知发包人。未按要求进行的，处理程序如下：

1）承包人在收到合同价款调减报告之日起 14 天内未确认也未提出协商意见的，视为发包人提交的合同价款调增报告已被承包人认可。

2）承包人提出协商意见的，发包人应在收到协商意见后的 14 天内对其核实，予以确认的应书面通知承包人。

3）如发包人在收到承包人的协商意见后 14 天内既不确认也未提出不同意见的，视为承包人提出的意见已被发包人认可。

4. 法规变化类合同价款的调整

因国家法律、法规、规章和政策发生变化影响合同价款的风险，发承包双方应在合同中约定由发包人承担。

（1）基准日的确定　为合理划分发承包双方的合同风险，施工合同中应当约定基准日，对于基准日之后发生的、作为一个有经验的承包人在招标投标阶段不可能合理预见的风险，应当由发包人承担。对于实行招标的建设工程，一般以施工招标文件中规定的提交投标文件的截止时间前的第 28 天作为基准日；对于不实行招标的建设工程，一般以建设工程施工合同签订前的第 28 天作为基准日。

（2）合同价款的调整方法　施工合同履行期间，国家颁布的法律、法规、规章和有关政策在合同工程基准日之后发生变化，且因执行相应的法律、法规、规章和政策引起工程造价发生增减变化的，合同双方当事人应当依据法律、法规、规章和有关政策的规定调整合同价款。但是，如果有关价格（如人工、材料和工程设备等）的变化已经包含在物价波动事件的调价公式中，则不再予以考虑。

（3）工期延误期间的特殊处理　如果由于承包人的原因导致的工期延误，按不利于承包人的原则调整合同价款。在工程延误期间国家的法律、行政法规和相关政策发生变化引起工程造价变化的，造成合同价款增加的，合同价款不予调整；造成合同价款减少的，合同价款予以调整。

7.4.2 合同价款的调整事项

1. 项目特征描述不符

（1）项目特征描述的要求　项目特征描述是确定综合单价的重要依据之一，承包人在投标报价时应依据发包人 提供的招标工程量清单中的项目特征描述，确定其清单项目的综合单价。发包人在招标工程量清单中对项目特征的描述，应被认为是准确的和全面的，并且与实际施工要求相符合。承包人应按照发包人提供的招标工程量清单，根据其项目特征描述的内容及有关要求实施合同工程，直至其被改变为止。

（2）合同价款的调整方法　承包人应按照发包人提供的设计图纸实施合同工程，若在合同履行期间，出现设计图纸（含设计变更）与招标工程量清单中任一项目的特征描述不符，且该变化引起该项目的工程造价增减变化的，发承包双方应当按照实际施工的项目特征，重新确定相应工程量清单项目的综合单价，调整合同价款。

2. 工程量清单缺项

（1）清单缺项漏项的责任　招标工程量清单必须作为招标文件的组成部分，其准确性和完整性由招标人负责。因此，招标工程量清单是否准确和完整，其责任应当由提供工程量清单的发包人负责；作为投标人的承包人不应承担因工程量清单的缺项、漏项以及计算错误带来的风险与损失。

（2）合同价款的调整方法

1）分部分项工程费的调整。施工合同履行期间，由于招标工程量清单中分部分项工程出现缺项、漏项，造成新增工程清单项目的，应按照工程变更事件中关于分部分项工程费的调整方法，调整合同价款。

2）措施项目费的调整。①新增分部分项工程清单项目后，引起措施项目发生变化的，应在承包人提交的实施方案被发包人批准后，调整合同价款；②由于招标工程量清单中措施项目缺项，承包人应将新增措施项目实施方案提交发包人批准后，按照工程变更事件中的有关规定调整合同价款。

3. 工程量偏差

（1）工程量偏差的定义　工程量偏差是指承包人根据发包人提供的图纸（包括由承包人提供经发包人批准的图纸）进行施工，按照现行国家工程量计算规范规定的工程量计算规则，计算得到的完成合同工程项目应予计量的工程量与相应的招标工程量清单项目列出的工程量之间出现的量差。

（2）按合同约定调整价款　施工合同履行期间，若应予计算的实际工程量与招标工程量清单列出的工程量出现偏差，或者因工程变更等非承包人原因导致工程量偏差，该偏差对工程量清单项目的综合单价将产生影响，是否调整综合单价以及如何调整，发承包双方应当在施工合同中约定。

（3）合同中没有约定或约定不明的价款调整原则

1）综合单价的调整。当应予计算的实际工程量与招标工程量清单出现偏差（包括因工程变更等原因导致的工程量偏差）超过15%时，对综合单价的调整原则为：①当工程量增加15%以上时，其增加部分的工程量的综合单价应予调低；②当工程量减少15%以上时，减少后剩余部分的工程量的综合单价应予调高。

2）总价措施项目费的调整。当应予计算的实际工程量与招标工程量清单出现偏差（包括因工程变更等原因导致的工程量偏差）超过15%，且该变化引起措施项目相应发生变化，如该措施项目是按系数或单一总价方式计价的，对措施项目费的调整原则：①工程量增加的，措施项目费调增；②工程量减少的，措施项目费调减。

4. 计日工

发包人通知承包人以计日工方式实施的零星工作，承包人应予执行。

（1）计日工费用的产生　采用计日工计价的任何一项变更工作，承包人应在该项变更的实施过程中，按合同约定提交相关报表和有关凭证送发包人复核，包括：①工作名称、内容和数量；②投入该工作所有人员的姓名、工种、级别和耗用工时；③投入该工作的材料名称、类别和数量；④投入该工作的施工设备型号、台数和耗用台时；⑤发包人要求提交的其他资料和凭证。

（2）计日工费用的确认和支付

1）任一计日工项目实施结束，承包人应按照确认的计日工现场签证报告核实该类项目的工程数量，并据此和承包人已标价工程量清单中的计日工单价计算，提出应付价款。

2）已标价工程量清单中没有该类计日工单价的，由发承包双方按工程变更的有关规定商定计日工单价计算。

3）每个支付期末，承包人应与进度款同期向发包人提交本期间所有计日工记录的签证汇总表，以说明本期间自己认为有权得到的计日工金额，调整合同价款，列入进度款支付。

5. 物价波动变化类合同价款的调整

施工合同履行期间，因人工、材料、工程设备、施工机具台班等价格波动影响合同价款时，发承包双方应根据合同约定的方法调整合同价款，调整方法有价格指数调整法和造价信息差额调整法。

（1）价格指数调整法　价格指数调整法是指采用价格指数调整价格差额的方法，主要适用于施工中所用的材料品种较少，但每种材料使用量较大的土木工程，如公路、水坝等。

1）价格调整公式。因人工、材料、工程设备和施工机具台班等价格波动影响合同价格时，根据投标函附录中的价格指数和权重表约定的数据，按价格调整公式计算差额并调整合同价款，其计算公式为

$$\Delta P=P_0\left[A+\left(B_1\times\frac{F_{t1}}{F_{01}}+B_2\times\frac{F_{t2}}{F_{02}}+B_3\times\frac{F_{t3}}{F_{03}}+\cdots+B_n\times\frac{F_{tn}}{F_{0n}}\right)-1\right] \tag{7-17}$$

式中　ΔP——需要调整的价格差额；

P_0——根据进度付款、竣工付款和最终结清等付款证书中，承包人应得到的已完成工程量的金额，此项金额不包括价格调整、不计质量保证金的扣留和支付、预付款的支付和扣回，变更及其他金额已按现行价格计价的也不计在内；

A——定值权重（即不调部分的权重）；

B_1，B_2，B_3，…，B_n——各可调因子的变值权重（即可调部分的权重），为各可调因子在

投标函投标总报价中所占的比例；

F_{t1}，F_{t2}，F_{t3}，…，F_{tn}——各可调因子的现行价格指数，指根据进度付款、竣工付款和最终结清等付款证书等约定的付款证书相关周期最后一天的前42天的各可调因子的价格指数；

F_{01}，F_{02}，F_{03}，…，F_{0n}——各可调因子的基本价格指数，指基准日的各可调因子的价格指数。

2）权重的调整。按变更范围和内容所约定的变更，导致原定合同中的权重不合理时，由承包人和发包人协商后进行调整。

3）发包人原因导致工期延误的。对于计划进度日期（或竣工日期）后续施工的工程，在使用价格调整公式时，应采用计划进度日期（或竣工日期）与实际进度日期（或竣工日期）的两个价格指数中较高者作为现行价格指数。

4）承包人原因导致工期延误的。对于计划进度日期（或竣工日期）后续施工的工程，在使用价格调整公式时，应采用计划进度日期（或竣工日期）与实际进度日期（或竣工日期）的两个价格指数中较低者作为现行价格指数。

（2）造价信息调整法　造价信息调整法是指采用造价信息调整价格差额的方法，主要适用于使用的材料品种较多，相对而言每种材料使用量较小的房屋建筑与装饰工程。

1）造价信息调整法中人工单价的调整。采用造价信息调整法，当人工单价发生变化时，发承包双方应按省级或行业建设主管部门或其授权的工程造价管理机构发布的人工成本文件调整合同价款。

2）造价信息调整法中材料和工程设备价格的调整。采用造价信息调整法，材料、工程设备价格发生变化时，其价款调整按照承包人提供的主要材料和设备一览表，根据发承包双方约定的风险范围按以下规定进行。

① 当承包人投标报价中材料单价低于基准单价，施工期间材料单价涨幅以基准单价为基础超过合同约定的风险幅度值时，或材料单价跌幅以投标报价为基础超过合同约定的风险幅度值时，其超过部分按实调整。

② 当承包人投标报价中材料单价高于基准单价，施工期间材料单价跌幅以基准单价为基础超过合同约定的风险幅度值时，或材料单价涨幅以投标报价为基础超过合同约定的风险幅度值时，其超过部分按实调整。

③ 当承包人投标报价中材料单价等于基准单价，施工期间材料单价涨跌幅以基准单价为基础超过合同约定的风险幅度值时，其超过部分按实调整。

④ 调整流程。承包人应在采购材料前将采购数量和新的材料单价报发包人核对，确认用于本合同工程量，发包人应确认采购材料的数量和单价。具体规定为：发包人在收到承包人报送的确认资料后3个工作日不予答复的视为已经认可，作为调整合同价款的依据；承包人未报经发包人核对即自行采购材料，再报发包人确认调整合同价款的，如发包人不同意，则不做调整。

3）造价信息调整法中施工机具台班单价的调整。当施工机具台班单价或施工机具使用费发生变化的范围超过省级或行业建设主管部门或其授权的工程造价管理机构规定的范围时，按其规定调整合同价款。

【例7-2】　某工程项目的施工合同中约定，承包人承担的钢筋价格风险幅度为±5%，超出部分依据《建设工程工程量清单计价规范》采用造价信息法调整材料差额。已知投标人投标价格、基准期发布价格分别为 4900 元/t、4600 元 /t，2021 年 12 月、2022 年 7 月的造价信息发布价分别为 4300 元/t、5200 元/t。则这两个月钢筋的实际结算价格应分别为多少？

解： 1）2021 年 12 月信息价下降，应以较低基准价为基础计算合同约定的风险幅度值。故，价格为［4600×(1−5%)］元/t＝4370 元/t。

因此，钢筋每吨应下浮价格＝(4370−4300) 元/t＝70 元/t。

可得，2021 年 12 月实际结算价格＝(4900−70) 元/t＝4830 元/t。

2）2022 年 7 月信息价上涨，应以较高的投标价格为基础计算合同约定的风险幅度值。故，价格为［4900×(1+5%)］元/t＝5145 元/t。

因此，钢筋每吨应上调价格＝(5200−5145) 元/t＝55 元/t。

可得，2022 年 7 月实际结算价格＝(4900+55) 元/t＝4955 元/t。

6. 暂估价

暂估价是招标人在工程量清单中提供的用于支付必然发生但暂时不能确定价格的材料、工程设备的单价以及专业工程的金额。

(1) 给定暂估价的材料和工程设备

1）属于依法必须招标的项目。由发承包双方以招标的方式选择供应商，依法确定中标价格后，以此为依据取代暂估价，调整合同价款。

2）不属于依法必须招标的项目。由承包人按照合同约定采购，经发包人确认后以此为依据取代暂估价，调整合同价款。

(2) 给定暂估价的专业工程不属于依法必须招标的项目　发包人在工程量清单中给定暂估价的专业工程不属于依法必须招标的，应按照工程变更事件的合同价款调整方法，确定专业工程价款，并以此为依据取代专业工程暂估价，调整合同价款。

(3) 给定暂估价的专业工程属于依法必须招标的项目　发包人在招标工程量清单中给定暂估价的专业工程，依法必须招标的，应当由发承包双方依法组织招标选择专业分包人，并接受建设工程招标投标管理机构的监督。

1）除合同另有约定外，承包人不参加投标的专业工程，应由承包人作为招标人，但拟定的招标文件、评标方法、评标结果应报送发包人批准。与组织招标工作有关的费用应当被认为已经包括在承包人的签约合同价（投标总报价）中。

2）承包人参加投标的专业工程，应由发包人作为招标人，与组织招标工作有关的费用由发包人承担。同等条件下，应优先选择承包人中标。

3）专业工程依法进行招标后，以中标价为依据取代专业工程暂估价，调整合同价款。

7.4.3 工程预付款的支付

1. 工程预付款支付要求及方式

(1) 工程预付款的含义　工程预付款又称为工程预付备料款，是指建设工程施工合同订立后由发包人按照合同的约定，在开工前预先支付给承包人的工程款，相当于发包人给承包人的无息贷款。它是施工企业承包工程、组织施工时所需备料周转资金的主要来源，构成了施工准备阶段为该承包工程储备主要材料、结构件所需的流动资金。

(2) 工程预付款的支付要求　工程是否实行预付款，取决于工程的性质、承包工程量的大小以及发包人在招标文件中的规定。工程实行预付款的，发包人应按合同约定支付，并按合同约定在工程进度款中抵扣，承包人应将预付款专用于合同工程。

(3) 工程预付款的支付方式　工程预付款的支付方式与建筑材料的供应方式密切相关，根据项目发承包双方的材料采购情况，工程预付款可按双方的约定进行支付。

1) 对于由承包人包工包全部材料的工程。发包人可在双方签订合同后，按年度工作量的一定比例向承包人一次或分次预付备料资金。

2) 对于由承包人包工包地方材料的工程。在确定了供料范围和备料比重后，发包人据此拨付适量备料款，双方及时结算。

3) 对于由发包人供应材料的工程。材料可按合同约定价格转给承包人，材料价款在结算工程款时陆续扣回。对于这部分材料，承包人不收取工程备料款。

2. 工程预付款的支付与扣回规定

实行工程预付款的，双方应当在合同专用条款内约定发包人向承包人预付备料款的时间和数额，开工后按约定的时间和比例逐次扣回。在我国的建设项目施工合同示范文本和相关规范中，关于工程预付款的支付限额、支付时间和扣回方式，都做了约定条款内容的要求。

(1) 工程预付款的支付限额

1) 对于由承包人包工包料工程的预付款，其支付比例不得低于签约合同价（扣除暂列金额）的 10%，不宜高于签约合同价（扣除暂列金额）的 30%。

2) 对于重大工程项目，按年度工程计划逐年预付。

3) 对于实行工程量清单计价的工程，其实体性消耗和非实体性消耗部分应在合同中分别约定预付款的比例或金额。

(2) 工程预付款的支付程序与违约规定

1) 支付程序。承包人应在签订合同或向发包人提供与预付款等额的预付款保函后，向发包人提交预付款支付申请；发包人应在收到支付申请的 7 天内进行核实后向承包人发出预付款支付证书，并在签发支付证书后的 7 天内向承包人支付预付款。

2) 违约规定。发包人没有按合同约定按时支付预付款的，承包人可催告发包人支付；发包人在预付款期满后的 7 天内仍未支付的，承包人可在付款期满后第 8 天起暂停施工。发包人应承担由此增加的费用和延误的工期，并应向承包人支付合理的利润。

(3) 工程预付款的扣回　随着工程施工的进展，拨付的工程进度款数额不断增加，工程所需主要材料、构件的储备在逐步减少，而由于发包人拨付给承包人的工程预付款属于预付的性质，相当于流动资金，因此施工后期对于已支付的预付款应以抵扣工程进度款的方式陆续扣回，直到扣回的金额达到合同约定的预付款金额为止。

3. 工程预付款额度的确定

关于工程预付款的额度，主要是保证施工所需材料和构件的正常储备，各地区、各部门的规定不完全相同，一般是根据施工的工期要求、建筑安装工程量、主要材料和构件费用占建筑安装工程费用的比例以及材料储备周期等因素经测算确定的，测算方法有合同约定法和公式计算法两种。

(1) 合同约定法　合同约定法又称为百分比法，是发包人根据工程的特点、施工的工期、市场行情、供求规律等因素，招标时在合同条件中约定工程预付款的百分比的方法。合同约定法确定的预付款所占百分比原则上限于合同价款的 10%~30%。

(2) 公式计算法　公式计算法是根据主要材料（含结构件等）造价占年度承包工程总价的比重、材料储备定额天数和年度施工天数等因素，通过公式计算工程预付款额度的方法。其计算公式为

$$工程预付款数额=\frac{年度工程总价\times材料比例}{年度施工天数}\times材料储备定额天数 \tag{7-18}$$

式中，年度施工天数按365天（日历天）计算；材料储备定额天数由当地材料供应的在途天数、加工天数、整理天数、供应间隔天数、保险天数等因素决定。

4. 工程预付款的扣回方式

工程预付款的扣回方式必须在合同中约定，常用的扣回方式有按合同约定扣回和按公式计算起扣点扣回两种。

(1) 按合同约定扣回　该预付款的扣款方法是由发包人和承包人通过洽商后在合同中予以确定，一般是在承包人完成金额累计达到合同总价的一定比例后，采用等比率或等额扣款的方式分期抵扣工程预付款，并用合同的形式予以确定。需要注意在施工合同中应约定起扣时间和比例，以保证发包人在合同规定的竣工日期之前将工程预付款全部扣回。

(2) 按公式计算起扣点扣回　预付款起扣点计算公式的原理：当未完施工工程尚需的主要材料及构件的价值相当于工程预付款金额时起扣。此后每次结算工程价款时，按材料所占比重扣减工程价款，以冲抵工程进度款的方式，陆续从每个支付期应付给承包人的工程进度款中扣回，竣工前全部扣完。

1）起扣点的计算公式为

$$T=P-\frac{M}{N} \tag{7-19}$$

式中　T——起扣点，即工程预付款开始扣回时的累计已完工程金额；

P——承包工程合同总额；

M——工程预付款总额；

N——主要材料及构件所占比重。

2）在实际结算中，第一次及之后应扣回的工程预付款，按式（7-20）和式（7-21）计算。

$$第一次扣抵额=(累计已完工程价值-起扣时已完工程价值)\times主材比重 \tag{7-20}$$

$$第二次及以后每次扣抵额=每次完成工程价值\times主材比重 \tag{7-21}$$

3）按公式计算预付款起扣点的方式对承包人比较有利，最大限度地占用了发包人的流动资金，但是对于发包人则不利于资金的使用与周转。

5. 预付款担保

(1) 预付款担保的含义及作用　预付款担保是指承包人与发包人签订合同后领取预付款前，承包人正确、合理使用发包人支付的预付款而提供的担保。其主要作用是保证承包人能够按合同规定的目的使用并及时偿还发包人已支付的全部预付金额。如果承包人中途毁约，中止工程，使发包人不能在规定期限内从应付工程款中扣除全部预付款，则发包人有权从该项担保金额中获得补偿。

(2) 预付款担保的形式　预付款担保的主要形式为银行保函，也可以采用发承包双方约定的其他形式，如由担保公司提供担保，或采取抵押等担保形式。预付款担保金额通常与

发包人的预付款是等值的。预付款一般逐月从工程进度款中扣除，预付款担保的担保金额也相应逐月减少。承包人的预付款保函的担保金额根据预付款扣回的数额相应扣减，但在预付款全部扣回之前一直保持有效，发包人应在预付款扣完后的14天内将预付款保函退还给承包人。

7.4.4 工程进度款的支付

1. 工程进度款的含义及作用

（1）工程进度款的含义　工程进度款是指承包人在施工过程中，按逐月完成的工程数量计算各项费用，向发包人提交月进度统计报表作为支取凭证，办理的中期结算工程款。在工程进度款的申报与支付时，要注意工程预付款的抵扣、安全文明施工费的支付以及工程保修金等尾款的预留。

（2）工程进度款的作用　《工程造价改革工作方案》指出，加强工程施工合同履约和价款支付监管，引导发承包双方严格按照合同约定开展工程款支付和结算，全面推行施工过程价款结算和支付。施工过程结算主要针对当年开工、当年不能竣工的新开工项目，由发承包双方通过合同约定，将施工过程按时间或进度节点划分施工周期，对周期内已完成且无争议的工程量（含变更、索赔等）进行工程进度款计算、确认和支付。经双方确认的过程结算文件作为竣工结算文件的组成部分，竣工后原则上不再重复审核。施工过程结算更加强调了对已完工程量要及时进行工程进度款的确认与支付，并应将已经确认的过程结算文件作为竣工结算的依据，以减少工程实践中在竣工时进行全面的竣工结算审核，更加体现出工程进度款支付作为过程结算的重要性。

2. 工程进度款的支付流程及支付文件

（1）工程进度款的支付流程　发包人和承包人双方应按照合同约定的时间、程序和方法，根据工程计量结果，办理期中价款结算。在我国目前常用的按月结算方式中，工程进度款的结算程序：承包人逐月提交已完工程报告，监理工程师按工程计量程序对现场已施工完毕的工程进行逐一计量，计量资料由总监理工程师审查签证，然后提交发包人按总监理工程师签发的付款凭证进行审批并支付，工程进度款的支付流程如图7-9所示。

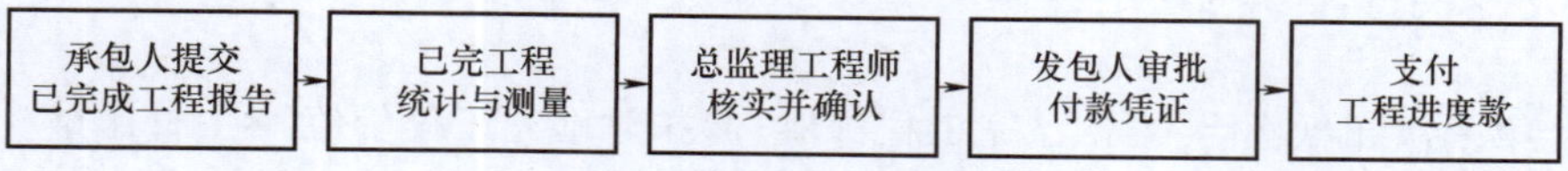

图7-9　工程进度款的支付流程

（2）工程进度款的支付文件　工程进度款的支付文件包括施工过程结算资料和文件。

1）施工过程结算资料包括施工合同、补充协议、中标通知书、施工图纸、工程招标投标文件、施工方案、工程量及其单价，以及各项费用计算、经确认的工程变更、现场签证、工程索赔等资料。

2）施工过程结算文件包括工程进度款支付申请、工程进度款支付证书及工程进度款支付证书的修正。

3. 承包人支付申请的规定及内容

（1）承包人支付申请的规定　承包人应在合同约定的每个工程量计量周期到期后的7天内，向发包人提交已完工程进度款支付申请一式四份，详细说明在此计量周期内有权得到的款额，包括分包人已完工程的价款。

（2）承包人支付申请的内容　承包人提交的工程进度款支付申请具体包括以下内容：

1）累计已完成的合同价款。

2）累计已实际支付的合同价款。

3）本周期合计完成的合同价款，其中包括本周期已完成单价项目的金额、本周期应支付的总价项目的金额、本周期已完成的计日工价款、本周期应支付的安全文明施工费、本周期应增加的金额。

4）本周期合计应扣减的金额，包括本周期应扣回的预付款、本周期应扣减的金额。

5）本周期实际应支付的合同价款。

4. 发包人支付工程进度款的规定

（1）发包人支付工程进度款的程序

1）发包人应在收到承包人工程进度款支付申请后的14天内，根据计量结果和合同约定对申请内容予以核实，确认后向承包人出具工程进度款支付证书。

2）若发承包双方对部分清单项目的计量结果出现争议，发包人应对无争议部分的工程计量结果向承包人出具工程进度款支付证书。

3）发包人应在签发工程进度款支付证书的14天内，按照支付证书列明的金额向承包人支付工程进度款。

（2）发包人支付工程进度款的违约责任

1）若发包人逾期未签发工程进度款支付证书，则视为承包人提交的工程进度款支付申请已被发包人认可，承包人可向发包人发出催告付款的通知。

2）发包人应在收到通知后14天内，按照承包人支付申请的金额向承包人支付工程进度款；发包人未按规定支付工程进度款的，承包人可催告发包人支付，并有权获得延迟支付的利息。

3）发包人在付款期满后的7天内仍未支付的，承包人可在付款期满后的第8天起暂停施工；发包人应承担由此增加的费用和延误的工期，向承包人支付合理利润，并应承担违约责任。

（3）工程进度款支付证书的修正　发现已签发的任何支付证书有错漏或重复的数额，发包人有权予以修正，承包人也有权提出修正申请，经发承包双方复核同意修正的，应在本次到期的工程进度款中支付或扣除。

5. 工程进度款的支付金额

工程进度款的支付周期应与合同约定的工程计量周期一致，并按以下计算方法确定工程进度款的支付金额。

（1）已完工程的进度款结算

1）对于已标价工程量清单中的单价项目，承包人应按工程计量确认的工程量与综合单价计算。如综合单价发生调整的，以发包人和承包人双方确认调整的综合单价计算工程进度款。

2）对于已标价工程量清单中的总价项目，承包人应按合同中约定的支付分解方法，分别列入进度款支付申请中的安全文明施工费和本周期应支付的总价项目的金额中。

（2）工程进度款结算金额的调整　承包人现场签证和得到发包人确认的索赔金额列入

本周期应增加的金额中。由发包人提供的材料、工程设备金额，应按照发包人签约提供的单价和数量从工程进度款中扣除，列入本周期应扣减的金额中。

（3）工程进度款的支付比例　政府机关、事业单位、国有企业建设工程进度款支付应不低于已完成工程价款的80%，同时，在确保不超出工程总概（预）算以及工程决（结）算工作顺利开展的前提下，除按合同约定保留不超过工程价款总额3%的质量保证金外，进度款支付比例可由发承包双方根据项目实际情况自行确定。在结算过程中，若发生进度款支付超出实际已完成工程价款的情况，承包人应按规定在结算后30日内向发包单位返还多收到的工程进度款。

6. 安全文明施工费的支付

（1）安全文明施工费的内容　工程项目的安全文明施工费包括环境保护费、文明施工费、安全施工费和临时设施费四项费用，它包含在建筑安装工程费用中的措施项目费里，属于工程施工前期的费用，也必须在相应工序施工前予以保证。

（2）安全文明施工费的支付要求

1）发包人应在工程开工后的28天内预付不低于当年施工进度计划的安全文明施工费总额的60%，要求其余部分按提前安排的原则进行分解，与进度款同期支付。

2）发包人没有按时支付安全文明施工费的，承包人可催告发包人支付；发包人在付款期满后的7天内仍未支付的，若发生安全事故，发包人应承担相应责任。

3）承包人对安全文明施工费应专款专用，在财务账目中单独列项备查，不得挪作他用，否则发包人有权要求其限期改正，逾期未改正的，造成的损失和延误的工期由承包人承担。

思考题

1. 简述施工阶段工程造价管理的内容。
2. 简述施工阶段工程造价管理的影响因素。
3. 简述费用偏差与进度偏差的含义。
4. 简述应用挣值法进行费用偏差计算的流程。
5. 简述费用偏差分析的表示方法及各自的特点。
6. 简述施工阶段费用偏差产生的原因及纠偏措施。
7. 简述工程计量的原则。
8. 简述工程计量的顺序。
9. 简述合同价款的调整事项。
10. 简述工程变更的内容。
11. 简述分部分项工程费变更价款的确定方法。
12. 简述施工索赔的起因。
13. 简述施工索赔的分类。
14. 简述索赔费用的组成。
15. 简述费用索赔的计算方法及其特点。

【案例计算题】

【背景】 某工程项目施工进行到第 4 个月时，对前 3 个月的工作及资金进行了现场检查与统计，统计结果如表 7-5 所示。

表 7-5 工程项目第 1~3 个月工作完成情况及成本统计

工作代号	计划完成预算费用（万元）	已完工程量（%）	已完工程实际费用（万元）	已完工程预算费用（万元）
A	160	100	165.7	
B	130	80	126.4	
C	86	95	90.6	
D	106	100	105	
合计	482		487.7	

【问题】 (1) 试计算第 1~3 个月每项工作的已完工程预算费用。

(2) 试计算第 1~3 个月月末的费用偏差与进度偏差，并对其结果含义加以说明。

(3) 试计算第 3 个月月末的费用绩效指数和进度绩效指数（计算结果小数点后面保留 3 位），并对其结果含义加以说明。

第8章

8 建设工程竣工阶段造价管理

【本章内容概要】

本章主要包括建设工程竣工验收及其程序、竣工结算和最终结清，以及竣工决算和新增资产价值确定三部分，首先说明了竣工验收条件和标准、建设工程竣工验收内容，并介绍了竣工验收程序及备案；然后阐述了工程结算程序和方式、竣工结算编制与审核，并介绍了质量保证金及最终结清；最后阐述了竣工决算的内容、竣工决算编制与审核，并说明了新增资产价值的确定。

【本章知识总览】

- 建设工程竣工阶段造价管理
  - 建设工程竣工验收及其程序
    - 竣工验收条件和标准
    - 建设工程竣工验收内容
    - 竣工验收程序及备案
  - 竣工结算和最终结清
    - 工程结算程序和方式
    - 竣工结算编制与审核
    - 质量保证金及最终结清
  - 竣工决算和新增资产价值确定
    - 竣工决算的内容
    - 竣工决算编制与审核
    - 新增资产价值的确定

【本章学习要点】

◆ 掌握：工程结算程序和方式、竣工结算的编制内容、缺陷责任期的含义及期限、质量保证金的含义、竣工决算的含义及内容、新增固定资产价值的确定。

◆ 熟悉：竣工验收条件和标准、竣工验收的方式、竣工验收的程序、竣工结算程序、最终结清的含义、竣工决算的审查方式、新增流动资产价值的确定。

◆ 了解：竣工验收的含义和作用、竣工结算的审核、竣工决算的编制内容、新增无形资产价值的确定。

8.1 建设工程竣工验收及其程序

8.1.1 竣工验收条件和标准

1. 竣工验收的含义及作用

（1）竣工验收的含义　竣工验收是指建设单位会同设计、施工、工程监理等单位和工程质量监督等部门组成项目验收组织，以项目批准的设计任务书和设计文件，以及国家或部门颁发的施工验收规范和质量检验标准为依据，按照一定的程序和手续，在项目建成并试生产合格后（工业生产性项目），对工程项目的总体进行检验和认证、综合评价和鉴定的活动。竣工验收阶段是工程建设向生产使用转移的必要环节，影响工程能否最终形成生产能力，体现了工程质量水平的最终结果。

（2）竣工验收的作用

1）全面考核建设成果。通过竣工验收，能够全面考核建设成果，检查设计、工程质量是否符合要求，确保项目按设计要求的各项技术经济指标正常使用。

2）总结工程建设经验。通过竣工验收，办理固定资产使用手续，可以总结工程建设经验，为提高建设项目的经济效益和管理水平提供重要依据。

3）审查投资的合理性。通过竣工验收，进行投资使用情况的审查，可确保资金的有效利用和投资的合理性，从而保证投资效果。

4）确认最终实际造价。建设项目竣工验收是工程建设程序的最后一个阶段，是施工阶段的最后一个程序，是建设成果转入生产使用的标志，有效地进行竣工验收阶段的造价管理，对于确认建设项目的最终实际造价具有重要的意义。

2. 竣工验收应当具备的条件

交付竣工验收的建筑工程，必须符合规定的建筑工程质量标准，有完整的工程技术经济资料和经签署的工程保修书，并具备国家规定的其他竣工条件。

（1）完成建设工程设计和合同约定的各项内容　建设工程设计和合同约定的内容，主要是指设计文件所确定的以及承包合同中载明的工作范围，也包括监理单位签发的变更通知单中所确定的工作内容。承包单位必须根据合同的约定，按质、按量、按时完成上述工作内容，使工程具有正常的使用功能。

（2）有完整的技术档案和施工管理资料　档案的验收是建设工程竣工验收的重要环节，工程技术档案和施工管理资料是工程竣工验收和质量保证的重要依据之一，主要包括：

1）工程项目竣工验收报告。

2）分项、分部和单位工程技术人员名单。

3）图纸会审和技术交底记录。

4）设计变更通知单和技术变更核实单。

5）工程质量事故发生后调查和处理资料。

6）隐蔽工程验收记录及施工日志。

7）竣工图。

8）质量检验评定资料。

9）合同约定的其他资料。

（3）有工程使用的主要建筑材料、建筑构配件和设备的进场试验报告　对建设工程使用的主要建筑材料、建筑构配件和设备，除须具有质量合格证明资料外，还应当有进场试验、检验报告，其质量要求必须符合国家规定的标准。

（4）有勘察、设计、施工、工程监理等单位分别签署的质量合格文件　勘察、设计、施工、工程监理等有关单位要依据工程设计文件及承包合同所要求的质量标准，对竣工工程进行检查评定；符合规定的，应当签署合格文件。

（5）其他验收条件

1）关于施工单位。在工程完工后对工程质量进行了自验，确认工程质量符合有关法律、法规和工程建设强制性标准，符合设计文件及合同要求，并提出工程竣工报告，以及与建设单位签署的工程保修书。

2）关于规划、消防、环保部门。要有城乡规划行政主管部门对工程是否符合规划设计要求进行的检查、认可文件，以及公安消防、环保等部门出具的认可文件或者准许使用文件。

3. 竣工验收的标准及依据

凡是没有经过竣工验收或者经过竣工验收确定为不合格的建设工程，不得交付使用。如果建设单位为提前获得投资效益，在工程未经验收就提前投产或使用，由此而发生的质量等问题，建设单位要承担相应的质量责任。建设单位必须按标准对各类建设项目进行验收与鉴定。

（1）工业建设项目竣工验收标准　工业建设项目竣工验收、交付生产使用，必须满足的要求包括：

1）生产性项目和辅助性公用设施，已按设计要求完成，能满足生产使用。

2）主要工艺设备配套经联动负荷试车合格，形成生产能力，能够生产出设计文件所规定的产品。

3）有必要的生活设施，并已按设计要求建成合格。

4）生产准备工作能适应投产的需要。

5）环境保护设施，劳动、安全、卫生设施，消防设施已按设计要求与主体工程同时建成使用。

6）设计和施工质量已经过质量监督部门检验并做出评定。

7）工程结算和竣工决算通过有关部门审查和审计。

（2）民用建设项目竣工验收标准　民用建设项目竣工验收、交付用户居住生活，必须满足的要求包括：

1）建设项目各单位工程和单项工程均已符合项目竣工验收标准。

2）建设项目配套工程和附属工程均已施工结束，达到设计规定的相应质量要求，并具备正常使用条件。

（3）竣工验收的依据　竣工项目除了必须符合国家规定的竣工标准外，验收还应依据的文件包括：

1）项目的可行性研究报告、工程勘察、设计文件（含设计图纸、标准图集和设计变更单等）的要求。

2）国家法律、法规、规章及规范性文件规定，以及国家和地方的强制性标准等。

3）建设单位与施工单位签订的工程施工承包合同（含合同协议、工程量清单、会议纪要等）。

4）《建筑工程施工质量验收统一标准》和相关专业工程施工质量验收规范的规定。

5）建筑安装工程的统一规定及上级主管部门有关工程竣工的规定。

6）对于引进技术或进口成套设备的项目，还应按照签订的合同和国外提供的设计文件等资料进行验收。

4. 竣工验收的方式

竣工验收按被验收的对象划分，可分为单位工程竣工验收、单项工程竣工验收和全部工程竣工验收。

（1）单位工程竣工验收

1）验收过程。单位工程竣工验收，又称为中间验收，是承包人以单位工程或某专业工程为对象，独立签订建设工程施工合同，达到竣工条件后，承包人可单独进行交工，发包人根据竣工验收的依据和标准，按施工合同约定的工程内容组织竣工验收。

2）人员组织。单位工程竣工验收工作由监理单位组织，发包人和承包人派人参加验收工作，单位工程验收资料是最终验收的依据。

（2）单项工程竣工验收

1）验收过程。单项工程竣工验收，是指总体建设项目中的某个单项工程已完成设计图纸规定的工程内容，能满足生产要求或具备使用条件时，承包人向监理单位提交“工程竣工报告”和“工程竣工报验单”，经鉴定认可后向发包人发出“交付竣工验收通知书”，说明工程完工情况、竣工验收准备情况、设备无负荷单机试车情况，具体约定单项工程竣工验收的有关工作。

2）人员组织。单项工程竣工验收工作由发包人组织，会同承包人、监理单位、设计单位和使用单位等有关部门完成。

（3）全部工程竣工验收

1）含义。全部工程竣工验收，是指建设项目已按设计规定全部建成、达到竣工验收条件，初验结果全部合格，且竣工验收所需资料已准备齐全后，所进行的建设项目整体验收。

2）组织。全部工程竣工验收工作按项目规模建立相应的验收组织。大中型和限额以上项目由国家发改委或由其委托项目主管部门或地方政府部门组织验收，小型和限额以下项目由项目主管部门组织验收，发包人、监理单位、承包人、设计单位和使用单位参加验收工作。

8.1.2 建设工程竣工验收内容

1. 建设工程资料的竣工验收

竣工验收的工程资料包括工程项目技术资料、工程项目综合资料和工程项目财务资料。

（1）工程项目技术资料的验收 工程项目技术资料的验收内容包括：

1）工程地质、水文、气象、地形、地貌、建筑物、构筑物及重要设备安装位置、勘察报告和记录。

2）建设项目的初步设计、技术设计、关键的技术试验和总体规划设计。

3）土质试验报告、基础处理情况记录。

4）建筑工程施工记录、单位工程质量检验记录、管线强度、密封性试验报告、设备及管线安装施工记录及质量检查、仪表安装施工记录。

5）设备试车、验收运转、维护记录。

6）产品的技术参数、性能、图纸、工艺说明、工艺规程、技术总结、产品检验、包装、工艺图。

7）设备的图纸、说明书，涉外合同、谈判协议、意向书。

8）各单项工程及全部管网竣工图等资料。

（2）工程项目综合资料的验收　工程项目综合资料的验收内容包括：

1）项目建议书及批件、可行性研究报告及批件、项目评估报告、环境影响评估报告书、设计任务书。

2）土地征用申报及批准的文件、承包合同、招标投标及合同文件、施工执照。

3）项目竣工验收报告。

4）验收鉴定书。

（3）工程项目财务资料的验收　工程项目财务资料的验收内容包括：

1）历年建设资金供应（拨、贷）情况和应用情况。

2）历年批准的年度财务决算。

3）历年年度投资计划、财务收支计划。

4）建设成本资料，支付使用的财务资料。

5）设计概算、预算资料、施工决算资料。

2. 建设工程实体的竣工验收

建设工程实体的竣工验收包括建筑工程验收和安装工程验收。

（1）建筑工程的验收内容　竣工验收时，对于建筑工程的验收，主要是通过运用有关资料进行审查性验收，包括：①建筑物的位置、标高、轴线是否符合设计要求；②对基础工程中的土石方工程、垫层工程、砌筑工程等资料的审查验收；③对结构工程中的砖木结构、砖混结构、内浇外砌结构、钢筋混凝土结构的审查验收；④对屋面工程的结构层、屋面瓦、保温层、防水层等的审查验收；⑤对门窗工程、装饰装修工程的审查验收（如抹灰、油漆等工程）。

（2）安装工程的验收内容　竣工验收时，对于安装工程的验收，分为建筑设备安装工程、工艺设备安装工程和动力设备安装工程的验收三项内容。

1）建筑设备安装工程验收。建筑设备安装工程是指民用建筑物中的上下水管道，暖气、天然气或煤气、通风、电气照明等安装工程。验收时，应检查这些设备的规格、型号、数量、质量是否符合设计要求，还应检查安装时的材料、材质、材种，并进行试压、闭水试验和照明。

2）工艺设备安装工程验收。工艺设备安装工程包括生产、起重、传动、试验等设备的安装，以及附属管线敷设和油漆、保温等。验收时，应检查设备的规格、型号、数量、质量，设备安装的位置、标高，机座尺寸、质量，单机试车、无负荷联动试车、有负荷联动试车是否符合设计要求，还应检查管道焊接质量、洗清、吹扫、试压、试漏、油漆、保温等及各种阀门。

3）动力设备安装工程验收。它是指有自备电厂的项目或变配电室（所）、动力配电线路的验收。

3. 规划、消防、环保和节能验收

（1）建设工程竣工规划验收　建设工程竣工后，建设单位应当依法向城乡规划行政主管部门提出竣工规划验收申请。

1）验收依据。由城乡规划行政主管部门按照选址意见书、建设用地规划许可证、建设工程规划许可证、乡村建设规划许可证及其有关规划的要求，对建设工程进行规划验收。

2）验收内容。包括：①建设用地范围内的各项工程建设情况；②建筑物的使用性质、位置、间距、层数、标高、平面、立面、外墙装饰材料和色彩，各类配套服务设施；③临时施工用房、施工场地等。

3）验收结果。对以上内容进行全面核查，并做出验收记录。对于验收合格的，由城乡规划行政主管部门出具规划认可文件或核发建设工程竣工规划验收合格证。

（2）建设工程竣工消防验收　应当申请消防验收的建设工程竣工后，建设单位应当向住房和城乡建设主管部门申请消防验收。建设单位在验收后应当报住房和城乡建设主管部门备案，住房和城乡建设主管部门应当进行抽查。依法应当进行消防验收的建设工程，未经消防验收或者消防验收不合格的，禁止投入使用；其他建设工程经依法抽查不合格的，应当停止使用。

（3）建设工程竣工环保验收

1）编制环境影响报告书、环境影响报告表的建设项目竣工后，建设单位应当按照国务院环境保护行政主管部门规定的标准和程序，对配套建设的环境保护设施进行验收，编制验收报告。

2）建设单位在环境保护设施验收过程中，应当如实查验、监测、记载建设项目环境保护设施的建设和调试情况，不得弄虚作假。除按照国家规定需要保密的情形外，建设单位应当依法向社会公开验收报告。

3）分期建设、分期投入生产或者使用的建设项目，其相应环境保护设施应当分期验收。

4）编制环境影响报告书、环境影响报告表的建设项目，其配套建设的环境保护设施经验收合格，方可投入生产或者使用；未经验收或者验收不合格的，不得投入生产或者使用。

（4）建筑工程节能验收

1）《节约能源法》规定，国家实行固定资产投资项目节能评估和审查制度。不符合强制性节能标准的项目，建设单位不得开工建设；已经建成的，不得投入生产、使用。政府投资项目不符合强制性节能标准的，依法负责项目审批的机关不得批准建设。

2）《民用建筑节能条例》进一步规定，建设单位组织竣工验收，应当对民用建筑是否符合民用建筑节能强制性标准进行查验；对不符合民用建筑节能强制性标准的，不得出具竣工验收合格报告。

3）建筑节能工程施工质量的验收，单位工程竣工验收应在建筑节能分部工程验收合格后进行。建筑节能分部工程的质量验收，应在施工单位自检合格，且检验批、分项工程全部合格的基础上，进行外墙节能构造外窗气密性现场实体检测和设备系统节能性能检测，确认建筑节能工程质量达到验收的条件后方可进行。

8.1.3 竣工验收程序及备案

建设项目竣工验收涉及的单位、部门和人员多，范围和内容广，为保证竣工验收的顺利进行，能够按计划有步骤地有效开展各项验收工作，应按照竣工验收程序进行竣工验收的组织与实施，并按要求及时备案。

1. 承包人申请交工验收

承包人在完成了合同工程或按合同约定可移交工程的，可申请交工验收；交工验收一般为单项工程，但在某些特殊情况下也可以是单位工程的施工内容，诸如特殊基础处理工程、发电站单机机组完成后的移交等。

承包人施工的工程达到竣工条件后，应先进行预检验，对不符合要求的部位和项目，确定修补措施和标准，修补有缺陷的工程部位；对于设备安装工程，要与建设单位和监理工程师共同进行无负荷的单机和联动试车。承包人在完成了上述工作和准备好竣工资料后，即可向建设单位提交“工程竣工报验单”。

2. 监理工程师组织现场初步验收

对于委托了监理单位的建设项目，在监理工程师收到承包人提交的“工程竣工报验单”后，应由总监理工程师组织各专业监理工程师等人员组成验收组，对竣工项目的竣工资料和各专业工程内容的质量进行初步验收。

对于监理工程师在初验中发现的质量问题，要及时书面通知承包人，令其修理甚至返工；承包人整改合格后，由总监理工程师签署“工程竣工报验单”，并向建设单位提交质量评估报告。至此，现场初步竣工预验收工作结束。

3. 单项工程验收

单项工程验收又称交工验收，即验收合格后建设单位方可投入使用。由建设单位组织的交工验收，由监理单位、设计单位、承包人、工程质量监督站等参加。

单项工程验收主要依据国家颁布的有关技术规范和施工承包合同，进行检查或检验的内容包括：

1）检查、核实竣工项目准备移交给建设单位的所有技术资料的完整性、准确性。

2）按照设计文件和合同，检查已完工程是否有漏项。

3）检查工程质量、隐蔽工程验收资料，关键部位的施工记录等，考察施工质量是否达到合同要求。

4）检查试车记录及试车中所发现的问题是否得到改正。

5）在交工验收中发现需要返工、修补的工程，明确规定完成期限。

6）其他涉及的有关问题。

单项工程验收合格后，建设单位和承包人共同签署“交工验收证书”。然后由建设单位将有关技术资料和试车记录、试车报告及交工验收报告一并上报主管部门，经批准后该部分工程即可投入使用。验收合格的单项工程，在全部工程验收时，原则上不再办理验收手续。

4. 全部工程的竣工验收

全部施工过程完成后，由国家主管部门组织的竣工验收，又称为动用验收。全部工程的竣工验收分为验收准备、预验收和正式验收三个阶段。

（1）验收准备　建设单位、承包人和其他有关单位均应进行验收准备，验收准备工作包括以下主要内容：

1）收集、整理各类技术资料，分类装订成册。

2）核实建筑安装工程的完成情况，列出已交工工程和未完工工程一览表，包括单位工程名称、工程量、预算估价以及预计完成时间等内容。

3）提交财务决算分析。

4）检查工程质量，查明须返工或补修的工程并提出具体的时间安排，预申报工程质量等级的评定，做好相关材料的准备工作。

5）整理汇总项目档案资料，绘制工程竣工图。

6）登载固定资产，编制固定资产构成分析表。

7）落实生产准备各项工作，提出试车检查的情况报告，总结试车考评情况。

8）编写竣工结算分析报告和竣工验收报告。

（2）预验收　建设项目竣工验收准备工作结束后，由建设单位或上级主管部门会同监理单位、设计单位、承包人及有关单位或部门组成预验收组进行预验收。预验收的主要工作包括：

1）核实竣工验收准备工作内容，确认竣工项目所有档案资料的完整性和准确性。

2）检查项目建设标准、评定质量，对竣工验收准备过程中有争议的问题和有隐患及遗留问题提出处理意见。

3）检查财务账表是否齐全并验证数据的真实性。

4）检查试车情况和生产准备情况。

5）编写竣工预验收报告和移交生产准备情况报告，在竣工预验收报告中应说明项目的概况、对验收过程进行阐述、对工程质量做出总体评价。

（3）正式验收　建设项目的正式竣工验收是由国家、地方政府、建设项目投资商或开发商以及有关单位领导和专家参加的最终整体验收。全部工程的竣工验收要根据工程规模大小、复杂程度组成验收委员会或验收组。验收委员会或验收组应由银行、物资、环保、劳动、消防及其他有关部门组成。建设主管部门和建设单位、接管单位、承包人、勘察设计单位及工程监理单位也应参加验收工作。正式验收的程序如下：

1）听取汇报。①建设单位、勘察设计单位分别汇报工程合同履约情况以及在工程建设各环节执行法律、法规与工程建设强制性标准的情况；②承包人汇报建设项目的施工情况、自验情况和竣工情况；③监理单位汇报建设项目监理内容和监理情况及对项目竣工的意见。

2）组织验收。组织竣工验收小组全体人员进行现场检查，了解项目现状、查验项目质量，及时发现存在和遗留的问题，并审查竣工项目移交生产使用的各种档案资料。

3）评审项目质量。①对主要工程部位的施工质量进行复验、鉴定；②对工程设计的先进性、合理性和经济性进行复验和鉴定；③按设计要求和建筑安装工程施工的验收规范和质量标准进行质量评定验收；④在确认工程符合竣工标准和合同条款规定后，签发竣工验收合格证书。

4）审查试车规程。检查投产试车情况，核定收尾工程项目，对遗留问题提出处理意见。

5）在进行竣工验收时。①已验收过的单项工程可以不再办理验收手续，但应将单项工程交工验收证书作为最终验收的附件而加以说明；②建设单位如发现工程不符合竣工条件，应责令承包人进行返修，并重新组织竣工验收，直到通过验收。

6）签署竣工验收鉴定书，对整个项目做出总的验收鉴定。竣工验收鉴定书是表示建设项目已经竣工，并交付使用的重要文件，是全部固定资产交付使用和建设项目正式动用的依据。整个建设项目进行竣工验收后，建设单位应及时办理固定资产交付使用手续。

5. 竣工验收备案

（1）竣工验收备案的要求　建设单位应当自建设工程竣工验收合格之日起 15 日内，将建设工程竣工验收报告和规划、公安消防、环保等部门出具的认可文件或者准许使用文件报建设行政主管部门或者其他有关部门备案。建设行政主管部门或者其他有关部门发现建设单位在竣工验收过程中有违反国家有关建设工程质量管理规定行为的，责令停止使用，重新组织竣工验收。

（2）竣工验收备案的内容　建设单位办理工程竣工验收备案应当提交工程竣工验收备案表和工程竣工验收报告。其中，工程竣工验收报告包括：

1）工程报建日期、施工许可证号、施工图设计文件审查意见。

2）勘察、设计、施工、工程监理等单位分别签署的质量合格文件及验收人员签署的竣工验收原始文件。

3）市政基础设施的有关质量检测和功能性试验资料，以及备案机关认为需要提供的有关资料。

4）法律、行政法规规定应当由规划等部门出具的认可文件或者准许使用文件。

5）法律规定应当由公安消防部门出具的对大型的人员密集场所和其他特殊建设工程验收合格的证明文件。

6）施工单位签署的工程质量保修书。

7）法规、规章规定必须提供的其他文件。

8）住宅工程还应当提交《住宅质量保证书》《住宅使用说明书》。

建设单位在地下管线工程竣工验收备案前，应当向城建档案管理机构移交下列档案资料：

1）地下管线工程项目准备阶段文件、监理文件、施工文件、竣工验收文件和竣工图。

2）地下管线竣工测量成果。

3）其他应当归档的文件资料（电子文件、工程照片、录像等）。

（3）竣工验收备案文件的签收和处理　备案机关收到建设单位报送的竣工验收备案文件，验证文件齐全后，应当在工程竣工验收备案表上签署文件收讫。工程竣工验收备案表一式两份，一份由建设单位保存，一份留备案机关存档。工程质量监督机构应当在工程竣工验收之日起 5 日内，向备案机关提交工程质量监督报告。备案机关发现建设单位在竣工验收过程中有违反国家有关建设工程质量管理规定行为的，应当在收讫竣工验收备案文件 15 日内，责令停止使用，重新组织竣工验收。

8.2 竣工结算和最终结清

8.2.1 工程结算程序和方式

工程结算程序和方式

1. 工程结算的含义

工程结算，是工程价款结算的简称，既可表示施工过程中的经济活动，也可表示施工过程中形成的经济文件。工程进度款与竣工结算统称为工程结算，是发包人实现工程投资总目标，完成投资控制的重要环节。

（1）从经济活动角度定义的工程结算　从经济活动角度定义的工程结算，是指建设工程实施过程中，承包人在单项工程、单位工程、分部工程或分项工程完工并经发包人及有关部门验收后，依据承包合同中关于付款条款的规定和已经完成的工程量，以预付备料款和工程进度款的形式，按照规定的程序向发包人收取工程价款的一项经济活动。

（2）从经济文件的角度定义的工程结算　从经济文件的角度定义的工程结算，是指承包人在施工图预算的基础上，依据施工过程中现场实际情况的记录、设计变更通知书、现场工程经济签证、预算定额、材料预算价格和各项费用标准、工程造价信息等资料，按规定编制的向发包人办理结算工程价款，取得的收入用于补偿施工过程中的资金耗费，确定施工盈亏的经济文件。

2. 工程结算的作用

（1）工程结算是加速承包人资金周转的重要环节　在施工过程中，通过工程价款的结算，承包人能够按时得到工程进度款，从而有利于及时偿还债务、筹备和周转工程所需劳务或材料设备，从而通过加速资金周转，降低内部运营成本，提高资金使用的有效性。

（2）工程结算是反映建设工程进度的主要指标　在施工过程中，工程价款的结算是根据已完工程的计量情况进行支付的，因此，根据累计已结算的工程价款占合同价款的比例，能够反映出工程的进度情况，有利于准确掌握工程进度。

（3）工程结算是考核发承包双方经济效益的重要指标　通过工程价款结算的统计，可反映发包人建设项目的完成情况以及竣工率；通过工程价款的结算情况，可反映承包人建设项目施工能获取的利润。因此，工程结算是考核发承包双方经济效益的重要指标。

3. 工程结算的程序

工程结算是发承包双方依据合同约定，进行工程预付款、工程进度款、工程竣工价款结算的活动。我国现行工程结算的一般程序：开工前按一定比例预付工程款，开工后按工程计量结果分月结算工程进度款，年末进行年终结算，竣工后进行竣工结算，如图 8-1 所示。

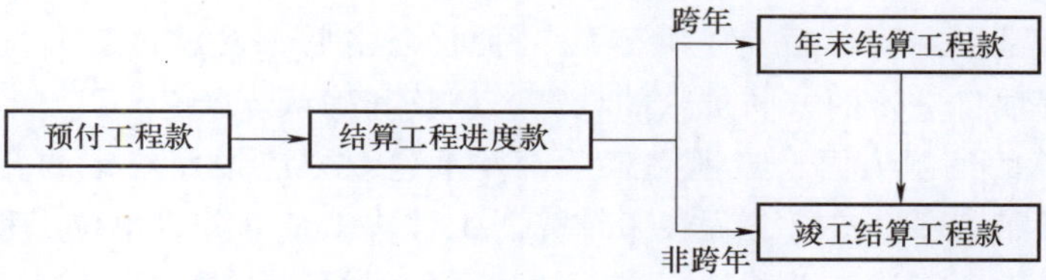

图 8-1　工程结算的程序

4. 工程结算的方式

根据建设工程的不同情况，可采取的价款结算方式主要有按月结算、分段结算、竣工后一次结算、目标结款方式，以及结算双方约定的其他结算方式。

（1）按月结算　按月结算是指实行按月支付进度款，竣工后清算的办法。

1）当年完工项目的结算方式。采取先在旬末或月中预付工程备料款，然后在施工过程中将已完分部分项工程视为阶段成果，月终按实际完成的工程量结算工程进度款，竣工后进行竣工结算。

2）跨年度竣工工程的结算方式。采取在年终进行工程盘点，办理年度结算，竣工后清算的方式。

3）特点和适用范围。便于准确地计算已完的分部分项工程量，便于发包人对已完工程进行验收和承包人的资金周转，是我国现行建安工程项目价款结算最常用的方法。

（2）分段结算　分段结算是指按工程形象进度或者按季度，分阶段进行结算的方式。

1）结算方式。分段结算可按月预支工程款，分段的划分标准是由工程所在地省、自治区、直辖市或行业建设主管部门规定的，如对于房屋建筑工程，在分段结算时的形象进度一般划分为基础、±0.000以上主体结构、装修、室外及收尾工程等。

2）适用范围。分段结算主要适用于当年开工但当年不能竣工的单项工程或单位工程。

（3）竣工后一次结算

1）结算方式。竣工后一次结算是指在开工前预付一定的工程备料款，或者预付款加上工程款在每月月中预支，竣工后一次结算的方式。

2）适用范围。竣工后一次结算方式主要适用于工期在1年内，或者工程承包合同价值在100万元以下的建设项目或单项工程。

（4）目标结款方式

1）结算方式。目标结款方式是当承包人完成合同规定的各控制界面所包含的验收单元工程量，并将其交与发包人验收合格后，由发包人支付构成单元工程内容的工程价款的方式。

2）适用范围。这种结算方式要求在工程合同中，预先将承包工程的内容分解成为不同的控制界面，且对于各控制界面的设定应明确描述，以便于量化和质量控制，同时也要适应项目资金的供应周期和支付频率。

需要注意：在工程结算方式选定后，无论采用何种结算方式，在施工期间的结算款一般都不应超过工程承包合同价款的97%，其余3%的尾款待工程竣工验收后按规定清算。

8.2.2　竣工结算编制与审核

1. 竣工结算的编制

工程竣工结算是指工程项目完工并经竣工验收合格后，发承包双方按照施工合同的约定对所完成的工程项目进行的合同价款的计算、调整和确认。

（1）竣工结算的编制依据　工程完工后，发承包双方应按照约定的合同价款及合同价款调整内容以及索赔事项，进行工程竣工结算。工程竣工结算分为单位工程竣工结算、单项工程竣工结算和建设项目竣工总结算。竣工结算文件的编制依据主要包括：

1）与工程结算有关的法律法规和标准。

2）工程合同。

3）发承包双方已确认的过程结算资料。

4）发承包双方未确认应调整款项的资料。

5）建设工程设计文件及相关资料。

（2）编制竣工结算的计价原则　在采用工程量清单计价的方式下，工程竣工结算的编制应当遵循以下相关计价原则：

1）分部分项工程和措施项目中的单价项目。应依据双方确认的工程量与已标价工程量清单的综合单价计算；如发生调整的，以发承包双方确认调整的综合单价计算。

2）措施项目中的总价。项目应依据合同约定的项目和金额计算；如发生调整的，以发承包双方确认调整的金额计算，其中安全文明施工费必须按照国家或省级、行业建设主管部门的规定计算。

3）其他项目的计价规定。①计日工应按发包人实际签证确认的事项计算；②暂估价应按《建设工程工程量清单计价规范》的相关规定计算；③总承包服务费应依据合同约定金额计算，如发生调整的，以发承包双方确认调整的金额计算；④施工索赔费用应依据发承包双方确认的索赔事项和金额计算；⑤现场签证费用应依据发承包双方签证资料确认的金额计算；⑥暂列金额应减去工程价款调整（包括索赔、现场签证）金额计算，如有余额归发包人。

4）规费和税金。应按照国家或省级、行业建设主管部门的规定计算。

5）其他原则。采用总价合同的，应在合同总价基础上，对合同约定能调整的内容及超过合同约定范围的风险因素进行调整；采用单价合同的，在合同约定风险范围内的综合单价应固定不变，并应按合同约定进行计量，且应按实际完成的工程量进行计量。发承包双方在合同工程实施过程中已经确认的工程计量结果和合同价款，在竣工结算办理中应直接进入结算。

（3）竣工结算价款的计算方法　竣工结算价款是指承包人在全部完成合同规定的工程内容，亦即完成了合同规定的全部责任和义务后，向发包人进行的最终工程结算，以确定承包人按合同应得的全部工程价款额和由发包人按合同支付给承包人所应获得的余额。竣工结算价款的计算公式为

竣工结算价款=合同价款+施工过程中合同价款调整数额-预付及已结算进度款　(8-1)

注：当合同约定竣工结算需要留质量保证金时，应在上述最终付款中扣减下来，或在每月进度款中按比例扣减。

2. 竣工结算的审核

一般情况下，发包人通过委托工程造价咨询机构进行竣工结算的审核。

（1）审核工作阶段划分　接受委托的工程造价咨询机构从事竣工结算审核工作时，通常包括准备阶段、审核阶段和审定阶段。

1）准备阶段。包括收集、整理竣工结算审核项目的审核依据资料，做好送审资料的交验、核实、签收工作，并应对资料等缺陷向委托方提出书面意见及要求。

2）审核阶段。包括现场踏勘核实，召开审核会议，澄清问题，提出补充依据性资料和必要的弥补性措施，形成会商纪要，进行计量、计价审核与确定工作，完成初步审核报告。

3）审定阶段。包括就竣工结算审核意见和承包人和发包人进行沟通，召开协调会议，处理分歧事项，形成竣工结算审核成果文件，签认竣工结算审定签署表，提交竣工结算审核报告等工作。

（2）审核方法及审核内容

1）审核方法。竣工结算审核应采用全面审核法，除委托咨询合同另有约定外，不得采用重点审核法、抽样审核法或类比审核法等其他方法。

2）审核内容。在具体审核过程中，主要应从核对合同条款、隐蔽验收记录和设计变更签证、工程数量、单价与费用，以及核查各种误差等方面着手进行。

（3）竣工结算审核的成果文件　包括竣工结算审核书封面、签署页、竣工结算审核报

告、竣工结算审定签署表、竣工结算审核汇总对比表、单项工程竣工结算审核汇总对比表、单位工程竣工结算审核汇总对比表等。

3. 竣工结算程序

（1）承包人提交竣工结算款支付申请　承包人应根据办理的竣工结算文件，向发包人提交竣工结算价款支付申请，申请内容包括：①竣工结算合同价款总额；②累计已实际支付的合同价款；③应扣留的质量保证金（已缴纳履约保证金的或提供其他工程质量担保方式的除外）；④实际应支付的竣工结算款金额。

（2）发包人签发竣工结算支付证书　发包人应在收到承包人提交竣工结算款支付申请后规定时间内予以核实，向承包人签发竣工结算支付证书。

（3）发包人支付竣工结算款　发包人签发竣工结算支付证书后的规定时间内，按照竣工结算支付证书列明的金额向 承包人支付结算款。

4. 竣工支付的相关违约规定

（1）发包人未按规定核实支付申请的违约处理　该情况的违约规定：①发包人在收到承包人提交的竣工结算款支付申请后规定时间内不予核实，不向承包人签发竣工结算支付证书的，视为承包人的竣工结算款支付申请已被发包人认可；②发包人应在收到承包人提交的竣工结算款支付申请规定时间内，按照承包人提交的竣工结算款支付申请列明的金额向承包人支付结算款。

（2）发包人未按规定支付竣工结算款的违约处理　该情况的违约规定：①发包人未按照规定的程序支付竣工结算款的，承包人可催告发包人支付，并有权获得延迟支付的利息；②发包人在竣工结算支付证书签发后或者在收到承包人提交的竣工结算款支付申请规定时间内仍未支付的，除法律另有规定外，承包人可与发包人协商将该工程折价，也可直接向人民法院申请将该工程依法拍卖。承包人就该工程折价或拍卖的价款优先受偿。

8.2.3　质量保证金及最终结清

1. 缺陷责任期的确定

（1）缺陷责任期的含义　缺陷责任期，是指承包人按照合同约定承担缺陷修复义务，且发包人预留质量保证金（已缴纳履约保证金的除外）的期限。其中，缺陷是指建设工程质量不符合工程建设强制标准、设计文件以及承包合同的约定。

（2）缺陷责任期的期限　从工程通过竣工验收之日起计，缺陷责任期一般为 1 年，最长不超过 2 年，由发承包双方在合同中约定。

1）起算时间的规定。①由于承包人原因导致工程无法按规定期限进行竣工验收的，缺陷责任期从实际通过竣工验收之日起计；②由于发包人原因导致工程无法按规定期限进行竣工验收的，在承包人提交竣工验收报告 90 天后，工程自动进入缺陷责任期。

2）延长时间的规定。由于承包人原因，造成某项缺陷或损坏使某项工程或工程设备不能按原定目标使用，而需要再次检查、检验和修复的，发包人有权要求承包人相应延长缺陷责任期，但缺陷责任期最长不超过 2 年。

（3）承包人应承担的缺陷期责任　承包人应在缺陷责任期内对已交付使用的工程承担缺陷责任。在工程使用过程中，发现已由发包人接收的工程存在新的缺陷部位或部件又遭损坏的，承包人应负责修复，直至检验合格为止。因承包人原因造成的缺陷，承包人应承担修复和查验费用。承包人不能在合理时间内修复缺陷的，发包人可自行修复或委托其他人修复，所需费用和利润应由承包人承担。因发包人原因造成的缺陷，建设单位应承担修复和查验费用，并支付承包人合理利润。

2. 质量保证金的处理

质量保证金，是指发包人与承包人在建设工程承包合同中约定，从应付的工程款中预留，用以保证承包人在缺陷责任期内对建设工程出现的缺陷进行维修的资金。质量保证金的处理包括预留、管理、使用和返还等环节。

（1）质量保证金的预留

1）一般规定。发包人应按照合同约定方式预留质量保证金，质量保证金总预留比例不得高于工程价款结算总额的3%。

2）需要注意的情况。①合同约定由承包人以银行保函替代预留质量保证金的，保函金额不得高于工程价款结算总额的3%；②在工程项目竣工前，已经缴纳履约保证金的，发包人不得同时预留工程质量保证金；③采用工程质量保证担保、工程质量保险等其他方式的，发包人不得再预留质量保证金。

（2）质量保证金的管理

1）一般规定。缺陷责任期内，实行国库集中支付的政府投资项目，质量保证金的管理应按国库集中支付的有关规定执行。

2）需要注意的情况。①其他政府投资项目，质量保证金可以预留在财政部门或发包方；②缺陷责任期内，如发包人被撤销，质量保证金随交付使用资产一并移交使用单位，由使用单位代行发包人职责；③社会投资项目采用预留质量保证金方式的，发承包双方可以约定将质量保证金交由金融机构托管。

（3）质量保证金的使用

1）由承包人原因造成的缺陷。承包人应负责维修，并承担鉴定及维修费用。如承包人不维修也不承担费用，处理方式为：①发包人可按合同约定从质量保证金或银行保函中扣除，费用超出质量保证金额的，发包人可按合同约定向承包人进行索赔；②承包人维修并承担相应费用后，不免除对工程的损失赔偿责任。

2）由他人及不可抗力原因造成的缺陷。发包人负责组织维修，承包人不承担费用，且发包人不得从质量保证金中扣除费用。发包人委托承包人修复的，发包人应支付承包人相应的修复和查验费用。

（4）质量保证金的返还

1）一般规定。缺陷责任期内，承包人认真履行合同约定的责任，到期后，承包人向发包人申请返还质量保证金。

2）返还流程。①发包人在接到承包人返还质量保证金申请后，应于14天内会同承包人按照合同约定的内容进行核实；②如无异议，发包人应当按照约定将质量保证金返还给承包人；③对返还期限没有约定或者约定不明确的，发包人应当在核实后14天内将质量保证金返还承包人，逾期未返还的，依法承担违约责任；④发包人在接到承包人返还质量保证金申请后14天内不予答复，经催告后14天内仍不予答复，视同认可承包人的返还保证金申请。

3）缺陷责任期满时，承包人没有完成缺陷责任的。发包人有权扣留与未履行责任剩余工作所需金额相应的工程质量保证金，并有权根据合同约定要求延长缺陷责任期，直至完成剩余工作为止。

3. 最终结清

最终结清是指合同约定的缺陷责任期终止后，承包人已按合同规定完成全部剩余工作且质量合格的，发包人与承包人结清全部剩余款项的活动。

(1) 最终结清申请单　缺陷责任期终止后，承包人已按合同规定完成全部剩余工作且质量合格的，发包人签发缺陷责任期终止证书。承包人可按合同约定的份数和期限向发包人提交最终结清申请单，并提供相关证明材料，详细说明承包人根据合同规定已经完成的全部工程价款金额以及承包人认为根据合同规定应进一步支付的其他款项。发包人对最终结清申请单内容有异议的，有权要求承包人进行修正和提供补充资料，由承包人向发包人提交修正后的最终结清申请单。

(2) 最终支付证书　发包人应在收到承包人提交的最终结清申请单后的规定时间内予以核实，向承包人签 发最终支付证书。发包人未在约定时间内核实，又未提出具体意见的，视为承包人提交的最终结清申请单已被发包人认可。

(3) 最终结清付款　发包人应在签发最终结清支付证书后的规定时间内，按最终结清支付证书列明的金额向承包人支付最终结清款。在最终结清付款时，需要注意对索赔事项、质量保证金以及政府投资资金的处理。

1) 对索赔事项的处理。①承包人按合同约定接受了竣工结算支付证书后，应被认为已无权再提出在合同工程接收证书颁发前所发生的任何索赔；②承包人在提交的最终结清申请单中，只限于提出工程接收证书颁发后发生的索赔；③提出索赔的期限自接受最终支付证书时终止；④发包人未按期支付的，承包人可催告发包人在合理的期限内支付，并有权获得延迟支付的利息。

2) 对质量保证金的处理。最终结清时，如果承包人被扣留的质量保证金不足以抵减发包人工程缺陷修复费用的，承包人应承担不足部分的补偿责任。

3) 对政府投资资金的处理。最终结清付款涉及政府投资资金的，按照国库集中支付等国家相关规定和专用合同条款的约定办理。

【例 8-1】 某教学楼工程，工期为 12 个月，合同价款总额为 2900 万元。发承包双方签订的施工合同中，关于工程结算的主要条款如下：本工程价款前半年（1—6 月）结算一次，从 7 月起按月结算工程款。其中，工程预付款的额度以合同价款的 25%计取，预付备料款在施工期的最后 5 个月分次平均扣除；质量保证金按比例扣留，扣留比例为月实际工作量的 3%；当承包商每月实际完成的建安工作量少于计划完成建安工作量的 10%以上（含 10%）时，业主可扣除 5%的工程款；业主供应的材料、设备应在当月的工程款中扣回。各月的计划工作量、实际工作量及业主供应材料设备价值如表 8-1 所示。

表 8-1　工作量完成情况及材料设备价值　（单位：万元）

月份	1—6	7	8	9	10	11	12
计划工作量	1200	300	300	300	290	290	220
实际工作量	1210	270	290	315	295	285	235
业主供应材料设备价值	101.2	49.5	37.6	28	41	16	8

问题：(1) 试计算工程预付备料款及每月扣付额度。

(2) 试计算前半年的工程结算款。

(3) 试计算 7—12 月每月的工程结算款。

解：(1) 工程预付备料款及每月扣付额度

1) 工程预付备料款=(2900×25%) 万元=725 万元

2) 工程预付款在施工期的最后 5 个月，即 8、9、10、11、12 月分 5 次平均扣完。

则，每月扣付额度=(725/5) 万元=145 万元

(2) 前半年的工程结算款

1—6 月应扣质量保证金=(1210×5%) 万元=60.5 万元

1—6 月工程款=(1210-60.5-101.2) 万元=1048.3 万元

因此，1—6 月业主实际付款 1048.3 万元。

(3) 7—12 月每月的工程结算款

1) 7 月应扣保留金=(270×3%) 万元=8.1 万元

7 月实际工作量未达到计划工作量，二者相差 (300-270)/300=10%。

因此，本月还应扣除 5%的款项。

则，本月承包商应得=(270-270×5%-8.1-49.5) 万元=198.9 万元。

因此，7 月业主实际付款 198.9 万元。

2) 8 月应扣保留金=(290×3%) 万元=8.7 万元，同时应扣预付款 145 万元。

本月承包商应得=(290-8.7-145-37.6) 万元=98.7 万元。

因此，8 月业主实际付款为 98.7 万元。

3) 9 月应扣保留金=(315×3%) 万元=9.45 万元，同时应扣预付款 145 万元。

本月承包商应得=(315-9.45-145-28) 万元=132.55 万元。

因此，9 月业主实际付款 132.55 万元。

4) 10 月应扣保留金=(295×3%) 万元=8.85 万元，同时应扣预付款 145 万元。

本月承包商应得=(295-8.85-145-41) 万元=100.15 万元。

因此，10 月业主实际付款为 100.15 万元。

5) 11 月应扣保留金=(285×3%) 万元=8.55 万元，同时应扣预付款 145 万元。

本月承包商应得=(285-8.55-145-16) 万元=115.45 万元。

因此，11 月业主实际付款 115.45 万元。

6) 12 月应扣保留金=(235×3%) 万元=7.05 万元，同时应扣预付款 145 万元。

本月承包商应得=(235-7.05-145-8) 万元=74.95 万元。

因此，12 月业主实际付款 74.95 万元。

8.3 竣工决算和新增资产价值确定

8.3.1 竣工决算的内容

1. 竣工决算的含义和作用

(1) 竣工决算的含义　竣工决算是指所有项目竣工后，项目建设单位按照国家有关规

定在项目竣工验收阶段编制的竣工决算报告，是以实物数量和货币指标为计量单位，综合反映竣工建设项目全部建设费用、建设成果和财务状况的总结性文件，是竣工验收报告的重要组成部分。竣工决算是正确核定新增固定资产价值、考核分析投资效果、建立健全经济责任制的依据，也是反映建设项目实际造价和投资效果的文件。因此，竣工决算是工程造价管理的重要组成部分，做好竣工决算是全面完成工程造价管理目标的关键性因素之一。

（2）竣工决算的作用

1）竣工决算是综合、全面地反映竣工项目建设成果及财务情况的总结性文件。竣工决算采用货币指标、实物数量、建设工期和各种技术经济指标，综合、全面地反映了建设项目自筹建到竣工为止全部建设成果和财务状况。

2）竣工决算是办理交付使用资产的依据。建设单位与使用单位在办理交付资产的验收交接手续时，通过竣工决算反映了交付使用资产的全部价值，包括固定资产、流动资产、无形资产和其他资产的价值，及时编制竣工决算可作为建设主管部门向企业使用单位移交财产的依据。

3）竣工决算是分析和检查设计概算的执行情况、考核建设项目管理水平和投资效果的依据。竣工决算反映了竣工项目计划、实际的建设规模、建设工期以及设计和实际的生产能力，也反映了概算总投资和实际的建设成本，同时还反映了所达到的主要技术经济指标。竣工决算可为今后制订建设项目计划、降低建设成本、提高投资效果提供必要的参考资料。

2. 竣工决算的组成

建设项目竣工决算应包括从筹集到竣工投产全过程的全部实际费用，是由竣工财务决算说明书、竣工财务决算报表、建设工程竣工图和工程竣工造价对比分析四部分组成。其中，竣工财务决算说明书和竣工财务决算报表两部分又称建设项目竣工财务决算，是竣工决算的核心内容，是正确核定项目资产价值、反映竣工项目建设成果的文件，是办理资产移交和产权登记的依据。

（1）竣工财务决算说明书　竣工财务决算说明书主要反映竣工工程建设成果和经验，是对竣工决算报表进行分析和补充说明的文件，是全面考核分析工程投资与造价的书面总结，是竣工决算报告的重要组成部分。其内容主要包括：①项目概况，一般从进度、质量、安全和造价方面进行分析说明；②会计账务的处理、财产物资清理及债权债务的清偿情况；③项目建设资金计划及到位情况，财政资金支出预算、投资计划及到位情况；④项目建设资金使用、项目结余资金等分配情况；⑤项目概（预）算执行情况及分析，竣工实际完成投资与概算差异及原因分析；⑥尾工工程情况，项目一般不得预留尾工工程，确需预留的，其投资不得超过批准的项目概（预）算总投资的5%；⑦历次审计、检查、审核、稽查意见及整改落实情况；⑧主要技术经济指标的分析、计算情况；⑨项目管理经验、主要问题和建议；⑩预备费动用情况；⑪项目建设管理制度执行情况、政府采购情况、合同履行情况；⑫征地拆迁补偿情况、移民安置情况；⑬需要说明的其他事项。

（2）竣工财务决算报表　建设项目竣工决算报表包括封面、基本建设项目概况表、基本建设项目竣工财务决算表、基本建设项目资金情况明细表、基本建设项目交付使用资产总表、基本建设项目交付使用资产明细表、待摊投资明细表、待核销基建支出明细表、转出投资明细表等。

1）基本建设项目概况表。该表综合反映基本建设项目的概况，内容包括该项目总投资、建设起止时间、新增生产能力、主要材料消耗、建设成本、完成主要工程量和主要技术经济指标。

2）基本建设项目竣工财务决算表。该表是用来反映建设项目的全部资金来源和资金占用情况，是考核和分析投资效果的依据，也是落实结余资金，并作为报告上级核销基本建设支出和基本建设拨款的依据。

3）基本建设项目交付使用资产总表。该表反映建设项目建成后新增固定资产、流动资产、无形资产价值的情况，可作为财产交接、检查投资计划完成情况和分析投资效果的依据。

4）基本建设项目交付使用资产明细表。该表反映交付使用的固定资产、流动资产、无形资产价值的明细情况，是办理资产交接和接收单位登记资产账目的依据，也是使用单位建立资产明细账和登记新增资产价值的依据。

5）其他表。包括竣工财务决算报表中的待摊投资明细表、待核销基建支出明细表、转出投资明细表等。

（3）建设工程竣工图　建设工程竣工图是真实地记录各种地上、地下建筑物与构筑物等情况的技术文件，是工程进行交工验收、维护、改建和扩建的依据，是国家的重要技术档案。具体规定如下：

1）需要编制竣工图的工程类型。国家规定，各项新建、扩建、改建的基本建设工程，特别是基础、地下建筑、管线、结构、井巷、桥梁、隧道、港口、水坝以及设备安装等隐蔽部位，都要编制竣工图。

2）凡按图竣工没有变动的，由承包人（包括总包和分包承包人，下同）在原施工图上加盖“竣工图”标志后，即作为竣工图。

3）凡在施工过程中，虽有一般性设计变更，但能将原施工图加以修改补充作为竣工图的，可不重新绘制。由承包人负责在原施工图（必须是新蓝图）上注明修改的部分，并附以设计变更通知单和施工说明，加盖“竣工图”标志后，作为竣工图。

4）凡结构形式改变、施工工艺改变、平面布置改变、项目改变以及有其他重大改变，不宜再在原施工图上修改、补充时，应重新绘制改变后的竣工图。①由原设计原因造成的，由设计单位负责重新绘制；②由施工原因造成的，由承包人负责重新绘图；③由其他原因造成的，由建设单位自行绘制或委托设计单位绘制。承包人负责在新图上加盖“竣工图”标志，并附以有关记录和说明，作为竣工图。

5）为了满足竣工验收和竣工决算需要，还应绘制反映竣工工程全部内容的工程设计平面示意图。

6）重大的改建、扩建工程项目涉及原有的工程项目变更时，应将相关项目的竣工图资料统一整理归档，并在原图案卷内增补必要的说明一起归档。

（4）工程造价对比分析　在竣工决算中必须对控制工程造价所采取的措施、效果及其动态的变化进行认真的对比，总结经验教训。批准的概算是考核建设工程造价的依据，在分析时，可将决算报表中所提供的实际数据和相关资料与批准的概算、预算指标进行对比，以确定竣工项目总造价是节约还是超支，并在对比的基础上，总结先进经验，找出节约和超支的内容和原因，提出改进措施。在实际工作中，应主要分析以下内容：

1）考核主要实物工程量。对于实物工程量出入比较大的情况，必须查明原因。

2）考核主要材料消耗量。在建筑安装工程投资中，材料费一般占直接工程费70%左右，所以要按照竣工决算表中所列明的实际超概算的消耗量，查明是在工程的哪个环节超出量最大，再进一步查明超耗的原因。

3）考核项目建设管理费、措施费和间接费的取费标准。这些费用要按国家和各地的有关规定，根据竣工决算报表中所列的项目建设管理费，与概预算所列的项目建设管理费数额进行比较，依据规定查明是否多列或少列的费用项目，确定其节约超支的数额，并查明原因。

4）主要工程子目的单价和变动情况。由于施工过程或设计的变化等原因，经常会出现单价变动或新增加子目单价需要确定的问题。要对主要工程子目的单价进行核对，对新增子目的单价进行分析检查，如发现异常应查明原因。

8.3.2 竣工决算编制与审核

1. 竣工决算的编制条件和依据

（1）竣工决算的编制条件　编制项目竣工决算应具备的条件包括：①经批准的初步设计所确定的工程内容已完成；②单项工程或建设项目竣工结算已完成；③收尾工程投资和预留费用不超过规定的比例；④涉及法律诉讼、工程质量纠纷的事项已处理完毕；⑤其他影响工程竣工决算编制的重大问题已解决。

（2）竣工决算的编制依据　编制竣工决算应依据的资料包括：①相关法律、法规和规范性文件；②项目计划任务书及立项批复文件；③项目总概算书、单项工程概算书文件及概算调整文件；④经批准的可行性研究报告、设计文件及设计交底、图纸会审资料；⑤招标文件、最高投标限价及招标投标书；⑥施工、代建、勘察设计、监理及设备采购等合同，政府采购审批文件、采购合同；⑦工程结算资料，工程签证、工程索赔等合同价款调整文件，设备、材料调价文件记录；⑧有关的会计及财务管理资料，历年下达的项目年度财政资金投资计划、预算；⑨其他有关资料。

2. 竣工决算的编制要求和程序

为了严格执行建设项目竣工验收制度，正确核定新增固定资产价值，考核分析投资效果，建立健全经济责任制，所有新建、扩建和改建等建设项目竣工后，都应及时、完整、正确地编制好竣工决算。

（1）竣工决算的编制要求

1）按照规定组织竣工验收，保证竣工决算的及时性。所有的项目按批准的设计文件所规定的内容建成后，都要及时组织验收。对于竣工验收中发现的问题，应及时查明原因，采取措施加以解决，以保证建设项目按时交付使用和及时编制竣工决算。

2）积累、整理竣工项目资料，保证竣工决算的完整性。在建设过程中，建设单位必须随时收集项目建设的各种资料，并在竣工验收前，对各种资料进行系统整理，分类立卷，为编制竣工决算提供完整的数据资料，为投产后加强固定资产管理提供依据。

3）核对各项账目，保证竣工决算的正确性。工程竣工后，建设单位要认真核实各项交付使用资产的建设成本，逐项盘点核实。正确编制从年初起到竣工月份止的竣工年度财务决算，以便根据历年的财务决算和竣工年度财务决算进行整理汇总，编制建设项目竣工决算。

（2）竣工决算的编制程序　基本建设项目完工可投入使用或者试运行合格后，应当在3

个月内编报竣工财务决算。特殊情况确需延长的，中小型项目不得超过2个月，大型项目不得超过6个月。项目竣工财务决算未经审核，项目建设单位一般不得撤销，项目负责人及财务主管人员、重大项目的相关工程技术主管人员、概（预）算主管人员一般不得调离。确需撤销的，项目有关财务资料应当转入其他机构承接、保管；人员确需调离的，应当继续承担或协助做好竣工财务决算相关工作。

3. 竣工决算的编制阶段

竣工决算的编制分为前期准备、实施、完成和资料归档四个阶段。

（1）前期准备阶段的主要工作　编制竣工决算前，首先需要了解编制工程竣工决算建设项目的基本情况，收集和整理、分析基本的编制资料。在此基础上确定项目负责人，配置相应的编制人员，由项目负责人对成员进行培训，并制订切实可行、符合建设项目情况的编制计划。

（2）实施阶段的主要工作　编制竣工决算时，应收集完整的编制程序依据资料，为编制竣工决算提供准确的数据和结果。协助建设单位做好各项清理工作，编制完成规范的工作底稿，并对过程中发现的问题及时与建设单位进行充分沟通，达成一致意见。编制过程中，应与建设单位相关部门一起做好实际支出与批复概算的对比分析工作，重新核实各单位工程、单项工程造价。将竣工资料与原设计图纸进行查对、核实，必要时可实地测量，确认实际变更情况，根据经审定的承包人竣工结算等原始资料，按照有关规定对原概（预）算进行增减调整，重新核定工程造价。

（3）完成阶段的主要工作　完成工程竣工决算编制咨询报告、基本建设项目竣工决算报表及附表、竣工财务决算说明书、相关附件等。清理、装订好竣工图，做好工程造价对比分析，与建设单位沟通工程竣工决算的所有事项。经工程造价咨询企业内部复核后，出具正式工程竣工决算编制成果文件。

（4）资料归档阶段的主要工作　对工程竣工决算编制过程中形成的工作底稿进行分类整理，与工程竣工决算编制成果文件一并形成归档纸质资料。对工作底稿、编制数据、工程竣工决算报告进行电子化处理，形成电子档案。最后，将上述编写的文字说明和填写的表格经核对无误，装订成册，形成建设工程竣工决算文件，上报主管部门审查，并将其中财务成本部分送交开户银行签证。竣工决算在上报主管部门的同时，抄送有关设计单位。

4. 竣工决算的审核程序和方式

（1）竣工决算的审核程序　项目决算批复部门应按照“先审核后批复”的原则，建立健全项目决算评审和审核管理机制，以及内部控制制度。由财政部批复的项目决算评审，一般先由财政部委托财政投资评审机构或合格的中介机构进行评审，根据评审结论，财政部审核后批复项目决算。委托评审机构实施项目决算评审时，应当要求其遵循依法、独立、客观、公正的原则。项目建设单位可对评审机构在实施评审过程中的违法行为进行举报。由主管部门批复的项目决算参照上述程序办理。

（2）竣工决算的审核方式　审核工作主要是对项目建设单位提供的决算报告及评审机构提供的评审报告、社会中介机构审计报告进行分析、判断，与审计署审计意见进行比对，并形成批复意见。

1）政策性审核。重点审核项目履行基本建设程序情况，资金来源、到位及使用管理情况，概算执行情况，招标履行及合同管理情况，待核销基建支出和转出投资的合规性，尾工工程及预留费用的比例和合理性等。

2）技术性审核。重点审核决算报表数据和表间勾稽关系、待摊投资支出情况、建筑安装工程和设备投资支出情况、待摊投资支出分摊计入交付使用资产情况以及项目造价控制情况等。

3）评审结论审核。重点审核评审结论中投资审减（增）金额和理由。

4）意见分歧审核及处理。对于评审机构与项目建设单位就评审结论存在意见分歧的，应以国家有关规定及国家批准项目概算为依据进行核定。其中，评审审减投资属工程价款结算违反发承包双方合同约定及多计工程量、高估冒算等情况的，一律按评审机构评审结论予以核定批复；评审审减投资属超国家批准项目概算、但项目运行使用确实需要的，原则上应先经项目概算审批部门调整概算后，再按调整概算确认和批复；若自评审机构出具评审结论之日起3个月内未取得原项目概算审批部门的调整概算批复，仍按评审结论予以批复。

5. 竣工结算的审核内容

竣工结算审核的主要内容包括工程价款结算、项目核算管理、项目资金管理、项目基本建设程序执行及建设管理、概（预）算执行、交付使用资产及尾工工程等。

（1）工程价款结算审核　主要包括：①评审机构对工程价款是否按有关规定和合同协议进行全面评审；②评审机构对于多算和重复计算工程量、高估冒算建筑材料价格等问题是否予以审减；③单位、单项工程造价是否在合理或国家标准范围内，是否存在严重偏离当地同期同类单位工程、单项工程造价水平问题。

（2）项目核算管理审核　具体包括：①建设成本核算是否准确；②待摊费用支出及其分摊是否合理合规；③待核销基建支出有无依据、是否合理合规；④转出投资有无依据、是否已落实接收单位；⑤决算报表所填写的数据是否完整，表内和表间勾稽关系是否清晰、正确；⑥决算的内容和格式是否符合国家有关规定；⑦决算资料报送是否完整、决算数据之间是否存在错误；⑧与财务管理和会计核算有关的其他事项。

（3）项目资金管理审核

1）资金筹集审核。如项目建设资金筹集是否符合国家有关规定，项目建设资金筹资成本控制是否合理。

2）资金到位审核。如财政资金是否按批复的概算、预算及时足额拨付项目建设单位，自筹资金是否按批复的概算、计划及时筹集到位，是否有效控制筹资成本。

3）项目资金使用审核。①财政资金情况。是否按规定专款专用，是否符合政府采购和国库集中支付等管理规定。②结余资金情况。结余资金在各投资者间的计算是否准确，应上缴财政的结余资金是否按规定在项目竣工后3个月内及时交回，是否存在擅自使用结余资金情况。

（4）项目基本建设程序执行及建设管理审核

1）项目基本建设程序执行审核。审核项目决策程序是否科学规范，项目立项、可研、初步设计及概算和调整是否符合国家规定的审批权限等。

2）项目建设管理审核。①审核决算报告及评审或审计报告是否反映了建设管理情况；②建设管理是否符合国家有关建设管理制度要求，是否建立和执行法人责任制、工程监理制、招标投标制、合同制；③是否制定相应的内控制度，内控制度是否健全、完善、有效；④招标投标执行情况和项目建设工期是否按批复要求有效控制。

（5）概（预）算执行审核　主要包括：①是否按照批准的概（预）算内容实施，有无超标准、超规模、超概（预）算建设现象，有无概算外项目和擅自提高建设标准、扩大建设规模、未完成建设内容等问题；②项目在建设过程中历次检查和审计所提的重大问题是否已经整改落实；③尾工工程及预留费用是否控制在概算确定的范围内，预留的金额和比例是否合理。

（6）交付使用资产审核　主要包括：①项目形成资产是否真实、准确、全面反映，计价是否准确，资产接受单位是否落实；②是否正确按资产类别划分固定资产、流动资产、无形资产；③交付使用资产实际成本是否完整，是否符合交付条件，移交手续是否齐全。

8.3.3　新增资产价值的确定

建设项目竣工投入运营后，所花费的总投资形成相应的资产。按照新的财务制度和企业会计准则，新增资产按资产性质可分为固定资产、无形资产、流动资产等。

1. 新增固定资产价值的确定

（1）新增固定资产价值的含义　新增固定资产价值是建设项目竣工投产后所增加的固定资产的价值，即交付使用的固定资产价值，它是以价值形态表示的固定资产投资最终成果的综合性指标。新增固定资产价值的内容包括：①已投入生产或交付使用的建筑、安装工程造价；②达到固定资产标准的设备及工器具购置费；③增加固定资产价值的其他费用。

（2）新增固定资产价值的计算　新增固定资产价值的计算是以独立发挥生产能力的单项工程为对象的。单项工程建成经有关部门验收鉴定合格，正式移交生产或使用，即应计算新增固定资产价值。一次交付生产或使用的工程一次计算新增固定资产价值，分期分批交付生产或使用的工程应分期分批计算新增固定资产价值。

（3）新增固定资产价值计算时应注意的问题

1）附属辅助工程。对于为了提高产品质量、改善劳动条件、节约材料消耗、保护环境而建设的附属辅助工程，只要全部建成，正式验收交付使用后就要计入新增固定资产价值。

2）非生产性项目。对于单项工程中不构成生产系统，但能独立发挥效益的非生产性项目，如住宅、食堂、医务所、托儿所、生活服务网点等，在建成并交付使用后，也要计算新增固定资产价值。

3）其他。①凡购置达到固定资产标准不需要安装的设备及工器具，应在交付使用后计入新增固定资产价值；②属于新增固定资产价值的其他设备，应随同受益工程交付使用的同时一并计入。

（4）待摊投资的分摊方法　根据从属关系，增加固定资产价值的其他费用应计入或分摊到拟交付的单项工程资产 价值中。从属于全部或部分单项工程的其他费用按各个单项工程造价比例分摊，其中：①用地与工程准备费、工程勘察和建筑设计费等按建筑工程造价比例分摊；②生产工艺流程设计费按生产设备（包括需要安装设备和不需要安装设备）购置费比例分摊；③项目建设管理费、联合试运转费、工程保险费和建设期利息等按建筑工程、安装工程、需要安装设备价值总额比例分摊。

【例 8-2】　某工业建设项目及其电解车间的建筑工程费、安装工程费，需要安装设备费以及应摊入费用如表 8-2 所示，试计算电解车间新增固定资产价值。

表 8-2 分摊费用计算 （单位：万元）

项目名称	建筑工程费	安装工程费	需要安装设备费	不需要安装设备费	项目建设管理费	用地与工程准备费	建筑设计费	生产工艺流程设计费
建设项目竣工决算	4500	800	1000	90	95	110	55	35
电解车间竣工决算	900	450	500	25				

解： 1）应分摊的项目建设管理费 $=\left(\dfrac{900+450+500}{4500+800+1000}\times95\right)$ 万元 = 27.897 万元

2）应分摊的用地与工程准备费 $=\left(\dfrac{900}{4500}\times110\right)$ 万元 = 22 万元

3）应分摊的建筑设计费 $=\left(\dfrac{900}{4500}\times55\right)$ 万元 = 11 万元

4）应分摊的生产工艺流程设计费 $=\left(\dfrac{500+25}{1000+90}\times35\right)$ 万元 = 16.858 万元

故，电解车间新增固定资产价值 = [（900+450+500+25）+（27.897+22+11+16.858）] 万元 = 1952.76 万元。

2. 新增无形资产价值的确定

无形资产是指特定主体所拥有或者控制的，不具有实物形态，能持续发挥作用且能带来经济利益的资源。我国作为评估对象的无形资产通常包括专利权、专有技术、商标权、著作权、销售网络、客户关系、供应关系、人力资源、商业特许权、合同权益、土地使用权、矿业权、水域使用权、森林权益、商誉等。

（1）无形资产的计价原则　投资者按无形资产作为资本金或者合作条件投入时，按评估确认或合同协议约定的金额计价。购入的无形资产，按照实际支付的价款计价。企业自创并依法申请取得的，按开发过程中的实际支出计价。企业接受捐赠的无形资产，按照发票账单所载金额或者同类无形资产市场价作价。无形资产计价入账后，应在其有效使用期内分期摊销，即企业为无形资产支出的费用应在无形资产的有效期内得到及时补偿。

（2）专利权的计价方法　专利权分为自创和外购两类。自创专利权的价值为开发过程中的实际支出，主要包括专利的研制成本和交易成本。研制成本包括直接成本和间接成本。其中，直接成本是指研制过程中直接投入发生的费用（如材料费用、工资费用、专用设备费、资料费、咨询鉴定费、协作费、培训费和差旅费等），间接成本是指与研制开发有关的费用（主要包括管理费、非专用设备折旧费、应分摊的公共费用及能源费用）。交易成本是指在交易过程中的费用支出（主要包括技术服务费、交易过程中的差旅费及管理费、手续费、税金）。外购专利权的价值为其实际转让价格，由于专利权是具有独占性并能带来超额利润的生产要素，因此，专利权转让价格不按成本估价，而是按照其所能带来的超额收益计价。

（3）专有技术的计价方法　专有技术（又称为非专利技术）具有使用价值和价值。使用价值是专有技术本身应具有的，专有技术的价值在于专有技术的使用所能产生的超额获利能力，应在研究分析其直接和间接的获利能力的基础上，准确计算出其价值。如果专有技术是自创的，一般不作为无形资产入账，自创过程中发生的费用，按当期费用处理。对于外购专有技术，应由法定评估机构确认后再进行估价，其方法往往通过能产生的收益采用收益法进行估价。

（4）商标权的计价方法　如果商标权是自创的，一般不作为无形资产入账，而将商标设计、制作、注册、广告宣传等发生的费用直接作为销售费用计入当期损益。只有当企业购入或转让商标时，才需要对商标权计价。商标权的计价一般根据被许可方新增的收益确定。

（5）土地使用权的计价方法　根据取得土地使用权的方式不同，土地使用权可有以下几种计价方式：①当建设单位向土地管理部门申请土地使用权并为之支付一笔出让金时，土地使用权作为无形资产核算；②当建设单位获得土地使用权是通过行政划拨的，这时土地使用权就不能作为无形资产核算；③在将土地使用权有偿转让、出租、抵押、作价入股和投资，按规定补交土地出让价款时，才作为无形资产核算。

3. 新增流动资产价值的确定

流动资产是指可以在一年内或者超过一年的一个营业周期内变现或者运用的资产，包括货币性资金、应收及预付款项、短期投资、存货等。

（1）货币性资金　货币性资金是指现金、各种银行存款及其他货币资金。其中，现金是指企业的库存现金，包括企业内部各部门用于周转使用的备用金；各种银行存款是指企业的各种不同类型的银行存款；其他货币资金是指除现金和银行存款以外的其他各种货币资金，如银行汇票存款、银行本票存款、信用卡存款、信用证保证金存款等，根据实际入账价值核定。

（2）应收及预付款项　应收账款是指企业因销售商品、提供劳务等应向购货单位或受益单位收取的款项；预付款项是指企业按照购货合同预付给供货单位的购货定金或部分货款。应收及预付款项包括应收票据、应收款项、其他应收款、预付款项和待摊费用。一般情况下，应收及预付款项按企业销售商品、产品或提供劳务时的实际成交金额入账核算。

（3）短期投资　短期投资包括股票、债券、基金。股票和债券根据是否可以上市流通分别采用市场法和收益法确定其价值。

（4）存货　存货是指企业的库存材料、在产品、产成品等。各种存货应当按照取得时的实际成本计价。存货的形成主要有外购和自制两个途径。外购的存货，按照买价加运输费、装卸费、保险费、途中合理损耗、入库前加工、整理及挑选费用以及缴纳的税金等计价；自制的存货，按照制造过程中的各项实际支出计价。

思考题

1. 简述竣工验收的条件。
2. 简述建设工程竣工验收的内容。
3. 简述工程结算程序和方式。
4. 简述竣工结算的计价原则。
5. 简述缺陷责任期的含义及时限。
6. 简述质量保证金的含义。
7. 简述最终结清的含义。

8. 简述竣工决算的内容。
9. 简述竣工决算的审核方式。
10. 简述新增固定资产价值中待摊投资的分摊方法。

【案例计算题】

【背景】 某住宅工程的合同价款支付条款为：工程的预付款按合同价的25%支付，主材费用为合同价款的62.5%，质量保证金扣留比例为月实际工作量的3%；当承包人每月实际完成的工作量少于计划完成工作量的10%以上（含10%）时，发包人扣除5%的工程款；每月审批的最小付款额度为160万元。该工程的总工期为6个月，合同总价为1140万元，各月计划工作量和实际工作量如表8-3所示。

表8-3 各月工作量统计 （单位：万元）

月份	1	2	3	4	5	6
计划工作量	185	200	225	190	200	130
实际工作量	185	210	220	195	180	140

【问题】 （1）试计算工程预付款和起扣点。

（2）试计算每月应签证的工程款是多少？实际签发的付款凭证金额是多少？

参考文献

[1] 中国建设工程造价管理协会. 建设项目全过程造价咨询规程：CECA/GC 4—2017 [S]. 北京：中国计划出版社，2017.

[2] 中国建设工程造价管理协会. 建设项目投资估算编审规程：CECA/GC 1—2015 [S]. 北京：中国计划出版社，2015.

[3] 中国建设工程造价管理协会. 建设项目设计概算编审规程：CECA/GC 2—2015 [S]. 北京：中国计划出版社，2015.

[4] 中国建设工程造价管理协会. 建设工程招标控制价编审规程：CECA/GC 6—2011 [S]. 北京：中国计划出版社，2011.

[5] 中国建设工程造价管理协会. 建设项目施工图预算编审规程：CECA/GC 5—2010 [S]. 北京：中国计划出版社，2010.

[6] 中国建设工程造价管理协会. 建设项目工程结算编审规程：CECA/GC 3—2010 [S]. 北京：中国计划出版社，2010.

[7] 中国建设工程造价管理协会. 建设项目工程竣工决算编制规程：CECA/GC 9—2013 [S]. 北京：中国计划出版社，2013.

[8] 中国建设工程造价管理协会. 工程造价指标分类及编制指南：房屋建筑工程 [M]. 北京：中国计划出版社，2022.

[9] 中国建设工程造价管理协会. 薪火传承 再谱华章：中国工程造价行业发展历程 [M]. 北京：中国建筑工业出版社，2020.

[10] 国家发展改革委，建设部. 建设项目经济评价方法与参数 [M]. 3版. 北京：中国计划出版社，2006.

[11] 中华人民共和国建设部. 建设工程项目管理规范：GB/T 50326—2017 [S]. 北京：中国建筑工业出版社，2017.

[12] 全国造价工程师职业资格考试培训教材编审委员会. 建设工程计价：2023年版 [M]. 北京：中国计划出版社，2023.

[13] 中国建设工程造价管理协会. 建设项目工程总承包计价规范：T/CCEAS 001—2022 [S]. 北京：中国计划出版社，2023.

[14] 全国造价工程师职业资格考试培训教材编审委员会. 建设工程造价管理：2023年版 [M]. 北京：中国计划出版社，2023.

[15] 全国一级建造师执业资格考试用书编写委员会. 建设工程法规及相关知识 [M]. 北京：中国建筑工业出版社，2024.

[16] 全国一级建造师执业资格考试用书编写委员会. 建设工程项目管理 [M]. 北京：中国建筑工业出版社，2023.

[17] 中国建设监理协会. 建设工程投资控制：土木建筑工程 [M]. 北京：中国建筑工业出版社，2020.

[18] 中国建设监理协会. 建设工程合同管理 [M]. 北京：中国建筑工业出版社，2023.

[19] 四川省建设工程造价总站. 四川省建设工程工程量清单计价定额：房屋建筑与装饰工程　一 [M]. 成都：四川科学技术出版社，2020.

[20] 北京市住房和城乡建设委员会. 北京市住房和城乡建设委员会关于执行2016年《北京市建设工程计价依据——概算定额》有关规定的通知 [EB/OL]. (2017-01-03) [2024-04-28]. https://zjw.beijing.gov.cn/bjjs/xxgk/fgwj3/gfxwj/zfcxjswwj/407376/index.shtml.